普通高等教育土建学科专业"十一五"规划教材
全国高职高专教育土建类专业教学指导委员会规划推荐教材

建筑工程质量与安全管理实训

（土建类专业适用）

本教材编审委员会组织编写

张瑞生　主编

张若美　主审

中国建筑工业出版社

图书在版编目(CIP)数据

建筑工程质量与安全管理实训/张瑞生主编. —北京：中国建筑工业出版社，2007

普通高等教育土建学科专业"十一五"规划教材. 全国高职高专教育土建类专业教学指导委员会规划推荐教材. 土建类专业适用

ISBN 978-7-112-08934-5

Ⅰ. 建… Ⅱ. 张… Ⅲ. ①建筑工程—工程质量—质量控制—高等学校—教材②建筑工程—安全管理—高等学校—教材 Ⅳ. TU71

中国版本图书馆 CIP 数据核字(2007)第 001060 号

普通高等教育土建学科专业"十一五"规划教材
全国高职高专教育土建类专业教学指导委员会规划推荐教材
建筑工程质量与安全管理实训
（土建类专业适用）
本教材编审委员会组织编写
张瑞生　主编
张若美　主审

*

中国建筑工业出版社出版、发行（北京西郊百万庄）
各地新华书店、建筑书店经销
北京天成排版公司制版
北京云浩印刷有限责任公司印刷

*

开本：787×1092毫米　1/16　印张：20　字数：498千字
2007 年 3 月第一版　2014 年 2 月第六次印刷
定价：28.00 元
ISBN 978-7-112-08934-5
(15598)

版权所有　翻印必究
如有印装质量问题，可寄本社退换
（邮政编码　100037）

本社网址：http://www.cabp.com.cn
网上书店：http://www.china-building.com.cn

本教材突出了实践课程教学的工程性、应用性和实效性。教材的内容紧密围绕学生在毕业实践期间可能从事的技术及管理岗位的工作展开，把解决实际的具体问题作为本教材内容的核心。

本教材根据实践岗位要求，共划分了 15 个项目，包括材料、构配件质量控制，基坑（槽）土方开挖与钎探，换土垫层地基，桩基础工程，防水工程，钢筋工程，模板工程，混凝土工程，砌体工程，屋面工程，门窗工程，抹灰工程，楼地面工程，钢结构工程等，并着重于对 46 个训练内容进行了指导。

本教材既可作为高职高专土建类专业学生完成校内理论学习后的工程实践指导用书，也可作为建筑施工企业建造师助理、施工员、质量员、安全员的参考学习用书。

* * *

责任编辑：朱首明　李　明
责任设计：赵明霞
责任校对：安　东　关　健

本教材编审委员会名单

主　任：杜国城

副主任：杨力彬　赵　研

委　员：(按姓氏笔画排序)

　　　　王春宁　白　峰　危道军　李　光　张若美　张瑞生

　　　　季　翔　赵兴仁　姚谨英

序

  2004年12月，在"原高等学校土建学科教学指导委员会高等职业教育专业委员会"（以下简称"原土建学科高职委"）的基础上重新组建了全国统一名称的"高职高专教育土建类专业教学指导委员会"（以下简称"土建类专业教指委"），继续承担在教育部、建设部的领导下对全国土建类高等职业教育进行"研究、咨询、指导、服务"的责任。组织全国的优秀编者编写土建类高职高专教材推荐给全国各院校使用是教学指导委员会的一项重要工作。2003年"原土建学科高职委"精心组织编写的"建筑工程技术"专业12门主干课程教材《建筑识图与构造》、《建筑力学》、《建筑结构》（第二版）、《地基与基础》、《建筑材料》、《建筑施工技术》（第二版）、《建筑施工组织》、《建筑工程计量与计价》、《建筑工程测量》、《高层建筑施工》、《工程项目招投标与合同管理》、《建筑法规概论》，较好地体现了土建类高等职业教育的特色，以其权威性、先进性、实用性受到全国同行的普遍赞誉，于2006年全部被教育部和建设部评为国家级和部级"十一五"规划教材。总结这套教材使用中发现的一些不尽如人意的地方，考虑近年来出现的新材料、新设备、新工艺、新技术、新规范急需编入教材，土建类专业教指委土建施工类专业指导分委员会于2006年5月在南昌召开专门会议，对这套教材的修订进行了认真充分的研讨，形成了共识后才正式着手教材的修订。修订版教材将于2007年由中国建筑工业出版社陆续出版、发行。

  现行的"建筑工程技术"专业的指导性培养方案是由"原土建学科高职委"于2002年组织编制的，该方案贯彻了培养"施工型"、"能力型"、"成品型"人才的指导思想，实践教学明显加强，实践时数占总教学时数的50%，但大量实践教学的内容还停留在由实践教学大纲和实习指导书来规定的水平，由实践教学承担的培养岗位职业能力的内容、方法、手段缺乏科学性和系统性，这种粗放、单薄的关于实践教学内容的规定，与以能力为本位的培养目标存在很大的差距。土建类专业教指委的专家们敏感地意识到了这个差距，于2004年开始在西宁召开会议正式启动了实践教学内容体系建设工作，通过全国各院校专家的共同努力，很快取得了共识，以毕业生必备的岗位职业能力为总目标，以培养目标能力分解的各项综合能力为子目标，把相近的子目标整合为一门门实训课程，以这一门门实训课程为主，以理论教学中的一项项实践性环节为辅，构建一个与理论教学内容体系相对独立、相互渗透、互相支撑的实践教学内容新体系。为了编好实训教材，2005年间土建类专业教指委土建施工类专业指导分委员会多次召开会议，研讨有关问题，最终确定编写《建筑工程识图实训》、《建筑施工技术管理实训》、《建筑施工组织与造价管理实训》、《建筑工程质量与安全管理实训》、《建筑工程资料管理实训》5本实训教材，并聘请工程经历丰富的10位专家担任主编和主审,对各位主编提出的编写大纲也进行了认真研讨,随后编写工作才正式展开。实训教材计划 2007 年由中国建筑工业出版社陆续出版、发行,届时土建类专业就会有 12 门主干课程教材和 5 本与其配套的实训教材供各院校使用。编写实训教材是一项原创性的工作,困难多,难度大,在此向参与 5 门实训教材编审工作的专家们表示深深的谢意。

  教学改革是一项在艰苦探索中不断深化的过程,我们又向前艰难地迈出了一大步,我们坚信方向是正确的,我们还要一如既往地走下去。相信这 5 本实训教材的面世和使用,一定会使土建类高等职业教育走进"以就业为导向、以能力为本位"的新境界。

高职高专教育土建类专业教学指导委员会
2006 年 11 月

前　言

　　为了适应高职高专土建类专业改革的要求，尽快构建与理论教学体系相适应的具有明确的目的性和可操作性的实践教学体系，改变目前的理论课程体系"强"、实践课程体系相对较"弱"的局面，根据建设部高职高专土建施工类专业指导委员会关于高职土建类专业实践课程教材编审原则意见编写本教材。教材以施工企业施工员、质量员、安全员等技术岗位应具备的知识为基础，以加强学生职业技能和提高学生的职业素质、实现学生"零距离上岗"为目标，以地基基础、主体结构、装饰装修及钢结构分部工程中常见的分部（子分部）、分项工程为基本训练内容编排教材。

　　本书与《建筑工程识图实训》、《建筑施工技术管理实训》、《建筑施工组织与造价管理实训》及《建筑工程资料管理实训》构成了建筑工程技术专业较为完整的实训教材体系。本书作为教学实践的指导用书，不仅对提高学生的岗位职业能力有很大帮助，而且对离校上岗后一段时间内从事的管理工作也具有一定指导意义。

　　全书由山西建筑职业技术学院张瑞生主编，并编写项目1、2、3、4、11、12、13、14。广东建设职业技术学院曾跃飞编写项目7、15。湖北城市建设职业技术学院沙本忠编写项目5、6、8、9、10。全书由四川建筑职业技术学院张若美主审。

　　本书可作为高职高专建筑工程技术专业、建筑工程管理及建筑工程监理专业教学实践的实训教材，也可作为相近专业学生学习参考用书。

　　限于编写者水平和经验，书中难免有缺漏和不当之处，敬请广大读者批评指正。

目　录

项目1　建筑工程质量与安全管理实训基础 ⋯⋯⋯⋯⋯⋯⋯⋯⋯⋯⋯⋯⋯⋯⋯⋯⋯ 1
　　训练1　施工员、质量员及安全员的职责 ⋯⋯⋯⋯⋯⋯⋯⋯⋯⋯⋯⋯⋯⋯⋯ 1
　　训练2　建筑工程质量检验与评定 ⋯⋯⋯⋯⋯⋯⋯⋯⋯⋯⋯⋯⋯⋯⋯⋯⋯⋯ 2
　　训练3　工程质量事故处理 ⋯⋯⋯⋯⋯⋯⋯⋯⋯⋯⋯⋯⋯⋯⋯⋯⋯⋯⋯⋯⋯ 7
　　训练4　施工现场文明管理的内容与组织 ⋯⋯⋯⋯⋯⋯⋯⋯⋯⋯⋯⋯⋯⋯⋯ 8
　　训练5　施工现场的安全管理 ⋯⋯⋯⋯⋯⋯⋯⋯⋯⋯⋯⋯⋯⋯⋯⋯⋯⋯⋯⋯ 10
项目2　材料、构配件质量控制 ⋯⋯⋯⋯⋯⋯⋯⋯⋯⋯⋯⋯⋯⋯⋯⋯⋯⋯⋯⋯⋯ 15
　　训练1　材料、构件质量控制 ⋯⋯⋯⋯⋯⋯⋯⋯⋯⋯⋯⋯⋯⋯⋯⋯⋯⋯⋯⋯ 15
项目3　基坑(槽)土方开挖与钎探 ⋯⋯⋯⋯⋯⋯⋯⋯⋯⋯⋯⋯⋯⋯⋯⋯⋯⋯⋯⋯ 21
　　训练1　基坑(槽)人(机)开挖 ⋯⋯⋯⋯⋯⋯⋯⋯⋯⋯⋯⋯⋯⋯⋯⋯⋯⋯⋯ 21
　　训练2　地基钎探 ⋯⋯⋯⋯⋯⋯⋯⋯⋯⋯⋯⋯⋯⋯⋯⋯⋯⋯⋯⋯⋯⋯⋯⋯⋯ 25
项目4　换土垫层地基 ⋯⋯⋯⋯⋯⋯⋯⋯⋯⋯⋯⋯⋯⋯⋯⋯⋯⋯⋯⋯⋯⋯⋯⋯⋯ 27
　　训练1　素土及灰土地基 ⋯⋯⋯⋯⋯⋯⋯⋯⋯⋯⋯⋯⋯⋯⋯⋯⋯⋯⋯⋯⋯⋯ 27
　　训练2　砂及砂石地基 ⋯⋯⋯⋯⋯⋯⋯⋯⋯⋯⋯⋯⋯⋯⋯⋯⋯⋯⋯⋯⋯⋯⋯ 30
项目5　桩基础工程 ⋯⋯⋯⋯⋯⋯⋯⋯⋯⋯⋯⋯⋯⋯⋯⋯⋯⋯⋯⋯⋯⋯⋯⋯⋯⋯ 35
　　训练1　预制钢筋混凝土桩 ⋯⋯⋯⋯⋯⋯⋯⋯⋯⋯⋯⋯⋯⋯⋯⋯⋯⋯⋯⋯⋯ 35
　　训练2　泥浆护壁灌注桩 ⋯⋯⋯⋯⋯⋯⋯⋯⋯⋯⋯⋯⋯⋯⋯⋯⋯⋯⋯⋯⋯⋯ 42
　　训练3　螺旋钻孔灌注桩 ⋯⋯⋯⋯⋯⋯⋯⋯⋯⋯⋯⋯⋯⋯⋯⋯⋯⋯⋯⋯⋯⋯ 49
　　训练4　沉管灌注桩 ⋯⋯⋯⋯⋯⋯⋯⋯⋯⋯⋯⋯⋯⋯⋯⋯⋯⋯⋯⋯⋯⋯⋯⋯ 56
项目6　防水工程 ⋯⋯⋯⋯⋯⋯⋯⋯⋯⋯⋯⋯⋯⋯⋯⋯⋯⋯⋯⋯⋯⋯⋯⋯⋯⋯⋯ 62
　　训练1　水泥砂浆防水层 ⋯⋯⋯⋯⋯⋯⋯⋯⋯⋯⋯⋯⋯⋯⋯⋯⋯⋯⋯⋯⋯⋯ 62
　　训练2　卷材防水层 ⋯⋯⋯⋯⋯⋯⋯⋯⋯⋯⋯⋯⋯⋯⋯⋯⋯⋯⋯⋯⋯⋯⋯⋯ 66
　　训练3　聚氨酯涂料防水层 ⋯⋯⋯⋯⋯⋯⋯⋯⋯⋯⋯⋯⋯⋯⋯⋯⋯⋯⋯⋯⋯ 71
项目7　钢筋工程 ⋯⋯⋯⋯⋯⋯⋯⋯⋯⋯⋯⋯⋯⋯⋯⋯⋯⋯⋯⋯⋯⋯⋯⋯⋯⋯⋯ 75
　　训练1　钢筋加工制作 ⋯⋯⋯⋯⋯⋯⋯⋯⋯⋯⋯⋯⋯⋯⋯⋯⋯⋯⋯⋯⋯⋯⋯ 75
　　训练2　钢筋的连接 ⋯⋯⋯⋯⋯⋯⋯⋯⋯⋯⋯⋯⋯⋯⋯⋯⋯⋯⋯⋯⋯⋯⋯⋯ 79
　　训练3　钢筋安装 ⋯⋯⋯⋯⋯⋯⋯⋯⋯⋯⋯⋯⋯⋯⋯⋯⋯⋯⋯⋯⋯⋯⋯⋯⋯ 91
项目8　模板工程 ⋯⋯⋯⋯⋯⋯⋯⋯⋯⋯⋯⋯⋯⋯⋯⋯⋯⋯⋯⋯⋯⋯⋯⋯⋯⋯⋯ 97
　　训练1　定型组合钢模的安装与拆除 ⋯⋯⋯⋯⋯⋯⋯⋯⋯⋯⋯⋯⋯⋯⋯⋯⋯ 97
　　训练2　组合大模板安装与拆除 ⋯⋯⋯⋯⋯⋯⋯⋯⋯⋯⋯⋯⋯⋯⋯⋯⋯⋯⋯ 112
　　训练3　液压滑升模板 ⋯⋯⋯⋯⋯⋯⋯⋯⋯⋯⋯⋯⋯⋯⋯⋯⋯⋯⋯⋯⋯⋯⋯ 116
项目9　混凝土工程 ⋯⋯⋯⋯⋯⋯⋯⋯⋯⋯⋯⋯⋯⋯⋯⋯⋯⋯⋯⋯⋯⋯⋯⋯⋯⋯ 123
　　训练1　混凝土现场拌制与浇筑 ⋯⋯⋯⋯⋯⋯⋯⋯⋯⋯⋯⋯⋯⋯⋯⋯⋯⋯⋯ 123

训练2　泵送混凝土 …………………………………………… 142
项目10　砌体工程 ………………………………………………… 148
　　训练1　普通砖砌筑 …………………………………………… 148
　　训练2　填充墙砌筑 …………………………………………… 159
项目11　屋面工程 ………………………………………………… 167
　　训练1　屋面保温层 …………………………………………… 167
　　训练2　屋面找平层 …………………………………………… 170
　　训练3　卷材屋面防水层 ……………………………………… 174
　　训练4　聚氨酯涂膜屋面防水层 ……………………………… 182
　　训练5　细石混凝土刚性防水层 ……………………………… 187
项目12　门窗工程 ………………………………………………… 193
　　训练1　木门窗安装 …………………………………………… 193
　　训练2　金属门窗安装 ………………………………………… 200
　　训练3　塑料门窗安装 ………………………………………… 209
项目13　抹灰工程 ………………………………………………… 214
　　训练1　墙面抹灰 ……………………………………………… 214
　　训练2　顶棚抹灰 ……………………………………………… 220
项目14　楼地面工程 ……………………………………………… 225
　　训练1　楼地面垫层 …………………………………………… 225
　　训练2　厕浴间涂膜防水层 …………………………………… 231
　　训练3　楼地面面层 …………………………………………… 234
项目15　钢结构工程 ……………………………………………… 257
　　训练1　钢结构加工制作 ……………………………………… 257
　　训练2　钢结构焊接 …………………………………………… 273
　　训练3　高强度螺栓连接 ……………………………………… 279
　　训练4　钢结构安装 …………………………………………… 283
　　训练5　钢网架结构安装 ……………………………………… 297
　　训练6　钢结构涂装 …………………………………………… 303
主要参考文献 ……………………………………………………… 310

项目 1　建筑工程质量与安全管理实训基础

对于一个建筑企业来说,"质量就是生命"已成为格言。在日益激烈的市场竞争中,是否有过硬的质量和良好的信誉,已成为一个建筑企业的立足之本。施工员、质量员、安全员均为以项目经理为首的项目班子的核心成员,是建设项目施工过程最直接的组织者和管理者。工程质量、进度、安全和成本控制能否达到预期目标与他们的工作有着密不可分的关系。

训练 1　施工员、质量员及安全员的职责

[训练目的与要求]　充分理解施工员、质量员、安全员在施工过程中的重要作用,掌握施工员、质量员、安全员在建筑工程质量与安全管理中的职责。

1.1　施工员的职责

(1) 熟悉施工图及有关规范、标准,参加图纸会审并做好记录。

(2) 参加施工项目质量策划和施工组织设计的编制,参加质量与安全管理保证措施的制定,并负责贯彻执行。

(3) 参加上级组织的安全技术交底,组织班组熟悉图纸并向班组进行安全技术交底。

(4) 严格按设计图纸、操作规程、工艺标准、施工组织设计组织施工。

(5) 施工过程中负责设计变更或技术核定的洽商。

(6) 现场指导施工操作,检查工序质量。

(7) 掌握工程质量、进度、安全和成本控制情况并及时填写施工日志。

(8) 组织班组落实有关质量、进度、投资和安全目标计划的系列活动。

(9) 组织检验批和隐蔽工程预验收,参加分项工程的预验收和质量评定,参加分部工程及单位工程的验收。

(10) 对进场材料、成品、半成品等外购产品检查验收。

(11) 协助质量员、安全员等开展工作。

(12) 负责测量、计量和试验的管理工作。

(13) 对工程分包商进行监督管理。

(14) 负责指导施工技术档案资料的收集、整理、装订工作,并使之符合规范及程序文件要求。

1.2　质量员的职责

(1) 熟悉施工图及有关规范标准,参加图纸会审,掌握技术要点。

(2) 严格执行国家、行业和地方政府部门颁发的建筑安装工程质量检查的有关规范、标准等,代表公司质量监督部门及项目部行使监督职能。

(3) 参加施工项目质量策划和施工组织设计的编制工作,提出工程质量保证措施的实施细则及工作方案。

(4) 跟踪检查工序质量,对不符合质量标准的工序有现场处置权,对违规操作和危害工程质量的行为有权制止,必要时可责令暂停施工并及时向项目负责人汇报。

(5) 协助班组进行工序质量自检、互检、交接检和专职检,随时掌握管辖区内各工序质量情况。

(6) 检查中发现不合格品(项)时应及时报告项目负责人;参加质量事故的调查和处理方案制定并验证方案的实施效果。

(7) 参加进场材料的检查与验收,负责材料的见证取样与送检工作,及时检查材料、成品、半成品的材料合格证明及复检报告等。

(8) 对分包单位的质量行为进行监督检查,参加分包单位的工程质量的检查验收。

(9) 组织检验批、分项工程的预验和质量评定。

(10) 参加分部(子分部)工程、单位工程的预验和质量评定。

1.3 安全员的职责

(1) 参加项目安全工作计划、安全保证措施的制定并负责贯彻执行。

(2) 严格执行国家、行业和地方政府颁发的有关法律、法规和规程。

(3) 代表公司安全监督部门行使安全监督职能,贯彻落实安全计划和安全保证措施。

(4) 参加安全职能部门组织的安全监督检查活动,制定或修订安全工作制度。

(5) 对职工进行安全教育,协助安全职能部门做好对特殊工种的培训、考核工作。核查特殊工种上岗证,做到无证不得上岗。

(6) 向施工作业班组、作业人员进行安全技术交底并履行签字手续。

(7) 监督检查分包单位安全计划和安全措施的执行落实情况。

(8) 做好日常安全宣传教育、监督、检查工作,制止"三违"现象并及时填报安全报表资料。

(9) 参加伤亡事故的调查,对事故提出处理意见。

(10) 负责专控劳保用品的配置与佩戴及使用情况检查监督工作。

训练2 建筑工程质量检验与评定

[训练目的与要求] 熟悉工程质量验评的依据,掌握工程验评的内容、方法及其组织和程序,并能在工程实践中灵活运用。

2.1 工程质量的验评依据

(1) 经审查批准的设计图纸和技术说明书等设计文件。

(2) 工程承包合同文件。

(3) 有关工程材料、半成品和构配件质量控制方面的专门技术法规。

(4) 国家现行的有关规范标准等技术规程，包括《建筑工程施工质量验收统一标准》(GB 50300—2001)及与之配合使用的建筑工程各专业工程质量验收系列规范等。

(5) 工程质量控制各阶段的检查记录，质量控制资料等。

(6) 其他文件资料，如设计变更、图纸会审纪要等。

2.2 工程质量检验的内容与方法

2.2.1 工程质量检查的内容

1. 工程资料的检查

资料检查的内容包括原材料、成品、半成品及器具设备等的质量证明文件以及见证取样记录和进场复检报告；施工过程中形成的各工序检查记录；检验批内按规定抽样检验的试验报告；对结构安全有影响的见证检验报告；隐蔽工程检查记录以及施工单位的企业标准及操作规程等。

2. 实体质量检验

实体质量检验是反映检验批实际质量的直接手段。通过抽样试验测定子样的某些性能，从而从计量、记数的角度反映检验批相应性能的质量状况，这是最真实而可靠的方法。根据不同性能对于检验批基本质量的影响，检验批质量检验分为主控项目和一般项目，并对验收批的验收结果起不同的控制作用。对于实体质量检验的抽样方案和检验方法，各专业工程质量验收规范作了明确规定。

3. 涉及结构安全和使用功能的重要部位的抽样检验

以往工程完工后，通常是不能进行检测的，按设计文件要求施工完成就行了，多是过程中的检查或某工序完成后的检查。但是，有些工序当后续相关工序完成后很可能改变了其原来的质量情况，如绑扎完钢筋后检查，钢筋位置都是符合要求的，但将混凝土浇筑完成后，钢筋的位置是否保持原样，就不好判定了，就需要验证性的检测，还有混凝土强度的实体检测、防水效果检测、管道强度及畅通的检测等都需要验证性的检测，这样对正确评价工程质量很有帮助。这些项目在分部(子分部)工程中给出，可以由施工、监理、建设等单位一起抽样检测，也可以由施工方进行，请有关方面的人员参加。监理、建设单位等也可以验收规范列出的项目为准。

2.2.2 工程质量检查的方法

1. 质量控制资料的检查方法

质量控制资料的检查方法主要包括对质量控制资料进行统计、归纳和检查三个方面。首先，检查和归纳各检验批的验收记录资料，查对其是否完整。其次，检验批验收时，应具备的资料应准确完整才能验收。第三，在分部、子分部工程验收时，主要是检查和归纳各检验批的施工操作依据，质量检查记录，查对其是否配套完整，包括有关施工工艺(企业标准)、原材料、构配件出厂合格证及按规定进行的试验资料的完整程度。一个分部、子分部工程能否具有数量和内容完整的质量控制资料，是验收规范指标能否通过验收的关键，但在实际工程中，从资料的类别、数量上会有欠缺，不够完整，这就靠我们验收人员来掌握其程度。

2. 实体质量的检验方法

目测法：即对照有关质量标准进行外观检查来判断质量的方法。其手段可归纳为看、摸、敲、照四个字。看，就是根据质量标准进行外观目测。如对墙纸裱糊质量、清水墙面是否洁净的检查等。摸，就是手感检查。如对水刷石粘结牢固程度、油漆的光滑度的检查等。敲，就是利用工具进行音感检查。如对面砖、抹灰空鼓的检查等。照，就是利用镜子反射或灯光照射的方法对难以看到或灯光较暗的部位进行检查。

实测法：就是通过实测数据有关质量标准所规定的允许偏差对照，来判断质量的方法。其手段可归纳为靠、吊、量、套四个字。靠，就是利用直尺、塞尺检查。如对墙面、楼地面平整度的检查等。吊，就是利用托线板及线坠吊线检查。如对柱、墙面垂直度的检查等。量，就是利用测量工具或计量仪表进行检查。如对轴线、标高、温度、湿度的检查等。套，就是利用方尺套方，辅以塞尺进行检查。如对阴阳角方正、踢脚线垂直度的检查等。

试验法：就是必须通过试验手段才能判断质量的方法。如对焊接质量、试块强度的检查等。

2.3 工程质量验评的标准

2.3.1 检验批质量检验应符合下列规定

（1）主控项目和一般项目的质量经抽样检验合格。

（2）具有完整的施工操作依据、质量检查记录。

检验批的合格质量主要取决于对主控项目和一般项目的检验结果。主控项目是对检验批的基本质量起决定影响的检验项目，因此必须全部符合有关专业工程验收规范的规定。这意味着不允许有不符合要求的检验结果，即主控项目的检查具有否决权。鉴于主控项目对基本质量的决定性的影响，从严要求是必要的。一般项目的抽查结果允许有轻微缺陷，因为其对检验批的基本性能仅造成轻微影响；但不允许有严重缺陷，因为其会显著降低基本性能，甚至引起失效，故必须加以限制。体现为抽样检验对计量、计数检查项目，各专业工程质量验收规范均给出允许偏差及极限偏差。检查合格条件为，检查结果偏差在允许偏差范围以内，但不允许有超过极限偏差的情况。因为对于超过极限的偏差即使是少数也足以严重影响检验批的基本质量，甚至引起安全或使用功能失效。允许偏差及极限偏差各专业工程质量验收规范根据检查项目的性质及其对基本质量影响的程度都作了具体规定。

2.3.2 分项工程质量检验应符合下列规定

（1）分项工程所含的检验批均应符合合格质量规定。

（2）分项工程所含的检验批的质量验收记录应完整。

分项工程的验收在检验批的基础上进行。一般情况下，两者具有相同或相近的性质，只是批量的大小不同而已。因此，将有关的检验批资料汇集构成分项工程的验收资料。分项工程质量是否合格的条件比较简单，只要构成分项工程的各检验批的验收资料文件完整，并且均已验收合格，则分项工程验收合格。

2.3.3 分部与(子分部)工程质量验收应符合下列规定

（1）分部(子分部)工程所含分项工程的质量均应验收合格。

（2）质量控制资料应完整。

（3）地基与基础、主体结构和设备安装等分部工程有关安全及功能的检验和抽样检测结果应符合有关规定。

（4）观感质量验收应符合要求。

分部工程的验收在构成其各分项工程验收的基础上进行。统一标准给出了分部工程验收合格的条件：构成分部工程的分项工程必须已验收合格，且相应的质量控制资料文件必须完整，这是验收的基本条件。此外，由于各分项工程的性质不尽相同，因此作为分部工程不能简单地组合而加以验收，必须增加以下两类检查项目。

涉及安全和使用功能的地基基础、主体结构、有关安全及重要使用功能的安装分部工程应进行有关见证检验或检测。这种由监理（建设）及施工两方人员现场取样交由第三方进行的检验或测试具有公正性和客观性，对校核分项工程验收结果、确定安全和重要使用功能具有重要作用。

此外还须由有关方面人员参加观感质量综合评价。这类检查往往难以定量，只能以观察、触摸或简单量测的方式进行，并由个人的主观印象判断，检查结果并不给出"合格"或"不合格"的结论，而是综合各检查人员的意见给出"好"、"一般"、"差"的质量评价。对于"差"的检查点应通过返修处理及时补救。

2.3.4 单位(子单位)工程质量竣工验收合格应符合下列规定

（1）单位(子单位)工程所含分部(子分部)工程的质量应验收合格。

（2）质量控制资料应完整。

（3）单位(子单位)工程所含分部工程有关安全和功能的检验资料完整。

（4）主要功能项目的抽查结果应符合相关专业质量验收规范的规定。

（5）观感质量验收应符合要求。

单位工程验收也称竣工验收，是建筑工程投入使用前的最后一次验收，也是最重要的一次验收。验收合格的条件有五个，除构成单位工程的各分部工程应该合格外，有关的资料文件也应完整，此外还需进行以下三个方面的检查。

涉及安全和使用功能的分部工程应进行检验资料的复查。不仅要全面检查其完整性（不得有漏检缺项），而且对分部工程验收时补充进行的见证试验报告也要复核。这种强化验收的手段体现了对安全和主要使用功能的重视。

此外，使用功能的检查是对土建工程和设备安装工程最终质量的综合检验，也是用户最为关心的内容。因此，在分项、分部工程验收合格的基础上，竣工验收时再作全面检查。对主要使用功能还需进行检查。抽查项目是在检查资料文件的基础上由参加验收的各方人员商定并随机抽样确定检查部位（地点），检查要求按有关的专业工程质量验收规范进行。最后，还需参加验收的各方人员共同对观感质量进行综合评价。检验的方法、内容、结论等同分部工程，不再赘述。

2.4 工程质量验评的组织及程序

2.4.1 检验批和分项工程的质量验收组织与程序

检验批、分项工程完成后由施工单位的项目质量（技术）负责人组织对检验批、分项工程施工质量进行自检，达到设计要求和验收规范的合格标准后，施工单位填好"检验批和分项工程的验收记录"，并由项目专业质量验收员和项目专业技术负责人分别在检验批和分项工程质量验收记录的相关栏目中签字，并向专业监理工程师（建设单位技术负责人）报验，然后由监理工程师（建设单位技术负责人）组织有关人员进行验收。

2.4.2 分部（子分部）工程质量验收的组织与程序

分部工程完工后，由施工单位项目负责人组织对分部工程施工质量进行自检，达到设计要求和验收规范的标准后填写验收报告并提交总监理工程师（建设单位项目负责人）。总监理工程师（建设单位项目负责人）再组织施工单位项目负责人和技术、质量负责人等进行验收。由于地基基础、主体结构技术性能要求严格、技术性强，关系到整个工程的安全，因此规定与地基基础、主体结构分部工程相关的勘察、设计单位工程项目负责人和施工单位技术、质量部门负责人也应参加相关分部工程验收（政府质量监督部门对验收过程进行监督）。

2.4.3 单位工程质量验收的组织与程序

单位工程施工完成后，由施工单位项目负责人组织对单位工程施工质量进行自检，符合设计要求和验收规范的合格标准后，向总监理工程师提交工程竣工报告和完整的技术资料，总监理工程师审核并签署意见后，向建设单位呈报，申请竣工验收；建设单位收到工程竣工报告和完整的技术资料后，确认工程已达到竣工验收条件时，应向相关单位发出《工程竣工验收告知书》，再组织相关人员进行验收（政府质量监督部门对验收过程进行监督）。验收合格后，参与验收的各方应对工程质量形成统一的验收意见并签字确认，最后由工程质量监督机构出具《工程质量监督报告》，提交工程建设单位和建设行政部门备案。

2.4.4 工程质量不符合要求，处理后的验收

一般情况下，不合格现象在最基层的验收单位——检验批的验收时就应发现并及时处理，所有质量隐患必须尽可能消灭在萌芽状态，否则将影响后续检验批和相关的分项工程、分部工程的验收。但非正常情况的处理分为以下几种情况：

一，经返工重做或更换器具、设备的检验批，应重新进行验收。这种情况是指主控项目不能满足验收规范或一般项目超过允许偏差限值的子项不符合检验规定的要求时，应及时进行处理的检验批。其中，严重的缺陷应推倒重来，一般的缺陷通过返修或更换器具、设备予以解决，应允许施工单位在采取相应的措施后重新验收。如能够符合相应的专业工程质量验收规范，则应认为该检验批合格。

二，经有资质的检测单位鉴定达到设计要求的检验批，应予以验收。这种情况是指个别检验批发现试块强度等不满足要求等问题，难以确定是否验收时，应请具有资质的法定检测单位检测，当鉴定结果能够达到设计要求时，该检验批应予以验收。

三，经有资质的检测单位鉴定达不到设计要求但经原设计单位核算认可能

满足结构安全和使用功能的检验批，可予以验收。这种情况是指，在一般情况下，规范标准给出了满足安全和功能的最低限度要求，而设计往往在此基础上留有一些余量。不满足设计要求和符合相关规范标准的要求，两者并不矛盾。四，经返修或加固的分项、分部工程，虽然改变外形尺寸但仍能满足安全使用要求，可按技术处理方案和协商文件进行验收。这种情况是指更为严重缺陷或范围超过检验批的更大范围内的缺陷，可能影响结构的安全性和使用功能。如经法定检测单位检测鉴定以后认为达不到规范标准的相应要求，即不能满足最低限度的安全储备和使用功能，则必须按一定的技术方案进行加固处理，使之能保证其满足安全使用的基本要求。这样会造成一些永久性的缺陷，如改变结构的外形尺寸，影响一些次要的使用功能等。为了避免社会财富更大的损失，在不影响安全和主要使用功能条件下可按技术处理方案和协商文件进行验收，但不能作为轻视质量而回避责任的一种出路，这是应该特别注意的。五，通过返修或加固仍不能满足安全使用要求的分部工程、单位(子单位)工程，严禁验收。

训练3 工程质量事故处理

[**训练目的与要求**]　熟悉工程质量事故分类，掌握工程质量事故处理所需收集的资料及工程质量事故的处理程序，并能在工程实际中正确运用。

3.1　工程质量事故的分类

按事故的性质及严重程度划分：一般事故，通常是指经济损失在 0.5～10 万元额度内的质量事故；重大事故，通常是指造成人员伤亡或经济损失在 10 万元以上的事故。

按事故造成的后果区分：未遂事故，发现了质量问题，经及时采取措施，未造成经济损失、延误工期或其他不良后果，均属未遂事故；已遂事故，凡出现不符合质量标准或设计要求，造成经济损失、工期延误或其他不良后果者，均构成已遂事故。

按事故责任区分：指导责任事故，指由于工程施工指导或领导失误而造成的质量事故；操作责任事故，指在施工过程中，由于施工操作者不按规程或标准实施操作而造成的质量事故。

按质量事故产生的原因区分：技术原因引发的质量事故，是指在工程项目实施中由于设计、施工在技术上的失误而造成的质量事故；管理原因引发的质量事故，主要是指由于管理上的不完善或失误而引发的质量事故；社会、经济原因引发的质量事故，主要是指由于社会、经济因素及社会上存在的弊端和不公正之风引起的建设中的错误行为，而导致出现质量事故。

3.2　工程质量事故的处理程序

当发现工程出现质量缺陷或事故后，监理工程师首先应以"质量通知单"的形式通知施工单位，并要求停止有质量缺陷部位和与其有关联部位及下道工序施工，需要时，还应要求施工单位采取防护措施，同时要及时上报主管部门，工程质量事故发生后，一般可以按以下程序进行处理。

(1) 报告安全事故。

(2) 处理安全事故，抢救伤员，排除险情，防止事故蔓延扩大，做好标识，保护好现场等。

(3) 安全事故调查。

(4) 对事故责任者进行处理。

(5) 编写调查报告并上报。

3.3　工程质量事故处理所需的资料

处理工程质量事故，必须分析原因作出正确的处理决策，这就要以充分的、准确的有关资料作为决策基础和依据。一般的质量事故处理，必须具备以下资料：一，与工程质量事故有关的施工图；二，与工程施工有关的资料、记录，例如建筑材料的试验报告、各种中间产品的检验记录和试验报告以及施工记录等；三，事故调查分析报告，一般应包括以下内容：①质量事故的情况，包括发生质量事故的时间、地点、事故情况、有关的观测记录、事故的发展变化趋势，是否已趋稳定等等；②事故性质，应区分是结构性问题，还是一般性问题，是内在的实质性的问题，还是表面性的问题，是否需要及时处理，是否需要采取保护性措施；③事故原因，阐明造成质量事故的主要原因，并应附以有说服力的资料、数据说明；④事故评估，应阐明该质量事故对于建筑物功能、使用要求、结构承载力性能及施工安全有何影响，并应附有实测、验算数据和试验资料；⑤事故涉及的人员与主要责任者的情况等；⑥设计、施工以及使用单位对事故处理的意见和要求。

3.4　工程质量事故的处理结论

事故处理的质量检查鉴定，应严格按施工验收规范及有关标准的规定进行。必要时还应通过实际测量、试验和仪表检测等方法获取必要的数据，才能对事故的处理结果作出确切的结论，检查和鉴定的结论可能有以下几种：一，事故已排除，可继续施工；二，隐患已消除，结构安全有保证；三，经修补、处理后，安全能够满足使用要求；四，基本上满足使用要求，但使用时应有附加的限制条件，例如限制荷载等；五，对耐久性的结论；六，对建筑物外观影响的结论；七，对短期难作出结论者，可提出进一步观测检验的意见。对于处理后符合规定的要求和能满足使用要求的，监理工程师可予以验收、确认。

训练 4　施工现场文明管理的内容与组织

[训练目的与要求]　深刻体会施工现场文明管理的意义，熟悉施工现场文明管理的内容、管理组织和管理制度，以便在工作岗位上能够自觉对施工现场文明施工进行规范管理。

文明施工指的是保持施工现场良好的作业环境、卫生环境和工作秩序。文明施工能促进企业的综合管理水平，是适应现代化施工的客观要求，一定程度上代表企业的形象，有利于员工的身心健康，有利于培养和提高施工队伍的整体素质，因此施工现场文明管理具有十分重要的意义。

4.1 施工现场文明施工管理的内容

4.1.1 现场管理(现场围挡、封闭管理、临时设施、现场防火、现场标牌)

施工现场门口"一图四板"齐全(即总平面示意图，施工现场文明管理制度、施工现场环境保护管理制度及场容、施工现场消防保卫管理制度、施工现场安全生产管理制度)。

各种标牌悬挂醒目有序(标明工程项目名称、建设单位、设计单位、施工单位、监理单位、总经理工程师项目经理、开工和竣工日期、施工许可证批准文号等)、整洁美观。四周广告标语醒目，现场围墙坚固、美观。

施工现场应封闭管理，临时设施严格按批准的施工组织设计建设，出入口设门卫，进入施工现场应佩戴工作卡。

施工现场严格采取安全"三宝"，"四口"、"五临边"防护措施。脚手架、龙门架、井架、吊篮等应有验收合格挂牌。

施工现场的用电线路，用电设施的安装和使用必须符合安装规范和安全操作规程，并按照施工组织设计架设，严禁任意拉线接电。施工现场必须设有保证施工安全要求的夜间照明；危险潮湿场所的照明以及手持照明灯具，必须采用符合安全要求的电压。

施工现场应设有明显的防火标志，配备足够的消防器材，防火疏散道路畅通，现场施工动用明火应有审批手续。现场管理人员和施工人员应戴有区别的安全帽，危险施工区域应派人佩章值班，应悬挂警示牌和警示灯等。

4.1.2 料具管理(材料堆放)

建筑材料、构件、料具按施工总平面图布置堆放，不得侵占场内道路及安全防护等设施，各种材料要分名称规格码放整齐，符合要求；同时做到防雨、防潮、防损坏，贵重物品还应及时入库，工人操作时应能做到活完、料净、脚下清。对于施工垃圾应集中存放，及时分拣、包收、清运，现场涂料，包装容器也应及时回收，堆放整齐。此外，材料管理制度应严格，进场手续，领退料手续要齐全。

4.1.3 环境保护管理(社区服务)

施工现场环境保护是按照法律法规，各级主管部门和企业的要求，保护和改善作业现场的环境，控制现场的各种粉尘、废水、废气、固体废弃物、噪声以及振动等对环境的污染和危害。

防治施工现场空气污染的措施：严格控制施工现场和施工运输过程中的降尘和飘尘对周围大气的污染，可采用清扫、洒水、遮盖封闭等措施降低污染；严格控制有毒气体的产生和排放，如禁止焚烧油毡、橡胶、塑料、皮革等废弃物品，尽量不使用有毒有害的涂料等化学物质。

防止水体污染的措施：控制污水的排放，改革施工工艺，减少污水的产生。

控制施工现场噪声的措施：噪声控制可从声源，传播途径，接受者防护等方面来考虑。

固体废弃物的处理和处置：其基本思想是采取资源化、减量化和无害化的处理，对固体废物产生的全过程进行控制。固体废弃物的基本处理方法有：回收利用、减量化处理、焚烧技术、稳定和固化技术、填埋等。

4.1.4 环卫卫生管理(生活设施)

施工现场应保持场容场貌的整洁，随时清理建筑垃圾、生活垃圾。场内无积水，办公室内清洁整齐，窗明地净。同时设置必要的职工生活设施，并符合卫生、通风、照明等要求。职工的膳食、饮水供应等应符合卫生要求。此外，冬季取暖设施应齐全，有验收合格证。

4.2 施工现场文明施工管理组织与管理制度

4.2.1 施工现场文明施工管理组织

现场文明施工管理是一项涉及面广、工作难度大、综合性很强的工作，任何部门都无法单独负责。应成立以项目经理为第一负责人的管理组织，组织和协调各部门共同管理。分包单位应服从总包单位的文明施工管理组织的统一管理，并接受监督检查。

4.2.2 施工现场文明施工管理制度

各项施工现场管理制度应有文明施工的规定，包括个人岗位负责制、经济责任制、安全检查制度、持证上岗制度、奖惩制度、竞赛制度和各项专业管理制度等。责任制要落实到岗、落实到人，做到工作有计划、落实工作有人抓、执行情况有人查，各项工作都扎扎实实落实到位。

4.2.3 加强文明施工宣传与教育

在坚持岗位练兵基础上，要采取派出去、请进来，短期培训，上技术课，登黑板报，广播，看录像，看电视等方法狠抓教育工作，切实提高工人的施工素质。同时要特别注意对临时工、学徒工、实习生等的岗前教育，培养和提高其文明施工的能力与技能。对于专业管理人员应熟悉掌握文明施工的规定。

4.2.4 施工现场文明施工的检查

加强和落实现场文明施工的检查、考核及奖惩管理，以促进文明施工管理工作。检查范围和内容应全面周到，包括生产加工区、生活服务区、各项制度落实情况等内容。检查中发现的问题要采取整改措施。

训练5 施工现场的安全管理

[训练目的与要求] 熟悉施工安全控制的特点，掌握施工安全控制的方法和程序，能够根据工程实际编制安全工作计划、安全技术交底并能组织实施。

5.1 施工安全控制

5.1.1 安全控制的概念、方针与目标

1. 安全控制的概念

安全控制是为满足安全生产，涉及对生产过程中的各种危险因素进行控制的计划、组织、监控、调节和改进等一系列管理活动。

2. 安全控制的方针

安全控制的目的是为了安全生产，因此安全控制的方针也应符合安全生产的方针，即"安全第一，预防为主"。

3. 安全控制的目标

安全控制的目标是减少和消除生产过程中的事故，保证人员健康安全和财产免受损失。具体包括：

(1) 减少或消除人的不安全行为的目标。

(2) 减少或消除设备、材料的不安全状态的目标。

(3) 改善生产环境和保护自然环境的目标。

(4) 安全管理的目标。

5.1.2 安全控制的特点

1. 控制面广

由于建设工程规模较大，生产工艺复杂、工序多，在建造过程中流动作业、交叉作业、高空作业，作业环境多变，遇到的不确定因素多，安全控制工作涉及范围大、控制面广。

2. 控制的动态性

(1) 由于建设工程项目的单件性，使得每项工程所处的条件不同，所面临的危险因素和防范措施也会有所改变，员工在变换工地后，熟悉一个新的工作环境需要一定的时间，有些工作制度和安全技术措施也会有所调整，员工同样有个熟悉的过程。

(2) 建设工程项目施工的分散性。因为现场施工是分散于施工现场的各个部位，尽管有各种规章制度和安全技术交底的环节，但是面对具体的生产环境时，仍然需要自己的判断和处理，有经验的人员还必须适应不断变化的情况。

(3) 建设工程项目的阶段性。工程项目从开工建设到竣工是动态进行的，它经历了地基与基础工程、主体结构工程、屋面工程等不同的工程阶段和春、夏、秋、冬不同的季节，不同的工程阶段和不同的季节各有其特点。因此相应的工作制度和安全技术措施必须与具体工程实际相适应。

3. 控制系统交叉性

建设工程项目是开放系统，受自然环境和社会环境影响很大，安全控制需要把工程系统、环境系统和社会系统结合。

4. 控制的严谨性

安全状态具有触发性，其控制措施必须严谨，一旦失控，就会造成损失和伤害。

5.1.3 施工安全的控制程序

1. 确定建设工程项目施工的安全目标

按"目标管理"方法在以项目经理为首的项目管理系统内进行目标分解，确定每个岗位的安全目标，实现全员安全控制。

2. 工程项目施工安全技术措施计划

对生产过程中存在的安全风险进行识别和评价，对其不安全因素用技术手段加以消除和控制，并形成文件。施工安全技术措施计划是进行工程项目施工安全控制的指导性文件。

3. 安全技术措施计划的实施

包括建立健全安全生产责任制，设置安全生产设施，进行安全教育和培训，安全措施计划实施的监督检查，通过安全控制使生产作业的安全状况处于受控状态。

4. 施工安全技术措施计划的验证

包括安全检查、纠正不符合情况，并做好检查记录工作。根据实际情况补充和修改安全技术措施。

5. 持续改进，直至完成建设工程项目的所有工作

由于建设工程项目的开放性，在项目实施过程中，各种条件可能有所变化，以致造成对安全风险评价的结果失真，使得安全技术措施与变化的条件不相适应，此时应考虑是否对安全风险重新评价和是否有必要更改安全技术措施计划。

5.2 施工安全控制的基本要求

施工单位应在取得安全行政主管部门颁发的《安全施工许可证》后才可以开工，总承包单位和每一个分包单位都应持有《施工企业安全资格审查认可证》。

所有新工人进入现场前必须经过三级安全教育，即进场、进车间和进班组的安全教育。对学徒、实习生的入场三级安全教育，重点是一般安全知识、生产组织原则、生产环境、生产纪律等，强调操作的非独立性。对季节工、农民工的三级安全教育，以生产组织原则、环境、纪律、操作标准为主，并结合施工生产的变化，适时进行安全生产知识教育。当采用新技术，使用新设备、新材料，推行新工艺时，应在之前对有关人员进行安全知识、安全技能、安全意识的全面安全教育，激励操作者实行安全技能的自觉性。各类作业人员和管理人员必须具备相应的执业资格才能上岗，特殊工种作业人员必须持有特种作业操作证，并严格按规定定期进行复查。当查出安全隐患时要做到"五定"，即定整改责任人、定整改措施、定整改完成时间、定整改完成人、定整改验收人。此外还应把好安全生产"六关"，即措施关、交底关、教育关、防护关、检查关、改进关。真正地把安全生产放在首位。

施工现场安全设备应齐全，并符合国家及地方有关规定，施工机械（特别是现场安设的起重设备等）必须经过安全检查合格后方可使用。

5.3 施工安全技术措施计划

建设工程施工安全技术措施计划的主要内容包括：工程概况、控制目标、控制程序、组织机构、职责权限、规章制度、资源配置、安全措施、检查评价、奖惩制度等。

5.3.1 安全技术措施计划的概念

安全技术措施是以保护从事工作的员工健康和安全为目的的一切措施。安全技术措施计划是组织为了保护员工在生产过程中的安全和健康而制定的在一定时期内对安全技术措施项目的计划安排,是生产、经营和财务计划的组成部分。

安全技术措施计划是一项重要的安全管理制度。在建设工程项目施工中,安全技术措施计划是施工组织设计的重要内容之一,是改善劳动条件和安全卫生设施,防止工伤事故和职业病,搞好安全生产工作的一项行之有效的重要措施。制定好该计划,可以有计划地安排好在安全技术措施上的资源和费用的投入,保证安全技术措施的有效实施。

5.3.2 安全技术措施计划的范围

安全技术措施计划的范围应包括改善劳动条件、防止伤亡事故、预防职业病和职业中毒等,主要应从安全技术(如防护装置、保险装置、信号装置和防爆炸装置等)、职业卫生(如防尘、防毒、防噪声、通风、照明、取暖、降温等措施)、辅助房屋及措施(如更衣室、休息室、淋浴室、消毒室、妇女卫生室、厕所和冬期作业取暖室等)、宣传教育的资料及设施(如职业健康安全教材、图书、资料、安全生产规章制度、安全操作方法训练设施、劳动保护和安全技术的研究与试验等)。

5.3.3 安全技术措施计划的步骤

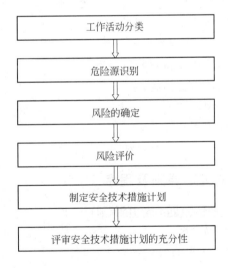

5.3.4 施工安全技术措施计划的实施

1. 安全生产责任制

建立安全生产责任制是施工安全技术措施计划实施的重要保证。

2. 安全教育

安全教育的要求如下:

(1) 广泛开展安全生产的宣传教育,使全体员工真正认识到安全生产的重要性和必要性,懂得安全生产和文明施工的科学知识,牢固树立安全第一的思想,自觉地遵守各项安全生产法律法规和规章制度。

(2) 把安全知识、安全技能、设备性能、操作规程、安全法规等作为安全教育的主要内容。

(3) 建立经常性的安全教育考核制度，考核成绩要记入员工档案。

(4) 电工、电焊工、架子工、司炉工、爆破工、起重工、机械司机、机动车辆司机等特殊工种工人，除一般安全教育外，还要经过专业安全技能培训，经考试合格持证后，方可独立操作。

(5) 采用新技术、新工艺、新设备施工和调换工作岗位时，也要进行安全教育，未经安全教育培训的人员不得上岗操作。

3. 安全技术交底

(1) 安全技术交底的基本要求

1) 项目经理部必须实行逐级安全技术交底制度，纵向延伸到班组全体作业人员。

2) 技术交底必须具体、明确、针对性强。

3) 技术交底的内容应针对分部分项工程施工中给作业人员带来的潜在危害和存在的问题。

4) 应优先采用新的安全技术措施。

5) 应将工程概况、施工方法、施工程序、安全技术措施等向工长、班组长进行详细交底。

6) 定期向两个以上作业队和多工种进行交叉施工的作业队伍进行书面交底。

7) 保持书面安全技术交底签字记录。

(2) 安全技术交底的主要内容

1) 本工程项目的施工作业特点和危险点。

2) 针对危险点的具体预防措施。

3) 应注意的安全事项。

4) 相应的安全操作规程和标准。

5) 发生事故后应及时采取的避难和急救措施。

5.4 安全事故的处理原则及程序

5.4.1 安全事故的处理原则(四不放过的原则)

(1) 事故原因不清不放过。

(2) 事故责任者和员工没有受到教育不放过。

(3) 事故责任者没有处理不放过。

(4) 没有制定防范措施不放过。

5.4.2 安全事故处理程序

(1) 报告安全事故。

(2) 处理安全事故，抢救伤员，排除险情，防止事故蔓延扩大，做好标识，保护好现场等。

(3) 安全事故的调查。

(4) 对事故责任者进行处理。

(5) 编写调查报告并上报。

项目 2 材料、构配件质量控制

训练 1 材料、构件质量控制

[训练目的与要求] 熟悉一般材料的质量标准，掌握常用材料的取样方法；参加现场材料见证取样并填写见证取样记录；参加进场材料的检查验收，检查材料的合格证、质量检验报告及进场复检报告。

1.1 原材料控制的必要性

原材料、成品、半成品是形成建筑物的物质基础。如果使用材料不合格，轻则影响建筑物的外表及观感、使用功能和使用寿命，重则危及整个结构安全或使用安全。因此对形成建筑物的原材料、成品、半成品应严格把关，避免不合格品混到建筑物中去。这是一项艰巨的任务，需要设计、施工、监理、建设单位、各材料供应部门等的共同努力去完成。施工单位是建筑材料的直接使用者，全体施工人员特别是施工管理人员必须树立质量意识，重视材料质量控制工作。

1.2 材料质量控制的要点

1.2.1 掌握材料信息，合理组织材料供应

掌握材料质量、价格、供货能力的信息，选择好供货厂家，就可获得质量好、价格低的材料资源，从而就可确保工程质量，降低工程造价。为此，主要材料、设备及构配件在订货前，应向监理工程师申报，经监理工程师论证同意后方可订货。公司材料部门、项目经理部应合理地、科学地组织材料采购、加工、储备、运输，建立严密的计划、调度、管理体系，加快材料的周转，减少材料的占用量，保质保量、如期地满足建设需要，这是提高供应效益、确保正常施工的关键环节。

1.2.2 加强材料检查验收，严把材料质量关

(1) 对用于工程的主要材料，进场时必须具备正式的出厂合格证和材质化验单。如不具备或对检验证明有怀疑时，应补作检验。

(2) 工程中所有各种构件，必须具有厂家批号和出厂合格证。钢筋混凝土和预应力混凝土构件并应按规定的方法进行抽样检验。由于运输、安装等原因出现的构件质量问题，应分析研究并经处理鉴定后方能使用。

(3) 凡标志不清或认为质量有问题的材料；对质量保证资料有怀疑或与合同规定不符的一般材料；由工程重要程度决定，应进行一定比例试验的材料；需要进行追踪检验以控制和保证其质量的材料等，均应进行抽检。对于进口的材料设

备、重要工程或关键施工部位所用的材料，则应进行全部检验。

（4）材料质量抽样和检验的方法，应符合《建设材料质量标准与管理规程》，要能反映该批材料的质量性能。对于重要构件或非匀质的材料，还应酌情增加采样的数量。

（5）在现场配制的材料，如混凝土、砂浆、防水材料、防腐材料、绝缘材料、保温材料等的配合比，应先提出试配要求，经试配检验合格后才能使用。

（6）对进口材料、设备应会同商检局检验，如核对凭证中出现问题，应取得供方和商检人员签署的商务记录，按期提出索赔。

（7）高压电缆、电压绝缘材料要进行耐压试验。

（8）凡是用于重要结构或部位的材料，使用时必须仔细地核对、认证其材料的品种、规格、型号、性能有无错误，是否适合工程特点和满足设计要求。

（9）新材料应用必须通过试验和鉴定；代用材料必须通过计算和充分的论证，并要符合结构构造的要求。

（10）材料认证不合格时不许用于工程中，有些不合格的材料，如过期、受潮的水泥是否降级使用，亦需结合工程的特点予以论证，但决不允许用于重要的工程或部位。

1.2.3 材料进场后要妥善保管

材料进场入库后，应根据各类材料的物理化学性能、体积等不同要求，按施工组织设计分类堆放、分类管理。现场材料保管要保证物资安全。要做到"十不要"，即不潮、不锈、不霉、不变、不冻、不坏、不腐、不漏、不混、不燃爆等。

1.3 材料质量控制的内容

1.3.1 材料质量标准

材料质量标准是用以衡量材料质量的尺度，不同的材料有不同的质量标准，材料采购供应人员、材料管理人员、监理人员应了解常用材料的质量标准，有利于审查材料质量保证资料、试验报告并作出正确判断。

1.3.2 材料的检(试)验

1. 材料质量检验的目的

材料质量检验的目的，是通过一系列的检测手段，将所取得的材料数据与材料的质量标准相比较，借以判断材料质量的可靠性，能否使用于工程中；同时，还有利于掌握材料信息。

2. 材料质量检验的方法

（1）书面检验，是通过对提供的材料质量保证资料、试验报告等进行审核，取得认可方能使用。

（2）外观检验，是对材料从品种、规格、标志、外形尺寸等进行直观检查，看其有无质量问题。

（3）理化检验，是借助试验设备和仪器对材料样品的化学成分、机械性能等进行科学的鉴定。

（4）无损检验，是在不破坏材料样品的前提下，利用超声波、X射线、表面探伤仪等进行检测。

3．材料质量检验的程度

（1）免检　就是免去质量检验过程。对有足够质量保证的一般材料，以及实践证明质量长期稳定、资料齐全的材料，可予免检。

（2）抽检　就是按随机抽样的方法对材料进行抽样检验。当对材料的性能不清楚，或对质量保证资料有怀疑和成批生产的构配件，均应按一定比例进行抽样检验。

（3）全检验　对进口的材料、设备和重要工程部位的材料，以及贵重的材料，应进行全部检验，以确保材料和工程质量。

4．检验的项目（表2-1、表2-2）

（1）一般项目　为通常进行的试验项目。

（2）其他试验项目　为根据需要进行的试验项目。

5．材料质量检验的取样

材料质量检验的取样必须有代表性，即所采取样品的质量应能代表该批材料的质量。在采取试样时，必须按规定的部位、数量及采选的操作要求进行。

常用建材的试验项目　　　　　　　　　　　　　　表2-1

序号	名称		一般试验项目	其他试验项目
1	水泥		标准稠度、凝结时间、抗压和抗折强度	细度、体积安定性
2	钢材	热轧钢筋、冷拉钢筋、型钢、扁钢和钢板	拉力、冷弯	冲击、硬度、焊接及机械性能
		冷拔低碳钢丝、碳素钢丝和刻痕钢丝	拉力、反复弯曲	
3	木材		含水率	顺纹抗压、抗拉、抗弯、抗剪强度等
4	砖	普通黏土砖、承重黏土空心砖、硅酸盐砖	抗压、抗折	抗冻
5	黏土及水泥平瓦		抗折荷载、吸水重量	抗冻
6	天然石材		密度、孔隙率、抗压强度	抗冻
7	混凝土用砂石	砂	颗粒级配、实际密度、堆积密度、空隙率、含水率、含泥量	有机物含量、三氧化硫含量、云母含量
		石		针状和片状颗粒、软弱颗粒
8	混凝土		坍落度或工作度、表观密度、抗压强度	抗折、抗弯强度、抗冻、抗渗、干缩
9	砌筑砂浆		流动度（沉入度）、抗压强度	

续表

序号	名称		一般试验项目	其他试验项目
10	石油沥青		针入度、延伸度、软化点	
11	沥青防水卷材		不透水性、耐热度、吸水性、抗拉强度	柔度
12	沥青胶(沥青玛琋脂)		耐热度、柔韧性、粘结力	
13	保温材料		表观密度、含水率、导热系数	抗折、抗压强度
14	耐火材料		表观密度、耐火度、抗压强度	吸水率、重烧线收缩、荷重软化温度
15	水			pH值、油、糖含量
16	耐酸材料	耐酸瓷砖	耐酸度、外观质量、规格	
		水玻璃	模数比(二氧化硅含量/氧化钠含量×1.032)	
		氟硅酸钠	纯度、游离酸含量、含水率、筛余	
		耐酸粉料	耐酸度、细度	
		耐酸骨料	颗粒级配、含水率	
17	塑料		马丁耐热性、低温对折、导热系数、透水性、抗拉强度及相对伸长率	线膨胀系数、静弯曲强度、压缩强度
18	陶粒		堆积密度、颗粒密度、孔隙率、容器强度、吸水率(30min)	
19	水硬性耐热混凝土		耐热度、表观密度、热间强度、混凝土强度等级	荷重软化点、残余变形、线膨胀系数、耐急冷急热性
20	耐酸混凝土		耐酸或耐碱度、表观密度、3d和28d的抗压强度	
21	焦渣混凝土		坍落度或工作度、表观密度、抗压强度	抗折强度、抗弯强度、抗冻、抗渗、干缩
22	石膏		标准稠度、凝结时间、抗压、抗拉	
23		石灰	产浆量、活性氧化钙和活性氧化镁含量	细度、未消化颗粒含量
		回填土	干密度、含水率、最佳含水率和最大干密度	
		灰土	含水率、干密度	

常用建材取样方法 表 2-2

材料名称		取样单位	取样数量	取样方法
水泥		同品种、同强度等级每 400t 为一批，不足按一批	从一批中选取 20kg	从至少 15 袋或 15 处水泥中抽取，手捻不碎的受潮水泥结块应过 64 孔/cm^2 筛除去
砂、卵石、碎石		每 200m^3 为一批，不满按一批	作品质鉴定时砂 30～50kg，作混凝土配合比时，砂 100kg、石 200kg	分别在上、中、下三个部位抽取若干数量，拌合均匀，按四分法缩分提取
砖（黏土砖、硅酸盐砖、矿渣砖）		每 20 万块为一批，不足按一批	强度等级测定 12 块，材料测定 20 块	从该批砖不同垛面各抽一块
石灰		每 60t 为一批，不足为一批	不少于 10kg	从石灰堆面的 20～30cm 处去除表层，抽取约 25kg 混合均匀，用四分法提取
石膏		同一生产厂，同一批进场的为一取样单位	不少于 5kg	在每一批上下两部抽出 10 袋，在每袋中取出 1kg，混合均匀，按四分法提取
沥青		同一批出厂的同一规格牌号的 20t	不少于 1kg	从不同部位的 5 处或总桶数的 5%～10% 的桶中取样
防水卷材		500 卷为一批，不足按一批	取 2% 但不少于两卷检查外观	从外观检查合格的一卷中距端头 1m 以外处，截取 1.5m 长作材性试验
沥青胶		同一批配料	不少于 1kg	从不同部位 5 处抽取
塑料	板材	同一颜色，每批不大于 5t	10%	
	薄膜	同一颜色，同一品种，用一批树脂制得者	从每批的 3 包中取样	
	电缆料	同一牌号和颜色，不超过 10t 为一批	从一批 5% 包件（不少于 3 包）中取样，每包件中取 1kg	
水		用非饮用水拌合水泥、混凝土，需在取水点取样	不少于 1kg	有水的隧道环境水至多每 50m 取样分析一次，桥涵环境水应在河岸及河心水面以下 0.5～1.0m 处分别取样分析。水样应用于干净容器密封，24h 以内送检

续表

材料名称	取样单位	取样数量	取样方法
木 材	锯材以 50m³ 为一批，原木以 100m³ 为一批	从中均取 3 个含水率试样，强度试样根据设计施工要求确定	木材厚度大于 35mm 时，在距端头不少于 0.5m 处取样，小于 35mm 时，在距端头不少于 0.25m 处取样
耐酸瓷砖	3 万块为一组，余者不足 5000 块者不再分组	外观检查每组抽取 50 块，材性试验每项抽两块	
水玻璃	两桶以下时全部取样，3~10 桶在桶数 1/2 中取样，多于 10 桶时，多余桶数每 4 桶取一组试样	不少于 1kg	用厚壁玻璃管插入桶的 1/2 深度取样，把取自各桶的试样放在一起拌匀，抽样送检，如果分桶使用，应分桶取样
氟硅酸钠	每批重量不超过 15t	从每批的总件数中等差选取 10%，并不得少于两件，取出的样品不少于 2kg	均匀抽取
耐酸粉料	每批不大于 20t	5kg	从 10 处以上部位抽取 20kg，混合拌匀后提取
耐酸骨料	每批不大于 50m³	砂子取 5kg，石子取 20~30kg	从每批中不少于 5 处的部位各取 20~30kg，用四分法取样
陶 粒	每批不大于 200m³		参照混凝土粗骨料取样法
平 瓦	以 1 万块为一批，不足者也为一批	6 块	每捆或每堆一块
钢材（对钢号不明的钢材）	以 20t 为一批，不足 20t 者也为一批	3 根	任意抽取，分别在每根截取拉伸、冷弯、化学分析试件各两根，截取时再将每根端头弃去 10cm
普通混凝土	1. 每拌制 100 盘且不超过 100m³ 的同配合比的混凝土，取样不得少于一次。2. 每工作班拌制的同一配合比的混凝土不足 100 盘时，取样不得少于一次。3. 当一次连续浇筑超过 100m³ 时，同一配合比的混凝土每 200m³ 取样不得少于一次。4. 每一楼层、同一配合比的混凝土，取样不得少于一次	每次取样应至少留置一组标准养护试件，同条件养护试件的留置组数应根据实际需要确定	在浇灌地点从同一罐或同一车（容器）中均匀采取，其数量不少于试块所需量的 1.5 倍
耐酸耐碱混凝土	按每一工程取样	有工程师即做一组（6 块）	从施工地点均匀取样
耐热混凝土		一组（12 块）	从施工地点均匀取样
焦渣混凝土	每 50m³	一组（6 块）	

项目3　基坑(槽)土方开挖与钎探

训练1　基坑(槽)人(机)开挖

[训练目的与要求]　掌握基坑(槽)人(机)开挖工程质量标准,能熟练地对基坑(槽)人(机)开挖工程进行质量检验,并能填写工程质量检查验收记录。熟悉基坑(槽)人(机)开挖工程的质量与安全隐患及防治措施并能编制基坑(槽)人(机)开挖工程质量与安全技术交底资料。参加基坑(槽)人(机)开挖工程质量检查验收并填写有关工程质量检查验收记录。

1.1　施工准备

1.1.1　作业准备

1. 机械开挖作业准备

(1) 土方开挖前应编制详细的施工方案,并经主管部门审查批准。

(2) 开挖前应清除开挖区域内地上和地下障碍物,对靠近基坑(槽)的原有建筑物及电杆、塔架等应采取防护或加固措施。

(3) 建筑物或构筑物的位置以及场地的平面控制线(桩)和水准控制点,应经过复测和检查,并办完预检手续。

(4) 熟悉图纸,做好安全技术交底工作。完成必需的临时设施。安全防护和安全警示已按要求设置。

(5) 编制质量安全技术交底资料;场地已平整;防洪排水设施齐备;机械设备的优化配置以发挥最大效率。

(6) 深基坑支护结构和隔渗结构的强度必须达到设计要求;降水系统运行正常后,地下水位一般应降至低于开挖底面至少0.5m,然后再开挖。

(7) 施工机械进入现场所经过的相关设施均应事先经过检查,必要时应进行加固或加宽等准备工作。

2. 人工开挖作业准备

(1) 开挖前应清除开挖区域内地上和地下障碍物,对靠近基坑(槽)的原有建筑物及电杆、塔架等应采取防护或加固措施。

(2) 根据工程地质、水文资料应采取措施降低地下水位,一般应降至低于开挖底面至少0.5m,然后再开挖。

(3) 熟悉设计图纸,查清工程场地的地质、水文资料及周围的环境情况;根据施工具体情况,制定土方开挖、运输、堆放和土方调配平衡方案,并做好技术和安全交底。

（4）夜间挖土作业，应根据需要设置照明设施，在危险区域应设置明显警戒标志。

（5）场地平整已完成，并有一定的排水坡向，同时挖好临时性的排水沟，以保证可以正常施工。

1.1.2 机具准备

1. 人工开挖

尖、平头铁锹，手锤，撬棍，手推车，梯子，铁镐，钢卷尺，坡度尺，小线或20号钢丝等。

2. 机械开挖

挖土机械，尖、平头铁锹，手推车，尼龙线或20号钢丝，钢卷尺，坡度尺等。

1.2 工艺流程

开挖坡度的确定→选择合理的开挖顺序→分段分层依次开挖→修边和清底。

1.3 易产生的质量与安全问题

1.3.1 质量问题(表3-1)

基坑(槽)人(机)开挖质量隐患的防治　　　　表3-1

质量隐患	主要原因分析	防治措施
基槽(坑)位置、尺寸偏差过大	1. 测量放线错误，造成轴线错位 2. 土方边坡坡度太陡，开挖线尺寸太大	1. 施工前应根据建设单位提供的平面控制桩和水准点，建立与施工相适应的测量控制网，作为施工测量的基本依据，并应定期复测和检查，确保其正确 2. 在建筑物定位放线时，应在主要轴线部位设置控制桩或标志板 3. 基槽(坑)开挖前，应选用合适的边坡坡度，并计算确定最小的开挖线尺寸
边坡失稳	1. 边坡坡度值选用不当，坡度过陡 2. 对地表水没有采取截流和排除措施，导致土中含水率升高，抗剪强度降低 3. 开挖地下水位以下的土方时，特别在易发生流砂条件区域施工时，不采取降低地下水位的施工方法 4. 边坡顶部附近堆放大量土方或材料、设备，或坡顶附近有振动设备作用 5. 选用不适当的开挖顺序和方法 6. 基槽(坑)土坡长期暴露，在日晒、雨淋或外力作用下造成坍塌	1. 基槽(坑)开挖、基础工程施工和土方回填应连续进行，尽快完成 2. 挖方边坡不放坡作成直立壁并不加支撑时，要求土质均匀且地下水位低于基槽(坑)底面标高时，挖方深度在5m以内，不加支撑的边坡最陡坡度应符合有关规定 3. 选用合适的边坡 4. 在软土地区开挖基槽(坑)时，必须事先做好地面排水和降低地下水位工作，地下水位应降低至基底以下0.5～1.0m后，方可开挖 5. 当建筑场地不允许放坡开挖而需设置坑壁支撑时，应根据开挖深度、土质条件、地下水位、施工方法、相邻建筑物和构筑物等情况进行选择和设计 6. 在基槽(坑)边坡顶上侧堆土或建筑材料，或设置施工机械时，应与槽(坑)边缘保持一定距离，以保证边坡或直立壁的稳定 7. 开挖土方时，应合理确定开挖顺序和分层开挖深度，自上而下，分层分段地进行

续表

质量隐患	主要原因分析	防治措施
基底标高或土质不符合要求	1. 测量放线错误,造成基底标高不足或过深 2. 地质勘察资料与实际情况不符,虽已挖至设计规定深度,但土质仍不符合设计要求 3. 选用的施工机械和施工方法不当,造成超挖	1. 当发现控制或标志板有被碰撞和移动迹象时,应复查校正,防止标高出现过大误差 2. 在基底设适当数量的控制桩防止超挖 3. 基槽(坑)挖至基底标高后,应会同设计单位、监理单位(或建设单位)检查基底土质是否符合要求,并作出隐蔽工程记录
基槽(坑)泡水	1. 雨水、地面水流入基槽(坑) 2. 直接在地下水位以下挖土 3. 降低地下水位的设施出现故障或失效	1. 开挖基坑(槽)周围应设排水沟或挡水堤,防止地面水流入基坑(槽)内;挖土放坡时,坡顶和坡脚至排水沟均应保持一定距离,一般为0.5~1.0m 2. 在潜水层内开挖基坑(槽)时,根据水位高度、潜水层厚度和涌水量,在潜水层标高最低点设置排水沟和集水井,防止流入基坑 3. 在地下水位以下挖土,应在开挖标高坡脚设排水沟和集水井,并使开挖面、排水沟和集水井的深度始终保持一定差值,使地下水位降低至开挖面以下不少于0.5m 4. 施工中保持连续降水,直至基坑(槽)回填完毕

1.3.2 安全问题(表3-2)

基坑(槽)人(机)开挖安全隐患的防治   表3-2

安全隐患	主要原因分析	防治措施
降低支护结构安全度	主要是由于土方、材料、车辆无限制地堆置或行驶在基坑外围场地上,使支护结构外侧堆载超过设计值,降低支护结构安全度	避免土方、材料、车辆无限制地堆置或行驶在基坑外围场地上以及做一些相应的保护措施
人掉落摔伤	主要是未做防护栏杆	深度超过2m基坑(槽)边应设防护栏
塌方	主要是边坡坡度不符合要求、基坑(槽)上边堆土超高,且紧靠边沿堆放以及没有做好相应的防护措施	1. 严禁基坑(槽)上边堆土超高,且紧靠边沿堆放 2. 开挖深度超过1.5m,必须根据土质和深度情况按安全技术交底放坡或加可靠支撑,遇边坡不稳,有坍塌危险征兆时,必须立即撤离现场,并及时报告施工负责人,采取安全可靠排险措施后,方可继续施工

1.4 质量标准

1.4.1 主控项目
基坑的标高、长度、宽度、边坡坡度。

1.4.2 一般项目
表面平整度和基底土性。

1.5 质量检验(表3-3)

基坑(槽)人(机)开挖质量检验　　　　表 3-3

项目	施工质量验收规范规定					检验批划分	检验数量	检验方法	检验要点
		允许偏差或允许值(mm)							
	柱基基坑(槽)	挖土场地平整		管沟	地(路)面基层				
		人工	机械						
主控项目 标高	−50	±30	±50	−50	−50	按基坑划分	坡度不应少于2‰。平整后的场地表面应逐点检查。检查点为每100~400m² 取1点,但不应少于10点;长度、宽度和边坡均为每20m 取1点,每边不应少于1点	水准仪	水准点、水准仪、水准尺标准无误,测量人员持证上岗。测设点具有代表性
主控项目 长度、宽度	+200 −50	+300 −100	±50	+10 0	—			经纬仪,用钢尺量	1.控制桩位,经纬仪校核无误。测量人员持证上岗。 2.由设计中心线向两边量
主控项目 边坡	设计要求							观察或用坡度尺检查	用观察或坡度尺检查坡度是否满足设计要求。只能缓不能陡
一般项目 表面平整度	20	20	50	20	20			用2m靠尺和楔形塞尺检查	1.2m靠尺平直,楔形塞尺无损污。 2.检测点数满足规范要求
一般项目 基底土性	设计要求							观察或土样分析	全面检查基底土,必要时均匀布点取土样进行分析土样,是否与设计要求一致

1.6 质量验收记录

(1) 工程定位测量记录;
(2) 有关支护、防水、检测记录;
(3) 土方开挖工程检验批质量验收记录;
(4) 土方开挖分项工程质量验收记录。

训练2 地基钎探

[训练目的与要求] 掌握地基钎探工程质量标准,能熟练地对地基钎探工程进行质量检验,并能填写工程质量检查验收记录。熟悉地基钎探工程的质量与安全隐患及防治措施并能编制地基钎探工程质量与安全技术交底资料。参加地基钎探工程质量检查验收并填写有关工程质量检查验收记录。

2.1 施工准备

2.1.1 作业准备

(1) 编制质量安全技术交底资料。
(2) 坑(槽)挖完后,经检查其基底标高、轴线、几何尺寸均符合设计要求。
(3) 绘制钎探孔平面布置图,并逐点按打钎操作顺序编号。
(4) 钎杆上预先刻痕,即从下留出钎尖长度后,往上每300mm刻痕一道,并描红色与白色相间的油漆,便于观测。

2.1.2 材料与机具准备

1. 材料准备

砂、素土和灰土。

2. 机具准备

钢钎、大锤、8~10号钢丝或麻绳、高凳或人字梯、铁斗车、撬棍、钢卷尺等。

2.2 工艺流程

测出钎探点位→打钎→拔钎→移位→填孔。

2.3 质量标准

(1) 钎探深度必须符合设计要求和施工规范规定,锤击数记录准确无误。
(2) 钎位应符合钎探孔平面布置图,钎孔不得遗漏,填孔应捣实。

2.4 易产生的质量与安全问题

2.4.1 质量问题(表3-4)

地基钎探质量隐患的防治　　　　表3-4

质量隐患	主要原因分析	防治措施
工人任意取消钎孔或移位打钎以及任意填写锤数	主要是工人在遇到钢钎打不下去时,没有请示有关施工员或质量员,自行决定而导致	遇到钢钎打不下去时,应及时请示施工员或质量员,发现异常会同设计等有关单位协同解决
记录和平面布置图上的探孔位置填错	主要是有关工作人员疏忽造成的	将钎探平面布置图上的探孔与记录表上的探孔先行对照,有无错误,发现错误及时修改或补打

2.4.2 安全问题(表3-5)

地基钎探安全隐患的防治 表3-5

质量隐患	主要原因分析	防治措施
基坑(槽)边坡塌方、掉落重物伤人	主要是安全技术交底不到位,没有做好相关保护措施	做好安全技术交底工作,打钎之前先检查基坑(槽)上口,堆土不宜太高,离边不宜太近,以防打钎受振而塌落伤人
抡大锤者与手握钢钎者受伤	工作前没检查大锤安装是否牢固;工人工作不专心;抡大锤者与手握钢钎者站在一条直线上作业	做好安全技术交底工作,上岗前认真检查工具,抡大锤者与手握钢钎者不得站在一条直线上作业,两人所处位置应形成90°角,以防伤害对方
操作人员失稳跌落	主要是没有做好相关防护措施	高凳或人字梯下部应垫实、放稳,以防操作人员失稳跌落

2.5 质量验收记录

(1) 钎探孔位平面布置图。
(2) 钎探记录表。

项目4 换土垫层地基

训练1 素土及灰土地基

[训练目的与要求] 掌握素土及灰土地基工程质量标准,能熟练地对素土及灰土地基工程进行质量检验,并能填写工程质量检查验收记录。熟悉素土及灰土地基工程的质量与安全隐患及防治措施,并能编制素土及灰土地基工程质量与安全技术交底资料。参加素土及灰土地基工程质量检查验收并填写有关工程质量检查验收记录。

1.1 施工准备

1.1.1 作业准备

(1) 学习施工图及有关规范、标准;编制质量安全技术交底资料。

(2) 编写素土、灰土地基施工方案,主要包括以下事项:

1) 素土、灰土地基施工前应对基坑(槽)进行钎探及验槽。当基底存在枯井、古墓、洞穴、旧基础、暗塘等软硬不均的部位时,应会同有关单位予以处理,并进行隐蔽工程验收。

2) 当地下水位高于基坑(槽)底或有饱和的软弱地基时,施工前应采取排水或降低地下水位的措施。

3) 施工前,应根据工程的特点、填料的种类、施工条件及设计要求的压实系数等,进行击实试验,确定填料含水量控制范围、每层铺填厚度、压实遍数等参数。

4) 室内地坪和管沟铺填素土、灰土前,应先完成管道的安装或管沟墙间的加固措施;施工前,应在基坑(槽)边坡上,每隔3m左右钉好水平木桩。

5) 在室内或散水的边墙上,宜弹出+0.5m标高线。

1.1.2 材料与机具准备

1. 材料准备

土料和熟化石灰。

2. 机具准备

木夯、铁锹、手推车、筛子、标准斗、靠尺、耙子、胶管、喷壶、小线、2m钢尺、压路机、蛙式或柴油打夯机、翻斗汽车、机动翻斗车等。

1.2 工艺流程

基底清理→灰土拌合→分层摊铺→分层夯(压)实分层检测→修整找平。

1.3 易产生的质量与安全问题

1.3.1 质量问题(表4-1)

素土及灰土地基质量隐患的防治　　　　表4-1

质量隐患	主要原因分析	防治措施
灰土早期浸水	1. 浅基础各分项工程没有连续施工,又无防雨措施 2. 地下水位以下做灰土时,排水或降低地下水位的措施不当	1. 灰土地基打完后,应及时修建基础和回填基槽(坑),或作临时遮盖,防止日晒雨淋 2. 在地下水位以下的基槽(坑)内施工时,应采取排水措施。夯实后的灰土,在3d内不得受水浸泡
未按要求测定干土的质量密度	灰土回填施工时,没有测定干土的质量密度	灰土回填施工时切记每层灰土夯实后都应测定干土的质量密度,符合要求后,才能铺摊上层的灰土。并在试验报告中注明材料种类、配合比、试验日期、层数(步数)、结论,试验人员签字。密实度未达到设计要求的部位,均应有处理办法和复验结果
留、接槎不符合规定	没有严格执行留、接槎的规定	灰土施工时要严格执行留、接槎的规定
生石灰块熟化不良	没有认真过筛,颗粒过大,造成颗粒遇水熟化体积膨胀,会将上层垫层基础拱裂	务必认真对待熟石灰的过筛要求
灰土配合比不准确	土料和熟石灰没有认真过标准斗,或将石灰粉花洒在土的表面,拌合也不均匀,均会造成灰土地基软硬不一致,干土质量密度也相差过大	应认真做好计量工作

1.3.2 安全问题(表4-2)

素土及灰土地基安全隐患的防治　　　　表4-2

质量隐患	主要原因分析	防治措施
防止触电伤人	主要是由于电线漏电和工作人员未采取相应的保护措施	1. 设备电线应架空设置,不得使用不防水的或绝缘层有损伤的电线 2. 非机电设备操作人员,不得擅自动用机电设备。使用蛙式打夯机时,应两人操作,其中一人负责移动胶皮线,操作夯机人员,必须带胶皮手套,以防触电
防止塌方	主要是由于基坑(槽)未采取适当的支护措施和基坑(槽)边堆放重物而引起的	1. 填土夯压过程中,应随时注意边坡土的变化,采取适当的支护措施 2. 基坑(槽)边不得堆放重物
防止影响相邻建筑物	主要是由于夯击或碾压振动引起的	当夯击或碾压振动对邻近既有或在建建筑物产生有害影响时,应采取有效预防措施

1.4 质量标准

1.4.1 主控项目

(1) 灰土体积比应符合设计要求。

(2) 施工结束后,应检验灰土地基的承载力。

(3) 灰土土料、石灰或水泥(当水泥替代灰土中的石灰时)等材料及配合比应符合设计要求,灰土应搅拌均匀。

(4) 施工过程中应检查分层铺设的厚度、分段施工时上下两层的搭接长度、夯实时加水量、夯压遍数、压实系数。

需要说明的是,验槽发现有软弱土层或孔穴时,应挖除并用素土或灰土分层填实;最优含水量可通过击实试验确定;分层厚度可参考表4-3中所示数值。

灰土最大虚铺厚度　　　　　　　　　　　　　表4-3

序号	夯实机具	重量(t)	厚度(mm)	备注
1	石夯、木夯	0.04~0.08	200~250	人力送夯,落距400~500mm,每夯搭接半夯
2	轻型夯实机械	—	200~250	蛙式或柴油打夯机
3	压路机	机重6~10	200~300	双轮

1.4.2 一般项目

(1) 熟化石灰颗粒粒径不得大于5mm;黏土(或粉质黏土、粉土)内不得含有有机物质,颗粒粒径不得大于15mm;

(2) 含水量(与要求的最优含水量较比);

(3) 灰土垫层表面的允许偏差应符合质量检验表的规定。

1.4.3 质量检验(表4-4)

素土及灰土地基质量检验　　　　　　　　　　表4-4

	施工质量验收规范规定		检验批划分	检验数量	检验方法	检验要点
主控项目	1. 地基承载力	设计要求	按基坑划分	每单位工程不应少于3点,1000m²以上工程,每100m²至少应有1点,3000m²以上工程,每300m²至少应有1点。每一独立基础下至少应有1点,基槽每20延米应有1点	按规定方法	按设计指定的方法,由有资质的检查单位按规范规定的检查方法检查
	2. 配合比	设计要求			按拌合时的体积比	对土料、石灰或水泥进行观察检查,必要时检查材料试验报告,进行试配,配合比按体积配合比计算,拌合要均匀
	3. 压实系数	设计要求			现场实测	严格控制虚铺厚度、压实遍数、压路机吨数(或其他压实机械),应特别注意边角及分段施工部位压实情况

续表

施工质量验收规范规定		检验批划分	检验数量	检验方法	检验要点
一般项目	1. 石灰粒径(mm) ≤5	按基坑划分	每单位工程不应少于3点,1000m²以上工程,每100m²至少应有1点,3000m²以上工程,每300m²至少应有1点。每一独立基础下至少应有1点,基槽每20延米应有1点	筛选法	检查筛子规格,有无破损,以及实施情况
	2. 土料有机质含量(%) ≤5			实验室焙烧法	土样随机取样,检查焙烧试验报告
	3. 土颗粒粒径(mm) ≤15			筛分法	检查筛子规格,有无破损,以及实施情况
	4. 含水量(与要求的最优含水量比较)(%) ±2			烘干法	现场观察检查,查验烘干试验报告
	5. 分层厚度偏差(与设计要求比较)(mm) ±50			水准仪	现场随机取点,尺量检查。所查点应具有代表性

1.5 质量验收记录

质量验收记录应包括以下内容:
(1) 素土及石灰试验报告;
(2) 土壤击实试验报告;
(3) 素土或灰土的干密度试验报告;
(4) 隐蔽工程检查验收记录;
(5) 地基承载力试验记录;
(6) 素土(灰土)地基工程检验批质量验收记录;
(7) 灰土地基分项工程质量验收记录。

训练2 砂及砂石地基

[训练目的与要求] 掌握砂及砂石地基工程质量标准,能熟练地对砂及砂石地基工程进行质量检验,并能填写工程质量检查验收记录。熟悉砂及砂石地基工程的质量与安全隐患及防治措施,并能编制砂及砂石地基工程质量与安全技术交底资料。参加砂及砂石地基工程质量检查验收并填写有关工程质量检查验收记录。

2.1 施工准备

2.1.1 作业准备

学习施工图及有关规范、标准,编写砂及砂石地基施工方案并进行安全技术交底。砂及砂石地基施工前,应对基坑(槽)进行钎探及验槽,并办理隐藏工程验收手续。人工级配砂石,应通过试验确定配合比例,使其符合设计要求。应采用排水或降低水位措施，使基坑(槽)保持无水状态。施工前，在基坑(槽)边坡上，宜每隔 3m 左右钉好水平木桩。在边墙上弹好 0.5m 标高线。

2.1.2 材料与机具准备

1. 材料准备

(1) 级配砂石宜采用质地坚硬的中砂、粗砂、砾砂、碎(卵)石、石屑或其他工业废粒料；缺少中、粗砂和砾砂的地区，可在细砂中掺入一定数量的粒径 20～50mm 的卵石或碎石，颗粒级配应符合设计要求。

(2) 级配砂石中不得含有草根、树叶、垃圾等杂质，有机物质含量应小于 5%。

2. 机具准备

插入式振捣器、平板式振捣器、木夯、蛙式或柴油打夯机、压路机、推土机、机动翻斗车、手推车、铁锹、钢叉、喷水用胶管等。

2.2 工艺流程

基底清理→分层铺筑砂石→振捣、夯实或碾压→分层检测→修整找平。

2.3 易产生的质量与安全问题

2.3.1 质量问题(表 4-5)

砂及砂石地基质量隐患的防治　　表 4-5

质量隐患	主要原因分析	防治措施
大面积下沉	主要是未按质量要求施工，分层铺筑过厚，碾压遍数不够，洒水不足等	要严格按操作工艺的要求施工
局部下沉	边缘和转角处夯打不实，留接槎没按规定搭接和夯实	对边角处的夯打不得遗漏
级配不良	由于人员疏忽造成	人工级配砂石应拌合均匀，及时处理砂窝、石堆等问题，做到砂石级配良好
密实度不符合要求	没有测定干砂的质量密度	坚持分层检查砂石地基的质量。每一层砂的干砂质量密度必须符合规定，否则不能进行上一层的砂石施工

2.3.2 安全问题(表 4-6)

砂及砂石地基安全隐患的防治　　表 4-6

安全隐患	主要原因分析	防治措施
防止触电伤人	主要是由于电线漏电和工作人员未采取相应的保护措施	1. 施工前，应检查电线绝缘及电气设备接地是否良好，振捣、夯实中严禁损伤电线 2. 非机组人员不得擅自动用机械设备

续表

安 全 隐 患	主 要 原 因 分 析	防 治 措 施
防止塌方	主要是由于基坑（槽）未采取适当的支护措施和基坑（槽）边堆放重物引起的	1. 填土夯（压）过程中，应随时注意边坡土的变化，采取适当的支护措施 2. 基坑（槽）边不得堆放重物
防止影响相邻建筑物	主要是由于夯击或碾压振动引起的	当夯击或碾压振动对邻近既有或在建筑物产生有害影响时，应采取有效预防措施

2.4 质量标准

2.4.1 主控项目

（1）砂和砂石不得含有草根等有机杂质，砂应采用中砂，石子最大粒径不得大于垫层厚度的2/3。

（2）砂、石等原材料质量、配合比应符合设计要求，砂、石应搅拌均匀。

（3）施工过程中必须检查分层厚度、分段施工时搭接部分的压实情况、加水量、压实遍数、压实系数。

砂和砂石地基每层铺筑厚度及最优含水量可参考表4-7中所示数值。

砂和砂石地基压实施工中每层铺筑厚度及最优含水量　　　表4-7

序号	压实方法	每层铺筑厚度（mm）	施工时的最优含水量(%)	施工说明	备 注
1	平振法	200～250	15～20	用平板式振捣器往复振捣	不宜应用于干细砂或含泥量较大的砂所铺筑的砂地基
2	插振法	振捣器插入深度	饱和	（1）用插入式振捣器； （2）插入点间距可根据机械振幅大小决定； （3）不应插至下卧黏性土层； （4）插入振捣完毕后，所留的孔洞，应用砂填实	不宜使用于细砂或含泥量较大的砂所铺筑的砂地基
3	水撼法	250	饱和	（1）注水高度应超过每次铺筑面层； （2）用钢叉摇撼捣实插入点间距为100mm； （3）钢叉分四齿，齿的间距80mm，长300mm，木柄长90mm	
4	夯实法	150～200	饱和	（1）用木夯或机械夯； （2）木夯重40kg，落距400～500mm； （3）一夯压半夯全面夯实	

续表

序号	压实方法	每层铺筑厚度(mm)	施工时的最优含水量(%)	施工说明	备注
5	碾压法	250～350	8～12	6～12t压路机往复碾压	适用于大面积施工的砂和砂石地基

注：在地下水位以下的地基其最下层的铺筑厚度可比上表增加50mm。

2.4.2 一般项目

(1) 表面不应有砂窝、石堆等质量缺陷。
(2) 砂垫层和砂石垫层表面的允许偏差应符合质量检验表的规定。

2.5 质量检验（表4-8）

砂及砂石地基质量检验　　　　　　　表4-8

施工质量验收规范规定		检验批划分	检验数量	检验方法	检验要点
主控项目	1. 地基承载力　设计要求	按基坑划分	每单位工程不应少于3点，1000m²以上工程，每100m²至少应有1点，3000m²以上工程，每300m²至少应有1点。每一独立基础下至少应有1点，基槽每20延米应有1点	按规定方法	按设计和规范指定的方法，由有资质的检查单位检查
	2. 配合比　设计要求			检查拌合时的体积比或重量比	对砂或砂石材料进行观察检查，必要时检查材料试验报告，施工前要进行试配，配合比按体积配合比计算，拌合要均匀
	3. 压实系数　设计要求			现场实测	严格控制虚铺厚度、压实遍数、压路机吨数（或其他压实机械），应特别注意边角及分段施工部位压实情况。取样点要有代表性
一般项目	1. 砂石料有机质含量(%)　≤5			焙烧法	现场随机取样，检查复检报告
	2. 砂石料含泥量(%)　≤5			水洗法	现场随机取样，检查复检报告
	3. 石料粒径(mm)　≤100			筛分法	现场随机取样，检查复检报告
	4. 含水量（与最优含水量比较）(%)　±2			烘干法	现场观察检查，查验烘干报告
	5. 分层厚度（与设计要求比较）(mm)　±50			水准仪	现场随机取点，尺量检查。所查点应具有代表性

2.6 质量验收记录

质量验收记录中应包括以下内容：
(1) 砂石试验报告；
(2) 纯砂击实试验报告；
(3) 纯砂干密度试验报告；
(4) 隐蔽工程检查验收记录；
(5) 地基承载力试验记录；
(6) 砂及砂石地基工程检验批质量验收记录；
(7) 砂及砂石地基分项工程质量验收记录。

项目 5 桩 基 础 工 程

训练 1 预制钢筋混凝土桩

[训练目的与要求] 掌握预制钢筋混凝土桩工程质量标准,能熟练地对预制钢筋混凝土桩工程进行质量检验,并能填写工程质量检查验收记录。熟悉预制钢筋混凝土桩工程的质量与安全隐患及防治措施,并能编制预制钢筋混凝土桩工程质量与安全技术交底资料。参加预制钢筋混凝土桩工程质量检查验收并填写有关工程质量检查验收记录。

1.1 施工准备

1.1.1 作业准备

1. 制桩

(1) 各种原材料已经检验,并经试配提出混凝土配合比。

(2) 预制场地符合要求,机具齐全。

(3) 对提供的桩基布置图、桩基施工图进行会审并作技术交底。

2. 运输和堆放

(1) 预制桩强度达到起吊、运输要求。

(2) 堆放位置符合要求。

(3) 起吊、运输设备齐全,并达到要求的能力。

3. 沉桩

(1) 提供建筑场地的工程地质勘察报告,必要时尚需补充静力触探或标贯试验等原位测试资料。

(2) 编制施工组织设计或专项施工方案,编制质量安全技术交底资料,组织施工管理人员熟悉图纸和打桩施工标准,并对施工的工人进行技术及安全交底。

(3) 预制桩的检验资料齐全。

(4) 施工前必须打试验桩,其数量不少于2根,确定贯入度并校验打桩设备、施工工艺以及技术措施是否适宜。

(5) 清理地上地下障碍物。打桩场地应平整,地面承载力应能适应桩机工作的正常运转。施工场地应保持排水通畅,注意施工中的防振问题。

(6) 施工测量定位放线工作已完成,沉桩机具全部进入现场,试运转正常。

1.1.2 材料与机具准备

1. 材料准备

水泥、砂、石子、水、外加剂、掺合料、钢筋、接桩材料等。

2. 机具准备

制桩机具、运输机具、沉桩机械、接桩机具、铁锹、铁板、台秤、胶皮管、铁抹子、水准仪、经纬仪、钢卷尺、水准尺等。

1.2 工艺流程

就位桩机→起吊预制桩→对位插桩→打桩→接桩→送桩→检查验收→移桩位。

1.3 易产生的质量与安全问题

1.3.1 质量问题(表5-1)

预制钢筋混凝土桩质量隐患的防治 表5-1

质量问题	主要原因分析	预 防 措 施
桩身断裂	(1)桩身在施工中出现较大弯曲,在反复的集中荷载作用下,当桩身不能承受抗弯强度时,即产生断裂。桩身产生弯曲的原因有: 1)一节桩的长细比过大,沉入时,又遇到较硬的土层 2)桩制作时,桩身弯曲超过规定,桩尖偏离桩的纵轴线较大,沉入时桩身发生倾斜或弯曲 3)桩入土后,遇到大块坚硬障碍物,把桩尖挤向一侧 4)稳桩时不竖直,打入地下一定深度后,再用走桩架的方法校正,使桩身产生弯曲 5)采用"植桩法"时,钻孔竖直偏差过大。桩虽然是竖直立稳放入孔中,但在沉桩过程中,桩又慢慢顺钻孔倾斜沉下而产生弯曲 6)两节桩或多节桩施工时,相接的两节桩不在同一轴线上,产生了曲折,或接桩方法不当(一般多为焊接,个别地区使用硫磺胶泥法接桩) (2)桩在反复长时间打击中,桩身受拉、压应力,当拉应力值大于混凝土抗拉强度时,桩某处即产生横向裂缝,表面混凝土剥落,如拉应力过大,混凝土发生破碎,桩即断裂 (3)制作桩的水泥强度等级不符合要求,砂、石中含泥量大或石子中有大量碎屑,使桩身局部强度不够,施工时在该处断裂 桩在堆放、起吊、运输过程中,也能产生裂纹或断裂 (4)桩身混凝土强度等级未达到设计强度即进行运输与施打 (5)在桩沉入过程中,某部位桩尖土软硬不均匀,造成突然倾斜	(1)施工前,应将地下障碍物,如旧墙基、条石、大块混凝土清理干净,尤其是桩位下的障碍物,必要时可对每个桩位用钎探了解。对桩身质量要进行检查,发现桩身弯曲超过规定,或桩尖不在桩纵轴线上时,不宜使用。一节桩的长细比不宜过大,一般不超过30 (2)在初沉桩过程中,如发现桩不竖直应及时纠正,如有可能,应把桩拔出,清理完障碍物并回填素土后重新沉桩。桩打入一定深度发生严重倾斜时,不宜采用移动桩架来校正。接桩时要保证上下两节桩在同一轴线上,接头处必须严格按照设计及操作要求执行 (3)采用"植桩法"施工时,钻孔的竖直偏差要严格控制在1‰以内。植桩时,桩应顺孔植入,出现偏斜也不宜用移动桩架来校正,以免造成桩身弯曲 (4)桩在堆放、起吊、运输过程中,应严格按照有关规定或操作规程执行,发现桩开裂超过有关规定时,不得使用。普通预制桩经蒸压达到要求强度后,宜在自然条件下再养护一个半月,以提高桩的后期强度。施打前桩的强度必须达到设计强度100%(指多为穿过硬夹层的端承桩)方可施打。而对纯摩擦桩,强度达到70%便可施打 (5)遇有地质比较复杂的工程(如有老的洞穴、古河道等),应适当加密地质探孔,详细描述,以便采取相应措施 治理方法:当施工中出现断裂桩时,应及时会同设计人员研究处理办法。根据工程地质条件、上部荷载及桩所处的结构部位,可以采取补桩的方法。条基补1根桩时,可在轴线内、外补;补2根桩时,可在断桩的两侧补。柱基群桩时,补桩可在承台外对称补或承台内补桩

续表

质量问题	主要原因分析	预 防 措 施
桩顶碎裂	混凝土强度不足、桩头钢筋放置不合理、桩垫厚度不足，并和锤重大小，落距、桩垫厚度等有关	(1) 发现桩顶有打碎现象，应及时停止沉桩，更换并加厚桩垫。如有较严重的桩顶破裂，可把桩顶剔平补强，再重新沉桩 (2) 如因桩顶强度不够或桩锤选择不当，应换用养护时间较长的"老桩"或更换合适的桩锤
沉桩达不到设计要求	(1) 勘探点不够或勘探资料粗略，对工程地质情况不明，尤其是持力层的起伏标高不明，致使设计考虑持力层或选择桩尖标高有误，也有时因为设计要求过严，超过施工机械能力或桩身混凝土强度 (2) 勘探工作是以点带面，对局部硬夹层或软夹层的透镜体不可能全部了解清楚，尤其在复杂的工程地质条件下，还有地下障碍物，如大块石头、混凝土块等。打桩施工遇到这种情况，就很难达到设计要求的施工控制标准 (3) 以新近代砂层为持力层时，由于新近代砂层结构不稳定，同一层土的强度差异很大，桩打入该层时，进入持力层较深才能求出贯入度。但群桩施工时，砂层越挤越密，最后就有沉不下去的现象 (4) 桩锤选择太小或太大，使桩沉不到或沉过设计要求的控制标高 (5) 桩顶打碎或桩身打断，致使桩不能继续打入。特别是柱基群桩，布桩过密互相挤实，选择施打顺序又不合理	(1) 详细探明工程地质情况，必要时应作补勘；正确选择持力层或标高，根据工程地质条件、桩断面及自重，合理选择施工机械、施工方法及行车路线 (2) 防止桩顶打碎或桩身断裂 治理方法 (1) 遇有硬夹层时，可采用植桩法、射水法或气吹法施工 植桩法施工即先钻孔，把硬夹层钻透，然后把桩插进孔内，再打至设计标高。钻孔的直径要求，以方桩为内切圆，空心圆管桩为圆管的内径为宜。无论采用植桩法、射水法或气吹法施工，桩尖至少进入未扰动土6倍桩径 (2) 桩如打不下去，可更换能力大一些的桩锤打击，并加厚缓冲垫层 (3) 选择合理的打桩顺序，特别是柱基群桩，如先打中间桩，后打四周桩，则桩会被抬起；相反，若先打四周桩，后打中间桩，则很难打入。为此应选用"之"字形打桩顺序，或从中间分开往两侧对称施打的顺序 (4) 选择桩锤应以重锤低击的原则，这样容易贯入，可减少桩的损坏率 (5) 桩基础工程正式施打前，应做工艺试桩，以校核勘探与设计的合理性，重大工程还应做荷载试验桩，确定能否满足设计要求
桩顶位移	(1) 同"桩身断裂"的原因分析(1)中3)、5)、6) (2) 桩数较多，土层饱和密实，桩间距较小，在沉桩时土被挤到极限密实度而向上隆起，相邻的桩一起被涌起 (3) 在软土地基施工较密集的群桩时，由于沉桩引起的空隙压力把相邻的桩推向一侧或涌起 (4) 桩位放得不准，偏差过大；施工中桩位标志丢失或挤压偏离，施工人员随意定位；桩位标志与墙、柱轴线标志混淆搞错等，造成桩位错位较大 (5) 选择的行车路线不合理 (6) 特别是摩擦桩，桩尖落在软弱土层中，布桩过密，或遇到不密实的回填土(枯井、洞穴等)，在锤击振动的影响下使桩顶有所下沉	(1) 同"桩身断裂"的预防措施 (2) 采用井点降水、砂井或盲沟等降水或排水措施 (3) 沉桩期间不得同时开挖基坑，需待沉桩完毕后相隔适当时间方可开挖，相隔时间应视具体地质条件、基坑开挖深度、面积、桩的密集程度及孔隙压力消散情况来确定，一般宜二周左右 (4) 采用"植桩法"可减少土的挤密及孔隙水压力的上升 (5) 认真按设计图纸放好桩位，做好明显标志，并做好复查工作。施工时要按图核对桩位，发现丢失桩位或桩位标志以及轴线桩标志不清时，应由有关人员查清补上。轴线桩标志应按规范要求设置，并选择合理的行车路线

续表

质量问题	主要原因分析	预防措施
桩身倾斜	(1) 打桩机架挺杆导向固定垂直于底盘，不能作前后左右微调，或虽能微调，但使用不便。在沉桩过程中，如果场地不平，有较大坡度，挺杆导向也随着倾斜，则桩在沉入过程中随着挺杆导向也会产生倾斜 (2) 稳桩时桩不垂直，桩帽、桩锤及桩不在同一直线上 (3) 同"桩身断裂"的原因分析(1)中2)、3)、4)、5)、6)及"桩顶碎裂"的原因分析(4)	(1) 场地要平整。如场地不平，施工时，应在打桩机行走轮下加垫板等物，使打桩机底盘保持水平 (2) 同"桩身断裂"的预防措施(1)、(2)、(3) 治理方法 (1) 同"桩身断裂"的预防措施(2) (2) 同"桩顶碎裂"的预防措施(4)、(5)
接桩处松脱开裂	(1) 连接处的表面没有清理干净，留有杂质、雨水和油污等 (2) 采用焊接或法兰连接时，连接铁件不平及法兰平面不平，有较大间隙，造成焊接不牢或螺栓拧不紧 (3) 焊接质量不好，焊缝不连续、不饱满，焊肉中夹有焊渣等杂物。接桩方法有误，时间效应与冷却时间等因素影响 (4) 采用硫磺胶泥接桩时，硫磺胶泥配合比不合适，没有严格按操作规程熬制，以及温度控制不当等，造成硫磺胶泥达不到设计强度，在锤击作用下产生开裂 (5) 两节桩不在同一直线上，在接桩处产生曲折，锤击时接桩处局部产生集中应力而破坏连接。上下桩对接时，未作严格的双向校正，两桩顶间存在缝隙	(1) 接桩前，对连接部位上的杂质、油污等必须清理干净，保证连接部件清洁。检查校正垂直度后，两桩间的缝隙应用薄钢片垫实，必要时要焊牢，焊接应双机对称焊，一气呵成，经焊接检查，稍停片刻冷却后再行施打，以免焊接处变形过多 (2) 检查连接部件是否牢固平整和符合设计要求，如有问题，必须进行修正后才能使用 (3) 接桩时，两节桩应在同一轴线上，法兰或焊接预埋件应平整服贴，焊接或螺栓拧紧后，锤击几下再检查一遍，看有无开焊、螺栓松脱、硫磺胶泥开裂等现象，如有应立即采取补救措施，如补焊、重新拧紧螺栓并把丝扣凿毛或用电焊焊死 (4) 采用硫磺胶泥接桩法时，应严格按照操作规程操作，特别是配合比应经过试验，熬制时及施工时的温度应控制好，保证硫磺胶泥达到设计强度
接长桩脱桩	(1) 接头处连接角钢长度未达到设计要求 (2) 焊接不连续，焊腿尺寸不足，上下节桩间隙垫铁不充实，致使桩接头处吻合不好 (3) 遇密实砂层，穿透或进入持力层要求过高，造成锤击数增加，桩身受到拉、压应力的交替循环作用，使角钢焊缝打裂开焊，接头脱桩 (4) 打入桩的挤土效应，若在水位高的沿海地区，打桩时会产生超空隙水压力，产生土体触变与蠕动变形，造成土体效应，致使地面隆起或侧移，使得先打完的桩有抬起现象，接头焊缝开裂	(1) 选用复打加固方式(用贯入度控制)检查和消除接头处的间隙，再用小应变检查桩体完整性，若仍出现错位，就用加桩方法处理 (2) 上下节桩双向校正后，其间隙用薄钢片填实焊牢，所有焊缝要连续饱满，按焊接质量要求操作 (3) 对因接头质量引起的脱桩，若未出现错位情况，属于有修复可能的缺陷桩。当成桩完成，土体扰动现象消除后，采用复打方式，可弥补缺陷，恢复功能 (4) 对遇到复杂地质情况的工程，为避免出现桩基质量问题，可改变接头方式，如用钢套方法，接头部位设置抗剪键，插入后焊死，可有效地防止脱开

1.3.2 安全问题(表5-2)

预制钢筋混凝土桩安全隐患的防治　　　　　表5-2

安全隐患	主要原因分析	防治措施
污染环境	施工垃圾、生活垃圾没有定期清理	施工垃圾、生活垃圾应定期清理,以免污染环境
防止人身伤害	主要是没有做好相关保护措施以及没有对施工人员进行安全知识培训	1. 制定安全生产措施,定期对施工人员进行安全知识培训,提高安全意识,确保安全生产 2. 现场人员必须戴安全帽,机电操作人员必须穿绝缘鞋,戴绝缘手套
文明施工、安全施工	施工没有按顺序有系统的进行	施工应按顺序有系统地进行,保持现场文明施工、安全施工

1.4　质量标准

1.4.1　主控项目

(1) 桩体质量检验;
(2) 桩位偏差;
(3) 承载力。

1.4.2　一般项目

(1) 桩在现场预制时,应对原材料、钢筋骨架(见表5-3)、混凝土强度进行检查,采用工厂生产的成品桩时,进场后应对其进行外观及尺寸检查。

预制桩钢筋骨架质量检验标准　　　　　表5-3

项目	序号	检查项目	允许偏差或允许值(mm)	检验方法
主控项目	1	主筋距桩顶距离	±5	用钢尺量
	2	多节桩锚固钢筋位置	5	用钢尺量
	3	多节桩预埋铁件	±3	用钢尺量
	4	主筋保护层厚度	±5	用钢尺量
一般项目	1	主筋间距	±5	用钢尺量
	2	桩尖中心线	10	用钢尺量
	3	箍筋间距	±20	用钢尺量
	4	桩顶钢筋网片	±10	用钢尺量
	5	多节桩锚固钢筋长度	±10	用钢尺量

(2) 施工中应对桩体垂直度、沉桩情况、桩顶完整状况、接桩质量等进行检查。对电焊接桩,重要工程应做10%的焊缝探伤检查。

(3) 施工结束后,应对承载力及桩体质量做检验。

(4) 对长桩或总锤击数超过 500 击的锤击桩，应符合桩体强度及 28d 龄期的两项条件才能进行锤击。

1.5 质量检验（表 5-4、表 5-5、表 5-6）

钢筋混凝土预制桩的质量检验标准　　　　　表 5-4

项目	序号	检查项目	允许偏差或允许值 单位	允许偏差或允许值 数值	检验方法
主控项目	1	桩体质量检验	按基桩检测技术规范		按基桩检测技术规范
主控项目	2	桩位偏差	见预制桩（钢桩）桩位的允许偏差表		用钢尺量
主控项目	3	承载力	按基桩检测技术规范		按基桩检测技术规范
一般项目	1	砂、石、水泥、钢材等原材料（现场预制时）	符合设计要求		查出厂质保文件或抽样送检
一般项目	2	混凝土配合比及强度（现场预制时）	符合设计要求		检查、称量及检查试块记录
一般项目	3	成品桩外形	表面平整，颜色均匀，掉角深度小于 1mm，蜂窝面积小于总面积的 0.5%		观察检查
一般项目	4	成品桩裂缝（收缩裂缝或起吊、装运堆放引起的裂缝）	深度小于 20mm，宽度小于 0.25mm，横向裂缝不超过边长的一半		裂缝测定仪，该项在地下水有侵蚀地区和锤击数超过 500 击的长桩时不适用
一般项目	5	成品桩尺寸：横截面边长	±5mm		用钢尺量
一般项目	5	桩顶对角线差	<10mm		用钢尺量
一般项目	5	桩尖中心线	<10mm		用钢尺量
一般项目	5	桩身弯曲矢高	<1/1000L		用钢尺量，L 为桩长
一般项目	5	桩顶平整度	<2mm		用水平尺量
一般项目	6	电焊接桩焊缝质量	见钢桩施工质量检验标准表		
一般项目	6	电焊结束后停歇时间	min	>1.0	秒表测定
一般项目	6	上下节平面偏差	mm	<10	用钢尺量
一般项目	6	节点弯曲矢高		<1/1000L	用钢尺量，L 为两节桩长
一般项目	7	硫磺胶泥接桩：胶泥浇注时间	min	<2	秒表测定
一般项目	7	浇筑后停歇时间	min	>7	秒表测定
一般项目	8	桩顶标高	mm	±50	水准仪
一般项目	9	停锤标准	设计要求		现场实测或查沉桩记录

钢桩施工质量检验标准　　　　　　　　　　　　　　　　表 5-5

项目	序号	检查项目	允许偏差或允许值 单位	允许偏差或允许值 数值	检查方法
主控项目	1	桩位偏差	见《建筑地基基础工程施工质量验收规范》GB 50202—2002 表 5.1.3		用钢尺量
主控项目	2	承载力	按基桩检测技术规范		按基桩检测技术规范
一般项目	1	电焊接桩焊缝： (1)上下节端部错口 　（外径≥700mm） 　（外径＜700mm） (2)焊缝咬边深度 (3)焊缝加强层高度 (4)焊缝加强层宽度 (5)焊缝电焊质量外观 (6)焊缝探伤检验	mm mm mm mm mm 无气孔，无焊瘤，无裂缝 满足设计要求	≤3 ≤2 ≤0.5 2 2 	用钢尺量 用钢尺量 焊缝检查仪 焊缝检查仪 焊缝检查仪 直观 按设计要求
一般项目	2	电焊结束后停歇时间	min	>1.0	按设计要求
一般项目	3	节点弯曲矢量		<1/1000L	用钢尺量，L 为两节桩长
一般项目	4	桩顶标高	mm	±50	水准仪
一般项目	5	停锤标准	设计要求		用钢尺量或沉桩记录

预制桩（钢桩）桩位的允许偏差（mm）　　　　　　　　　表 5-6

序　号	项　　　　目	允许偏差
1	盖有基础梁的桩： (1)垂直基础梁的中心线； (2)沿基础梁的中心线	100+0.01H 150+0.01H
2	桩数为 1～3 根桩基中的桩	100
3	桩数为 4～16 根桩基中的桩	1/2 桩径或边长
4	桩数大于 16 根桩基中的桩： (1)最外边的桩； (2)中间桩	1/3 桩径或边长 1/2 桩径或边长

注：H 为施工现场地面标高与桩顶设计标高的距离。

1.6　质量验收记录

(1) 测量放线记录；
(2) 预制桩检验批质量验收记录；

(3) 试桩记录；

(4) 打桩记录；

(5) 桩位竣工平面图；

(6) 静力压桩工程检验批质量验收记录；

(7) 地基承载力检测报告；

(8) 钢筋混凝土预制桩分项工程质量验收记录；

(9) 其他技术资料。

训练2　泥浆护壁灌注桩

[训练目的与要求]　掌握泥浆护壁灌注桩工程质量标准，能熟练地对泥浆护壁灌注桩工程进行质量检验，并能填写工程质量检查验收记录。熟悉泥浆护壁灌注桩工程的质量与安全隐患及防治措施，并能编制泥浆护壁灌注桩工程质量与安全技术交底资料。参加泥浆护壁灌注桩工程质量检查验收并填写有关工程质量检查验收记录。

2.1　施工准备

2.1.1　作业准备

编制施工组织设计或专项施工方案；编制质量安全技术交底资料；清理地上、地下障碍物，现场场地条件满足施工要求；有建设单位提供的工程地质勘察报告；施工测量定位放线工作已经完成；施工用泥浆循环系统已按批准的施工组织设计准备就绪；成孔试验已经完成，施工设备、施工工艺及技术措施适宜；机具设备全部进入现场试运转正常；"四通一平"及其他临时设施已准备就绪，具备开工条件。

2.1.2　材料与机具准备

1. 材料准备

水泥、砂、石子、水、黏土、外加剂、钢筋。

2. 机具准备

主要工器具：回旋钻孔机、翻斗车或手推车、混凝土导管、套管、水泵、水箱、泥浆池、混凝土搅拌机、平尖头铁锹、胶皮管、安长软轴的插入式振捣棒、线坠等。

2.2　工艺流程

钻孔机就位→钻孔→注泥浆→下套管→继续钻孔→排渣→清孔→射水清底→插入混凝土导管→浇筑混凝土→拔出导管→插桩顶钢筋。

2.3 易产生的质量与安全问题

2.3.1 质量问题(表 5-7)

泥浆护壁灌注桩质量隐患的防治   表 5-7

质量问题	主要原因分析	防 治 措 施
塌 孔	(1) 泥浆密度不够，起不到可靠的护壁作用 (2) 孔内水头高度不够或孔内出现承压水降低了静水压力 (3) 护筒埋置太浅，下端孔坍塌 (4) 在松散砂层中钻进时，进尺速度太快或停在一处空转时间太长，转速太快 (5) 冲击(抓)锥或掏渣筒倾倒，撞击孔壁 (6) 用爆破处理孔内孤石、探头石时，炸药量过大，造成很大振动 (7) 勘探孔较少，对地质与水文地质描述欠缺	在松散砂土或流砂中钻进时，应控制进尺，选用较大密度、黏度、胶体率的优质泥浆，或投入黏土掺片、卵石，低锤冲击，使黏土膏、片、卵石挤入孔壁
钻孔漏浆	(1) 遇到透水性强或有地下水流动的土层 (2) 护筒埋设太浅，回填土不密实或护筒接缝不严密，会在护筒刃脚或接缝处漏浆 (3) 水头过高使孔壁渗浆	(1) 加稠泥浆或倒入黏土，慢速转动，或在回填土内掺片、卵石，反复冲击，增强护壁 (2) 在有护筒防护范围内，接缝处可由潜水工用棉絮堵塞，封闭接缝，稳住水头 (3) 在容易产生泥浆渗漏的土层中应采取维持孔壁稳定的措施 (4) 在施工期间护筒内的泥浆面应高出地下水位 1.0m 以上，在受水位涨落影响时，泥浆面应高出最高水位 1.5m 以上
桩孔偏斜	(1) 钻孔中遇较大的孤石或探头石 (2) 在有倾斜度的软硬地层交界处、岩石倾斜处，或在粒径大小悬殊的卵石层中钻进，钻头所受的阻力不均 (3) 扩孔较大，钻头偏离方向 (4) 钻机底座安置不平或产生不均匀沉陷 (5) 钻杆弯曲，接头不直	(1) 安装钻机时要使转盘、底座水平，起重滑轮边缘、固定钻杆的卡孔和护筒中心三者应在同一轴线上，并经常检查校正 (2) 由于主动钻杆较长，转动时上部摆动过大，必须在钻架上增添导向架，控制钻杆上的提引水龙头，使其沿导向架向下钻进 (3) 钻杆、接头应逐个检查，及时调整。发现主动钻杆弯曲，要用千斤顶及时调直或更换钻杆 (4) 在有倾斜的软、硬地层钻进时，应吊住钻杆控制进尺，低速钻进，或回填片、卵石，冲平后再钻进 (5) 钻孔机具及工艺的选择，应根据桩型、钻孔深度、土层情况、泥浆排放及处理条件综合确定 (6) 为了保证桩孔垂直度，钻机应设置相应的导向装置 (7) 钻进过程中，如发生斜孔、塌孔等现象时，应停钻，采取相应措施再行施工 治理方法 (1) 在偏斜处吊住钻头，上下反复扫孔，使孔校直 (2) 在偏斜处回填砂黏土，待沉积密实后再钻

续表

质量问题	主要原因分析	防治措施
缩 孔	(1) 塑性土膨胀，造成缩孔 (2) 选用机具、工艺不合理	(1) 采用上下反复扫孔的办法，以扩大孔径 (2) 根据不同的土层，应选用相应的机具、工艺 (3) 成孔后立即验孔，安放钢筋笼，浇筑桩身混凝土
梅花孔	(1) 由于转向装置失灵，泥浆太稠，阻力大，冲击锥不能自由转动 (2) 冲程太小，冲击锥刚提起又落下，得不到足够的转动时间，变换不了冲击位置	(1) 经常检查转向装置是否灵活 (2) 选用适当黏度和密度的泥浆，适时掏渣 (3) 用低冲程时，隔一段时间要更换高一些的冲程，使冲击锥有足够的转动时间
钢筋笼放置与设计要求不符	(1) 堆放、起吊、运输没有严格执行规程，支垫数量不够或位置不当，造成变形 (2) 钢筋笼吊放入孔时不是竖直缓缓放下，而是斜插入孔内 (3) 清孔时孔底沉渣或泥浆没有清理干净，造成实际孔深与设计要求不符，钢筋笼放不到设计深度	(1) 如钢筋笼过长，应分段制作，吊放钢筋笼入孔再分段焊接 (2) 钢筋笼在运输和吊放过程中，每隔2.0～2.5m设置加强箍一道，并在钢筋笼内每隔3～4m装一个可拆卸的十字形临时加劲架，在钢筋笼吊放入孔后再拆除 (3) 在钢筋笼周围主筋上每隔一定间距设置混凝土垫块，混凝土垫块根据保护层的厚度及孔径设计 (4) 用导向钢管控制保护层厚度，钢筋笼由导管中放入，导向钢管长度与钢筋笼长度一致，在浇筑混凝土过程中再分段拔出导管或浇筑完混凝土后一次拔出 (5) 清孔时应把沉渣清理干净，保证实际有效孔深满足设计要求 (6) 钢筋笼应竖直缓慢放入孔内，防止碰撞孔壁。钢筋笼放入孔内后，要采取措施，固定好位置 (7) 钢筋笼吊放完毕，应进行隐蔽工程验收，合格后应立即浇筑水下混凝土
断 桩	(1) 混凝土较干，骨料太大或未及时提升导管以及导管位置倾斜等，使导管堵塞，形成桩身混凝土中断 (2) 混凝土搅拌机发生故障，使混凝土不能连续浇筑，中断时间过长 (3) 导管挂住钢筋笼，提升导管时没有扶正，以及钢丝绳受力不均匀等	(1) 混凝土坍落度应严格按设计或规范要求控制 (2) 浇筑混凝土前应检查混凝土搅拌机，保证混凝土搅拌时能正常运转，必要时应有备用搅拌机一台，以防万一 (3) 边浇筑混凝土边套管，做到连续作业，一气呵成。浇筑时勤测混凝土顶面上升高度，随时掌握导管埋入深度，避免导管埋入过深或导管脱离混凝土面 (4) 钢筋笼主筋接头要焊平，导管法兰连接处罩以圆锥形白铁罩，底部与法兰大小一致，并在套管头上卡住，避免提导管时，法兰挂住钢筋笼 (5) 水下混凝土的配合比应具备良好的和易性，配合比应通过试验确定，坍落度宜为180～220mm，水泥用量应不少于360kg/m³，为了改善和易性和缓凝，水下混凝土宜掺加外加剂

续表

质量问题	主要原因分析	防治措施
断桩		(6) 开始浇筑混凝土时，为使隔水栓顺利排出，导管底部至孔底距离宜为 300～500mm，孔径较小时可适当加大距离，以免影响桩身混凝土质量 治理方法 (1) 当导管堵塞而混凝土尚未初凝时，可采用下列两种方法 1) 用钻机起吊设备，吊起一节钢轨或其他重物在导管内冲击，把堵塞的混凝土冲击开 2) 迅速提出导管，用高压水冲通导管，重新下隔水球灌注。浇筑时，当隔水球冲出导管后，应将导管继续下降，直到导管不能再插入时，然后再少许提升导管，继续浇筑混凝土，这样新浇筑的混凝土能与原浇筑的混凝土结合良好 (2) 当混凝土在地下水位以上中断时，如果桩直径较大(一般在1m以上)，泥浆护壁较好，可抽掉孔内水，用钢筋笼(网)保护，对原混凝土面进行人工凿毛并清洗钢筋，然后再继续浇筑混凝土 (3) 当混凝土在地下水位以下中断时，可用较原桩径稍小的钻头在原桩位上钻孔，至断桩部位以下适当深度时(可由验算确定)重新清孔，在断桩部位增加一节钢筋笼，其下部埋入新钻的孔中，然后继续浇筑混凝土 (4) 当导管接头法兰挂住钢筋笼时，如果钢筋笼埋入混凝土不深，则可提起钢筋笼，转动导管，使导管与钢筋笼脱离；否则只好放弃导管

2.3.2 安全问题(表5-8)

泥浆护壁灌注桩安全隐患的防治　　　　表 5-8

隐患	主要原因分析	防治措施
防止人身伤害	主要是没有做好相关安全保护措施	1. 所有现场施工人员佩戴安全帽，特种作业人员佩戴专门的防护用具 2. 所有现场作业人员和机械操作手严禁酒后上岗 3. 护筒埋设完毕、浇筑混凝土完毕后的桩坑应加以保护，避免人或物品掉入 4. 登高作业超过 2m 必须穿防滑鞋，系安全带 5. 钢筋骨架起吊时要平稳，严禁猛起猛落，并拉好尾绳 6. 灌注桩施工现场所有设备、设施、安全装置、工具配件以及个人劳保用品必须经常检查，确保完好和使用安全 7. 施工现场的一切电源、电路的安装和拆除必须由持证电工操作，电器必须严格接地、接零和使用漏电保护器。各孔用电必须分闸，严禁一闸多用。孔上电缆必须架空 2.0m 以上，严禁拖地和埋压土中，孔内电缆、电线必须有防磨损、防潮、防断的保护措施。照明应采用安全矿灯或12V 以下的安全灯。并遵守《施工现场临时用电安全技术规范》(JGJ 46—88)的规定 8. 食堂保持清洁，腐烂变质的食物及时处理，食堂工作人员定期体检 9. 施工废水、生活污水不直接排入农田、耕地、灌溉渠和水库，不排入饮用水源

2.4 质量标准

2.4.1 混凝土灌注桩(钢筋笼)质量要求

(1) 主控项目

1) 主筋间距：±10mm。尺量检查。
2) 长度：±100mm。尺量检查。

(2) 一般项目

1) 钢筋材质检验符合设计要求，检查合格证及检验报告。
2) 箍筋间距：±20mm。尺量检查。
3) 直径：±10mm。尺量检查。

2.4.2 混凝土灌注桩质量要求

1. 主控项目

(1) 灌注桩的桩位偏差必须符合表 5-9 的规定，桩顶标高至少要比设计标高高出 0.5m，桩底清孔质量按不同的成桩工艺有不同的要求，应按相关规定执行。每浇筑 50m³ 必须有 1 组试件，小于 50m³ 的桩，每根桩必须有 1 组试件。

灌注桩的平面位置和垂直度的允许偏差　　　表 5-9

序 号	成孔方法		桩径允许偏差(mm)	垂直度允许偏差(%)	桩位允许偏差(mm)	
					1~3根、单排桩垂直于中心线方向和群桩基础的边桩	条形桩基沿中心线方向和群桩基础的中间桩
	泥浆护壁钻孔桩	$D \leqslant 1000mm$	±50	<1	$D/6$，且≤100	$D/4$，且≤150
		$D > 1000mm$	±50		$100+0.01H$	$150+0.01H$

注：1. 桩径允许偏差的负值是指个别断面。
　　2. 采用复打、反插法施工的桩，其桩径允许偏差不受上表限制。
　　3. H 为施工现场地面标高与桩顶设计标高的距离，D 为设计桩径。

(2) 孔深：+300mm。只能深不能浅，测钻杆、套管长度或用重锤测量。嵌岩桩应确保进入设计要求的嵌岩深度。

(3) 桩体质量检查：按基桩检测技术规范。如钻芯取样，大直径嵌岩桩应钻至桩尖下 50mm。

(4) 混凝土强度：每 50m³（不足 50m³）取一组试块，每根桩必须有一组试块。强度符合设计要求。

(5) 承载力：设计等级为甲级或地质条件复杂，成桩质量可靠性低的灌注桩，应采用静载荷试验。数量不少于总桩数的 1%，且不少于 3 根，总桩数少于 50 根时为 2 根。其他桩应用高应变动力检测。对地质条件、桩型、成桩机具和工艺相同，同一单位施工的桩基检验桩数不少于总桩数的 2%，且不少于 5 根。静载荷试验，高应变动力检测方法。检查检测报告。

2. 一般项目

(1) 泥浆相对密度（黏土、砂性土中）：1.15~1.20。用比重计测量。

(2) 泥浆面标高(高于地下水位):0.5~1.0m。观察检查。

(3) 沉渣厚度:端承桩≤50mm,用沉渣仪或吊锤测量。磨擦桩≤150mm,用沉渣仪或重锤测量。

(4) 混凝土坍落度:水下灌注160~220mm,灌注前用坍落度仪测量;干施工70~100mm,灌注前用坍落度仪测量。

(5) 钢筋笼安装深度:±100mm,尺量检查。

(6) 混凝土充盈系数:>1,计量检查每根桩的实际灌注量与桩体积相比。

(7) 桩顶标高:+30mm,-50mm,水准仪测量。扣除桩顶浮浆层及劣质桩体。

2.5 质量检验

施工结束后,应检查混凝土强度,并应做桩体质量及承载力的检验。检验标准见表5-10、表5-11、表5-12。

混凝土灌注桩钢筋笼质量检验标准 表 5-10

项目	序号	检查项目	允许偏差或允许值(mm)	检查方法
主控项目	1	主筋间距	±10	用钢尺量
	2	长度	±10	用钢尺量
一般项目	1	钢筋材质检验	设计要求	抽样送检
	2	箍筋间距	±20	用钢尺量
	3	直径	±10	用钢尺量

混凝土灌注桩质量检验标准 表 5-11

项目	序号	检查项目	允许偏差或允许值		检查方法
			单位	数值	
主控项目	1	桩位	见灌注桩的平面位置和垂直度的允许偏差表		基坑开挖前量护筒,开挖后量桩中心
	2	孔深	mm	+300	只深不浅,用重锤测,或测钻杆、套管长度,嵌岩桩应确保进入设计要求的嵌岩深度
	3	桩体质量检验	按基桩检测技术规范。如钻芯取样,大直径嵌岩桩应钻至桩尖下50mm		按基桩检测技术规范
	4	混凝土强度	设计要求		试件报告或钻芯取样送检
	5	承载力	按基桩检测技术规范		按基桩检测技术规范
一般项目	1	垂直度	见灌注桩的平面位置和垂直度的允许偏差		测大管或钻杆,或用超声波探测,干施工时吊垂球
	2	桩径	见灌注桩的平面位置和垂直度的允许偏差表		井径仪或超声波检测,干施工时吊垂球

续表

项目	序号	检查项目	允许偏差或允许值		检查方法
			单位	数值	
一般项目	3	泥浆相对密度（黏土或砂性土中）		1.15～1.20	用比重计测，清孔后在距孔底50cm处取样
	4	泥浆面标高（高于地下水位）	m	0.5～1.0	目测
	5	沉渣厚度：端承桩 摩擦桩	mm mm	≤50 ≤150	用沉渣仪或重锤测量
	6	混凝土坍落度：水下灌注 干施工	mm mm	160～220 70～100	坍落度仪
	7	钢筋笼安装深度	mm	±100	用钢尺量
	8	混凝土充盈系数		>1	检查每根桩的实际灌注量
	9	桩顶标高	mm	+30 -50	水准仪，需扣除桩顶浮浆层及劣质桩体

说明：灌注桩的钢筋笼有时在现场加工，不是在工厂加工完后运到现场，为此，列出了钢筋笼的质量检验标准。

灌注桩的平面位置和垂直度的允许偏差　　　　表5-12

序号	成孔方法		桩径允许偏差（mm）	垂直度允许偏差（%）	桩位允许偏差(mm)	
					1～3根、单排桩基垂直于中心线方向和群桩基础的边桩	条形桩基沿中心线方向和群桩基础的中间桩
1	泥浆护壁	$D≤1000$mm	±50	<1	$D/6$，且不大于100	$D/4$，且不大于150
		$D>1000$mm	±50		$100+0.01H$	$150+0.01H$
2	套管成孔灌注桩	$D≤500$mm	-20	<1	70	150
		$D>500$mm			100	150
3	干成孔灌注桩		-20	<1	70	150
4	人工挖孔桩	混凝土护壁	+50	<0.5	50	150
		钢套管护壁	+50	<1	100	200

注：1. 桩径允许偏差的负值是指个别断面。
2. 采用复打、反插法施工的桩，其桩径允许偏差不受上表限制。
3. H 为施工现场地面标高与桩顶设计标高的距离，D 为设计桩径。

2.6 质量验收记录

（1）测量放线记录。
（2）砂、石、水泥、钢材、电焊条等原材料合格证，出厂检验报告和进场复验报告。

(3) 钢筋接头力学性能试验报告。
(4) 钢筋加工检验批质量验收记录。
(5) 钢筋隐蔽工程检查验收记录。
(6) 混凝土灌注桩（钢筋笼）工程检验批质量验收记录。
(7) 混凝土配合比通知单。
(8) 混凝土原材料及配合比设计检验批质量验收记录。
(9) 混凝土施工检验批质量验收记录。
(10) 混凝土试件强度试验报告。
(11) 混凝土灌注桩工程检验批质量验收记录。
(12) 试桩记录。
(13) 打桩记录。
(14) 桩位竣工平面图。
(15) 地基承载力检测报告。
(16) 混凝土灌注桩分项工程质量验收记录。
(17) 其他技术文件。

训练 3 螺旋钻孔灌注桩

[训练目的与要求] 掌握螺旋钻孔灌注桩工程质量标准，能熟练地对螺旋钻孔灌注桩工程进行质量检验，并能填写工程质量检查验收记录。熟悉螺旋钻孔灌注桩工程的质量与安全隐患及防治措施，并能编制螺旋钻孔灌注桩工程质量与安全技术交底资料。参加螺旋钻孔灌注桩工程质量检查验收并填写有关工程质量检查验收记录。

3.1 施工准备

3.1.1 作业准备

编制施工组织设计或专项施工方案；编制质量安全技术交底资料；清理地上地下障碍物，现场场地条件满足施工要求；有建设单位提供的工程地质勘察报告；施工测量定位放线工作已完成；成孔试验已经完成；施工设备、施工工艺及技术措施适宜；机具设备全部进入现场试运转正常；"四通一平"及其他临时设施已准备就绪，具备开工条件。

3.1.2 材料与机具准备

1. 材料准备

水、泥砂、石子水、钢筋垫块、20～22号钢丝、外加剂、掺合料。

2. 机具准备

螺旋钻孔机、带硬质合金钻头、机动小翻斗车或手推车、长短棒式振捣器、溜筒、盖板、测绳、手把灯、低压变压器及线坠等；另配钢筋加工，混凝土拌制、浇筑系统设备。

3.2 工艺流程

钻孔机就位→钻孔→检查质量→孔底清理→孔口盖板→移钻孔机→移盖板测孔深、垂直度→放钢筋笼→放混凝土溜筒→浇筑混凝土（随浇随振）→插桩顶钢筋。

3.3 易产生的质量与安全问题

3.3.1 质量问题（表5-13）

螺旋钻孔灌注桩质量隐患的防治　　　　表5-13

质量问题	主要原因分析	防治措施
孔底虚土多	（1）松散填土或含有大量炉灰、砖头、垃圾等杂物的土层，以及流塑淤泥、松散砂、砂卵石、卵石夹层等土中，成孔后或成孔过程中土体容易塌落 （2）钻杆加工不直或在使用过程中变形，钻杆连接法兰不平，使钻杆拼接后弯曲。因此钻杆在钻进过程中产生晃动，造成孔径增大或局部扩大。提钻时，土从叶片和孔壁之间的空隙掉落到孔底。钻头及叶片的螺距或倾角太大，如在砂类土中钻孔，提钻时部分土易滑落孔底 （3）孔口的土没有及时清理干净，甚至在孔口周围堆积有大量钻出的土，钻杆提出孔口后，孔口积土回落 （4）成孔后，孔口盖板没有盖好，或在盖板上有人和车辆行走，孔口土被扰动而掉入孔中 （5）放混凝土漏斗或钢筋笼时，孔口土或孔壁土被碰撞掉入孔内 （6）成孔后没有及时浇筑混凝土，孔壁长时间暴露，被雨水冲刷及浸泡 （7）施工工艺选择不当；钻杆、钻头磨损太大；孔底虚土没有清理干净 （8）成孔后，不及时浇筑混凝土，孔壁长时间暴露，水分蒸发，孔壁土塌落 （9）出现上层滞水造成塌孔 （10）地质资料和必要的水文地质资料不够详细，对季节施工考虑不周	（1）仔细探明工程地质条件，尽可能避开可能引起大量塌孔的地点施工，如不能避开，则应选择其他施工方法 （2）施工前或施工过程中，对钻杆、钻头应经常进行检查，不符合要求的钻杆、钻头应及时更换。根据不同的工程地质条件，选用不同型式的钻头 （3）钻孔钻出的土应及时清理，提钻杆前，先把孔口的积土清理干净，防止孔口土回落到孔底 （4）成孔后，尽可能防止人或车辆在孔口盖板上行走，以免扰动孔口土。混凝土漏斗及钢筋笼应竖直地放入孔中，要小心轻放，防止把孔壁土碰塌掉到孔底。当天成孔后必须当天浇灌完混凝土 （5）对不同的工程地质条件，应选用不同的施工工艺。一般来说提钻杆的施工工艺有以下三种： 1）一次钻至设计标高后，在原位旋转片刻再停止旋转，静拔钻杆 2）一次钻到设计标高以上1m左右，提钻甩土，然后再钻至设计标高后停止旋转，静拔钻杆 3）钻至设计标高后，边旋转边提钻杆 （6）成孔后应及时浇筑混凝土 （7）干作业成孔，地质和水文地质资料详细描述，如遇有上层滞水或在雨期施工时，应预先找出解决塌孔的措施，以保证虚土厚度满足设计要求 （8）钢筋笼的制作应在允许偏差范围内，以免变形过大，吊放时碰刮孔壁造成虚土超标，同时应在放笼后浇筑混凝土前，再测虚土厚度，如超标及时处理 治理方法 （1）在同一孔内用本条预防措施（5）中第一种方法做二次或多次投钻 （2）用勺钻清理孔底虚土 （3）孔底虚土是砂或砂卵石时，可先采用孔底灌浆拌合，然后再浇灌混凝土 （4）采用孔底压力灌浆法、压力灌混凝土法及孔底夯实法解决

续表

质量问题	主要原因分析	防治措施
桩身混凝土质量差	(1) 混凝土浇筑时没有按操作工艺边浇边振捣，或只在桩顶部振捣，下部没有振捣，使混凝土不密实，出现蜂窝、空洞等现象 (2) 浇筑混凝土时，孔壁受到振动，使孔壁土塌落同混凝土一起灌入孔中，造成桩身夹土 (3) 混凝土浇筑一半后，放钢筋笼时碰撞孔壁使土掉入孔内，再继续浇筑混凝土，造成桩身夹土 (4) 每盘混凝土的搅拌时间或加水量不一致，造成坍落度不均匀，和易性不好，故混凝土浇筑时有离析现象，使桩身出现分段不均匀的情况 (5) 拌制混凝土的水泥过期，骨料含泥量大或不符合要求，混凝土配合比不当，造成桩身强度低 (6) 浇筑混凝土时，孔口未放钢板或漏斗，会使孔口浮土混入	(1) 严格按照混凝土操作规程施工。为了保证混凝土和易性，可掺入外加剂等。严禁把土及杂物和在混凝土中一起灌入孔内 (2) 浇筑混凝土前必须先放好钢筋笼，避免在浇筑混凝土过程中吊放钢筋笼 (3) 浇筑混凝土前，先在孔口放好钢板或漏斗，以防止回落土掉入孔内 (4) 雨期施工孔口要做围堰，防止雨水灌孔影响质量 (5) 桩孔较深时，可吊放振捣棒振捣，以保证桩底部密实度 治理方法 (1) 如情况不严重且单桩承载力不大，则可与设计研究采取加大承台梁的办法解决 (2) 如有严重质量问题，则按"桩身断裂"的治理方法处理 (3) 按照浇筑混凝土的质量要求，除要做标准养护混凝土试块，还要在现场做试块（按照有关规范执行），以验证所浇筑的混凝土质量，并为今后补救措施提供依据 (4) 浇筑混凝土时，应随浇筑随振捣，每次浇筑高度不得超过 1.5m；大直径桩振捣应至少插入 2 个位置，振捣时间不少于 30s
塌 孔	(1) 在有砂卵石、卵石或流塑淤泥质土夹层中成孔，这些土层不能直立而塌落 (2) 局部有上层滞水渗漏作用，使该层土坍塌 (3) 成孔后没有及时浇筑混凝土 (4) 出现饱和砂或干砂的情况下也易塌孔	(1) 在砂卵石、卵石或流塑淤泥质土夹层等地基处进行桩施工时，应尽可能不采用干作业钻孔灌注桩方案，而应采用人工挖孔并加强护壁的施工方法或湿作业施工法 (2) 在遇有上层滞水可能造成的塌孔时，可采用以下两种办法处理： 1) 在有上层滞水的区域内采用电渗井降水 2) 正式钻孔前一星期左右，在有上层滞水区域内，先钻若干个孔，深度透过隔水层到砂层，在孔内填进级配卵石，让上层滞水渗漏到下面的砂卵石层，然后再进行钻孔灌注桩施工 (3) 为核对地质资料，检验设备、施工工艺以及设计要求是否适宜，钻孔桩在正式施工前，宜进行"试成孔"，以便提前做出相应的保证正常施工措施 治理方法 (1) 先钻至塌孔以下 1~2m，用豆石混凝土或低强度等级混凝土(C10)填至塌孔以上 1m，待混凝土初凝后，使填的混凝土起到护圈作用，防止继续坍塌，再钻至设计标高。也可采用 3:7 灰土夯实代替混凝土 (2) 钻孔底部如有砂卵石、卵石造成的塌孔，可采用钻深的办法，保证有效桩长满足设计要求 (3) 成孔后要立即浇筑混凝土 (4) 采用中心压灌水泥浆护壁工法，可解决滞水所造成的塌孔问题

续表

质量问题	主要原因分析	防治措施
钻进困难	(1) 遇有坚硬土层，如硬塑粉质黏土、灰土；或有地下障碍物，如石块、混凝土块等 (2) 钻机功率不够，钻头的倾角、转速选择不合适 (3) 钻进速度太快或钻杆倾斜太大，造成蹩钻，因而钻不进去	(1) 同"塌孔"的预防措施(1) (2) 根据工程地质条件，选择合适的钻机、钻头及转速 (3) 施工时钻杆要直，并控制钻进速度 治理方法 (1) 如石头、混凝土等障碍物埋得不深，可提出钻杆，清理完障碍物后重新钻进。遇有埋得较深的大块障碍物，如不易挖出，可拔出钻杆，在孔内填进砂土或素土，同设计人员协商，改变桩位，躲过障碍物再钻。如实在无法改变桩位，可用带合金钢钻头的牙轮钻或筒钻，把石块或混凝土块磨透取出。也可用少量炸药爆破，取出碎块后重新钻进 (2) 对于饱和黏性土层，可采用慢速高扭矩钻机进行钻孔；对于硬塑粉质黏土或灰土之类的硬土层，除采用上述钻机外，还需采用钻硬土的伞形钻。在硬土层中钻孔时，可适当在孔中加水，一方面防止钻头过热，同时润滑和软化土层，加快钻进速度 (3) 遇到干硬黏土层，当钻至该土层时，钻出一定量的孔，然后灌入定量的自来水，使其渗入1~2d，再继续钻入，依次循环穿过次层为止
桩孔倾斜	(1) 地下遇有坚硬大块障碍物，把钻杆挤向一边 (2) 地面不平，桩架导向杆不竖直，稳钻杆时没有稳直 (3) 钻杆不直，尤其是两节钻杆不在同一轴线上，钻头的定位尖与钻杆中心线不在同一轴线上	(1) 同"钻进困难"的治理方法(1) (2) 不符合要求的钻杆及钻头不应使用，或及时更换 (3) 同"桩身断裂"预防措施(2)及"桩身倾斜"的预防措施(1) 治理方法 (1) 对严重倾斜的桩孔，应用素土填死夯实，然后重新钻孔 (2) 同"钻进困难"的治理方法(1)
扩孔底虚土多	扩孔底虚土多的原因主要来自两方面： (1) 清孔没有清理干净，清孔时要求扩孔刀片比原扩孔时位置约低5cm"扫膛"一次，而施工时没有做到这一点，有时反而比原扩孔位置高。这就使原扩孔时留在孔底的虚土不能清理干净 (2) 同"孔底虚土多"的原因分析(1)、(3)、(5)、(6)	(1) 施工中严格执行施工操作规程，采用合理的施工工艺，把好质量关 (2) 同"孔底虚土多"的预防措施(1)、(3)、(4) (3) 根据电流值或油压值，随时调节扩孔刀片削土量，防止出现超荷现象 (4) 在扩底过程中，如遇地下水或塌孔等情况，应会同有关单位研究处理 治理方法 虚土过多时，应重新进行清孔，直到满足规范要求为止

续表

质量问题	主要原因分析	防治措施
孔形不完整	（1）钻直孔时，孔的垂直偏差过大或孔径小于扩孔器直径，造成在放扩孔器时破坏了孔形 （2）扩孔时，由于切削土量过多，储土筒内储存不下而存于扩孔刀片中，致使刀片收不拢，在强制提出扩孔器时破坏了孔形 （3）扩孔器发生故障或扩孔刀片连杆机构中夹有石子，使扩孔刀片合不拢，提出扩孔器时破坏了孔形 （4）由于地质原因出现塌孔或缩孔等现象	（1）钻直孔时严格要求孔必须垂直，并且孔径应略大于扩孔器的直径，如钻杆直径小于扩孔器直径时，应及时更换 （2）扩孔刀片应缓慢张开，每次扩孔切削的土量以储土筒填满为止，不可多切削土，致使扩孔刀片合不拢。一次扩孔达不到设计要求时，可进行二次或多次扩孔 （3）每次提出扩孔器清理储土筒内土的同时，应仔细清理扩孔器连杆机构部位的土，并检查扩孔刀片的动力源是否安全可靠 （4）在编制施工组织设计（或施工方案）时，要充分研究地质报告，若有可能出现塌孔或缩颈时，应与有关单位研究出补救措施，必要时应作试钻孔，观测成孔情况 治理方法 扩孔刀片收不拢时，可多做几次张开收拢的动作，尽可能把扩孔刀片中的土挤实，然后再提出扩孔器。每次扩孔的土应视储土筒容量而定，不宜过多
桩顶位移偏差大	参见"桩顶位移"的原因分析（4）	参见"桩顶位移"的防治措施

3.3.2 安全问题（表 5-14）

螺旋钻孔灌注桩安全隐患的防治　　　表 5-14

质量问题	主要原因分析	防治措施
防止人身伤害	主要是没有做好相关保护措施	1. 钻孔机就位时，必须保持平稳，防止发生倾斜、倒塌伤人 2. 桩成孔检查后，盖好孔口盖板，用钢管搭架子护栏围挡，防止在盖板上行车或走人 3. 现场施工人员必须戴安全帽，拆除串筒时上空不得进行其他作业
漏电伤人	主要是没有对电线进行相应的保护以及使用不防水的电线或绝缘层有损坏的电线	所有的设备电路应架空设置，不得使用不防水的电线或绝缘层有损坏的电线。电器必须有接地、接零和漏电保护装置

3.4 质量标准

3.4.1 螺旋钻孔灌注桩（钢筋笼）质量标准

1. 主控项目

（1）主筋间距：±10mm，尺量检查。

（2）长度：±100mm，尺量检查。

2. 一般项目

（1）钢筋材质检验符合设计要求，检查合格证及检验报告。

(2) 箍筋间距：±20mm。尺量检查。
(3) 直径：±10mm。尺量检查。

3.4.2 螺旋钻孔灌注桩的质量要求

1. 主控项目

(1) 灌注桩的原材料和混凝土强度必须符合设计要求和施工规范的规定。

(2) 成孔深度必须符合设计要求。以摩擦力为主的桩，沉渣厚度严禁大于300mm；以端承力为主的桩，沉渣厚度严禁大于100mm。

(3) 实际浇筑的混凝土量严禁小于计算体积。

2. 一般项目

(1) 浇筑混凝土后的桩顶标高及浮浆的处理，必须符合设计要求和施工规范的规定。

(2) 灌注桩的桩位偏差必须符合表5-15的规定。

灌注桩的平面位置和垂直度的允许偏差　　　　表 5-15

序 号	成孔方法	桩径允许偏差(mm)	垂直度允许偏差(%)	桩位允许偏差(mm)	
				1～3根单排桩基垂直于中心线方向和群桩基础的边桩	条形桩基沿中心线方向和群桩基础的中间桩
	干成孔灌注桩	-20	<1	70	150

注：1. 桩径允许偏差的负值是指个别断面。
　　2. 采用复打、反插法施工的桩，其桩径允许偏差不受上表限制。
　　3. H 为施工现场地面标高与桩顶设计标高的距离，D 为设计桩径。

3.5 质量检验

(1) 桩的检验，应按现行有关规定、质量验收规范、设计文件的质量要求进行。

1) 施工前应对水泥、砂、石子（如现场搅拌）、钢材等原材料进行检查，对施工组织设计中制定的施工顺序、监测手段（包括仪器、方法）也应检查。

2) 施工中应对成孔、清渣、放置钢筋笼、灌注混凝土等进行全过程检查，应复验孔底持力层土（岩）性。嵌岩桩必须有桩端持力层的岩性报告。

3) 施工结束后，应检查混凝土强度，并应做桩体质量及承载力的检验。

(2) 螺旋钻成孔灌注桩质量必须符合表5-16、表5-17的规定。

钢筋笼质量检验标准　　　　表 5-16

项　目	序 号	检查项目	允许偏差或允许值(mm)	检验方法
主控项目	1	主筋间距	±10	用钢尺量
	2	钢筋骨架长度	±100	用钢尺量
一般项目	1	钢筋材质检验	设计要求	抽样送检
	2	箍筋间距	±20	用钢尺量
	3	直　径	±10	用钢尺量

人工成孔混凝土灌注桩质量检验标准　　　　表 5-17

项目	序号	检查项目	允许偏差或允许值		检查方法
			单位	数值	
主控项目	1	桩位	见表5-15的允许偏差		基坑开挖前量护筒，开挖后量桩中心
	2	孔深	mm	+300	只深不浅，用重锤测，或测钻杆、套管长度，嵌岩桩应确保进入设计要求的嵌岩深度
	3	桩体质量检验	按《建筑基桩检测技术规范》。如钻芯取样，大直径嵌岩桩应钻至桩尖下50cm		按《建筑基桩检测技术规范》
	4	混凝土强度	设计要求		试件报告或钻芯取样送检
	5	承载力	按《建筑基桩检测技术规范》		按《建筑基桩检测技术规范》
一般项目	1	垂直度	见《建筑桩基检测技术规范》表2.4.3.3		测套管或钻杆，或用超声波探测
	2	桩径	见《建筑桩基检测技术规范》表2.4.3.3		井径仪或超声波检测
	3	混凝土坍落度	mm	70～100	坍落度仪
	4	钢筋笼安装深度	mm	±100	用钢尺量
	5	混凝土充盈系数		>1	检查每根桩的实际灌注量
	6	桩顶标高	mm	+30，-50	水准仪，需扣除桩顶浮浆层及劣质桩体

3.6　质量验收记录

(1) 测量放线记录。
(2) 砂、石、水泥、钢材、电焊条等原材料合格证、出厂检验报告和进场复验报告。
(3) 钢筋接头力学性能试验报告。
(4) 钢筋加工检验批质量验收记录。
(5) 钢筋隐蔽工程检查验收记录。
(6) 混凝土灌注桩(钢筋笼)工程检验批质量验收记录。
(7) 混凝土配合比通知单。
(8) 混凝土原材料及配合比设计检验批质量验收记录。
(9) 混凝土施工检验批质量验收记录。
(10) 混凝土试件强度试验报告。

(11) 混凝土灌注桩工程检验批质量验收记录。
(12) 试桩记录。
(13) 打桩记录。
(14) 桩位竣工平面图。
(15) 地基承载力检测报告。
(16) 混凝土灌注桩分项工程质量验收记录。
(17) 其他技术文件。

训练4 沉管灌注桩

[训练目的与要求] 掌握沉管灌注桩工程质量标准，能熟练地对沉管灌注桩工程进行质量检验，并能填写工程质量检查验收记录。熟悉沉管灌注桩工程的质量与安全隐患及防治措施，并能编制沉管灌注桩工程质量与安全技术交底资料。参加沉管灌注桩工程质量检查验收并填写有关工程质量检查验收记录。

4.1 施工准备

4.1.1 作业准备

编制施工组织设计或专项施工方案；编制质量安全技术交底资料；清理地上地下障碍物，现场场地条件满足施工要求；有建设单位提供的工程地质勘察报告；施工测量定位放线工作已完成；成孔试验已经完成；施工设备施工工艺及技术措施适宜；机具设备全部进入现场试运转正常；"四通一平"及其他临时设施已准备就绪，具备开工条件。

4.1.2 材料与机具准备

1. 材料准备

水泥、中粗砂、石子、钢筋、桩尖。

2. 机具准备

(1) 振动沉管灌注桩机

主要采用 DZ60 或 DZ90、DJB25 型步履式桩架、卷扬机、加压装置、桩管、桩尖。桩管直径为 220~370mm，长 10~28m。DZ60(90)、DZ60(90)A 型锤，采用 DJ60 型桩架；DX30(60)Y 型锤，用 DZ20(25)J 型桩架。

(2) 辅助设备

下料斗、1t 机动翻斗车、L-400 混凝土搅拌机、钢筋加工机械、交流电焊机(32kVA)、气割装置、汽车吊。

4.2 工艺流程

测量放线定桩位→桩机就位→沉管→浇筑混凝土→边拔管边浇筑混凝土→吊放钢筋笼→成型。

4.3 易产生的质量与安全问题

4.3.1 质量问题(表5-18)

沉管灌注桩质量隐患的防治　　　　　表5-18

质量问题	主要原因分析	防治措施
缩颈	(1) 套管在强迫振动下迅速把基土挤开而沉入地下,局部套管周围土颗粒之间的水及空气不能很快向外扩散而形成空隙压力,当套管拔出后,因为混凝土没有柱体强度,在周围空隙压力的作用下,把局部桩体挤成缩颈。 (2) 在流塑状态的淤泥质土中,由于套管在该层发生的振荡作用,使混凝土不能顺利地灌入,被淤泥质土填充进来,形成桩在该层缩颈 (3) 活瓣桩尖在饱和黏土层中被包着,使之张不开或张开不大 (4) 柱基群桩布桩过密,桩径被挤压产生缩颈	(1) 详细研究工程地质勘探报告。在上述工程地质条件下采用套管护壁灌注桩要慎重,施工前应通过试桩,提出切实有效的技术措施 (2) 浇筑混凝土时,要准确测定一根桩的混凝土总灌入量是否能满足设计计算的灌入量 (3) 根据当地施工经验,认真控制拔管速度,一般拔管速度以控制在 2.5m/min 为宜 (4) 桩距应适当加大,一般在群桩基础中,桩中心距应为 4 倍桩径以上,若小于时,应提出保证相邻桩身质量的技术措施 (5) 施工中,同一柱基群桩成桩应一气呵成(必须连续完成一个群桩基),否则应在下班前把桩管沉到设计深度 治理方法 (1) 在淤泥质土中出现缩颈时,可采用复打法解决。根据实际缩颈部位,可采取全复打(两次单打法重复)或局部复打 (2) 对于其他土中出现缩颈时,最好采用预制桩头,同时用下部带喇叭口的套管施工,在缩颈部位采用翻插法即可解决缩颈。根据实际缩颈部位可采取全反插(整根桩翻插)或局部反插 以上(1)、(2)治理方法仅限于活瓣桩尖施工法时 (3) 在缩颈部位放置钢筋混凝土预制桩段
断桩及桩身混凝土坍塌	桩身局部分离,甚至有一段没有混凝土。混凝土充盈系数不得小于 1.0,否则应全长复打,对有断桩和缩颈的桩,应采取局部复打(应超过 1m 以上)。当有配筋时混凝土坍落度宜为 80~100mm,素混凝土坍落度为 60~80mm	施工中控制桩中心距不小于 3.5 倍桩径,采用跳打法或控制时间间隔的方法,使邻桩混凝土达到设计强度等级的 50% 后再打中间桩
套管内混凝土拒落	(1) 桩入土较深,并且进入低压缩性的粉质黏土层,灌完混凝土开始拔管时,活瓣桩尖被周围的土包围压住而打不开,使混凝土无法流出套管而造成拒落。 (2) 在有地下水的情况下,封底混凝土灌得过早,套管下沉时间又较长,封底混凝土经长时间振动被振实,在管底部形成"塞子",堵住了套管下口,使混凝土无法流出 (3) 预制桩头的混凝土质量较差,强度不够。沉管时预制桩头被挤入套管内,堵住管口,使混凝土不能流出管外	(1) 根据工程地质条件、建筑物荷载及结构情况,合理选择桩长,尽可能使桩不进入低压缩性的土层中去,以防止出现混凝土拒落现象,反而影响单桩承载力 (2) 严格检查预制桩头的强度和规格,防止桩尖在施工时压入桩管 (3) 套管沉至设计要求后,应用浮标测量预制桩尖是否进入套管,如有预制桩尖进入套管的情况,应拔出处理。浇筑混凝土后,拔管时,也应用浮标测量观测,检查混凝土是否确已流出管外。也可用铁锤敲击桩管壁法,确定混凝土是否下落 治理方法 同"缩颈"的治理方法(2)

续表

质量问题	主要原因分析	防治措施
套管内进入泥浆及水	(1) 活瓣桩尖合拢后有较大的缝隙或预制桩头与套管接触不严密，地下水及泥浆从缝隙进入套管 (2) 套管下沉时间较长，地下水丰富或有较厚的淤泥质土	(1) 活瓣桩尖加工要符合要求，活瓣间隙及预制桩头与套管接触处要严密，对缝隙较大的桩尖或桩头应及时修理或更换 (2) 在淤泥层中沉管速度很快，应事先把卷扬机刹车打开，使之迅速沉入，避免桩尖出现较大缝隙 治理方法 (1) 在套管沉至地下水位以上 50cm 时，浇筑 $0.05 \sim 0.1 m^3$ 的封底混凝土，把套管底部的缝隙用混凝土堵住，使水及泥浆不能进入套管 (2) 采用预制桩头时，在预制桩头与套管接触处缠绕上麻绳或垫硬纸板等材料，使桩头与套管接头处封严密
灌注桩达不到最终控制要求	(1) 遇有 $N_{63.5} > 25$ 的硬夹层，且夹层又较厚 (一般大于1m)，或遇有大块石头、混凝土块等地下障碍物 (2) 同表 5-1 "沉桩达不到设计要求" 的原因分析(1)、(3)、(4) (3) 振动沉桩机的振动参数如激振力、振幅、频率等选择不合适，或者由于正压力不够而使套管沉不下 (4) 套管长细比太大，刚度较差，在沉入过程中，由于套管的弹性弯曲而使锤击或振动能量减弱，不能传至桩尖处	(1) 详细分析工程地质条件，了解硬夹层情况，如有可能穿不透的硬夹层，应预先采取措施，对地下障碍物必须预先清理干净 (2) 根据工程地质资料，选择合适的沉桩机械，套管的长细比宜不大于 40 治理方法 (1) 根据工程地质条件，选择合适的振动参数。沉桩时，如正压力不够而沉不下，可用加配重或加压的办法来增加正压力。锤击沉管时，如锤击能量不够，可更换大一级的锤 (2) 对较厚的硬夹层，可先把硬夹层钻透，然后再把套管植入沉下。也可辅以射水法一起沉管
钢筋下沉	新浇筑的混凝土处于流塑状态，钢筋的密度比混凝土的大，由于相邻桩沉入套管时的振动，使钢筋沉入混凝土	钢筋或钢筋笼放入混凝土后，上部用木棍将钢筋或钢筋笼架起固定，这样，相邻桩振动时钢筋或钢筋笼就不会下沉
桩身夹泥	(1) 采用反插法时，反插深度太大，反插时活瓣向外张开，把孔壁周围的泥挤进桩身，造成桩身夹泥 (2) 采用复打法时，套管上的泥未清理干净，会把管壁上的泥带入桩身混凝土中 (3) 拔管速度过快，而混凝土坍落度太小，在饱和的淤泥质土层中施工，混凝土还未流出管外，土即涌入桩身，造成桩身夹泥	(1) 采用反插法时，反插深度不宜超过活瓣长度的 2/3，采用复打法时，在复打前应把套管上的泥清理干净 (2) 混凝土应搅拌均匀，和易性要好，坍落度符合规范要求，在饱和淤泥质土中施工时，应根据当地施工经验，控制好拔管速度，一般以 2.5m/min 为宜 (3) 拔管时用浮标测量，随时观察桩身混凝土浇筑量，发现灌注桩径小于设计桩径时，应立即采取措施。也可用敲击法检测混凝土下落情况 (4) 桩管内灌满混凝土后，先振动 5~10s，再开始拔管，应边振边拔，每次拔 0.5~1.0m，停拔振动 5~10s。如此反复，直至桩管全部拔出 (5) 在一般土层内，拔管速度宜为 1.2~1.5m/min，用活瓣桩尖时宜慢，用预制桩尖时可适当加快，在软弱土层中，宜控制在 0.6~0.8m/min

续表

质量问题	主要原因分析	防治措施
混凝土用量过大	(1) 地下遇有枯井、坟坑、溶洞、下水道、防空洞等洞穴 (2) 在饱和淤泥或淤泥质软土中施工,土质受到扰动,强度大大降低,由于混凝土侧压力,而使桩身扩大	(1) 施工前应详细了解施工现场内的地下洞穴情况,预先挖开,进行清理,然后用素土填实 (2) 对于饱和淤泥或淤泥质软土中采用套管护壁浇筑桩的混凝土时,宜先打试桩,如发现混凝土用量过大,可与有关单位研究,改用其他桩型

4.3.2 安全问题(表 5-19)

沉管灌注桩安全隐患的防治 表 5-19

质量问题	主要原因分析	防治措施
防止人身伤害	主要是没有做好相关保护措施	1. 对临近原有建(构)筑物,以及地下管线要认真查清情况,并研究采取有效的安全措施,以免振坏原有建筑物而发生伤亡事故 2. 现场人员必须戴安全帽和采取相关保护措施 3. 在施工方案中,认真制订切实可行的安全技术措施
机械事故	主要是由于施工人员的疏忽造成的	1. 操作时,司机应集中精神,服从指挥,并不得随便离开岗位。打桩过程中,应经常注意打桩机的运转情况,发现异常情况应立即停止,并及时纠正后方可继续进行 2. 打桩时,严禁用手去拨正桩头垫料,同时严禁桩锤未打到桩顶即起锤或刹车,以免损坏打桩设备 3. 打桩过程中,遇有施工地面隆起或下沉时,应随时将桩机垫平,桩架要调直

4.4 质量标准

4.4.1 主控项目
见泥浆护壁灌注桩。

4.4.2 一般项目
见泥浆护壁灌注桩。

4.5 质量检验

(1) 桩基通过检测后,其各项指标达到《建筑桩基技术规范》中灌注桩所要求指标的要求。

(2) 在拔管过程中,桩管内应至少保持 2m 高的混凝土或不低于地面,可用吊锤探测,不足时及时补浇混凝土,以防混凝土中断形成缩颈。

(3)相邻桩施工时,其间隔时间不得超过水泥的初凝时间,中途停顿时,应将桩管在停顿前先沉入土中。

(4)质量检查的内容

1)检查第一次沉管深度、最后沉入度、混凝土浇筑量、进尺时间、拔管时间、最后沉入度、所对应的电流强度等。

2)第二次沉管除需要第一次沉管的全部技术数据记录外,尚需测量第一、二次沉管中心偏差。

3)放置钢筋笼的实际深度。

4)钢筋笼的钢筋规格及几何尺寸,混凝土强度等级及配合比。

5)允许偏差(表5-20)。

锤击沉管灌注桩的允许偏差和检验方法应符合下表的规定　　表5-20

项目		允许偏差(mm)	检验方法
钢筋笼	主筋间距	±10	尺量检查
	箍筋间距	±20	
	加强箍间距	±50	
	直径	±10	
	长度	±100	
桩的位置偏移	1~2根或单排桩	70	拉线和尺量检查
	3~20根桩基的桩	$d/2$	
	桩数多于20根 边缘桩	$d/2$	
	中间桩	d	
垂直度		$H/100$	吊线和尺量检查

注:d为桩径,H为桩长。

4.6 质量验收记录

(1)测量放线记录。

(2)砂、石、水泥、钢材、电焊条等原材料的合格证、出厂检验报告和进场复验报告。

(3)钢筋接头力学性能试验报告。

(4)钢筋加工检验批质量验收记录。

(5)钢筋隐蔽工程检查验收记录。

(6)混凝土灌注桩(钢筋笼)工程检验批质量验收记录。

(7)混凝土配合比通知单。

(8)混凝土原材料及配合比设计检验批质量验收记录。

(9)混凝土施工检验批质量验收记录。

(10) 混凝土试件强度试验报告。
(11) 混凝土灌注桩工程检验批质量验收记录。
(12) 试桩记录。
(13) 打桩记录。
(14) 桩位竣工平面图。
(15) 地基承载力检测报告。
(16) 混凝土灌注桩分项工程质量验收记录。
(17) 其他技术文件。

项目6 防 水 工 程

训练1 水泥砂浆防水层

[训练目的与要求] 掌握水泥砂浆防水层工程质量标准,能熟练地对水泥砂浆防水层工程进行质量检验,并能填写工程质量检查验收记录。熟悉水泥砂浆防水层工程的质量与安全隐患及防治措施,并能编制水泥砂浆防水层工程质量与安全技术交底资料。参加水泥砂浆防水层工程质量检查验收并填写有关工程质量检查验收记录。

1.1 施工准备

1.1.1 作业准备

(1) 编制防水工程施工方案或技术措施;编制防水工程质量与安全技术交底资料。

(2) 地下室门、窗口、预留洞口及穿墙管道按设计要求做好,防水处理检验合格并办理隐蔽验收手续。

(3) 基层已清理干净;施工环境温度不低于5℃且不大于35℃。

(4) 基层表面应平整、坚实、粗糙、清洁并充分湿润无积水。

(5) 施工前应将预埋件、穿墙管预留凹槽内嵌填密封材料,再施工防水砂浆。

(6) 砖墙上抹防水层前,应在砌砖时画缝,如漏画还需凿出砖缝,深度为8~10mm。

1.1.2 材料与机具准备

1. 材料准备

水泥、砂、外加剂、聚合物、水等。

2. 机具准备

(1) 机械设备

砂浆搅拌机、水泵等。

(2) 主要工具

手推车、木刮尺、木抹子、铁抹子、钢皮抹子、喷壶、小水桶、钢丝刷、毛刷、排笔、凿子、铁锤、小笤帚等。

1.2 工艺流程

墙、地面基层处理→冲洗湿润→刷素水泥浆→抹底层砂浆→素水泥浆→抹面层砂浆→抹水泥砂浆→养护。

1.3 易产生的质量和安全问题

1.3.1 质量问题(表6-1)

防水工程质量隐患的防治　　　　　　表6-1

质量问题	主要原因分析	防治措施
材质及试验通病	1. 水泥品种、强度等级不符规范要求或无出厂合格证和取样试验报告,试验不合格时无处理记录和结论 2. 砂石等材料,不进行取样试验或试验不合要求无处理情况及结论 3. 各种取样试验,未按批量,取样方法试验或试验报告手续不符合要求 4. 抗渗试块不做或少做,缺同条件试块或试验不符合要求,无处理情况及结论 5. 防水材料无出厂合格证和取样试验报告或试验不合格无处理就使用 6. 胶结材料无实验室试配及试验报告,且未采用耐腐蚀卷材(非纸胎)和玛琋脂或胶结材料 7. 胶结材料现场配制不取样试验或试验项目不全,试验不合格无处理情况及结论 8. 新型防水材料无法定的鉴定证明和出厂合格证,无工艺要求,无性能指标,无质量标准及现场取样试验要求及记录	1. 严格控制入场材料检查,见证取样及配合比 2. 坚持不合格材料一定清除出场并有去处记录 3. 旁站检查抗渗试块取样制作使之符合规范要求 4. 应对防水卷材、涂料密封材料进行厂家考核 5. 严格按规定审核法定鉴定证明及旁站见证取样试验
基底(层)质量通病	1. 地下室防水施工时,降水措施不当,未降到要求水位标高	应降到防水工程最低标高以下不少于300mm
	2. 基底过湿或有明水,含水率超标	查基底含水率不大于9%,试验观察用$1m^2$防水油毡盖基底24h后看其油毡无水珠出现
	3. 基层本身强度不足或主体混凝土缺陷未做完好处理,基层表面起砂、起皮、有裂缝,表面平整度差	基层本身强度必须达到设计要求,主体混凝土和基层表面的缺陷必须处理好
	4. 基层坡度不符设计要求	跟踪检查及时处理达到设计要求
	5. 基层阴阳角、穿墙管根部未按要求抹圆弧或钝角,抹灰的弧度不符合要求	观察量测检查,抹圆弧度 R 应大于10mm
地下室漏水	水泥防水砂浆: 1. 砂浆配合比、水灰比不当 2. 基层表面清理不净,未充分湿润 3. 刚性多层做法防水层抹压遍数、程序、时间间隔、各层厚度不对,未组织好各层连续施工,尽量不留施工缝,施工缝甩头与接槎不符要求 4. 防水剂掺量不准,拌合不均,防水层不是多遍抹成,表面压光不好,总厚度不足20mm 5. 阴阳角未做成圆弧或钝角 6. 地下室外壁水泥砂浆防水层高度未超出室外地坪150mm以上 7. 养护时间和温度不够	验核配合比观察检查基层处理质量 跟踪检查施工工艺操作,符合工艺规定

1.3.2 安全问题(表6-2)

防水工程质量安全隐患的防治　　　　　表6-2

安全隐患	主要原因分析	防治措施
防止人身伤害	主要是没有做好相关防范与保护措施与安全技术交底工作	1. 现场施工负责人和施工员必须十分重视安全生产，牢固树立安全促进生产、生产必须安全的思想，切实做好预防工作 2. 进入施工现场必须佩戴安全帽，作业人员衣着灵活紧身，禁止穿硬底鞋、高跟鞋作业，高空作业人员应系好安全带，禁止酒后操作、吸烟和打架斗殴 3. 遵章守纪，杜绝违章指挥和违章作业，现场设立安全措施及有针对性的安全宣传牌、标语和安全警示标志 4. 配制砂浆掺用外加剂时，操作人员应戴防护用品 5. 施工员在下达施工计划的同时，应下达具体的安全措施，每天出工前，施工员要针对当天的施工情况，布置施工安全工作，并讲明安全注意事项 6. 落实安全施工责任制度、安全施工教育制度、安全施工交底制度、施工机具设备安全管理制度等

1.4 质量标准

1.4.1 主控项目

(1) 水泥砂浆防水层的原材料及配合比必须符合设计要求。
(2) 水泥砂浆防水层各层之间必须结合牢固，无空鼓现象。

1.4.2 一般项目

(1) 水泥砂浆防水层表面应密实、平整，不得有裂纹、起砂、麻面等缺陷，阴阳角处应做成圆弧形。
(2) 水泥砂浆防水层施工缝留槎位置应正确，接槎应按层次顺序操作，层层搭接紧密。
(3) 水泥砂浆防水层的平均厚度应符合设计要求，最小厚度不得小于设计值的85％。

1.5 质量检验(表6-3～表6-5)

普通水泥砂浆防水层的配合比　　　　　表6-3

名　称	配合比(质量比)		水灰比	适用范围
	水泥	砂		
水泥浆	1	—	0.55～0.60	水泥浆防水层的第一层
水泥浆	1	—	0.37～0.40	水泥浆防水层的第三、五层
水泥砂浆	1	1.5～2.0	0.40～0.50	水泥浆防水层的第二、四层

地下工程防水等级标准　　　　　　　表 6-4

防水等级	标　准
1级	不允许渗水，结构表面无湿渍
2级	不允许漏水，结构表面可有少量湿渍 工业与民用建筑：湿渍总面积不大于总防水面积的1‰，单个湿渍面积不大于0.1m^2，任意100m^2防水面积不超过一处 其他地下工程：湿渍总面积不大于防水面积的6‰，单个湿渍面积不大于0.2m^2，任意100m^2防水面积不超过4处
3级	有少量漏水点，不得有线流和漏泥砂 单个湿渍面积不大于0.3m^2，单个漏水点的漏水量不大于2.5L/d，任意100m^2防水面积不超过7处
4级	有漏水点，不得有线流和漏泥砂 整个工程平均漏水量不大于2L/m^2·d，任意100m^2防水面积的平均漏水量不大于4L/m^2·d

说明：当前，提出一个符合我国地下工程实际情况的防水标准是十分必要的，本条文是根据国内工程调查资料，参考国外有关规定数值，结合地下工程不同要求和我国地下工程实际，按不同渗漏水量的指标将地下工程防水划分为四个等级。

水泥砂浆防水层质量检验　　　　　　　表 6-5

		施工质量验收规范规定		检验批划分	检验数量	检验方法	检验要点
主控项目	1	原材料及配合比	第4.2.7条	水泥砂浆防水层的施工质量检验数量，应按施工面积每100m^2抽查1处，每处10m^2，且不得少于3处 应按抽查面积与防水层总面积的1/10考虑		检查出厂合格证、质量检验报告、计量措施和现场抽样试验报告	水泥砂浆防水层的原材料及配合比必须符合设计要求
	2	结合牢固	第4.2.8条			观察和用小锤轻击检查	水泥砂浆防水层各层之间必须结合牢固，无空鼓现象
一般项目	1	表面质量	第4.2.9条			观察检查	水泥砂浆防水层表面应密实、平整，不得有裂纹、起砂、麻面等缺陷；阴阳角处应做成圆弧形
	2	留槎、接槎	第4.2.10条			观察检查和检查隐蔽工程验收记录	水泥砂浆防水层施工缝留槎位置应正确，接槎应按层次顺序操作，层层搭接紧密
	3	防水层厚度（设计值）	≥85%			观察和尺量检查	水泥砂浆防水层的平均厚度应符合设计要求，最小厚度不得小于设计值的85%

1.6 质量验收记录

(1) 水泥砂浆防水层的原材料出厂合格证,质量检验报告及现场抽样试验报告。
(2) 防水砂浆配合比通知单。
(3) 隐蔽工程检查验收记录。
(4) 细部构造检验批质量验收记录。
(5) 水泥砂浆防水层检验批质量验收记录。
(6) 水泥砂浆防水层分项工程质量验收记录。

训练 2　卷材防水层

[训练目的与要求]　掌握卷材防水层工程质量标准,能熟练地对卷材防水层工程进行质量检验,并能填写工程质量检查验收记录。熟悉卷材防水层工程的质量与安全隐患及防治措施,并能编制卷材防水层工程质量与安全技术交底资料。参加卷材防水层工程质量检查验收并填写有关工程质量检查验收记录。

2.1　施工准备

2.1.1　作业准备

编制防水工程施工方案或技术措施;编制质量安全技术交底资料;施工期间降水水位确保稳定在基底 0.5m 以下;对分项作业人员的技术交底、安全教育;原材料、半成品通过定样、检查(试验)、验收;卷材防水层必须由具有相应资质的防水队伍施工,主要施工人员应持有建设行政主管部门或其指定单位颁发的执业资格证书;卷材防水层施工之前,应组织图纸会审,掌握工程主体及细部构造的防水技术要求。基层表面平整、牢固、不空鼓、不起砂,施工前基层处理干净;基层表面应洁净干燥,含水不应大于 9%;防水基层已经完工,并通过验收;施工自然环境满足施工操作要求;施工人员经培训考试合格持证上岗。

2.1.2　材料与机具准备

1. 材料准备

(1) 沥青油毡卷材

卷材的品种、材质和技术性能应符合设计要求和有关现行国家标准的规定。

(2) 胶结材料

常用的有建筑石油沥青(有 10 号、30 号甲、30 号乙)和普通石油沥青(55 号、60 号),其技术指标应符合有关现行国家标准的规定。

(3) 其他材料

6~7 级石棉纤维、滑石粉、白云石粉、石棉粉,要求含水率不大于 3%,细度通过 900 孔/cm^2。

(4) 汽油

工业用。

2. 机具准备

（1）机械设备

鼓风机、水泵。

（2）主要工具

带盖沥青锅、带盖铁桶、砂浴锅、油壶、长柄板棕刷、胶皮刮板、油勺笊篱、磅秤、2mm厚铁板、300～500℃工业温度计、风管、刮刀、铲刀等。

2.2 工艺流程

基层处理→卷材附加层铺贴→卷材防水层铺贴→保护层撒布。

2.3 易产生的质量和安全问题

2.3.1 质量问题(表6-6)

卷材防水工程质量问题防治　　　　　　　表6-6

质量问题	主要原因分析	防治措施
1. 空鼓 多发生在底板防水层的阴阳角、搭接缝等处	1）基层潮湿、不平整、有杂质 2）卷材防水层中存在水分，砂浆找平层不干 3）涂刷胶粘剂后，卷材铺贴过早或过晚，造成粘结不牢	1）基层应清理整洁干燥，处理剂涂刷均匀不漏底 2）环境气温不应低于5℃，冬期施工要采取保温措施 补救方法 1）剪掉空鼓部位的卷材，加铺一层卷材，铺贴牢固 2）用喷灯烘烤空鼓部位，挤出空气，在气体排出处涂刷少量胶粘剂
2. 渗漏 多发生在转角部位	转角处铺贴不严或未铺贴附加增强层	1）转角处应做成圆弧形 2）转角处铺贴延伸率大、韧性好的卷材作为附加增强层 3）避免在立平面的转角处留设卷材搭接缝。搭接缝最好留在平面上，距立面大于600mm 补救方法 1）把卷材撕开，去除表面杂质，涂刷胶粘剂粘牢 2）撕不开时用喷灯烘烤，缓慢撕开卷材
3. 防水卷材接头搭接不良，地下水沿接头缝隙渗入卷材防水层	搭接形式和搭接长度不当，甩茬损坏，粘结不紧密，造成空鼓、翘边、张嘴现象	1）应在施工前做好排水工作，保证基底最低标高至少高于地下水位500mm，避免施工时卷材防水层受浸 2）在基层上弹线，按线铺贴，铺贴从上而下，卷材搭接长度应大于150mm 3）接头搭接处两面均应涂满胶粘剂，收头时将挤出的胶粘剂刮平 4）对接头搭接不良的防水卷材可重新铺设，或加铺防水层

续表

质量问题	主要原因分析	防治措施
3. 防水卷材接头搭接不良,地下水沿接头缝隙渗入卷材防水层	搭接形式和搭接长度不当,甩茬损坏,粘结不紧密,造成空鼓、翘边、张嘴现象	5)转角处施工不方便,应做成弧形或折角,在底板的转角处、阴阳角部位、三面角部位增铺卷材附加层 6)相邻工作面施工时,要采取保护措施保护已铺好的卷材防水层 补救方法 1)重新铺贴或再铺一层防水卷材 2)接头粘结不牢的,去除接头表面杂质,重新粘结。忘记粘贴封口条的,重新补贴封口条 3)接头已经损坏无法使用,把坏接头部分剪掉,加铺卷材搭接覆盖 4)接头损坏,甩槎部位撕不开时,可用喷灯烘烤,随后缓慢拨开卷材,去除表面污物,再进行搭接

说明:1. 高聚物改性沥青防水卷材厚度不应小于3mm,单层使用时厚度不应小于4mm,双层使用时,总厚度不应小于6mm。
2. 外防外贴法卷材甩茬,一定要贴在临时保护墙上(按150mm错开每一接茬),不要采用甩茬弯折,用砖压住的做法。一是砖活动易碰掉;二是卷材弯折又不粘贴,很容易折断。

2.3.2 安全问题(表6-7)

卷材防水工程安全隐患的防治　　　　　表6-7

安全隐患	主要原因分析	防治措施
防止人身伤害	主要是没有做好相关保护措施	1. 参加沥青操作人员应穿工作服,戴安全帽、口罩、手套、帆布脚盖等劳保用品,工作前手脸及外露皮肤应涂擦防护油膏等 2. 由于卷材中某些组成材料和胶粘剂具有一定的毒性和易燃性。因此,在材料保管、运输、施工过程中,要注意防火和预防职业中毒、烫伤事故发生
防止操作人员中毒	对工作人员没有采取相应的保护	地下室通风不良时,铺贴卷材应采取通风措施,防止有机溶剂挥发,使操作人员中毒
防止出现坠落事故	主要是没有做好临边防护工作	施工过程中做好基坑和地下结构的临边防护,防止出现坠落事故

2.4 质量标准

卷材防水层的施工质量检验数量应按铺贴面积每100m² 抽查一处,每处

$10m^2$ 且不得少于三处。

2.4.1 主控项目
(1) 卷材防水层所用卷材及主要配套材料必须符合设计要求。
(2) 卷材防水层及其转角处、变形缝、穿墙管道等细部做法均须符合设计要求。

2.4.2 一般项目
(1) 卷材防水层的基层应坚实，表面应洁净、平整，不得有空鼓、松动、起砂或脱皮现象。基层阴角应做到圆弧形。
(2) 卷材防水层的搭接缝应粘（焊）结牢固，密封严密，不得有皱折、翘边和鼓泡等缺陷；防水层的收头应与基层粘结并固定牢固，缝口封严，不得翘边。
(3) 侧墙卷材防水层的保护层应与防水层粘结牢固。结合紧密，厚度均匀一致。
(4) 卷材的铺贴方法应正确，卷材搭接宽度的允许偏差为 -10mm。

2.5 质量检验（表6-8、表6-9）

防水卷材厚度　　　　　　　　　　　　　　　表6-8

防水等级	设防道数	合成分子防水卷材	高聚物改性沥青防水卷材
1级	三道或三道以上设防	单层：不应小于1.5mm；双层：每层不应小于1.2mm	单层：不应小于4mm；双层：每层不应小于3mm
2级	二道设防		
3级	一道设防	不应小于1.5mm	不应小于4mm
	复合设防	不应小于1.2mm	不应小于3mm

卷材防水层检验批质量验收记录表　　　　　　表6-9

		施工质量验收规范规定	检验批划分	检验数量	检验方法	检验要点
主控项目	1	卷材及配套材料质量	第4.3.10条	大于1000卷抽5卷，500~1000卷抽4卷，100~499卷抽3卷，100卷以下抽2卷，进行规格尺寸和外观质量检查。在外观质量检验合格的卷材中，任取一卷作物理性能检查	卷材防水层的施工质量检验数量，应按铺贴面积每$100m^2$抽查1处，每处$10m^2$，且不得少于3处。卷材防水层工程施工质量的检验数量，应按所铺贴卷材面积的1/10进行抽查，每处检查$10m^2$，且不得少于3处	检查出厂合格证、质量检验报告和现场抽样试验报告	卷材及主要配套材料必须符合设计要求

续表

		施工质量验收规范规定	检验批划分	检验数量	检验方法	检验要点
主控项目	2	细部做法	第4.3.11条		观察检查和检查隐蔽工程验收记录	卷材防水层及其转角处、变形缝、穿墙管道等细部做法均须符合设计要求
一般项目	1	基层质量	第4.1.12条		观察检查和检查隐蔽工程验收记录	卷材防水层的基层应牢固，基面应洁净、平整同，不得有空鼓、松动、起砂和脱皮现象；基层阴阳角处应做成圆弧形
	2	卷材搭接缝	第4.1.13条		观察检查	卷材防水层的搭接缝应粘(焊)结牢固，密封严密，不得有皱折、翘边和鼓泡等缺陷
	3	保护层	第4.1.14条		观察检查	侧墙卷材防水层的保护层与防水层应粘结牢固，结合紧密、厚度均匀一致
	4	卷材搭接宽度允许偏差(mm)	−10		观察和尺量检查	卷材铺贴前，施工单位应根据卷材搭接宽度和允许偏差，在现场弹线作为标准去控制施工质量

2.6 质量验收记录

（1）卷材及主要配套材料出厂合格证，质量检验报告和现场抽样试验报告。

（2）隐蔽工程检查验收记录。

（3）细部构造检验批质量验收记录。

（4）卷材防水层检验批质量验收记录。

（5）卷材防水层分项工程质量验收记录。

训练 3　聚氨酯涂料防水层

[训练目的与要求]　掌握聚氨酯涂料防水层工程质量标准,能熟练地对聚氨酯涂料防水层工程进行质量检验,并能填写工程质量检查验收记录。熟悉聚氨酯涂料防水层工程的质量与安全隐患及防治措施,并能编制聚氨酯涂料防水层工程质量与安全技术交底资料。参加聚氨酯涂料防水层工程质量检查验收并填写有关工程质量检查验收记录。

3.1　施工准备

3.1.1　作业准备

(1) 编制防水工程施工方案或技术措施;编制质量与安全技术交底资料;施工期间降水水位确保稳定在基底 0.5m 以下。

(2) 基层应保持干燥,含水率不大于 9%,牢固、不空鼓、不起砂,施工前基层处理干净;铺贴防水层的基层(保温层、找平层)应施工完毕,并检查验收,办理完隐蔽工程验收手续。

(3) 表面应清扫干净,残留的灰浆硬块及突出部分应清除掉,整平修补抹光;阴阳角处应做成圆弧或钝角;屋面与突出屋面结构连接处等部位,应做成半径为 100～150mm 的圆弧或钝角。

(4) 防水层施工所用各种材料及机具,均已备齐运至现场,经检查质量、数量能满足施工要求,并分类整齐堆放在仓库内备用,可满足施工要求。

(5) 防水施工人员应经过理论与实际施工操作的培训,并持证上岗。

3.1.2　材料与机具准备

1. 材料准备

聚氨酯涂料膜防水材料、二月桂酸二丁基锡、磷酸或苯磺酰氨、乙酸乙酯、二甲苯、水泥、中砂、107 胶。

2. 机具准备

(1) 机械设备

电动搅拌器、井架带卷扬机等。

(2) 主要工具

搅拌桶、小型油漆桶、橡皮刮板、塑料刮板、磅秤、油漆刷、液动刷、小抹子、油工铲刀、笤帚等。

3.2　工艺流程

基层处理→涂料附加层→涂料防水层铺贴→涂料保护层。

3.3 易产生的质量和安全问题

3.3.1 质量问题(见表6-10)

防水工程质量隐患的防治　　　　表6-10

质量问题	主要原因分析	防治措施
表面开裂、破损、并有积水和渗漏	1. 防水涂料的厚度偏薄，涂刷遍数不足，有的盲目采取一次涂成。这样，由于涂膜收缩和水分蒸发后，表面产生开裂 2. 胎体增强材料铺设顺序混乱，未按流向搭接，留下呛水隐患 3. 多组分防水涂料，搅拌不均匀。在涂布过程中，未拌匀的颗粒杂质留在涂层中，留下渗漏的隐患 4. 涂膜防水层收头处理不密封 5. 防水涂膜完工后，成品保护工作不到位。由于人为因素，刺穿防水层，造成防水涂膜完整性的破坏而渗漏	1. 分层涂刷，厚度不小于1.5mm 2. 胎体增强材料按流向搭接 3. 配比正确，搅拌均匀，随配随用 4. 按图纸或图集做好细部处理 5. 加强成品保护
表面皱折、鼓泡，露胎体和翘边	1. 胎体增强材料裁剪不整齐，粘结不牢固，或搭接错开幅宽不足，出现翘边、重缝、皱折和露胎体现象 2. 防水涂膜操作马虎，涂刷不均匀，出现露底、漏涂和堆积现象 3. 涂膜防水基层的含水率偏大，直接影响防水层与基层的粘结，形成汽泡或鼓泡	1. 胎体增强材料裁剪要整齐，搭接宽度足够，顺畅 2. 涂刷均匀 3. 用塑料布覆盖3～4小时无水印

3.3.2 安全问题(见表6-11)

防水工程安全隐患的防治　　　　表6-11

安全隐患	主要原因分析	防治措施
污染皮肤	主要是没有做好相关保护措施	1. 现场操作人员应戴防护物套，避免污染皮肤 2. 皮肤沾污了聚氨酯材料较难清洗，施工操作人员应戴防撞防护手套
防止火灾	由于易燃品没有进行相应的保护措施	聚氨酯甲、乙料及固化剂、稀释剂等均为易燃品，储存时应放在干燥和远离火源的场所，施工现场严禁烟火

3.4 质量标准

涂料防水层的抽查数量应按涂层面积每100m^{2}抽查1处，每处10m^2，且不得少于3处。

3.4.1 主控项目

(1)涂料防水层所用材料及配合比必须符合设计要求。
(2)涂料防水层及其转角处、变形缝、穿墙管道等细部做法均须符合设计要求。

3.4.2 一般项目

(1)涂料防水层的基层应牢固，基层表面应洁净、平整，不得有空鼓、松动、起砂和脱皮现象,基层的阴阳角应做成圆弧形。

(2) 涂料防水层的平均厚度应符合设计要求,最小厚度不得小于设计厚度的80%。

(3) 涂料防水层与基层应粘结牢固,表面平整,涂刷均匀,不得有流淌、皱折、鼓泡、露胎体和翘边等缺陷。

(4) 侧墙涂料防水层的保护层与防水层粘结牢固,结合紧密,厚度均匀一致。

3.5 质量检验(表6-12、表6-13)

防水涂料厚度(mm) 表6-12

防水等级	设防道数	有机涂料			无机涂料	
		反应型	水乳型	聚合物型	水泥基	水泥基渗透结晶型
1级	三道或三道以上设防	1.2~2.0	1.2~1.5	1.5~2.0	1.5~2.0	≥0.8
2级	二道设防	1.2~2.0	1.2~1.5	1.5~2.0	1.5~2.0	≥0.8
3级	一道设防	—	—	≥2.0	≥2.0	—
	复合设防	—	—	≥1.5	≥1.5	—

涂料防水层质量检验 表6-13

		施工质量验收规范规定		检验批划分	检验数量	检验方法	检验要点
主控项目	1	涂料质量及配合比	第4.4.7条	涂料防水层的施工质量检验数量,应按涂层面积每100m²抽查1处,每处10m²,且不得少于3处		检查出厂合格证、质量检验报告、计量措施和现场抽样试验报告	所用材料及配合比必须符合设计要求
	2	细部做法	第4.4.8条			观察检查和检查隐蔽工程验收记录	涂料防水层及其转角处、变形缝、穿墙管道等细部做法均须符合设计要求
一般项目	1	基层质量	第4.4.9条	涂料防水层工程施工质量的检验数量,应按涂刷涂料面积的1/10进行抽查,每处检查10m²,且不得少于3处		观察检查和检查隐蔽工程验收记录	涂料防水层的基层应牢固,基面应洁净、平整,不得有空鼓、松动、起砂和脱皮现象;基层阴阳角处应做成圆弧形
	2	表面质量	第4.4.10条			观察检查	涂料防水层应与基层粘结牢固,表面平整、涂刷均匀,不得有流淌、皱折、鼓泡、露胎体和翘边等缺陷
	3	涂料层厚度(设计厚度)	80%			针测法或割取20mm×20mm实样用卡尺测量	涂料防水层的平均厚度应符合设计要求,最小厚度不得小于设计厚度的80%
	4	保护层与防水层粘结	第4.4.12条			观察检查	侧墙涂料防水层的保护层与防水层粘结牢固,结合紧密,厚度均匀一致

3.6 质量验收记录

（1）涂料防水层所用材料出厂合格证、质量检验报告和现场抽样试验报告。
（2）隐蔽工程检查验收记录。
（3）细部构造检验批质量验收记录。
（4）涂料防水层检验批质量验收记录。
（5）涂料防水层分项工程质量验收记录。

项目 7 钢 筋 工 程

训练 1 钢筋加工制作

[训练目的与要求] 掌握钢筋加工制作质量标准，能熟练地对钢筋加工制作进行质量检验，并能填写工程质量检查验收记录。熟悉钢筋加工制作的质量与安全隐患及防治措施，并能编制钢筋加工制作质量与安全技术交底资料。参加钢筋加工制作质量检查验收并填写有关工程质量检查验收记录。

1.1 施工准备

1.1.1 作业准备

分别有楼板、梁、柱、墙等构件的配筋结构图；按图纸要求的钢筋规格、形状、尺寸、数量合理填写钢筋配料单，并计算出钢筋的用量，检修保养设备确保正常运行。钢筋加工棚安全防护及半成品堆放场地准备就绪；编制质量、安全技术交底资料。

1.1.2 材料与机具准备

1. 材料准备

根据图纸钢筋种类、直径要求，准备不同直径和种类的钢筋（建议用 8mm 圆钢和 16mm 月牙纹钢筋）；画线用的粉笔；铁线（直径 0.6～0.8mm）。

2. 机具准备

钢筋加工台；手摇板（6mm、8mm、10mm 三种）；钢筋钳（可剪断 12mm 以下的钢筋）；钢筋钩，卷扬机；钢筋弯曲机；钢筋切断机，钢筋调直机。

1.2 工艺流程

钢筋的清洁、除锈→钢筋调直→钢筋下料→钢筋成型→钢筋的检查、验收→堆放。

1.3 易产生的质量与安全问题

1.3.1 质量问题

钢筋加工质量隐患的防治（见表 7-1）。

钢筋加工质量隐患的防治　　　　表 7-1

质量隐患	主要原因分析	防治措施
1. 直条钢筋弯曲	在运输、吊装或堆放时不慎不当	运输采用较长的运输车或挂车，对较长的钢筋，尽可能采用吊架装卸车，并避免用钢丝绳捆绑

续表

质量隐患	主要原因分析	防治措施
2. 钢筋下料切断尺寸不准,断口不平	定卡板不紧固或刀口间隙过大	1. 拧紧定卡板的紧固螺栓,切断过程中经常检查、核对断料尺寸 2. 调整切断机固定刀片与冲切刀片间的水平间隙为0.5～1mm为宜
3. 钢筋成形尺寸不准确	1. 下料不准 2. 画线方法不对或不准 3. 手工弯曲时板距选择不当;角度控制没有采取保证措施	1. 预先确定各种形状钢筋下料长度调整值 2. 板距根据已讲过的参考值进行调整 3. 复杂形状或大批量同一种形状的钢筋,要放出实样,选择适合的操作参数,如画线、板距等

1.3.2 安全问题

钢筋加工安全隐患的防治(见表7-2)。

钢筋加工安全隐患的防治　　　　表7-2

安全隐患	主要原因分析	防治措施
1. 钢筋拉直中对人身的伤害	钢筋突然松脱或断裂回弹伤人	1. 应根据冷拉钢筋的直径,合理选用卷扬机。卷扬机前应设置防护挡板,卷扬钢丝绳应经封闭式导向滑轮并和被拉钢筋水平方向成直角,卷扬机的位置应使操作人员能看到全部冷拉场地,卷扬机与冷拉中线距离不得少于5m 2. 冷拉场地应在两端地锚外侧设置警戒区,并应安装防护拦板及警告标志。无关人员不得在此停留,作业人员在作业时必须离开钢筋2m以外 3. 作业前,应检查冷拉夹具,夹齿应完好,滑轮、拖拉小车应润滑灵活,拉钩、地锚及防护装置均应齐全、牢固。确认良好后,方可作业
2. 使用钢筋切断机时对人身的伤害	不遵守钢筋切断机安全操作规程操作	1. 启动前,应检查并确认切刀无裂纹,刀架螺栓紧固,防护罩牢靠。然后用手转动皮带轮,检查齿轮啮合间隙,调整切刀间隙 2. 切料时,应使用切刀的中下部位,紧握钢筋对准刃口迅速投入,操作者应站在固定刀片一侧用力压住钢筋,应防止钢筋末端弹出伤人。严禁用两手在刀片两边握住钢筋俯身送料 3. 切断短料时,手和切刀之间的距离应保持150mm以上,如手握端小于400mm时,应采用套管或夹具将钢筋短头夹住或夹牢 4. 运转中,严禁用手直接清除切刀附近的断头和杂物。钢筋摆动周围和切刀周围不得停留非操作人员。已切断的钢筋堆放要整齐,防止切口突出,误踢割伤
3. 使用钢筋弯曲机时对人身的伤害	不遵守钢筋弯曲机安全操作规程操作	1. 应检查并确认芯轴、挡铁轴、转盘等无裂纹和损伤,防护罩坚固可靠,空载运转正常后,方可作业 2. 在弯曲钢筋的作业半径内和机身不设固定销的一侧严禁站人 3. 作业中,严禁更换轴芯、销子和变换角度以及调速,也不得进行清扫和加油

1.4 质量标准

1.4.1 主控项目

1. 力学性能检验

钢筋进场时，应按现行国家标准《钢筋混凝土用热轧带肋钢筋》GB 1499、《钢筋混凝土用热轧光圆钢筋》GB 13013 等的规定抽取试件做力学性能检验，其质量必须符合有关标准的规定。

2. 抗震用钢筋强度实测值

对有抗震设防要求的框架结构，其纵向受力钢筋的强度应满足设计要求；当设计无具体要求时，对一、二级抗震等级，检验所得的强度实测值应符合下列规定：

（1）钢筋的抗拉强度实测值与屈服强度实测值的比值不应小于 1.25；

（2）钢筋的屈服强度实测值与强度标准值的比值不应大于 1.3。

3. 化学成分等专项检验

化学成分应符合现行国家标准《钢筋混凝土用热轧带肋钢筋》GB 1499、《钢筋混凝土用热轧光圆钢筋》GB 13013 等的要求。

4. 受力钢筋的弯钩和弯折

（1）HPB235 级钢筋末端应作 180°弯钩，其弯弧内直径不应小于钢筋直径的 2.5 倍，弯钩的弯后平直部分长度不应小于钢筋直径的 3 倍；

（2）当设计要求钢筋末端需作 135°弯钩时，HRB335 级、HRB400 级钢筋的弯弧内直径不应小于钢筋直径的 4 倍，弯钩的弯后平直部分长度应符合设计要求；

（3）钢筋作不大于 90°的弯折时，弯折处的弯弧内直径不应小于钢筋直径的 5 倍。

5. 箍筋弯钩形式

除焊接封闭式箍筋外，箍筋的末端应作弯钩，弯钩形式应符合设计要求；当设计无具体要求时，应符合下列规定：

（1）箍筋弯钩的弯弧内直径除应满足《混凝土结构工程施工质量验收规范》第 5.3.1 条（即同受力钢筋的弯钩和弯折的要求）的规定外，尚应不小于受力钢筋直径；

（2）箍筋弯钩的弯折角度：对一般结构，不应小于 90°；对有抗震等要求的结构，应为 135°；

（3）箍筋弯后平直部分长度：对一般结构，不宜小于箍筋直径的 5 倍；对有抗震等要求的结构，不应小于箍筋直径的 10 倍。

所有主控项目必须全部达到要求，否则应评定为不合格。

1.4.2 一般项目

1. 外观质量

钢筋应平直、无损伤，表面不得有裂纹、油污、颗粒状或片状老锈。

2. 钢筋调直

钢筋调直宜采用机械方法，也可采用冷拉方法。当采用冷拉方法调直钢筋时，HPB235级的钢筋的冷拉率不宜大于4%，HRB335级、HRB400级和RRB400级钢筋的冷拉率不宜大于1%。

3. 钢筋加工的形状、尺寸

钢筋加工的形状、尺寸应符合设计要求，其偏差符合钢筋加工质量检验（表7-3）的钢筋加工的形状、尺寸规定。

一般项目的合格标准为：项目无论是定性还是定量要求，应有80%以上的检查点达到要求，属于定量要求的，其余20%的检查点可以超过允许偏差值，但不能超过允许值的150%，对于定性要求的，其余20%的检查点不能有影响性能的严重缺陷，否则应评定为不合格。

1.5 质量检验

钢筋加工质量检验（见表7-3）。

钢筋加工质量检验 表7-3

	施工质量验收规范规定	检验批划分	检验数量	检验方法	检验要点
主控项目	1. 力学性能检验	第5.2.1条	每批由同一厂别、同一炉罐号、同一规格、同一交货状态、同一进场时间的钢筋组成。冷轧带肋钢筋每批数量不得大于50t。其余钢筋每批数量不得大于60t	按进场的批次和产品的抽样检验方案确定	检查产品合格证、出厂检验报告和进场复验报告	检查钢筋合格证是否与材料相符，钢筋牌号、性能是否符合设计。实验室的结论、签字盖章是否齐全
	2. 抗震用钢筋强度实测值	第5.2.2条	同上	按进场的批次和产品抽样检验方案确定	检查进场复验报告	重点检查钢筋的抗拉强度实测值与屈服强度实测值的比值是否满足要求
	3. 化学成分等专项检验	第5.2.3条	同上	同上	检查化学成分等专项检验报告	重点检查碳、硫等含量是否满足要求
	4. 受力钢筋的弯钩和弯折	第5.3.1条	分别由一楼层或一施工段的基础、柱、剪力墙、梁板组成	按每工作班同一类型钢筋、同一加工设备抽查不应少于3件	钢尺检查	检查弯心直径和弯钩平直段长度是否满足要求
	5. 箍筋弯钩形式	第5.3.2条	同上	同上	钢尺检查	检查箍筋弯钩的弯折角度和弯钩平直段长度是否满足要求

续表

	施工质量验收规范规定		检验批划分	检验数量	检验方法	检验要点
一般项目	1. 外观质量		第5.2.4条	同上保证项目1	进场时和使用前全数检查	观察	重点检查有无损伤、表面不得有裂纹
	2. 钢筋调直		第5.3.3条	分别由一楼层或一施工段的基础、柱、剪力墙、梁板组成	按每工作班同一类型钢筋、同一加工设备抽查不应少于3件	观察、钢尺检查	观察、钢尺检查加工后的钢筋直段是否平直
	3. 钢筋加工的形状、尺寸	受力钢筋顺长度方向全长的净尺寸 ±10mm		分别由一楼层或一施工段的基础、柱、剪力墙、梁、板组成	按每工作班同一类型钢筋、同一加工设备抽查不就少于3件	钢尺检查	重点检查弯起钢筋的弯折位置、箍筋内净尺寸是否满足要求
		弯起钢筋的弯折位置 ±20mm					
		箍筋内净尺寸 ±5mm					

1.6 质量验收记录

(1) 钢筋出厂合格证，出厂检验报告和进场复检报告。
(2) 焊条、焊剂合格证。
(3) 化学成分等专项检验报告。
(4) 钢筋加工检验批质量验收记录。

训练2 钢筋的连接

[训练目的与要求] 掌握钢筋连接质量标准，能熟练地对钢筋连接进行质量检验，并能填写工程质量检查验收记录。熟悉钢筋连接的质量与安全隐患及防治措施，并能编制钢筋连接质量与安全技术交底资料。参加钢筋连接质量检查验收并填写有关工程质量检查验收记录。

2.1 钢筋焊接

2.1.1 电弧焊接

1. 施焊准备
(1) 作业准备

焊工必须有焊工考试合格证，持证上岗，在规定的范围内进行焊接操作；弧焊机等机具设备完好。弧焊机应按规定正确接通电源，电源应符合施焊要求；作业场地应有安全防护设施、防火和必要的通风设施；钢筋焊接时环境温度不得低于-20℃；编制书面质量与安全技术交底资料。

(2) 材料与机具准备

1) 材料准备：钢筋（建议用 8mm 圆钢和 16mm 月牙纹钢筋），电焊条（E4303，E5003 两种）。

2) 机具准备：电焊机、焊接电缆、电焊钳、面罩、堑子、钢丝刷、锉刀、榔头、烘干设备等。

2．施焊工艺流程

焊接准备→检查设备 → 选择焊接参数 → 试焊作模拟试件 → 送试 → 确定焊接参数 → 工程焊接接头施焊 → 质量检验。

3．易产生的质量和安全问题

（1）质量问题

钢筋电弧焊接质量隐患的防治（见表 7-4）。

钢筋电弧焊接质量隐患的防治　　　　　　表 7-4

质量隐患	主要原因分析	防治措施
1. 焊缝形成不良，表面凹凸不平，宽窄不均	焊工操作水平不高	1. 严格选择焊接参数 2. 提高焊工技术水平 3. 对已产生表面不良的部位，应仔细清渣后精心补焊一层
2. 咬边。焊缝与钢筋交界处烧成缺口，没有得到熔化金属的补充	焊工操作水平不高；电流过大	1. 选择合适的电流，避免电流过大 2. 操作时电弧不能拉得过长，并控制好焊条的角度和运弧的方法 3. 对已产生咬边部位，清渣后应进行补焊
3. 电弧烧伤。钢筋表面已焊钢筋表面局部有缺肉质量隐患	焊工操作水平不高，焊把与钢筋非焊部位接触	1. 精心操作避免带电的焊条、焊把与钢筋非焊部位接触，引起电弧烧伤钢筋 2. 严格操作，不得在非焊接部位随意引燃电弧 3. 地线与钢筋接触要良好紧固 4. Ⅱ、Ⅲ级钢筋有烧伤缺陷时，应予以铲除磨平，视情况补焊加固，然后进行回火处理。回火温度一般以 500～600℃为宜
4. 夹渣。在被焊金属的焊缝中存在块状或弥散状非金属夹渣物，影响焊缝强度	焊接区域内的脏物清除不干净	1. 正确选择焊接电流，焊接时必须将焊接区域内的脏物清除干净 2. 多层施焊时，必须层层清除焊渣后，再施焊下层，以避免层间夹渣 3. 焊接过程中发现钢筋上有脏物或焊缝上有熔渣时，焊到该处应将电弧适当拉长，并稍加停留，使该处熔化范围扩大，以把脏物或熔渣再次熔化吹走，直至形成清亮熔池为止
5. 焊接接头在承受拉、弯等应力时，在焊缝、热影响区域母材上发生没有塑性变形的突然断裂	1. 焊接时的咬边缺陷 2. 电弧烧伤或交叉钢筋电弧点焊焊缝太小，使钢筋局部产生淬火组织 3. 连续施焊使焊缝和热影响区温度过高，冷却后形成粗大的魏氏组织，降低了接头的塑性 4. 负温焊接时，焊接工艺及参数选择不合理	1. 焊接过程中不得随意在主筋非焊部位引弧，地线应与钢筋接触良好，避免引起此处电弧。灭弧时弧坑要填满，并应将灭弧点拉向帮条或搭接端部。在坡口立加强焊缝焊中，应减小焊接电流，采用短弧等措施 2. Ⅱ、Ⅲ级钢筋坡口焊接时，应采用几个接头轮流施焊的方法，以避免接头过热产生脆性较大的魏氏组织。在负温条件下进行帮条和搭接接头平焊时，第一层焊缝应从中间引弧向两端引弧，使接头端部达到预热的目的 3. Ⅱ、Ⅲ级钢筋多层施焊时（包括搭接焊、帮条焊和坡口焊），最后一层焊道应比前层焊道在两端各缩短 4～6mm，以消除或减少前层焊道及其临近区域的淬硬组织，改善接头性能

(2) 安全问题

钢筋电弧焊安全隐患的防治(见表7-5)。

钢筋电弧焊安全隐患的防治　　　　　表7-5

安全隐患	主要原因分析	防治措施
1. 触电伤害	无安全防护，线路破损	施工前应检查漏电开关、外壳接地等保护装置和线路是否完好，不允许未进行安全检查就开始操作。并规定除穿戴防护工作服、防护手套和绝缘鞋外，还应保持干燥和清洁。不得借用金属脚手架、轨道及结构钢筋作回路地线
2. 火灾	电火花点燃附近的易燃物质	施工前应先检查附近有无易燃物质，对可以清理的应先清理干净，无法清理的应采取隔离措施或先浇水湿润，并准备好灭火器等消防用品
3. 爆炸	电焊时附近有易燃易爆气体等物质	施工前应先检查附近有无易燃易爆气体等物质，施焊不应在有易燃易爆气体的附近施工，否则应先清除易燃易爆物质
4. 电弧烧伤、烫伤，弧光对眼睛和皮肤的伤害	未按规定戴好个人防护用品	施工时应做好个人防护，穿戴防护工作服、防护手套和绝缘鞋、戴好防护眼镜或面罩
5. 中毒	在封闭的环境中，无通风措施	在地下室或基坑等封闭的环境中施焊，应保持通风良好，并派专人监护

4. 质量标准

(1) 主控项目

接头试件拉伸试验：3个热轧钢筋接头试件的抗拉强度均不得小于该牌号钢筋规定的抗拉强度；RRB400钢筋接头试件的抗拉强度均不得小于$570N/mm^2$；至少应有2个试件断于焊缝之外，并应呈延性断裂。当达到上述2项要求时，应评定该批接头为抗拉强度合格。当试验结果有2个试件抗拉强度小于钢筋规定的抗拉强度，或3个试件均在焊缝或热影响区发生脆性断裂时，则一次判定该批接头为不合格品。当试验结果有1个试件的抗拉强度小于规定值，或2个试件在焊缝或热影响区发生脆性断裂，其抗拉强度均小于钢筋规定抗拉强度的1.10倍时，应进行复验。

复验时，应再切取6个试件。复验结果，当仍有1个试件的抗拉强度小于规定值，或有3个试件在焊缝或热影响区呈脆性断裂，其抗拉强度小于钢筋规定抗拉强度的1.10倍时，应判定该批接头为不合格品。当接头试件虽断于焊缝或热影响区，呈脆性断裂，但其抗拉强度大于或等于钢筋规定抗拉强度的1.10倍时，可按断于焊缝或热影响区之外，呈延性断裂同等对待。

(2) 一般项目

1) 焊缝表面应平整，不得有凹陷或焊瘤；

2) 焊接接头区域不得有肉眼可见的裂纹；

3) 咬边深度、气孔、夹渣等缺陷允许值及接头尺寸的允许偏差，应符合表7-6

的规定;

4) 坡口焊、熔槽帮条焊和窄间隙焊接头的焊缝余高不得大于 3mm。

一般项目的合格标准为：项目无论是定性还是定量要求，应有 80% 以上的检查点达到要求，属于定量要求的，其余 20% 的检查点可以超过允许偏差值，但也不能超过允许值的 150%；对于定性要求的，其余 20% 的检查点不能有影响性能的严重缺陷，否则应评定为不合格。

钢筋电弧焊接头尺寸偏差及缺陷允许值　　　　　　　　表 7-6

名　称	单位	接头形式		
		帮条焊	搭接焊、钢筋与钢板搭接焊	坡口焊、窄间隙焊、熔漕帮条焊
棒体沿接头中心线的纵向偏移	mm	0.3d	—	—
接头处弯折角		3	3	3
接头处钢筋轴线的位移	mm	0.1d	0.1d	0.1d
焊缝厚度	mm	+0.05d, 0	+0.05d, 0	—
焊缝宽度	mm	+0.1d, 0	+0.1d, 0	—
焊缝长度	mm	−0.3d	−0.3d	—
横向咬边深度	mm	0.5	0.5	−0.5
在长 2d 焊缝表面上的气孔及夹渣	数量 个		2	2
	面积 mm^2		6	6
在全部焊缝表面上的气孔及夹渣	数量 个		—	—
	面积 mm^2		—	—

注：d 为钢筋直径(mm)。

5. 质量检验

钢筋电弧焊接质量检验(见表 7-7)。

钢筋电弧焊接质量检验　　　　　　　　表 7-7

	施工质量验收规范规定	检验批划分	检验数量	检验方法	检验要点
主控项目	接头试件拉伸试验	第 5.1.7 条	在现浇混凝土结构中，应以 300 个同牌号钢筋、同型式接头作为一批；在房屋结构中，应在不超过二楼层中 300 个同牌号钢筋、同型式接头作为一批	每批随机切取 3 个接头，做拉伸试验	检查产品合格证，钢筋焊接接头检验报告	检查试验单上各试验项目数据是否符合设计要求，实验室的结论、签字盖章是否齐全

续表

施工质量验收规范规定	检验批划分	检验数量	检验方法	检验要点
一般项目	1. 焊缝表面应平整,不得有凹陷或焊瘤	第5.4.2条	分别由一楼层或一施工段的基础、柱、剪力墙、梁板组成	全数检查	观察	重点检查重要受力构件的钢筋焊接
	2. 焊接接头区域不得有肉眼可见的裂纹	第5.4.2条	同上	同上	观察	同上
	3. 咬边深度、气孔、夹渣等缺陷允许值及接头尺寸的允许偏差	第5.4.2条	同上	同上	观察、钢尺检查	观察后对怀疑不合格的钢尺检查
	4. 坡口焊、熔槽帮条焊和窄间隙焊接头的焊缝余高不得大于3mm	第5.4.2条	同上	同上	观察、钢尺检查	同上

说明：1. 本表施工质量验收规范规定按《钢筋焊接及验收规程》JGJ 18—2003，部分项目的检验批和检查数量按《混凝土结构工程施工质量验收规范》GB 50204—2002。

2. 在同一批中若有几种不同直径的钢筋焊接接头，应在最大直径钢筋接头中切取3个试件。以下电渣压力焊接头、气压焊接头取样均同。

6. 质量验收记录

(1) 钢筋出厂合格证，出厂检验报告和进场复验报告。

(2) 钢筋化学成分等专项检验报告。

(3) 焊条合格证。

(4) 钢筋焊工考试合格证复印件。

(5) 钢筋接头焊接试验报告。

(6) 钢筋电弧焊接头检验批质量验收记录。

(7) 钢筋分项工程质量验收记录。

2.1.2 闪光对焊

1. 施焊准备

(1) 作业准备

焊工经培训考试合格取得相应的上岗证；设备检修保养合格能正常使用；电源符合要求；作业现场已采取安全防护措施；编制质量与安全技术交底资料。

(2) 材料与机具准备

1) 材料准备：钢筋（建议18mm月牙纹钢筋）。

2) 机具准备：闪光对焊机及配套的对焊平台、空压机、防护深色眼镜、电焊手套、绝缘鞋。

2. 焊接工艺流程

检查调试设备→确定工艺参数→试焊、作试件→钢筋闪光对焊。

3. 易产生的质量与安全问题

(1) 质量问题

钢筋闪光对焊焊接质量隐患的防治(见表7-8)。

钢筋闪光对焊焊接质量隐患的防治　　　　表 7-8

质量隐患	主要原因分析	防治措施
烧化过分剧烈并产生强烈的爆炸声	电压过高或烧化速度过快	1. 降低变压器级数 2. 减慢烧化速度
闪光不稳定	电极底部和表面有氧化物或电压不稳定	1. 消除电极底部和表面的氧化物 2. 提高变压器级数 3. 加快烧化速度
接头中有氧化膜、未焊透或夹渣	1. 焊接参数有误 2. 焊接温度不够或未预热	1. 增加预热程度 2. 加快邻近顶锻时的烧化程度 3. 确保带电顶锻过程 4. 增大顶锻压力 5. 加快顶锻速度
接头中有缩孔	1. 焊接参数有误 2. 顶锻压力过小	1. 降低变压器级数 2. 避免烧化过程过分强烈 3. 适当增大顶锻留量及顶端压力
焊缝金属过烧	烧焊应连续或顶锻速度过慢	1. 减小预热程度 2. 加快烧化速度,缩短焊接时间 3. 避免过多带电顶锻
接头区域裂纹	钢筋化学成分不符合要求或预热不够	1. 检验钢筋的碳、硫、磷含量,若不符合规定时应更换钢筋 2. 采取低频预热方法,增加预热程度
钢筋表面微熔及烧伤	钢筋端部有锈斑、污物或未夹紧钢筋	1. 消除钢筋被夹紧部位的铁锈和油污 2. 消除电极内表面的氧化物 3. 改进电极槽口形状,增大接触面积 4. 夹紧钢筋
接头弯折或轴线偏移	设备安装不正确,焊接后立即移动钢筋	1. 正确调整电极位置 2. 修整电极切口或更换易变形的电极 3. 切除或矫直钢筋的接头 4. 焊接完毕,稍冷却后再移动钢筋,要轻放,不要扔、摔

(2) 安全问题

钢筋闪光对焊安全隐患的防治与电弧焊接基本相同,可见表7-5。

4. 质量标准

(1) 主控项目

1) 接头试件拉伸试验:同电弧焊。

2) 接头试件弯曲试验:当试验中弯至90°,有2个或3个试件外侧(含焊缝和热影响区)未发生破裂,应评定该批接头弯曲试验合格。当3个试件均发生破裂,则一次判定该批接头为不合格品。当有2个试件试样发生破裂,应进行复验。复验时,应再切取6个试件。复验结果,当有3个试件发生破裂时,应判定该接头为不合格品。

注：当试件外侧横向裂纹宽度达到 0.5mm 时，应认定已经破裂。

（2）一般项目

1）接头处不得有横向裂纹；

2）与电极接触处的钢筋表面不得有明显烧伤；

3）接头处的弯折角不得大于 3°；

4）接头处的轴线偏移不得大于钢筋直径的 0.1 倍，且不得大于 2mm。检查结果的合格标准与电弧焊焊接标准相同。

5．质量检验

钢筋闪光对焊焊接质量检验（见表 7-9）。

钢筋闪光对焊焊接质量检验　　　　表 7-9

		施工质量验收规范规定	检验批划分	检验数量	检验方法	检验要点
主控项目	1. 接头试件拉伸试验	第 5.1.7 条	在同一台班内，由同一焊工完成的 300 个同牌号、同直径钢筋焊接接头应作为一批。当同一台班内焊接的接头数量较少，可在一周之内累计计算；累计仍不足 300 个接头时，应按一批计算。封闭环式箍筋闪光对焊接头，以 600 个同牌号、同规格的接头作为一批，只做拉伸试验	每批随机切取 3 个接头，做拉伸试验	检查钢筋焊接接头检验报告	检查试验单上各试验项目数据是否符合设计要求，实验室的结论、签字盖章是否齐全
	2. 接头试件弯曲试验	第 5.1.8 条	同上	应从每批接头中随机切取 3 个做弯曲试验	检查钢筋焊接接头检验报告	检查试验单上弯心直径、弯心角度是否符合规范规定值
一般项目	1. 接头处不得有横向裂纹	第 5.3.2 条	分别由一楼层或一施工段的基础、柱、剪力墙、梁板组成	全数检查	观察	重点检查重要受力构件的钢筋焊接
	2. 与电极接触处的钢筋表面不得有明显烧伤	第 5.3.2 条	同上	同上	观察	同上
	3. 接头处的弯折角不得大于 3°	第 5.3.2 条	同上	同上	观察、钢尺检查	观察后对怀疑不合格的钢尺检查
	4. 接头处的轴线偏移不得大于钢筋直径的 0.1 倍，且不得大于 2mm	第 5.3.2 条	同上	同上	观察、钢尺检查	同上

说明：本表施工质量验收规范规定参照《钢筋焊接及验收规程》JGJ 18—2003，部分项目的检验批和检查数量参照《混凝土结构工程施工质量验收规范》GB 50204—2002。

6. 质量验收记录

(1) 钢筋合格证，出厂检验报告和进场复验报告。

(2) 钢筋化学成分等专项检验报告。

(3) 钢筋接头焊接试验报告。

(4) 钢筋焊工考试合格证复印件。

(5) 钢筋闪光对焊接头检验批质量验收记录。

(6) 钢筋分项工程质量验收记录。

2.1.3 电渣压力焊

1. 施焊准备

(1) 作业准备

焊工经考试合格取得相应的上岗证；设备检修保养合格能正常使用；电源符合施焊要求；作业现场已采取安全防护措施；搭好操作脚手架；编制质量与安全技术交底资料。

(2) 材料与机具准备

1) 材料准备：钢筋（建议 18mm 月牙纹钢筋）；焊剂。

2) 机具准备：电渣压力焊机。手工电渣压力焊设备包括焊接电源、控制箱、焊接夹具、焊剂罐等。自动电渣压力焊设备（应优先采用）包括焊接电源、控制箱、操作箱、焊接机头等。

2. 工艺流程

检查设备、电源→钢筋端头制备→选择焊接参数→安装焊接夹具和钢筋→安放钢丝球（也可省去）→安放焊剂罐、填装焊剂→试焊、作试件→确定焊接参数→施焊→回收焊剂→卸下夹具→质量检查。

3. 易产生的质量与安全问题

(1) 质量问题

钢筋电渣压力焊焊接质量隐患的防治（见表 7-10）。

钢筋电渣压力焊焊接质量隐患的防治　　　　　表 7-10

质量隐患	主要原因分析	防治措施
轴线偏移	钢筋端部不直；未能正确安装夹具和钢筋	1. 矫直钢筋端部 2. 正确安装夹具和钢筋 3. 避免过大的顶压力 4. 及时修理或更换夹具
弯折	钢筋端部不直；过快卸夹具；夹具紧固不牢	1. 矫直钢筋端部 2. 注意安装和扶直上筋 3. 避免焊后过快卸夹具 4. 修理或更换夹具
咬边	焊接电流过大；焊接时间过长	1. 减小焊接电流 2. 缩短焊接时间 3. 保证上钳口的起点和止点，确保上钢筋顶压到位

续表

质量隐患	主要原因分析	防治措施
未焊合	焊接电流不够，焊接时间过短；钢筋顶压不到位	1. 增大焊接电流 2. 避免焊接时间过短 3. 检修夹具，确保上钢筋下送自如
焊包不均	钢筋断面不平整；填装焊剂不均匀	1. 钢筋断面力求平整 2. 填装焊剂尽量均匀 3. 延长电渣过程时间，适当增加熔化量
烧伤	钢筋导电部位有铁锈、污物；未夹紧钢筋	1. 钢筋导电部位除净铁锈 2. 尽量夹紧钢筋

（2）安全问题

安全隐患主要有触电和对人体的烫伤等，其防治措施同电弧焊。

4．质量标准

（1）主控项目

接头试件拉伸试验，同电弧焊标准。

（2）一般项目

1）四周焊包凸出钢筋表面的高度不得小于4mm；

2）钢筋与电极接触处，应无烧伤缺陷；

3）接头处的弯折角不得大于3°；

4）接头处的轴线偏移不得大于钢筋直径的0.1倍，且不得大于2mm。检查结果的合格标准与电弧焊焊接标准相同。

5．质量检验

钢筋电渣压力焊焊接质量检验（见表7-11）。

钢筋电渣压力焊焊接质量检验　　表7-11

	施工质量验收规范规定		检验批划分	检验数量	检验方法	检验要点
主控项目	接头试件拉伸试验	第5.1.7条	在现浇钢筋混凝土结构中，应以300个同牌号钢筋接头作为一批；在房屋结构中，应在不超过二楼层中300个同牌号钢筋接头作为一批；当不足300个接头时，仍应作为一批	每批随机切取3个接头做拉伸试验	检查钢筋焊接接头检验报告	检查试验单上各试验项目数据是否符合设计要求，实验室的结论，签字盖章是否齐全
一般项目	1. 四周焊包凸出钢筋表面的高度不得小于4mm	第5.5.2条	分别由一楼层或一施工段的基础、柱、剪力墙、梁板组成	全数检查	观察、钢尺检查	观察后对怀疑不合格的接点量四点，取平均值

续表

施工质量验收规范规定		检验批划分	检验数量	检验方法	检验要点
一般项目	2. 钢筋与电极接触处，应无烧伤缺陷	第5.5.2条	同上	同上	观察	重点检查重要受力构件的钢筋焊接
	3. 接头处的弯折角不得大于3°	第5.5.2条	同上	同上	观察、钢尺检查	观察后对怀疑不合格的钢尺检查
	4. 接头处的轴线偏移不得大于钢筋直径的0.1倍，且不得大于2mm	第5.5.2条	同上	同上	观察、钢尺检查	同上

说明：本表施工质量验收规范规定按《钢筋焊接及验收规程》JGJ 18—2003，部分项目的检验批和检查数量按《混凝土结构工程施工质量验收规范》GB 50204—2002。

6. 质量验收记录

（1）钢筋出厂合格证、质量检验报告及现场抽样复验报告。

（2）钢筋化学成分等专项检验报告。

（3）焊剂合格证书。

（4）钢筋焊接接头试验报告。

（5）钢筋焊工考试合格证复印件。

（6）钢筋电渣压力焊接接头检验批质量验收记录。

（7）钢筋分项工程质量验收记录。

2.2 钢筋的锥螺纹连接

2.2.1 连接准备

1. 作业准备

操作人员必须经专门培训，考试合格持证上岗；连接套筒准备符合设计要求；螺纹机已进行检修确保合格能正常使用；螺纹接头的型式已由国家或省（市）主管部门认可的检测机构试验并出具试验报告表和评定结论；接头已进行工艺检验。

2. 材料与机具准备

（1）材料准备

钢筋（建议20mm月牙纹钢筋），连接套筒。

（2）机具准备

钢筋套丝机、扭力扳手、牙形规、卡规、锥螺纹塞规。

2.2.2 工艺流程

钢筋下料→钢筋套（滚）丝→丝扣检验→钢筋连接→质量检查。

2.2.3 易产生的质量和安全问题

1. 质量问题

钢筋锥螺纹连接质量隐患的防治(见表7-12)。

钢筋锥螺纹连接质量问题的防治　　　　　　　表7-12

质量隐患	主要原因分析	防治措施
1. 钢筋的牙形与牙形规不吻合,其小端直径在卡规的允许误差范围之外;套丝丝扣有损坏	操作工人未经培训;操作不当或未按机床操作规程操作	1. 套丝必须用水溶性切削冷却润滑液,不得用机油润滑或不润滑油套丝 2. 应用砂轮片切割机下料以保证钢筋断面与钢筋轴线垂直,不宜用气割切断钢筋 3. 钢筋套丝经检查合格后,拧上塑料保护帽 4. 对操作工人进行培训,取得合格证后再上岗,操作时加强其责任心
2. 拧紧后外露丝扣超过一个完整扣	接头的拧紧力矩值没有达到标准或漏拧	1. 同径或异径接头连接时,应采用二次拧紧连接方法;单向可调双向可调接头连接时,应采用三次拧紧方法。连接水平钢筋时,必须先将钢筋托平对正,用手拧紧,再按规定的力矩值,用力矩扳手拧紧接头 2. 连接完的接头必须立即用油漆作上标记,防止漏拧 3. 对外露丝扣超过一个完整扣的接头,应重新拧紧接头或进行加固处理,可采用电弧焊贴角焊缝加以补强
3. 套筒缺陷有裂纹;长度及内外径尺寸不符合设计要求;锥螺纹塞规拧入连接套后,连接端的边缘不在螺纹塞规端的缺口范围内	套筒无出厂合格证,而且进场未检验;套筒进场后随意丢放	1. 套筒应有产品合格证,套筒两端应有塑料密封盖;套筒表面应有规格标记 2. 套筒进场后施工单位应进行复检 3. 套筒进场后应妥善保管,防止雨淋、碰撞、油污及泥浆沾污
4. 接头质量不合格。连接套规格与钢筋不一致或套丝误差大;接头强度达不到要求;漏拧	操作工人责任心不强;水泥浆等杂物进入套筒影响接头质量;力矩扳手未进行定期检测	1. 在连接前,检查套筒表面中部标记,是否与连接钢筋同规格,并用扭力扳手规定的力矩值把钢筋接头拧紧,直到扭力在调定的力矩值发出响声,并随手画上油漆标记 2. 力矩扳手出厂时应有产品合格证,考虑到力矩扳手的使用次数多少,应根据需要将使用频繁的力矩扳手提前检定 3. 连接钢筋时,应先将钢筋对正轴线后拧入锥螺纹连接套筒,再用力矩扳手拧到规定的力矩值。决不允许在钢筋锥螺纹未拧入连接套筒,即用力矩扳手连接钢筋,致使接头丝扣被损坏,造成强度达不到要求 4. 选择正确的接头连接方法

2. 安全问题

钢筋锥螺纹连接施工较为安全,主要的安全隐患是防止触电,防治措施是施工前应检查钢筋套丝机的漏电开关、外壳接地等保护装置和线路是否完好,不允许未进行安全检查就开始操作。

2.2.4 质量标准

1. 主控项目

(1) 接头试件拉伸试验

3根接头试件的抗拉强度均应符合接头的抗拉强度(表7-13)的规定:对于Ⅰ级接头,试件抗拉强度尚应大于等于钢筋抗拉强度实测值的0.95倍;对于Ⅱ级接头，应大于 0.90 倍。

对接头的每一验收批，必须在工程结构中随机截取 3 个接头试件作抗拉强度试验，按设计要求的接头等级进行评定。当 3 个接头试件的抗拉强度均符合表 7-13 中相应等级的要求时，该验收批评为合格。如有 1 个试件的强度不符合要求，应再取 6 个试件进行复检。复检中如仍有 1 个试件的强度不符合要求，则该验收批评为不合格。

接头的抗拉强度　　　　　　　　　　　表 7-13

接头等级	Ⅰ级	Ⅱ级	Ⅲ级
抗拉强度	$f_{mst}^0 \geq f_{st}^0$ 或 $1.10 \geq f_{uk}$	$f_{mst}^0 \geq f_{uk}$	$f_{mst}^0 \geq 1.35 \geq f_{yk}$

注：f_{mst}^0—接头试件实际抗拉强度；f_{st}^0—接头试件中钢筋抗拉强度实测值；f_{uk}—钢筋抗拉强度标准值；f_{yk}—钢筋屈服强度标准值。

(2) 接头连接质量

用质检用的力矩扳手，抽检的接头拧紧力矩值应符合规定的接头的拧紧力矩值，见表 7-14。抽检的接头应全部符合要求，如有一个不合格，应对该检验批的接头逐个检查，对查出不合格的接头进行加强。

接头的拧紧力矩值　　　　　　　　　　　表 7-14

钢筋直径(mm)	16	18	20	22	25～28	32	36～40
拧紧力矩(N·m)	118	145	177	216	275	314	343

2. 一般项目

(1) 钢筋的规格和连接套筒的规格一致；

(2) 接头丝扣无完整丝扣外露。检查结果的合格标准与电弧焊焊接标准相同。

2.2.5 质量检验

钢筋锥螺纹连接质量检验(见表 7-15)。

钢筋锥螺纹连接质量检验　　　　　　　　　　　表 7-15

	施工质量验收规范规定	检验批划分	检验数量	检验方法	检验要点
主控项目	1. 接头试件拉伸试验	第 7.0.2 条	同一施工条件下采用同一批材料的同等级、同形式、同规格的接头每 500 个为一验收批；不足 500 个接头也按一批计。在现场连续检验 10 个验收批，其全部单向拉伸试件一次抽样均合格时，验收批接头数量可扩大一倍	每批随机切取 3 个接头，做拉伸试验	检查钢筋接头检验报告	检查试验单上各试验项目数据是否符合设计要求，实验室的结论、签字盖章是否齐全

续表

	施工质量验收规范规定	检验批划分	检验数量	检验方法	检验要点
主控项目	2. 连接套筒的规格和质量	第5.1.3条和第7.0.2条	同一批材料的同等级、同形式、同规格的接头为一验收批	每一批均检查	检查产品合格证和材料质量证明书	检查合格证是否与材料相符,性能是否符合设计要求
主控项目	3. 接头连接质量(拧紧值)	第7.0.5条	梁、柱构件按接头数的15%,且每个构件的接头抽检数不得少于1个接头,基础、墙、板构件按各自接头数,每100个接头作为一个验收批,不足100个也作为一个验收批	每批抽检3个接头	用质检用的力矩扳手检查	质检用的力矩扳手不能与施工用的扳手混用
一般项目	1. 钢筋的规格和连接套筒的规格一致	第7.0.4条	分别由一楼层或一施工段的基础、柱、剪力墙、梁板组成	全数检查	观察	重点检查重要受力构件的钢筋连接
一般项目	2. 接头丝扣无完整丝扣外露	第5.3.2条	同上	同上	观察	同上

说明:本表施工质量验收规范规定按《钢筋锥螺纹接头技术规程》(JGJ 109—1996),部分项目的检验批和检查数量按《混凝土结构工程施工质量验收规范》(GB 50204—2002)。

2.2.6 质量验收记录

(1) 钢筋合格证、出厂检验报告和进场复验报告。
(2) 接头形式检验报告。
(3) 连接套筒出厂合格证和质量检验报告。
(4) 钢筋螺纹接头拉伸试验报告。
(5) 钢筋螺纹加工检验报告。
(6) 钢筋螺纹接头质量检查记录。
(7) 钢筋安装工程检验批质量验收记录。
(8) 钢筋分项工程质量验收记录。
(9) 接头拧紧力矩值的抽检记录。

训练3 钢 筋 安 装

[训练目的与要求] 掌握钢筋安装工程质量标准,能熟练地对钢筋安装工程进行质量检验,并能填写工程质量检查验收记录。熟悉钢筋安装工程的质量与安全隐患及防治措施,并能编制钢筋安装工程质量与安全技术交底资料。参加钢筋安装工程质量检查验收并填写有关工程质量检查验收记录。

3.1 安装准备

3.1.1 作业准备

编制专项施工方案或技术措施；编制质量与安全技术交底资料；按要求搭设安全防护设施；清除工作面上的杂物、垃圾等；准备保护层垫块或塑料卡。

3.1.2 材料与机具准备

1. 材料准备

钢筋，保护层垫块或塑料卡，钢丝。

2. 机具准备

钢筋钩子、撬棍、扳子、绑扎架、钢丝刷子、手推车、粉笔、尺子、墨线等。

3.2 钢筋绑扎工艺流程

3.2.1 基础钢筋绑扎工艺流程

画钢筋位置线→摆放钢筋、加保护层垫块→钢筋绑扎。

3.2.2 柱子钢筋绑扎工艺流程

清整插筋→套柱箍筋→搭接绑扎竖向受力筋→画箍筋间距线→绑扎箍筋。

3.2.3 梁钢筋绑扎工艺流程

画主(次)梁箍筋间距，摆放箍筋→穿主(次)梁底层纵筋→穿主(次)梁箍筋绑扎。

3.2.4 剪力墙钢筋绑扎工艺流程

画水平筋间距→绑定位横筋→绑其余横竖筋。

3.2.5 板钢筋绑扎工艺流程

画钢筋位置线→绑扎板筋。

3.3 易产生的质量与安全问题

3.3.1 质量问题

钢筋安装质量隐患的防治(见表7-16)。

钢筋安装质量隐患的防治　　　　　　　表7-16

质量隐患	主要原因分析	防治措施
平板中钢筋的混凝土保护层不准	保护层砂浆垫块厚度不准，或垫块垫得太少	1. 检查保护层砂浆垫块厚度是否准确，并根据平板面积大小适当垫够 2. 钢筋网片有可能随混凝土浇捣而沉落
柱钢筋错位。下柱钢筋从柱顶甩出，位置偏离设计要求，与上柱钢筋搭接不上	1. 钢筋安装后虽已检查合格，但由于固定钢筋措施不可靠，发生变位 2. 浇筑混凝土时被振动器或其他操作机具碰歪撞斜，没有及时校正	1. 在外伸部加一道临时箍筋，按图纸位置安装好，然后用样板、铁卡或木方卡好固定 2. 浇筑混凝土前再复查一遍，如发生移位，则应矫正后再浇筑混凝土 3. 注意浇筑操作，尽量不碰撞钢筋 4. 浇筑过程中由专人随时检查，及时校核改正

续表

质量隐患	主要原因分析	防 治 措 施
同一连接区段内接头过多	钢筋配料时疏忽大意,没有认真安排原材料下料长度的合理搭配	配料时按下料单钢筋编号错开搭接,钢筋下料加工人员必须了解有关的规范要求
露筋。混凝土结构构件拆模时发现其表面有钢筋露出	保护层砂浆垫块垫得太稀或脱落;由于钢筋成型尺寸不准确,或钢筋骨架绑扎不当,造成骨架外形尺寸偏大,局部抵触模板;振捣混凝土时,振动器撞击钢筋,使钢筋移位或引起绑扣松散	1. 砂浆垫块垫得适量可靠 2. 对于竖立钢筋,可采用埋有钢丝的垫块,绑在钢筋骨架外侧,同时,为使保护层厚度准确,需用钢丝将钢筋骨架拉向模板,挤牢垫块;钢筋骨架如果是在模外绑扎,要控制好它的总外形尺寸,不得超过允许偏差
柱箍筋接头位置同向或接头设在受力最大处	工人不懂有关要求或绑扎钢筋骨架时疏忽所致	安装前应做好技术交底,操作时随时互相提醒,将接头位置错开绑扎
上部钢筋(负钢筋)向构件截面中部移位或向下沉落	网片固定方法不当;振捣碰撞;绑扎不牢;被施工人员踩踏	1. 利用一些套箍或各种"马凳"之类支架将上、下网片予以相互联系,成为整体;在板面架设跳板,供施工人员行走(跳板可支于底模或其他物件上,不能直接铺在钢筋网片上) 2. 施工前,教育工人严禁随便踩踏板的支座钢筋
梁柱节点核心处柱箍筋未加密	因施工较为困难,工人责任心不强或不懂设计和规范要求而不精心安装	1. 加强对工人教育和培训 2. 在模板上方绑扎梁钢筋时,应事先放好梁柱节点核心处柱箍筋,待钢筋放入模板时精心绑扎
梁柱节点处纵向钢筋间距未按规范要求	钢筋未按设计或规范要求分层绑扎或绑扎不牢而移动错位	1. 梁上部钢筋分层要有可靠的间距保证措施,防止下层钢筋下沉 2. 钢筋应与接触的箍筋绑扎牢靠
钢筋遗漏。在检查核对绑扎好的钢筋骨架时,发现某号钢筋遗漏	施工管理不当,没有深入熟悉图纸内容和研究各号钢筋安装顺序	1. 绑扎钢筋骨架之前要根据图纸内容,并按钢筋材料表核对配料单和料牌,检查钢筋规格是否齐全准确,形状、数量是否与图纸相符 2. 梁钢筋绑扎成形下放模板前,再次核对钢筋是否与设计图纸一致;整个钢筋骨架绑完后,应清理现场,检查有无某号钢筋遗留

3.3.2 安全问题

钢筋安装安全隐患的防治(见表7-17)。

钢筋安装安全隐患的防治   表7-17

安 全 隐 患	主要原因分析	防 治 措 施
1. 钢筋起吊或安装时坠物伤人	捆扎不牢靠或不按规定堆放钢筋	1. 钢筋必须捆扎牢靠,多点起吊,起吊钢筋时,规格必须统一,不准长短参差不一,不准一点吊。吊运短钢筋应使用吊笼,吊运超长钢筋应加横担,捆绑钢筋使用钢丝绳千斤头,双条绑扎,禁止用单条千斤头或绳索绑吊 2. 起吊钢筋骨架,下方禁止站人,必须待骨架降到距模板1m以下才准靠近,就位支撑好方可摘钩 3. 高空作业时,不得将钢筋集中堆在模板和脚手板上,也不要把工具、钢箍、短钢筋随意放在脚手板上,以免滑下伤人 4. 多人合运钢筋,起、落、转、停动作要一致,人工上下传送不得在同一直线上。钢筋堆放要分散、稳当、防止倾倒和塌落

续表

安全隐患	主要原因分析	防治措施
2. 触碰线路触电伤人	外电线路未达到安全距离时未采取保护措施	1. 未达到安全距离要求的外电线路应采取保护或经有关部门同意后停电迁移等措施 2. 搬运钢筋要注意附近有无障碍物、架空电线和其他临时电气设备，防止钢筋在回转时碰撞电线或发生触电事故
3. 绑扎钢筋时高处坠落	高处作业未采取安全保护措施或违规作业	1. 现场绑扎悬空大梁钢筋时，不得站在模板上操作，必须要在脚手板上操作，绑扎独立柱头钢筋时，不准站在钢箍上绑扎，也不准将木料、钢管、钢模板穿在钢箍内作为立人板 2. 绑扎高层建筑的圈梁、挑檐、外墙、边柱钢筋及孔洞边的钢筋时，应搭设外架、安全网或封闭孔洞等措施。绑扎时挂好安全带

3.4 质量标准

3.4.1 主控项目

（1）纵向受力钢筋的连接方式：纵向受力钢筋的连接方式应符合设计要求。

（2）机械连接和焊接接头的力学性能：在施工现场，应按国家现行标准《钢筋机械连接通用技术规程》JGJ 107、《钢筋焊接及验收规程》JGJ 18 的规定抽取钢筋机械连接接头、焊接接头试件作力学性能检验，其质量应符合有关规程的规定。有关的规定可见本项目训练2的内容。

（3）受力钢筋的品种、级别、规格和数量：必须符合设计要求。

所有主控项目必须全部达到要求，否则，应评定为不合格。

3.4.2 一般项目

（1）接头位置和数量：钢筋的接头宜设置在受力较小处。同一纵向受力钢筋不宜设置两个或两个以上接头。接头末端至钢筋弯起点的距离不应小于钢筋直径的10倍。

（2）机械连接、焊接的外观质量：在施工现场，应按国家现行标准《钢筋机械连接通用技术规程》JGJ 107、《钢筋焊接及验收规程》JGJ 18 的规定对钢筋机械连接接头、焊接接头的外观进行检查，其质量应符合有关规程的规定。有关的规定可见本项目训练2的内容。

（3）机械连接、焊接的接头面积百分率：当受力钢筋采用机械连接接头或焊接接头时，设置在同一构件内的接头宜相互错开。纵向受力钢筋机械连接接头及焊接接头连接区段的长度为 $35d$（d 为纵向受力钢筋的较大直径）且不小于 500mm，凡接头中点位于该连接区段长度内的接头均属于同一连接区段。同一连接区段内，纵向受力钢筋机械连接及焊接的接头面积百分率为该区段内有接头的纵向受力钢筋截面面积与全部纵向受力钢筋截面面积的比值。

同一连接区段内，纵向受力钢筋的接头面积百分率应符合设计要求；当设计无具体要求时，应符合下列规定：①在受拉区不宜大于50%；②接头不宜设置在有抗震设防要求的框架梁端、柱端的箍筋加密区；当无法避开时，对等强度高质量机械连接接头，不应大于50%；③直接承受动力荷载的结构构件中，不宜采用焊接接头；当采用机械连接接头时，不应大于50%。

(4) 绑扎搭接接头面积百分率和搭接长度：同一构件中相邻纵向受力钢筋的绑扎搭接接头宜相互错开。绑扎搭接接头中钢筋的横向净距不应小于钢筋直径，且不应小于25mm。

钢筋绑扎搭接接头连接区段的长度为$1.3L_1$（L_1为搭接长度），凡搭接接头中点位于该连接区段长度内的搭接接头均属于同一连接区段。同一连接区段内，纵向钢筋搭接接头面积百分率为该区段内有搭接接头的纵向受力钢筋截面面积与全部纵向受力钢筋截面面积的比值。

同一连接区段内，纵向受拉钢筋搭接接头面积百分率应符合设计要求；当设计无具体要求时，应符合下列规定：①对梁类、板类及墙类构件，不宜大于25%；②对柱类构件，不宜大于50%；③当工程中确有必要增大接头面积百分率时，对梁类构件，不应大于50%；对其他构件，可根据实际情况放宽。纵向受力钢筋绑扎搭接接头的最小搭接长度应符合《混凝土结构工程施工质量验收规范》GB 50204—2002附录B的规定。

(5) 搭接长度范围内的箍筋：在梁、柱类构件的纵向受力钢筋搭接长度范围内，应按设计要求配置箍筋。当设计无具体要求时，应符合下列规定：①箍筋直径不应小于搭接钢筋较大直径的0.25倍；②受拉搭接区段的箍筋间距不应大于搭接钢筋较小直径的5倍，且不应大于100mm；③受压搭接区段的箍筋间距不应大于搭接钢筋较小直径的10倍，且不应大于200mm；④当柱中纵向受力钢筋直径大于25mm时，应在搭接接头两个端面外100mm范围内各设置两个箍筋，其间距宜为50mm。

(6) 钢筋安装允许偏差：钢筋安装位置的允许偏差应符合钢筋安装质量检验（表7-18）的有关规定。

一般项目的合格标准：除对上部纵向受力钢筋保护层厚度偏差的合格点率要求规定为90%及以上，其他的项目合格要求同钢筋加工合格标准。

3.5　质量检验

钢筋安装质量检验（见表7-18）。

3.6　质量验收记录

(1) 钢筋合格证，出厂检验报告和进场复验报告。
(2) 焊条（剂）合格证。
(3) 钢筋接头力学性能试验报告。
(4) 钢筋加工检验批质量验收记。

表 7-18 钢筋安装质量检验

		施工质量验收规范的规定	检验批划分	检验数量	检验方法	检验要点
主控项目	1	纵向受力钢筋的连接方式	分别由一楼层或一施工段的基础、柱、剪力墙、梁、板组成 第5.4.1条	全数检查	观察	察看连接方式是否与施工图纸的设计要求一致
	2	机械连接和焊接接头力学性能	按有关规程确定（可见本项目训练2的内容）第5.4.2条	检查产品合格证、接头力学性能试验报告	观察	实验室的结论、签字盖章是否齐全
	3	受力钢筋的品种、级别、规格和数量	分别由一楼层或一施工段的基础、柱、剪力墙、梁、板组成 第5.4.1条	全数检查	观察	对照结构施工图的对比，重点检查重要受力构件的钢筋的直径、数量等，重点检查重要受力构件
一般项目	1	接头位置和数量	第5.4.3条	全数检查	观察	重点检查重要受力构件的支座中跨中位置
	2	机械连接、焊接连接	第5.4.4条	同上	观察	同钢筋连接要点
	3	机械接头、焊接接头百分率	第5.4.5条	同上	观察	重点检查重要受力构件
	4	绑扎搭接头面积百分率和搭接长度	第5.4.6条 附录B	同上	观察	同上
	5	搭接长度范围内的箍筋	第5.4.7条	同上	钢尺检查	一量十档、取平均值
	6	钢筋安装允许偏差	绑扎钢筋网 长、宽 ±10mm	同上	钢尺检查	连续三档、取最大值
			网眼尺寸 ±20mm	同上	钢尺量连续三档、取最大值	同上
			绑扎钢筋骨架 长 ±10mm	同上	钢尺检查	同上
			宽、高 ±5mm	同上	钢尺检查	同上
			受力钢筋 间距 ±10mm	同上	钢尺量两端、中间各一点，取最大值	同上
			排距 ±5mm	同上	同上	同上
			保护层厚度 基础 ±10mm	同上	钢尺检查	重点检查重要受力构件
			柱、梁 ±5mm	同上	钢尺检查	同上
			板、墙、壳 ±3mm	同上	钢尺检查	同上
		绑扎箍筋、横向钢筋间距	±20mm	同上	钢尺量连续三档、取最大值	重点检查重要受力构件和上部纵向受力钢筋保护层厚度偏差，并检查垫块等尺寸
		钢筋弯起点位置	中心线位置 5mm	同上	钢尺检查	重点检查重要受力构件
			水平高差 +3, 0mm	同上		
		预埋件		同上	钢尺和塞尺检查	重点检查重要预埋件

说明：本表施工质量验收规范规定按《混凝土结构工程施工质量验收规范》GB 50204—2002。

项目 8 模 板 工 程

训练 1 定型组合钢模的安装与拆除

[训练目的与要求] 掌握定型组合钢模的安装与拆除工程质量标准；能熟练地对定型组合钢模的安装与拆除工程进行质量检验；并能填写工程质量检查验收记录。熟悉定型组合钢模的安装与拆除工程的质量与安全隐患及防治措施，并能编制定型组合钢模的安装与拆除工程质量与安全技术交底资料。参加定型组合钢模的安装与拆除工程质量检查验收并填写有关工程质量检查验收记录。

1.1 安装准备

1.1.1 作业准备
模板及其支撑系统方案已获有关部门(单位)批准；编制质量与安全技术交底资料；隐蔽工程验收合格并完成隐蔽验收手续；放好定位轴线、模板边线及标高控制线；模板已刷好隔离剂。

1.1.2 材料与机具准备
(1) 材料准备

定型组合大钢模板、支撑系统、嵌缝材料、方木、花兰螺丝、8～10号钢丝、木楔、直径 8～12mm 定位钢筋、塑料套管、隔离剂等。

(2) 机具准备

锤子、活动扳手、撬棍、电钻、水平尺、靠尺、线坠、爬梯、吊车等。

1.2 模板安装工艺流程

1.2.1 基础模板安装工艺流程
找平定位→安装基础模板→安装龙骨及支撑。

1.2.2 柱模板安装工艺流程
找平定位→安装柱模板→安装柱箍→安装拉杆、斜杆或斜撑。

1.2.3 剪力墙模板安装工艺流程
找平定位→安装洞口模板→安装一侧模板→安装板→安装另一侧模板。

1.2.4 梁模板安装工艺流程
支立柱→安装梁底模→绑扎梁钢筋→安装侧模。

1.2.5 板模板安装工艺流程
支立柱→安装龙骨或钢桁架→铺设模板→校正标高→加设水平拉杆。

1.2.6 定型组合大钢模板施工工艺

(1) 墙体组合大钢模板施工工艺流程

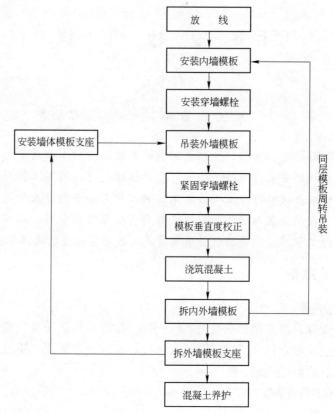

(2) 柱子大钢模板施工工艺流程

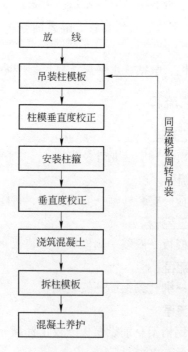

1.2.7 钢框胶合板模板施工工艺流程

1. 墙模板安装工艺流程

安装前检查→安装门窗洞口模板→一侧模板吊装就位→安装斜撑→安装穿墙螺栓→吊装另一侧模板→安装穿墙螺栓及斜撑→调整模板平直→紧固穿墙螺栓→固定斜撑→与相邻模板连接。

2. 柱模板安装工艺流程

（1）组拼柱模安装工艺流程

搭设安装架子→吊装组拼柱模→检查对角线、垂直度和位置→安装柱箍→安装有梁口的柱模板→模板安装质量检查→柱模固定。

（2）整体预组拼柱模安装工艺

吊装整体柱模并检查组拼后的质量→吊装就位→安装斜撑→全面质量检查→柱模固定。

（3）梁模板安装工艺

弹出梁轴线及水平线并复核→搭设梁模支架→预组拼模板检查→安装梁底模板→梁底起拱→绑扎钢筋→安装梁侧模板→安装侧向支撑或对拉螺栓→检查梁口、符合模板尺寸→与相邻模板连接。

（4）楼板模板安装工艺

搭设支架→安装纵横木楞→调整楼板的下皮标高→铺设模板→检查模板的上皮标高、平整度等。

1.3 易产生的质量与安全问题

1.3.1 质量问题(表8-1)

模板工程质量隐患的防治表　　　　表8-1

质量问题	主要原因分析	防治措施
轴线位移	（1）翻样不认真或技术交底不清，模板拼装时组合件未能按规定到位 （2）轴线测放产生误差 （3）墙、柱模板根部和顶部无限位措施或限位不牢，发生偏位后又未及时纠正，造成累积误差 （4）支模时，未拉水平、竖向通线，且无竖向垂直度控制措施 （5）模板刚度差，未设水平拉杆或水平拉杆间距过大 （6）混凝土浇筑时未均匀对称下料，或一次浇筑高度过高造成侧压力过大挤偏模板 （7）对拉螺栓、顶撑、木楔使用不当或松动造成轴线偏位	（1）严格按1/10～1/50的比例将各分部、分项翻成详图并注明各部位编号、轴线位置、几何尺寸、剖面形状、预留孔洞、预埋件等，经复核无误后认真对生产班组及操作工人进行技术交底，作为模板制作、安装的依据 （2）模板轴线测放后，组织专人进行技术复核验收，确认无误后才能支模 （3）墙、柱模板根部和顶部必须设可靠的限位措施，如采用现浇楼板混凝土上预埋短钢筋固定钢支撑，以保证底部位置准确 （4）支模时要拉水平、竖向通线，并设竖向垂直度控制线，以保证模板水平、竖向位置准确 （5）根据混凝土结构特点，对模板进行专门设计，以保证模板及其支架具有足够强度、刚度及稳定性 （6）混凝土浇筑前，对模板轴线、支架、顶撑、螺栓进行认真检查、复核，发现问题及时进行处理 （7）混凝土浇筑时，要均匀对称下料，浇筑高度应严格控制在施工规范允许的范围内

续表

质量问题	主要原因分析	防治措施
标高偏差	(1) 楼层无标高控制点或控制点偏少，控制网无法闭合；竖向模板根部未找平 (2) 模板顶部无标高标记，或未按标记施工 (3) 高层建筑标高控制线转测次数过多，累计误差过大 (4) 预埋件、预留孔洞未固定牢，施工时未重视施工方法 (5) 楼梯踏步模板未考虑装修层厚度	(1) 每层楼设足够的标高控制点，竖向模板根部须做找平 (2) 模板顶部设标高标记，严格按标记施工 (3) 建筑楼层标高由首层±0.000 标高控制，严禁逐层向上引测，以防止累计误差，当建筑高度超过 30m 时，应另设标高控制线，每层标高引测点应不少于 2 个，以便复核 (4) 预埋件及预留孔洞，在安装前应与图纸对照，确认无误后准确固定在设计位置上，必要时用电焊或套框等方法将其固定，在浇筑混凝土时，应沿其周围分层均匀浇筑，严禁碰击和振动预埋件与模板 (5) 楼梯踏步模板安装时应考虑装修层厚度
结构变形	(1) 支撑及围檩间距过大，模板刚度差 (2) 组合小钢模，连接件未按规定设置，造成模板整体性差 (3) 墙模板无对拉螺栓或螺栓间距过大，螺栓规格过小 (4) 竖向承重支撑在地基土上未夯实，未垫平板，也无排水措施，造成支撑部分地基下沉 (5) 门窗洞口内模间对撑不牢固，易在混凝土振捣时模板被挤偏 (6) 梁、柱模板卡具间距过大，或未夹紧模板，或对拉螺栓配备数量不足，以致局部模板无法承受混凝土振捣时产生的侧向压力，导致局部暴模 (7) 浇筑墙、柱混凝土速度过快，一次浇筑高度过高，振捣过度 (8) 采用木模板或胶合板模板施工，经验收合格后未及时浇筑混凝土，长期日晒雨淋而变形。	(1) 模板及支撑系统设计时，应充分考虑其本身自重、施工荷载及混凝土的自重及浇捣时产生的侧向压力，以保证模板及支架有足够的承载能力、刚度和稳定性 (2) 梁底支撑间距应能够保证在混凝土重量和施工荷载作用下不产生变形，支撑底部若为泥土地基，应先认真夯实，设排水沟，并铺放通长垫木或型钢，以确保支撑不沉陷 (3) 组合小钢模拼装时，连接件应按规定放置，围檩及对拉螺栓间距、规格应按设计要求设置 (4) 梁、柱模板若采用卡具时，其间距要按规定设置，并要卡紧模板，其宽度比截面尺寸略小 (5) 梁、墙模板上部必须有临时撑头，以保证混凝土浇捣时梁、墙上口宽度 (6) 浇捣混凝土时，要均匀对称下料，严格控制浇筑高度，特别是门窗洞口模板两侧，既要保证混凝土振捣密实，又要防止过分振捣引起模板变形 (7) 对跨度不小于 4m 的现浇钢筋混凝土梁、板，其模板应按设计要求起拱；当设计无具体要求时，起拱高度宜为跨度的 1/1000～3/1000 (8) 采用木模板、胶合板模板施工时，经验收合格后应及时浇筑混凝土，防止木模板长期曝晒雨淋发生变形
接缝不严	(1) 翻样不认真或有误，模板制作马虎，拼装时接缝过大 (2) 木模板安装周期过长，因木干缩造成裂缝 (3) 木模板制作粗糙，拼缝不严 (4) 浇筑混凝土时，木模板未提前浇水湿润，使其胀开 (5) 钢模板变形未及时修整 (6) 钢模板接缝措施不当 (7) 梁、柱交接部位，接头尺寸不准、错位	(1) 翻样要认真，严格按 1/10～1/50 比例将各分部分项细部翻成详图，详细编注，经复核无误后认真向操作工人交底，强化工人质量意识，认真制作定型模板和拼装 (2) 严格控制木模板含水率，制作时拼缝要严密 (3) 木模板安装周期不宜过长，浇筑混凝土时，木模板要提前浇水湿润，使其胀开密缝 (4) 钢模板变形，特别是边框外变形，要及时修整平直 (5) 钢模板间嵌缝措施要控制，不能用油毡、塑料布、水泥袋等去嵌缝堵漏 (6) 梁、柱交接部位支撑要牢靠，拼缝要严密（必要时缝间加双面胶纸），发生错位要校正好

续表

质量问题	主要原因分析	防治措施
脱模剂使用不当	(1) 拆模后不清理混凝土残浆即刷脱模剂 (2) 脱模剂涂刷不匀或漏涂，或涂层过厚 (3) 使用了废机油脱模剂，既污染了钢筋及混凝土，又影响了混凝土表面装饰质量	(1) 拆模后，必须清除模板上遗留的混凝土残浆后，再刷脱模剂 (2) 严禁用废机油作脱模剂，脱模剂材料选用原则应为：既便于脱模又便于混凝土表面装饰。选用的材料有皂液、滑石粉、石灰水及其混合液和各种专门化学制品脱模剂等 (3) 脱模剂材料宜拌成稠状，应涂刷均匀，不得流淌，一般刷两度为宜，以防漏刷，也不宜涂刷过厚 (4) 脱模剂涂刷后，应在短期内及时浇筑混凝土，以防隔离层遭受破坏
模板未清理干净	(1) 钢筋绑扎完毕，模板位置未用压缩空气或压力水清扫 (2) 封模前未进行清扫 (3) 墙柱根部、梁柱接头最低处未留清扫孔，或所留位置不当无法进行清扫	(1) 钢筋绑扎完毕，用压缩空气或压力水清除模板内垃圾 (2) 在封模前，派专人将模内垃圾清除干净 (3) 墙柱根部、梁柱接头处预留清扫孔，预留孔尺寸≥100mm×100mm，模内垃圾清除完毕后及时将清扫口处封严
封闭或竖向模板无排气孔、浇捣孔	(1) 墙体内大型预留洞口底模未设排气孔，易使混凝土对称下料时产生气囊，导致混凝土不实 (2) 高柱、高墙侧模无浇捣孔，造成混凝土浇筑自由落距过大，易离析或振动棒不能插到位，造成振捣不实	(1) 墙体的大型预留洞口（门窗洞等）底模应开设排气孔，使混凝土浇筑时气泡及时排出，确保混凝土浇筑密实 (2) 高柱、高墙（超过3m）侧模要开设浇捣孔，以便于混凝土浇筑和振捣
模板支撑选配不当	(1) 支撑选配马虎，未经过安全验算，无足够的承载能力及刚度，混凝土浇筑后模板变形 (2) 支撑稳定性差，无保证措施，混凝土浇筑后支撑自身失稳，使模板变形	(1) 模板支撑系统根据不同的结构类型和模板类型来选配，以便相互协调配套。使用时，应对支撑系统进行必要的验算和复核，尤其是支柱间距应经计算确定，确保模板支撑系统具有足够的承载能力、刚度和稳定性 (2) 木质支撑体系如与木模板配合，木支撑必须钉牢楔紧，支柱之间必须加强拉结连紧，木支柱脚下用对拔木楔调整标高并固定，荷载过大的木模板支撑体系可采用枕木堆塔方法操作，用扒钉固定好 (3) 钢质支撑体系其钢楞和支撑的布置形式应满足模板设计要求，并能保证安全承受施工荷载，钢管支撑体系一般宜扣成整体排架式，其立柱纵横间距一般为1m左右（荷载大时应采用密排形式），同时应加设斜撑和剪刀撑 (4) 支撑体系的基底必须坚实可靠，竖向支撑基底如为土层时，应在支撑底铺垫型钢或脚手板等硬质材料 (5) 在多层或高层施工中，应注意逐层加设支撑，分层分散施工荷载。侧向支撑必须支顶牢固，拉结和加固可靠，必要时应打入地锚或在混凝土中预埋铁件和短钢筋头做撑脚

续表

质量问题	主要原因分析	防治措施
板模板缺陷	(1) 模板龙骨用料较小或间距偏大，不能提供足够的强度及刚度，底模未按设计或规范要求起拱，造成挠度过大 (2) 板下支撑底部不牢，混凝土浇筑过程中荷载不断增加，支撑下沉，板模下挠 (3) 板底模板不平，混凝土接触面平整度超过允许偏差 (4) 将板模板铺钉在梁侧模上面，甚至略伸入梁模内，浇筑混凝土后，板模板吸水膨胀，梁模也略有外胀，造成边缘一块模板嵌牢在混凝土内	(1) 楼板模板下的龙骨和牵杠木应由模板设计计算确定，确保有足够的强度和刚度，支承面要平整 (2) 支撑材料应有足够强度，前后左右相互搭牢增加稳定性；支撑如撑在软土地基上，必须将地面预先夯实，并铺设通长垫木，必要时垫木下再加垫模板，以增加支撑在地面上的接触面，保证在混凝土重量作用下不发生下沉（要采取措施消除泥地受潮后可能发生的下沉） (3) 木模板板模与梁模连接处，板模应铺到梁侧模外口齐平，避免模板嵌入梁混凝土内 (4) 板模板应按规定要求起拱。钢木模板混用时，缝隙必须嵌实，并保持水平一致
墙模板缺陷	(1) 钢模板事先未作排板设计，未绘排列图；相邻模板未设置围檩或围檩间距过大，对拉螺栓选用过小或未拧紧；墙根未设导墙，模板根部不平，缝隙过大 (2) 模板制作不平整，厚度不一致，相邻两块墙模板拼接不严、不平，支撑不牢，没有采用对拉螺栓来承受混凝土对模板的侧压力，以致混凝土浇筑时暴模；或因选用的对拉螺栓直径太小或间距偏大，不能承受混凝土侧压力而被拉断 (3) 混凝土浇筑分层过厚，振捣不密实，模板受侧压力过大，支撑变形 (4) 角模与墙模板拼接不严，水泥浆漏出，包裹模板下口。拆模时间太迟，模板与混凝土粘结力过大 (5) 未涂刷隔离剂，或涂刷后被雨水冲走	(1) 墙面模板应拼装平整，符合质量检验评定标准 (2) 有几道混凝土墙时，除顶部设通长连接木方定位外，相互间均应用剪刀撑撑牢 (3) 墙身中间应根据模板设计书配制对拉螺栓，模板两侧以连杆增强刚度来承担混凝土的侧压力，确保不暴模（一般采用 $\phi 12 \sim 16$ mm 螺栓）。两片模板之间，应根据墙的厚度用钢管或硬塑料撑头，以保证墙体厚度一致。有防水要求时，应采用焊有止水片的螺栓 (4) 每层混凝土的浇筑厚度，应控制在施工规范允许范围内 (5) 模板面应涂刷隔离剂 (6) 墙根按墙厚度先浇筑 150～200mm 高导墙作根部模板支撑，模板上口应用扁钢封口，拼装时，钢模板上端边肋要加工两个缺口，将两块模板的缺口对齐，板条放入缺口内，用 U 形卡卡紧 (7) 龙骨不宜采用钢花梁，墙梁交接处和墙顶上口应设拉结，外墙所设的拉顶支撑要牢固可靠，支撑的间距、位置宜由模板设计确定
带形基础模板缺陷	(1) 模板安装时，挂线垂直度有偏差，模板上口不在同一直线上 (2) 钢模板上口未用圆钢穿入洞口扣住，仅用钢丝对拉，有松有紧；或木模板上口未钉木带，浇筑混凝土时，其侧压力使模板下端向外推移，以致模板上口受到向内推移的力而内倾，使上口宽度大小不一 (3) 模板未撑牢，在自重作用下模板下垂。浇筑混凝土时，部分混凝土由模板下口翻上来，未在初凝时铲平，造成侧模下部陷入混凝土内 (4) 模板平整度偏差过大，残渣未清除干净；拼缝缝隙过大，侧模支撑不牢 (5) 木模板临时支撑直接撑在土坑边，以致接触处土体松动掉落	(1) 模板应有足够的承载能力和刚度，支撑时，垂直度要找准确 (2) 钢模板上口应用 $\phi 8 \sim 10$ 圆钢套入模板顶端小孔内，中距 500～800mm。木模板上口应钉木带，以控制带形基础上口宽度，并通长拉线，保证上口平直 (3) 上段模板应支承在预先横插圆钢或预制混凝土垫块上；木模板也可用临时木撑，以使侧模承牢靠，并保持高度一致 (4) 发现混凝土由上段模板下翻至下段，应在混凝土初凝前轻轻铲平至模板下口，使混凝土下口不至于卡牢 (5) 混凝土呈塑性状态时切忌用铁锹在模板外侧用力拍打，以免造成上段混凝土下滑，形成根部缺损 (6) 组装前应将模板上残渣剔除干净，模板拼缝应符合规范规定，侧模应支撑牢靠 (7) 支撑直接撑在土坑边时，下面应垫木板，以扩大其接触面。木模板长向接头处应加拼条，使板面平整，连接牢固

续表

质量问题	主要原因分析	防治措施
杯形基础模板缺陷	(1) 杯基中心线弹线未兜方 (2) 杯基上段模板支撑方法不当，浇筑混凝土时，杯芯木模板由于不透气，产生浮力，向上浮起 (3) 模板四周的混凝土下料不均匀，振捣不均衡，造成模板偏移 (4) 操作脚手板搁置在杯口模板上，造成模板下沉 (5) 杯芯模板拆除过迟，粘结太牢	(1) 杯形基础支模应首先找准中心线位置标高，先在轴线桩上找好中心线，用线坠在垫层上标出两点，弹出中心线，再由中心线按图弹出基础四面边线，要兜方并进行复核，用水平仪测定标高，然后依线支设模板 (2) 木模板支上段模板时采用抬把木带，可使位置准确，托木的作用是将木带与下段混凝土面隔开少许间距，便于混凝土面拍平 (3) 杯芯木模板要刨光直拼，芯模外表面涂隔离剂，底部应钻几个小孔，以便排气，减少浮力 (4) 浇筑混凝土时，在芯模四周要均衡下料并振捣 (5) 脚手板不得搁置在模板上 (6) 拆除的杯芯模板，要根据施工时的气温及混凝土凝固情况来掌握，一般在初凝前后即可用锤轻打，撬棍拨动。较大的芯模，可用导链将杯芯模板稍加松动后，再徐徐拔出
劲性梁柱模板缺陷	(1) 劲性结构骨架置于钢筋网架内，不便于固定模板的对拉螺杆穿过，模板收紧困难 (2) 劲性梁柱骨架内部复杂，振捣困难，振捣又不认真，致使振捣不实	(1) 劲性柱可采用定型组合钢模板，钢模竖向排列四角用角钢连接，或采用定型组合胶合板模板，四角用钢钉销牢。模板外部用柱模箍固定，竖向采用 50mm×100mm 硬木方，间距 250～350mm，横向加 φ48 钢管组成，其间距为 500mm。型钢上可适当焊接对拉螺杆，以加强定型模板的固定 (2) 劲性梁采用的定型组合模板，经征得设计同意，可于劲性结构上焊接螺杆固定模板，提高侧模刚度 (3) 劲性柱顶上应预留浇筑口，混凝土分层浇筑，分层厚度宜为 300～400mm。由于柱内型钢限制了混凝土流动，因此混凝土应对称均匀下料，对称振捣，必要时于翼缘板上开孔，振捣时，确保无气泡上冒为宜 (4) 劲性梁混凝土宜先从钢梁一侧下料，用振捣器在钢梁一侧振捣，将混凝土从钢梁底挤向另一侧，直到混凝土高度超过钢梁下翼缘板，然后改为双侧对称下料，对称振捣，当混凝土浇筑到上翼缘板时，再将混凝土从跨中下料，混凝土由跨中向两端延伸振捣，将混凝土内气泡赶向两端排出为止
框支转换梁模板缺陷	(1) 顶撑设置间距过大，承受不了转换梁钢筋混凝土和模板自重及施工荷载，使转换梁出现下挠现象 (2) 侧向模板对拉螺栓配置数量少，致使侧向模板刚度不足 (3) 框支梁未按设计要求或规范要求起拱来抵消大梁下挠变形 (4) 混凝土振捣过度，使模板变形 (5) 框支梁钢筋过密出现梁筋顶住模板，使模板不能安装严密	(1) 对模板结构进行荷载组合，计算和验算模板的承载能力和刚度，核对顶撑配备密度及对拉螺杆的数量是否满足框支转换梁混凝土浇筑时的刚度、强度和稳定性要求，据此编制合理的施工方案 (2) 当框支转换梁跨度大于或等于 4m 时，模板应根据设计要求起拱；当设计无要求时，起拱高度宜为全长跨度的 1‰～30‰，钢模板可取偏小值 1‰～2‰，木模板可取偏大值 1.5‰～3‰ (3) 框支梁钢筋翻样时应充分考虑钢筋保护层，绑扎过程中严格控制质量，使模板能就位。混凝土浇筑严禁过振，严禁振动模板

续表

质量问题	主要原因分析	防治措施
梁模板缺陷	(1) 模板支设未校直撑牢，支撑整体稳定性不够 (2) 模板没有支撑在坚硬的地面上。混凝土浇筑过程中，由于荷载增加，泥土地面受潮降低了承载力，支撑随地面下沉变形 (3) 梁底模未按设计要求或规范规定起拱，未根据水平线控制模板标高 (4) 侧模承载能力及刚度不够，拆模过早或模板未使用隔离剂 (5) 木模板采用黄花松或易变形的木材制作，混凝土浇筑后变形较大，易使混凝土产生裂缝、掉角和表面毛糙 (6) 木模在混凝土浇筑后吸水膨胀，事先未留有空隙	(1) 梁底支撑间距应能保证在混凝土自重和施工荷载作用下不产生变形。支撑底部如为泥土地面，应先认真夯实，铺放通长垫木，以确保支撑不沉陷。梁底模应按设计或规范要求起拱 (2) 梁侧模应根据梁的高度进行配制，若超过60cm，应加钢管围檩，上口则用圆钢插入模板上端小孔内。若梁高超过700mm，应在梁中加对穿螺栓，与钢管围檩配合，加强梁侧模刚度及强度 (3) 支梁木模时应遵守边模包底模的原则。梁模与柱模连接处，应考虑梁模板吸湿后长向膨胀的影响，下料尺寸一般应略为缩短，使木模在混凝土浇筑后不致嵌入柱内 (4) 木模板梁侧模下口必须有夹条木，钉紧在支柱上，以保证混凝土浇筑过程中，侧模下口不致暴模 (5) 梁侧模上口模横档，应用斜撑双面支撑在支柱顶部。如有楼板，则上口横档应放在板模龙骨下 (6) 梁模用木模时尽量不采用黄花松或其他易变形的木材制作，并应在混凝土浇筑前充分用水浇透 (7) 模板支立前，应认真涂刷隔离剂两度 (8) 当梁底距地面高度过高时（一般为5m以上），宜采用脚手钢管扣件支模或桁架支模 (9) 花篮梁模板一般可与预制楼板吊装相配合，注意这种模板支柱应能承受预制楼板重量、混凝土重量及施工荷载，同时应注意混凝土浇筑时模板支撑系统不得变形
深梁模板缺陷	(1) 下口围檩未夹紧或木模板夹木未钉牢，在混凝土侧压力作用下，侧模下口向外歪移 (2) 梁过深，侧模刚度差，中间又未设对拉螺栓或对拉螺栓间距偏大 (3) 支撑按一般经验配料，梁混凝土自重和施工荷载未经核算，致使超过支撑能力，造成梁底模板及支撑承载能力及刚度不够而下挠 (4) 斜撑角度过大（大于60°），支撑不牢造成局部偏歪	(1) 根据深梁的高度及宽度核算混凝土振捣时的重量及侧压力（包括施工荷载）。钢模板外侧应加双排钢管围檩，间距不大于500mm，并沿梁的长方向每隔500～800mm加穿对拉螺栓，螺栓外可穿ϕ40钢管或ϕ25的PVC管，以保证梁的净宽，并便于螺栓回收重复使用。木模采取50mm厚模板，每400～500mm加一拼条（宜立拼），根据梁的高度适当加设横档。一般离梁底300～400mm处加ϕ16mm对拉螺栓，沿梁长方向相隔不大于1000mm，在梁模内螺栓可穿上钢管或硬塑料套管撑头，以保证梁的宽度，并便于螺栓回收，重复使用 (2) 木模板夹木应与支撑顶部的横担木钉牢 (3) 梁底模板应按规范规定起拱 (4) 单根深梁模板上口必须拉通长麻线（或钢丝）复核，两侧斜撑同样牢固
楼梯模板缺陷	(1) 楼梯底模采用钢模板，遇有不能满足模数配齐时，以木模板相拼，楼梯侧帮模也用木模板制作，易形成拼缝不严密，造成跑浆 (2) 底板平整度偏差过大，支撑不牢靠	(1) 侧帮在梯段处可用钢模板，以2mm厚薄钢板模和8号槽钢点焊连接成型，每步两块侧帮必须对称使用，侧帮与楼梯立帮用U形卡连接 (2) 底模应平整，拼缝要严密，符合施工规范要求，若支撑杆细长比过大，应加剪刀撑撑牢 (3) 采用胶合板组合模板时，楼梯支撑底板的木龙骨间距宜为300～500mm，支承和横托的间距为800～1000mm，托木两端用斜支撑支住，下用单楔楔紧，斜撑间用牵杠互相拉牢，龙骨外面钉上外帮板，其高度与踏步口齐，踏步侧板下口钉一根小支撑，以保证踏步侧板的稳固

续表

质量问题	主要原因分析	防治措施
雨篷模板缺陷	(1) 雨篷根部底板模支立不当，混凝土浇筑时漏浆 (2) 雨篷根部胶合板模板下未设托木，混凝土浇筑时根部模板变形 (3) 悬挑雨篷其根部混凝土较前端厚，模板施工时，模板支撑未被重视，未采取相应措施	(1) 认真识图，进行模板翻样，重视悬挑雨篷的模板及其支撑，确保有足够的承载能力、刚度及稳定性 (2) 雨篷底模板根部应覆盖在梁侧模板上口，其下用 50mm×100mm 木方顶牢，混凝土浇筑时，振点不应直接在根部位置 (3) 悬挑雨篷模板施工时，应根据悬挑跨度将底模向上反翘 2～5mm 左右，以抵消混凝土浇筑时产生的下挠变形 (4) 悬挑雨篷混凝土浇筑时，应根据现场同条件养护制作的试件，当试件强度达到设计强度的 100%以上时，方可拆除雨篷模板

1.3.2 安全问题(表8-2)

模板工程安全隐患的防治　　　　　　表 8-2

安全隐患	主要原因分析	防治措施
高处作业对人身的伤害	高处作业、交叉作业的防护措施不够齐全完整 企业安全生产主体责任不落实。企业忽视安全管理，以包代管	1. 施工现场人员必须戴好安全帽，高空作业人员必须佩戴安全带，并应系牢 2. 按照模板施工方案的要求作业 3. 经医生检查认为不适宜高空作业的人，不得进行高空作业 4. 模板上有预留洞者，应在安装后将洞口盖好，混凝土板上的预留洞，应在模板拆除后即将洞口盖好 5. 遇六级以上的大风雨，应暂停室外的高空作业，雨后应先清扫施工现场，略干不滑时再进行工作
高处坠落对人身的伤害	管理混乱，未按技术交底执行或未进行技术交底	1. 工作前应先检查使用的工具是否牢固，扳手等工具必须用绳链系在身上，钉子必须放在工具袋内，以免掉落伤人。工作时要思想集中，防止钉子扎脚和空中滑落 2. 上层和下层支柱在同一竖直线上，模板及其支撑系统在安装过程中，必须设置临时固定设施 3. 混凝土板上的预留洞口，应在拆除模板后立即将洞口盖好。严防高处坠落事故发生
平撑不当对人身的伤害	剪刀撑、支撑、牵杠等设置不当或未按规定执行	1. 支柱全部安装完毕后，应及时沿横向和纵向加设水平平撑和竖直剪刀撑 2. 支柱高度小于 4m 时，水平撑应设上下两道，两道水平撑之间，在纵、横向加设剪刀撑 3. 支撑、牵杠等不得搭在门窗框和脚手架上，通路中间的斜撑、拉杆等应设在 1.8m 高以上 4. 支撑过程中，如需中途停歇，应将支撑、搭头、柱头板等钉牢。拆模间歇时，应将已活动的模板、牵杠、支撑等运走或妥善堆放，防止因踏空、扶空而坠落

续表

安全隐患	主要原因分析	防治措施
拆除与运输作业对人身的伤害	互相配合、协同不够，不按操作规程实施。企业技术管理薄弱，劳动组织管理混乱	1. 拆除板、梁、柱、墙模板，在4m以上的作业时应搭设脚手架或操作平台，并设防护栏杆，严禁在同一竖直面上操作 2. 安装与拆除5m以上的模板，应搭脚手架，并设防护栏杆，防止上下在同一竖直面操作 3. 高空、复杂结构模板的安装与拆除，事先应有切实的安全措施 4. 安装和拆除柱、墙、梁、板的操作层，从首层以上各层应张挂安全平网。进行拆除作业时，应设置警示标牌 5. 二人抬运模板时要互相配合，协同工作。传递模板、工具应用运输工具或绳子系牢后升降，不得乱抛。组合钢模板装拆时，上下应有人接应。钢模板及配件应随装随运送，严禁从高处掷下，高空拆模时，应有专人指挥。并在下面标出工作区，用绳子和红白旗加以围栏，暂停人员过往 6. 不得在脚手架上堆放大批模板等材料
模板支架安装拆除作业对人身的伤害与事故	企业安全生产主体责任不落实。企业忽视安全管理，以包代管	1. 进入现场必须遵守安全操作规程和安全生产十大纪律 2. 作业前应先检查，使用的手锤、扳手等工具是否安全牢靠，临边防护是否已落实 3. 拆除侧模应是在浇筑混凝土后达到施工组织设计规定强度等级要求后进行 4. 拆除混凝土梁板底模应按《混凝土结构工程施工质量验收规范》(GB 50204—2002)规定 5. 拆除4m高及其以上的模板支架时，应先搭设内脚手架，禁止用钢板或烂板作脚手板或立人板 6. 打松上垫块或木楔时，防止飞落伤人 7. 用长铁棒撬拆模板时，人不要站在正在拆除的模板下方，注意整块模板掉落伤人 8. 拆模间歇时，应将已活动的模板、支撑拆除运走，妥善堆放，防止踏空、扶空而跌倒坠落，临边的断方、短方短料及螺栓应及时清入构筑物内，严防坠落伤人 9. 按次序分批段拆除支顶，不得一次将顶撑全部拆除，以免模板一次性大面积脱落，尤其是钢模板，悬臂支撑和梁底支顶应按方案回顶一至二层 10. 应配备有灭火器材 11. 作业中，不准吸烟或动火

1.4 质量标准

1.4.1 主控项目

（1）模板及其支架必须有足够的强度、刚度和稳定性，其支架的支撑部分必须有足够的支撑面积。如安装在基土上，基土必须坚实并有排水措施；对湿陷性黄土，必须有防水措施；对冻胀土，必须有防冻融措施。

（2）安装现浇结构的上层模板及支架时，下层楼板应具有承受上层荷载的承载能力，或加设支架；上、下层支架的立柱应对准，并铺设垫板。

（3）在涂刷模板隔离剂时，不得沾污钢筋与混凝土接槎处。

1.4.2 一般项目

（1）模板安装应满足下列要求：

1）模板的接缝不应漏浆；在浇筑混凝土前，模板应浇水湿润，但模板内不应有积水。

2) 模板与混凝土的接触面应清理干净并涂刷隔离剂,但不得采用影响结构性能或妨碍装饰工程施工的隔离剂。

3) 浇筑混凝土前,模板内的杂物应清理干净。

(2) 对跨度不小于4m的现浇钢筋混凝土梁、板,其模板应按设计要求起拱;当设计无具体要求时,起拱高度宜为跨度的1/1000～3/1000。

(3) 固定在模板上的预埋件、预留孔和预留洞均不得遗漏,且应安装牢固,其偏差应符合表8-3的规定。

允许偏差表　　　　　　　　　　　　　　　　表8-3

项　目		允许偏差(mm)	项　目		允许偏差(mm)
预埋钢板中心线位置		3	预埋螺栓	中心线位置	2
预埋管、预留孔中心线位置		3		外露长度	+10.0
插　筋	中心线位置	5	预留洞	中心线位置	10
	外露长度	+10.0		尺　寸	+10.0

注:检查中心线位置时,应沿纵、横两个方向量测,并取其中的较大值。

(4) 现浇结构模板安装的偏差应符合表8-4、表8-5的规定。

允许偏差及检验方法　　　　　　　　　　　　表8-4

项　目		允许偏差(mm)	检验方法
轴线位置		5	钢尺检查
底模上表面标高		±5	水准仪或拉线、钢尺检查
截面内部尺寸	基　础	−10,+5	钢尺检查
	柱、墙、梁	+2,−5	钢尺检查
层高垂直度	不大于5m	6	经纬仪或吊线、钢尺检查
	大于5m	8	经纬仪或吊线、钢尺检查
相邻两板表面高低差		2	钢尺检查
表面平整度		5	2m靠尺和塞尺检查

注:检查中心线位置时,应沿纵、横两个方向量测,并取其中的较大值。

模板工程质量要求　　　　　　　　　　　　表8-5

		项　目	质量要求
主控项目	1	模板支撑、立柱位置和垫板	第4.2.1条
	2	避免隔离剂沾污	第4.2.2条
	3	底模及其支架拆除时的混凝土强度	第4.3.3条
	4	后张法预应力构件侧模和底模拆除时间	第4.3.2条
	5	后浇带拆模和支顶	第4.3.3条

续表

		项 目		质 量 要 求
一 般 项 目	1	模板安装的一般要求		第4.2.3条
	2	用作模板的地坪、胎模质量		第4.2.4条
	3	模板起拱高度		第4.2.5条
	4	预埋件、预留孔洞允许偏差	预埋钢板中心线位置	3mm
			预埋管、预留孔中心位置	3mm
			插筋 中心线位置	5mm
			插筋 外露长度	+10mm,0
			预埋螺栓 中心线位置	2mm
			预埋螺栓 外露长度	+10mm,0
			预留洞 中心线位置	10mm
			预留洞 尺寸	+10mm,0
	5	模板安装允许偏差	轴线位置	±10mm
			底模上表面标高	±5mm
			截面内部尺寸 基础	±10mm
			截面内部尺寸 柱、墙、梁	+4m,−5mm
			层高垂直度 不大于5m	6mm
			层高垂直度 大于5m	8mm
			相邻两板表面高低差	2mm
			表面平整度	5mm
	6	预制构件模板允许偏差	长度 板、梁	±5mm
			长度 薄腹梁、桁架	±10mm
			长度 柱	0,−10mm
			长度 墙板	0,−5mm
			宽度 板、墙板	0,−5mm
			宽度 梁、薄腹梁、桁架、柱	+2mm,−5mm
			高(厚)度 板	+2mm,−3mm
			高(厚)度 墙板	0,−5mm
			高(厚)度 梁、薄腹梁、桁架、柱	+2mm,−5mm
			侧向弯曲 板、梁、柱	$L/1000$ 且 ≤5mm
			侧向弯曲 薄腹梁、桁架、墙	$L/1000$ 且 ≤15mm
			板的表面平整度	3mm
			相邻两板表面高低差	1mm
			对角线差 板	7mm
			对角线差 墙面	5mm
			翘曲 板、墙面	$L/1500$mm
			设计起拱 薄腹梁、桁架、梁	±3mm

注：本表中质量要求参见《混凝土结构工程施工质量验收规范》GB 50204—2002。

1.5 质量检验(见表 8-6～表 8-13)

主控项目质量检验   表 8-6

施工质量验收规范规定		检验批划分	检验数量	检验方法	检验要点
项次	项目内容	规范编号			
1	模板支撑、立柱位置和垫板	第 4.2.1 条		全数检查	对照模板设计文件和施工技术方案观察	安装现浇结构的上层模板及其支架时,下层楼板应具有承受上层荷载能力,或加设支架;上、下支架的立柱应对准,并铺设垫板
2	避免隔离剂沾污	第 4.2.2 条		全数检查	观察	在涂刷模板隔离剂时,不得沾污钢筋和混凝土接槎处

注:本表中引用规范为《混凝土结构工程施工质量验收规范》GB 50204—2002。

一般项目质量检验   表 8-7

施工质量验收规范规定		检验批划分	检验数量	检验方法	检验要点
项次	项目内容	规范编号			
1	模板安装的一般要求	第 4.2.3 条		全数检查	观察	模板安装应满足下列要求: (1)模板的接缝不应漏浆;在浇筑混凝土前,木模板应浇水湿润,但模板内不应有积水 (2)模板与混凝土的接触面应清理干净并涂刷隔离剂,但不得采用影响结构性能或妨碍装饰工程施工的隔离剂 (3)浇筑混凝土前,模板内的杂物应清理干净 (4)对清水混凝土工程及装饰混凝土工程,应使用能达到设计效果的模板
2	用作模板的地坪、胎模质量	第 4.2.4 条		全数检查	观察	用作模板的地坪、胎模等应平整光洁,不得产生影响构件质量的下沉、裂缝、起砂或起鼓

续表

项次	施工质量验收规范规定 项目内容	规范编号	检验批划分	检验数量	检验方法	检验要点
3	模板起拱高度	第4.2.5条		在同一检验批内，对梁，应抽查构件数量的10%，且不少于3件；对板，应按有代表性的自然间抽查10%，且不少于3间；对大空间结构，板可按纵、横轴线划分检查面，抽查10%，且不少于3面	水准仪或拉线、钢尺检查	对跨度不小于4m的现浇钢筋混凝土梁、板，其模板应按设计要求起拱；当设计无具体要求时，起拱高度宜为跨度的1/1000～3/1000
4	预埋件、预留孔允许偏差	第4.2.6条		在同一检验批内，对梁、柱和独立基础，应抽查构件数量的10%，且不少于3件；对墙和板，应按有代表性的自然间抽查10%，且不少于3间；对大空间结构，墙可按相邻轴线间高度5m左右划分检查面，板可按纵横轴线划分检查面，抽查10%，且均不少于3面	钢尺检查	固定在模板上的预埋件、预留孔和预留洞均不得遗漏，且应安装牢固，其偏差应符合表8-8的规定
5	现浇结构模板安装允许偏差	第4.2.7条		在同一检验批内，对梁、柱和独立基础，应抽查构件数量的10%，且不少于3件；对墙和板，应按有代表性的自然间抽查10%，且不少于3间；对大空间结构，墙可按相邻轴线间高度5m左右划分检查面，板可按纵、横轴线划分检查面，抽查10%，且均不少于3面		现浇结构模板安装的偏差应符合表8-9的规定
6	预制构件模板安装允许偏差	第4.2.8条		首次使用及大修后的模板应全数检查；使用中的模板应定期检查，并根据使用情况不定期抽查		预制构件模板安装的偏差应符合表8-10的规定

注：本表中引用规范为《混凝土结构工程施工质量验收规范》GB 50204—2002。

预埋件和预留孔洞允许偏差　　　　　　表8-8

项目		允许偏差(mm)
预埋钢板中心线位置		3
预埋管、预留孔中心线位置		3
插筋	中心线位置	5
	外露长度	+10, 0
预埋螺栓	中心线位置	2
	外露长度	+10, 0
预留洞	中心线位置	10
	尺寸	+10, 0

注：检查中心线位置时，应沿纵、横两个方向量测，并取其中的较大值。

现浇结构模板安装的允许偏差及检验方法　　　　表 8-9

项　目		允许偏差(mm)	检　验　方　法
轴线位置		5	钢尺检查
底模上表面标高		±5	水准仪或拉线、钢尺检查
截面内部尺寸	基　础	±10	钢尺检查
	柱、墙、梁	+4，-5	钢尺检查
层高垂直度	不大于 5m	6	经纬仪或吊线、钢尺检查
	大于 5m	8	经纬仪或吊线、钢尺检查
相邻两板表面高低差		2	钢尺检查
表面平整度		5	2m 靠尺和塞尺检查

注：检查轴线位置时，应沿纵、横两个方向量测，并取其中的较大值。

预制构件模板安装的允许偏差及检验方法　　　　表 8-10

项　目		允许偏差(mm)	检　验　方　法
长　度	板、梁	±5	钢尺量两角边，取其中较大值
	薄腹梁、桁架	±10	
	柱	0，-10	
	墙板	0，-5	
宽　度	板、墙板	0，-5	钢尺量一端及中部，取其中较大值
	梁、薄腹梁、桁架、柱	+2，-5	
高(厚)度	板	+2，3	钢尺量一端及中部，取其中较大值
	墙板	0，-5	
	梁、薄腹梁、桁架、柱	+2，-5	
侧向弯曲	梁、板、柱	$l/1000$ 且≤15	拉线、钢尺量最大弯曲处
	墙板、薄腹梁、桁架	$l/1500$ 且≤15	
板的表面平整度		3	2m 靠尺和塞尺检查
相邻两板表面高低差		1	钢尺检查
对角线差	板	7	钢尺量两个对角线
	墙板	5	
翘　曲	板、墙板	$l/1500$	调平尺在两端量测
设计起拱	薄腹梁、桁架、梁	±3	拉线、钢尺量跨中

注：l 为构件长度(mm)。

主控项目质量检验　　　　表 8-11

施工质量验收规范规定			检验数量	检验方法	检　验　要　点
项次	项目内容	规范编号			
1	底模及其支架拆除时的混凝土强度	第 4.3.1 条	全数检查	检查同条件养护试件强度试验报告	底模及其支架拆除时的混凝土强度应符合设计要求；当设计无具体要求时，混凝土强度应符合表 8-12 的规定

续表

项次	项目内容	规范编号	检验数量	检验方法	检验要点
2	后张法预应力构件侧模和底模的拆除时间	第4.3.2条	全数检查	观察	对后张法预应力混凝土结构构件，侧模宜在预应力张拉前拆除；底模支架的拆除应按施工技术方案执行，当无具体要求时，不应在结构构件建立预应力前拆除
3	后浇带拆模和支顶	第4.3.3条	全数检查	观察	后浇带模板的拆除和支顶应按施工技术方案执行

注：本表中引用规范为《混凝土结构工程施工质量验收规范》GB 50204—2002。

底模拆除时的混凝土强度要求　　　　　表8-12

构件类型	构件跨度(m)	达到设计要求的混凝土立方体抗压强度标准值的百分率(%)
板	≤2	≥50
	>2,≤8	≥75
	>8	≥100
梁、拱、壳	≤8	≥75
	>8	≥100
悬臂构件	—	≥100

一般项目质量检验　　　　　表8-13

项次	项目内容	规范编号	检验数量	检验方法	检验要点
1	避免拆模损伤	第4.3.4条	全数检查	观察	侧模拆除时的混凝土强度应能保证其表面及棱角不受损伤
2	模板拆除、堆放和清运	第4.3.5条	全数检查	观察	模板拆除时，不应对楼层形成冲击荷载。拆除的模板和支架宜分散堆放并及时清运

注：本表引用规范为《混凝土结构工程施工质量验收规范》GB 50204—2002。

1.6 质量验收记录

(1) 模板安装工程检验批质量验收记录。
(2) 模板拆除工程检验批收记录。
(3) 模板工程分项工程质量验。

训练2　组合大模板安装与拆除

[训练目的与要求]　掌握组合大模板安装与拆除工程质量标准，能熟练地对组合大模板安装与拆除工程进行质量检验，并能填写工程质量检查验收记录。熟

悉组合大模板安装与拆除工程的质量与安全隐患及防治措施,并能编制组合大模板安装与拆除工程质量与安全技术交底资料。参加组合大模板安装与拆除工程质量检查验收并填写有关工程质量检查验收记录。

2.1 安装准备

2.1.1 作业准备

模板及其支撑系统方案已获有关部门(单位)批准。已编制质量与安全技术交底资料,隐蔽验收合格并已完成隐蔽验收手续,放好定位轴线、模板边线及标高控制线;安装前按墙边线抹好 1∶3 水泥砂浆找平层;模板已刷好隔离剂。

2.1.2 技术准备

根据工程对混凝土表面质量要求和模板的周转使用次数,选择合理的模板类型;进行配板设计应遵循下列原则:

(1) 根据工程结构具体情况,按照经济、均衡、合理的原则划分施工流水段;
(2) 模板在各流水段的通用性;
(3) 单块模板配置的对称性;
(4) 单块大模板的吊装重量必须满足现场起重设备要求。

配板设计应包括以下内容:

(1) 板平面布置图;
(2) 绘制大模板配板设计图、拼装节点图和构、配件的加工详图;
(3) 绘制节点和特殊部位支模图;
(4) 编制大模板构件、配件明细表;
(5) 编写施工说明书。

配板设计方法应符合以下规定:

(1) 模板的尺寸必须符合 300mm 建筑模数;
(2) 经计算确定大模板配板设计长度后,应优先选用同规格定型整体标准大模板或组拼大模板;
(3) 配板设计中不符合模数的尺寸,宜优先选用组拼调节模板的设计方法,尽量减少角模的规格,力求角模定型化;
(4) 组拼式大模板背楞的布置与排板的方向垂直;
(5) 当配板设计高度较大采用齐缝排板接高设计方法时,应在拼缝处进行刚度补偿;
(6) 大模板吊环位置设计必须安全可靠,吊环位置的确定应保证大模板起吊时的平衡,宜设置在模板长度的$(0.2 \sim 0.25)L$处;
(7) 外墙、电梯井、楼梯段等位置配板设计高度时应考虑同下层搭接尺寸。

2.1.3 材料与机具准备

1. 材料准备

组合大模板、配件、隔离剂。

2. 机具准备

电钻、手锤、木斧、扳手、木锯、水平尺、线坠、撬棍、吊装索具等。

2.2 组合大模板安装工艺流程

2.2.1 内浇外板结构安装大模板
安装一侧墙模板→安装外墙模板→安装另一侧墙模板。

2.2.2 内浇外砌结构安装大模板
外墙砌砖→安装两侧墙模板→安装角模。

2.2.3 全现浇剪力墙结构安装大模板
挂吊脚手架→安装内模横(纵)墙模板→安装内墙堵头模板→安装外墙模板。

2.3 易产生的质量与安全问题

2.3.1 质量问题(表8-14)

组合大模板安装与拆除质量隐患的防治　　　　　　　表8-14

质量问题	主要原因分析	防治措施
变形、倾覆	大模板没有足够的承载力、刚度和稳定性	大模板所配的对拉螺栓及其配件应能承受混凝土的侧压力并控制墙体厚度 大模板的钢骨架及面板材质均为Q235 吊环材料不得冷弯
密封不足	割口及孔洞必须作密封处理	全钢大模板的面板宜选用原平板；钢木或钢竹大模板的面板必须选用双面覆膜的防水胶合板，其割口及孔洞必须作密封处理
平整度、垂直度偏差	大模板的加工质量不符合允许偏差要求	严格控制大模板的加工质量，使外形尺寸、平整度、平直度和孔洞尺寸符合允许偏差要求
涨模	定位放线不当	大模板安装前应做好定位放线工作，安装时对号入座，安装后保证整体的稳定性，确保施工中不变形、不错位、不涨模
露筋、表面缺损	隔离剂使用不当，操作事故	大模板就位前应认真清理模板，涂刷隔离剂 大模板脱模时不得撬动或锤砸，以保护成品

2.3.2 安全问题(表8-15)

组合大模板常见安全问题和防治措施表　　　　　　　表8-15

质量问题	主要原因分析	防治措施
倾倒	自稳角不符合要求	大模板停放时必须满足自稳角的要求，两块大模板板面相向放置。施工临时停放时必须有可靠的防倾倒保安全的措施
吊装事故	违反安全制度与规章	大模板上的吊钩加工时应严格检查，安装使用时也要经常检查。吊运大模板必须采用卡环吊钩 当风力超过5级时，应停止大模板吊运作业

2.4 质量标准

2.4.1 主控项目

(1) 大模板安装必须保证轴线和截面尺寸准确，垂直度和平整度符合规定要求。

(2) 大模板安装后应保证整体的稳定性，确保施工中模板不变形、不错位、不涨模。

2.4.2 一般项目

(1) 模板的拼缝要平整，堵缝措施要整齐牢固，不得漏浆。模板与混凝土的接触应清理干净，隔离剂涂刷均匀。

(2) 大模板安装和预埋件、预留孔洞允许偏差及检验方法应符合规定。

2.5 质量检验（表8-16）

大模板安装和预埋件、预留孔洞允许偏差及检验方法　　表8-16

项　目		允许偏差(mm)	检　查　方　法
轴线位置		5	用尺量检查
截面内部尺寸		±2	用尺量检查
层高垂直度	全高≤5m	3	用2m托线板检查
	全高>5m	5	
相邻模板板面高低差		2	用直尺和尺量检查
平直度		5	上口通长拉直线用尺量检查，下口按模板就位线为基准检查
平整度		3	2mm靠尺检查
预埋钢板中心线位置		3	拉线和尺量检查
预埋螺栓	中心线位置	10	拉线和尺量检查
	外露位置	+10 0	尺量检查
预留洞	中心线位置	10	拉线和尺量检查
	截面内部尺寸	+10 0	尺量检查
电梯井	井筒长、宽对定位中心线	+25 0	拉线和尺量检查
	井筒全高垂直度	H/1000且≤30	吊线和尺量检查

2.6 质量验收记录

(1) 模板安装工程检验批质量验收记录。

(2) 模板拆除工程检验批质量验收记录。

(3) 模板分项工程质量验收记录。

训练3 液压滑升模板

[**训练目的与要求**] 掌握液压滑升模板工程质量标准，能熟练地对液压滑升模板工程进行质量检验，并能填写工程质量检查验收记录。熟悉液压滑升模板工程的质量与安全隐患及防治措施，并能编制液压滑升模板工程质量与安全技术交底资料。参加液压滑升模板工程质量检查验收并填写有关工程质量检查验收记录。

3.1 安装准备

3.1.1 作业准备

编制滑升模板施工组织设计或施工方案并经过审批；施工用水、用电准备就绪并能保持连续供应；滑升结构以下的基础工程或结构工程也已经完成并经验收合格；一次连续滑升所需材料、机具配件已进场；隐蔽工程已经验收合格。

3.1.2 材料与机具准备

1. 材料准备

（1）模板：应具有通用性、耐磨性、拼缝紧密、装拆方便和足够的刚度。并符合下列规定：

1）平模板宜采用模板和围圈合一的组合大钢模板。模板高度：内墙模板900mm，外墙模板1200mm，标准模板宽度900～2400mm。

2）异形模板、弧形模板、调节模板等应根据结构截面形状和施工要求设计制作。

3）模板材料规格见表8-17。

模板材料规格　　　　表8-17

部　位	材料名称	规格(mm)	备　注
面　板	钢　板	4～6厚	
边　框	钢板或扁钢	6×80 或 8×80	
水平加强肋	槽　钢	[8	同提升架连接
竖　肋	扁钢或钢板	4×60 或 6×60	

4）模板制作必须板面平整、无卷边、翘曲、孔洞、毛刺等，阴阳角模的单面倾斜度应符合设计要求。

（2）提升架宜设计成适用于多种结构施工的类型。对于结构的特殊部位，可设计专用的提升架。提升架设计时，应按实际的竖直和水平荷载验算，必须有足够的刚度，其构造应符合下列规定：

1）提升架可采用钢梁"Ⅱ"形架、双横梁的"开"形架或单立柱的"Γ"形架，横梁与立柱必须刚性连接，两者的轴线应在同一平面内，在使用荷载作用下，立柱下端的侧向变形应不大于2mm。

2）模板上口至提升架横梁底部的净高度，对于$\phi 25$支承杆宜为400～500mm，对于$\phi 48\times 3.5$支承杆宜为500～900mm。

3）提升架立柱上应设有调整内外模板间距和倾斜度的可调支腿。

4）当采用工具式支承杆设在结构体外时，提升架横梁相应加长，支承杆中心线距模板距离应大于50mm。

(3) 围圈将提升架连成整体，并同操作平台桁架相连。围圈的构造应符合下列规定：

1）围圈截面尺寸应根据计算确定，上、下围圈的间距一般为450～750mm，上围圈距模板上口的距离不宜大于250mm。

2）当提升架间距大于2.5m或操作平台的承重骨架直接支承在围圈上时，围圈宜设计成桁架式。

3）围圈在转角处应设计成刚性节点。

4）固定式围圈接头应用等刚度型钢连接，连接螺栓每边不得少于2个。

(4) 操作平台应按所施工工程的结构类型和受力确定，其构造应符合下列规定：

1）操作平台由桁架、三角架及铺板等主要构件组成，与提升架或围圈应连成整体。

2）外挑平台的外挑宽度不宜大于900mm，并应在其外侧设安全防护栏杆。

3）吊脚手板时，钢吊架宜采用$\phi 48\times 3.5$钢管，吊杆下端的连接螺栓必须采用双螺帽。吊脚手架的双侧必须设安全防护杆，并应满挂安全网。

(5) 支承杆的直径、规格应与所使用的千斤顶相适应，对支承杆的加工、接长、加固应作专项设计，确保支承体系的稳定。当采用钢管做支承杆时应符合下列规定：

1）支承杆直径为$\phi 48\times 3.5$焊接钢管，管径允许偏差为0.2～0.5mm。

2）采用焊接方法接长钢管支承杆时，钢管上端平头，下端倒角$2\times 45°$，接头处进入千斤顶前，先点焊三点以上并磨平焊点，通过千斤顶后进行围焊，接头处加焊衬管，衬管长度应200mm。

3）采用工具式支承杆时，钢管两端分别焊接螺母和螺栓。螺纹宜为M35，螺纹长度不宜小于40mm，螺栓和螺母应与钢管同心。

4）工具式支承杆必须调直，其平直度偏差不应大于1/1000。

5）工具式支承杆长度宜为3m，第一次安装时可配合采用6m、4.5m、1.5m长的支承杆，使接头错开。当建筑物每层净高小于3m时，支承杆长度应小于净高尺寸。

6）当支承杆设置在结构体外时，一般采用工具式支承杆，支承杆的制备数量应能满足5～6个楼层高度的需要。必须在支承杆穿过楼板的位置用扣件卡紧，使支承杆的荷载通过传力钢板、传力槽钢传递到各层楼板上。

滑模装置各种构件的制作应符合有关的钢结构制作规定，其允许偏差应符合表8-18的规定。

滑模装置构件制作的允许偏差　　　　　　　　表 8-18

名　称	内　容	允许偏差(mm)	名　称	内　容	允许偏差(mm)
钢模板	高度宽度 表面平整度 侧面平直度 连接孔位置	±1 −0.7~0 ±1 ±1	提升架	高　度 宽　度 围圈支托位置 连接孔位置	±3 ±3 ±2 ±0.5
围圈	长　度 弯曲长度≤3m 弯曲长度>3m 连接孔位置	−5 ±2 ±4 ±0.5	支承杆	弯　曲 直径 $\phi25$ $\phi28$ $\phi48\times3.5$ 圆度公差 对焊接缝凸出母材	<$L/1000$ −0.5~+0.5 −0.5~+0.5 −0.2~+0.5 −0.25~+0.25 <+0.25

注：L 为支承杆加工长度。

2．机具准备（表 8-19）

主要机具名称及规格数量　　　　　　　　表 8-19

机具设备名称	规　格　数　量
塔　吊	按臂杆长度、起重高度、竖直运输量选型，1~2台
混凝土输送泵	按浇筑速度、滑升速度计算确定，滑升速度宜为140~200mm/h
混凝土罐车	按浇筑速度及往返时间确定台次/h
混凝土布料机	按回转半径选型
外用电梯	按建筑高度、竖直运输量选型，1~2台
千斤顶	计算确定
液压控制台	其流量按千斤顶数量、排油量及一次给油时间确定
激光经纬仪	1~2台
激光扫描仪	1台

3.2 工艺流程

滑升模板设计→滑模装置组装→模板滑升及调整控制→水平构件施工→滑模装置拆除。

3.3 易产生的质量和安全问题

3.3.1 质量问题（表 8-20）

滑模质量隐患的防治　　　　　　　　表 8-20

质量通病	主要原因分析	防治措施
混凝土坍落	(1) 模板锥度过大 (2) 未严格分层交圈均匀浇筑混凝土，局部混凝土尚未凝固 (3) 滑升速度太快，出模强度低于0.05MPa (4) 振动棒插入太深	调整锥度；严格按规定路线交圈均匀浇灌混凝土；控制滑升速度，避免振动棒插入已经终凝的下部混凝土 将塌陷处清除干净，补上比原强度等级高一级的细石混凝土，终凝后抹平压光

续表

质量通病	主要原因分析	防治措施
斜裂缝	(1) 模板被结构物的水平钢筋挂住 (2) 模板出现反锥度 (3) 平台扭转被卡住后强行滑升	清除挂住物,增设保护层或保护装置;逐步纠正升差,用收分装置调整,继续提升后逐步调整,平台扭转纠正后再滑升
水平裂缝	(1) 模板变形,锥度过小或出现反锥度;或圆度不一致 (2) 提升间隔时间太长,混凝土强度太高,摩阻力过大 (3) 混凝土结构物截面太小,自重不能克服模板摩擦阻力 (4) 模板口有凝结物;钢筋石子卡住模板;模板粘结砂浆 (5) 提升架倾斜,平台扭转	纠正模板锥度;不断缓慢地开动千斤顶;加大结构截面尺寸;清除挂住物及粘结砂浆,调整提升架和平台;对带起的未凝固混凝土进行二次振捣 对一般裂缝进行修补;严重裂缝,需凿除裂缝以上部位混凝土,清除干净重新浇混凝土
蜂窝麻面及露筋	(1) 局部钢筋过密 (2) 石子阻塞 (3) 漏振或振捣不实	钢筋过密部位,注意加强振捣或防止漏振。用与混凝土同配合比的去石子水泥砂浆修补;较严重孔洞,需用压力灌浆法补强
混凝土表面外凸	(1) 模板空滑过高,一次浇筑混凝土太厚 (2) 模板刚度不够 (3) 模板锥度太大 (4) 模板随提升架倾斜	提高模板结构刚度,调整模板锥度;控制模板提升高度和混凝土浇筑厚度;避免提升架倾斜 对已出现鱼鳞状墙面,用水泥砂浆抹面修补平整
缺棱掉角	(1) 转角处摩擦阻力较大 (2) 模板锥度过小;模板转角为直角 (3) 滑升间隔时间过长 (4) 保护层过厚或过薄 (5) 平台提升不均匀 (6) 振动墙角、柱角钢筋	转角处模板作成圆角或八字形;调整模板锥度;掌握好滑升速度,使平台提升均匀;控制保护层厚度适度,避免振动钢筋 局部掉角可用相同配合比粗石子混凝土进行修补
倾斜	(1) 浇筑混凝土不均匀 (2) 操作平台倾斜、扭转,载荷不均匀 (3) 千斤顶上升不同步,出现高差,使操作平台上升不均匀 (4) 操作平台刚度差,平整度、垂直度难以控制	注意均匀浇筑混凝土和施工载荷的均匀分布,加强结构中心线的控制,及时发现及时纠正;对千斤顶升差通过针形阀及千斤行程进行调整,将发生倾斜的模板多提高 20~50mm,再按正常提升模板和浇筑混凝土至达到正常垂直度为止
支承杆弯曲	(1) 支承杆本身不直 (2) 安装位置不正 (3) 偏心载荷过大;超负荷使用,脱空高度过高 (4) 相邻两台千斤顶升差较大,互相别劲,使支承杆失稳发生弯曲 (5) 水泥初凝时间长,滑升过快而引起支承杆自由长度超过而失稳弯曲	可针对原因分析防治。在混凝土内部发生弯曲时,可将该支承杆的千斤顶油门关闭,使其卸荷,待滑过后再升油门供油;如弯曲严重,可将该部分切断,再加绑条焊接,或利用垫板螺栓钩固定弯曲部位;混凝土上部发生弯曲,如弯曲不大,可用绑扎焊接;如弯曲过大,则将弯曲部位切断,用绑扎焊接;或在底部加垫钢靴,将上部支承杆插入套管

续表

质量通病	主要原因分析	防治措施
操作平台扭转	(1) 平台载荷不均匀 (2) 千斤顶顶升不同步，出现高差，调整不及时；中心纠偏过急 (3) 提升架自由度较大，使提升架倾斜和扭转 (4) 操作平台本身刚度不够，组装位置不好	平台上荷载应尽可能均匀分布；调整千斤顶使顶升同步；中心纠偏不要过急；提高操作平台刚度已出现扭转，可用链式起重机将提升架校直纠扭；在提升架间设支撑将所有提升架连成整体
操作平台偏移	(1) 操作平台扭转 (2) 两边模板收分不均 (3) 混凝土浇筑偏向一侧，使平台受侧向荷载不匀 (4) 风力、雨雪等外力影响	按以上措施防止操作平台扭转；使两边模板收分均匀一致；混凝土浇筑均匀对称下料。已出现偏差，采用油泵顶升高差纠正；先浇半径小的一侧混凝土，放松圆半径大的一侧收分螺栓，同时顶紧圆半径小的一侧的收分螺栓，利用混凝土对平台的反力将平台纠正；然后，顶紧大的一侧收分螺栓，浇另一侧混凝土，往复几次即可纠正

3.3.2 安全问题(表8-21)

滑升模板工程安全隐患的防治　　　　　表8-21

安全隐患	主要原因分析	防治措施
高处作业对人身的伤害	高处作业、交叉作业的防护措施不够齐全完整	1. 参加高空作业人员必须经体检合格，凡患有高血压、心脏病且医生认为不适于高空作业者，不得参加滑模施工 2. 平台内、外吊脚手架使用前，应一律安装好轻质牢固的安全网，并将安全网靠壁，经验收后方可使用
高处坠落对人身的伤害	防坠落措施不落实	为了防止高空物体坠落伤人，筒身内底部，一般在2.5m 高外搭设保护棚，应十分可靠，并在上部铺一层6~8mm钢板防护
触电对人身的伤害	不按操作规程和用电要求作业	1. 施工现场应有足够的照明，操作平台上的照明采用36V低电压电灯 2. 应遵守施工安全操作规程有关规定。滑升模板在提升前应对全部设备装置进行检查，调试妥善后方可使用，重点放在检查平台的装配、节点、电气及液压系统 3. 设备应敷设接地线装置，平台上振动器、电机等应做接地或接零保护
机械伤害对人身的伤害	指挥不当，操作不规范	1. 通讯设备除电铃和信号灯外，还应装备3~4台步话机 2. 施工人员必须服从统一指挥，不得擅自操作液压设备和机械设备。滑升模板在提升时，应统一指挥，并有专人负责监测千斤顶，滑升中出现不正常情况时，立即停止滑升，找出原因并采取相应措施后方准继续滑升
坍塌事故对人身的伤害	结构的失稳，堆载超载。企业技术管理薄弱，劳动组织管理混乱	1. 滑模施工设计时，必须注意施工过程中结构的稳定和安全 2. 滑升模板在施工前，技术部门必须做好确实可行的施工方案及流程示意，操作人员必须严格遵照执行 3. 滑模施工中，应严格按施工组织设计要求分散堆载，平台不得超载且不应出现不均匀堆载的现象。滑模施工工程操作人员的上下，应设置可靠楼梯或在建筑物内临时安装楼梯

3.4 质量标准

3.4.1 主控项目

（1）模板及滑模装置必须有足够的强度、刚度和稳定性，液压滑升系统有足够的承载能力和起重能力。

（2）模板安装必须形成上口小下口大的锥形，其单面倾斜度符合允许偏差要求。模板截面调节、倾斜度调节有灵活可靠的装置。

3.4.2 一般项目

（1）滑模装置安装允许偏差（表8-22）

滑模装置组装的允许偏差　　　　　　表8-22

内　　容		允许偏差(mm)
模板结构轴线与相应结构轴线位置		3
围圈位置偏差	水平方向	3
	竖直方向	3
提升架的竖直偏差	平面内	3
	平面外	2
安放千斤顶的提升架横梁相对标高偏差		5
考虑倾斜度后模板尺寸偏差	上　口	−1
	下　口	+2
千斤顶位置安装的偏差	提升架平面内	5
	提升架平面外	5
圈模直径、方模边长的偏差		−2～+3
相邻两块模板平面平整偏差		1.5

（2）滑模施工工程混凝土结构允许偏差（表8-23）

3.5 质量检验（表8-23）

滑模施工工程混凝土结构的质量检验　　　　　　表8-23

项　目			允许偏差(mm)	检验方法
轴线间的相对位移			5	经纬仪或吊线检查
圆形筒壁结构半径	≤5m		5	钢尺检查
	>5m		半径的0.1%，且不得>10	
标高	每层	高层	±5	用水准仪或拉线钢尺检查
		多层	±10	
	全高		±30	

续表

项　目			允许偏差(mm)	检 验 方 法
竖 直 高	每 层	层高≤5m	5	用水准仪或吊线钢尺检查
		层高>5m	层高的0.1%	
	全 高	高度<10m	10	
		高度≥10m	高度的0.1%，不得>30	
墙、柱、梁截面尺寸偏差			+8，-5	钢尺检查
表面平整（2m靠尺检查）	抹 灰		8	用2m靠尺及塞尺检查
	不抹灰		4	
门窗洞口及预留洞口位置偏差			15	钢尺检查
预埋件位置偏差			20	

3.6　质量验收记录

（1）原材料产品合格证、出厂检验报告和进场复验报告。

（2）滑模组装质量验收记录。

（3）钢筋接头力学性能试验报告。

（4）钢筋加工检验批质量验收记录。

（5）钢筋安装工程检验批质量验收记录。

（6）钢筋隐蔽工程质量验收记录。

（7）钢筋分项工程检查验收记录。

（8）混凝土配合比通知单。

（9）混凝土原材料及配合比设计检验批质量验收记录。

（10）混凝土施工检验批质量验收记录。

（11）混凝土试件强度试验报告。

（12）滑模施工工程结构质量验收记录。

（13）混凝土分项工程质量验收记录。

项目9 混凝土工程

训练1 混凝土现场拌制与浇筑

[训练目的与要求] 掌握混凝土的现场拌制与浇筑工程质量标准,能熟练的对混凝土的现场拌制与浇筑工程进行质量检验,并能填写工程质量检查验收记录。熟悉混凝土现场的拌制与浇筑工程的质量与安全隐患及防治措施,并能编制混凝土现场的拌制与浇筑工程质量与安全技术交底资料。参加混凝土现场的拌制与浇筑工程质量检查验收并填写有关工程质量检查验收记录。

1.1 浇筑准备

1.1.1 作业准备

隐蔽工程已经验收合格并办完隐蔽验收手续;已编制混凝土工程施工方案并获批准;已编制混凝土分项工程质量与安全技术交底资料;原材料、外加剂等材料已进场并检查试验合格,根据实际情况已下达混凝土配合比通知单;浇筑脚手架马道搭设完成经检查合格;混凝土搅拌运输、浇筑振捣和养护设备检修保养良好能保证正常运转;轴线、标高已经复核并作好标识。

1.1.2 材料与机具准备

1. 材料准备

水泥、砂、石子、水、外加剂、掺合料、钢筋、脱模剂。

2. 机具准备(混凝土施工常用机具)

(1) 混凝土搅拌设备

混凝土搅拌机、拉铲、抓斗、皮带输送机、推土机、装载机、散装水泥储存罐、磅秤(或自动计量设备)。

(2) 运输设备

电梯或龙门架、塔式起重机、自卸翻斗汽车、机动翻斗车、手推车等。

(3) 混凝土振捣设备

插入式振动器和平板式振动器等。

(4) 主要工具:尖锹、平锹、混凝土吊斗、储料斗、木抹子、刮杠、铁插尺、胶皮水管、铁板、电工常规工具、机械常规工具、对讲机等。

1.2 现场拌制混凝土工艺流程

混凝土拌制→混凝土运输→混凝土浇筑→混凝土养护。

1.3 易产生的质量和安全问题

1.3.1 质量问题(表9-1、表9-2)

混凝土工程常见质量隐患的防治措施　　　　表9-1

质量通病	主要原因分析	防治措施
蜂窝	(1) 混凝土配合比不当或砂、石子、水泥材料加水量计量不准，造成砂浆少、石子多 (2) 混凝土搅拌时间不够，未拌合均匀，和易性差，振捣不密实 (3) 下料不当或下料过高，未设串筒使石子集中，造成石子砂浆离析 (4) 混凝土未分层下料，振捣不实或漏振，或振捣时间不够 (5) 模板缝隙未堵严，水泥浆流失 (6) 钢筋较密，使用的石子粒径过大或坍落度过小 (7) 基础、柱、墙根部未间歇就继续浇筑上层混凝土	认真设计、严格控制混凝土配合比，经常检查，计量准确，混凝土拌合均匀，坍落度合适；混凝土下料高度超过2m应设串筒或溜槽；浇筑应分层下料，分层捣固，防止漏振；模板缝应堵塞严密，浇筑中，应随时检查模板支撑情况防止漏浆，基础、柱、墙根部应在下部浇完后歇1～5h，沉实后再浇上部混凝土，避免出现"烂脖子"。小蜂窝：洗刷干净后，用1:2或1:2.5水泥砂浆抹平压实；较大蜂窝：凿去蜂窝薄弱松散颗粒，刷洗净后，支模用高一级细石混凝土仔细填塞捣实；较深蜂窝：如清除困难，可埋压浆管、排气管、表面抹砂浆或浇筑混凝土封闭后，进行水泥压浆处理
麻面	(1) 模板表面粗糙或粘附水泥浆渣等杂物未清理干净，拆模时混凝土表面被粘坏 (2) 模板未浇水湿润或湿润不够，构件表面混凝土的水分被吸去，使混凝土失水过多出现麻面 (3) 模板拼缝不严，局部漏浆 (4) 模板隔离剂涂刷不匀，或局部漏刷或失效，混凝土表面与模板粘结造成麻面 (5) 混凝土振捣不实，气泡未排出，停在模板表面形成麻点	模板表面清理干净，不得粘有水泥砂浆等杂物，浇筑混凝土前，模板应浇水充分湿润，模板缝隙，应用油毡纸、腻子等堵严；模板隔离剂应选用长效的，涂刷均匀，不得漏刷；混凝土应分层均匀振捣密实，至排除气泡为止。表面作粉刷的，可不处理，表面无粉刷的，应在麻面部位浇水充分湿润后，用原混凝土配合比去石子砂浆，将麻面抹平压光
孔洞	(1) 在钢筋较密的部位或预留孔洞和预埋件处，混凝土下料被搁住，未振捣就继续浇筑上层混凝土 (2) 混凝土离析，砂浆分离，石子成堆，严重跑浆，又未进行振捣 (3) 混凝土一次下料过多、过厚、下料过高，振捣器振动不到，形成松散孔洞 (4) 混凝土内掉入工具、木块、泥块等杂物，混凝土被卡住	在钢筋密集处及复杂部位，采用细石子混凝土浇筑，在模板内充满，认真分层振捣密实或配人工捣固；预留孔洞，应两侧同时下料，侧面加开浇灌口，严防漏振，砂石中混有黏土块，工具等杂物掉入混凝土内，应及时清除干净。将孔洞周围的松散混凝土和软弱浆膜凿除，用压力水冲洗，支设带托盒的模板，洒水充分湿润后用高强度等级细石混凝土仔细浇筑、捣实
露筋	(1) 浇筑混凝土时，钢筋保护层垫块位移，或垫块太少或漏放，致使钢筋紧贴模板外露 (2) 结构构件截面小，钢筋过密，石子卡在钢筋上，使水泥砂浆不能充满钢筋周围，造成露筋 (3) 混凝土配合比不当，产生离析，靠模板部位缺浆或模板漏浆 (4) 混凝土保护层太小或保护层处混凝土漏振、振捣不实，振捣棒撞击钢筋或踩踏钢筋，使钢筋位移，造成露筋 (5) 木模板未浇水湿润，吸水粘结或脱模过早，拆模时缺棱、掉角导致露筋	浇筑混凝土，应保证钢筋位置和保护层厚度正确，并加强检查；钢筋密集时，应选用适当粒径的石子，保证混凝土配合比准确和具有良好的和易性；浇筑高度超过2m，应用串筒或溜槽进行下料，以防止离析；模板应充分湿润并认真堵好缝隙，混凝土振捣严禁撞击钢筋，在钢筋密集处，可采用刀片或振捣棒进行振捣；操作时，避免踩踏钢筋，如有踩弯或移扣等时，及时修正；保护层混凝土要振捣密实；正确掌握脱模时间，防止过早拆模，碰坏棱角。表面露筋：洗刷干净后，在表面抹1:2或1:2.5水泥砂浆，将露筋部位充满抹平；露筋较深：凿去薄弱混凝土和突出颗粒，洗刷干净后，用比原来高一级的细石混凝土填塞压实

续表

质量通病	主要原因分析	防治措施
缝隙、夹层	(1) 施工缝或变形缝未经接缝处理、清除表面水泥薄膜和松动石子或未除去软弱混凝土层并充分湿润就浇筑混凝土 (2) 施工缝处锯屑、泥土、砖块等杂物未清除或未清除干净 (3) 混凝土浇筑高度过大,未设串筒、溜槽,造成混凝土离析 (4) 底层交接处未灌接缝砂浆层,接缝处混凝土未充分振捣	认真按施工验收规范要求处理施工缝及变形缝表面;接缝处锯屑、泥土砖块等杂物应清理干净并洗净;混凝土浇筑高度大于2m应设串筒或溜槽;接缝处浇筑前应先浇5～10cm厚原配合比无石子砂浆,或10～15cm厚减半石子混凝土,以利结合良好,并将接缝处混凝土的振捣密实。缝隙夹层不深时,可将松散混凝土凿去,洗刷干净后,用1:2或1:2.5水泥砂浆强力填嵌密实;缝隙夹层较深时,应清除松散部分和内部夹杂物,用压力水冲洗干净后支模,强力浇细石混凝土或将表面封闭后进行压浆处理
缺棱掉角	(1) 木模板未充分浇水湿润或湿润不够;混凝土浇筑后养护不好,造成脱水,强度低,或模板吸水膨胀将边角拉裂,拆模时,棱角被粘掉 (2) 低温施工过早拆除侧面非承重模板 (3) 拆模时,边角受外力或重物撞击,或保护不好,棱角被碰掉 (4) 模板未涂刷隔离剂,或涂刷不匀	木模板在浇筑混凝土前应充分湿润,混凝土浇筑后应认真浇水养护;拆除侧面非承重模板时,混凝土应具有1.2MPa以上强度,拆模时注意保护棱角,避免用力猛过急;吊运模板,防止撞击棱角,运输时,将成品阳角用草袋等保护好,以免碰损。缺棱掉角,可将该处松散颗粒凿除,冲洗充分湿润后,视破损程度用1:2或1:2.5水泥砂浆修补齐整,或支模用比原来高一级混凝土捣实补好,认真养护
表面不平整	(1) 混凝土浇筑后,表面仅用铁锹拍平,未抹子找平压光,造成表面粗糙不平 (2) 模板未支承在坚硬土层上,或支承面不足,或支撑松动、泡水,致使新浇筑混凝土早期养护时发生不均匀下沉 (3) 混凝土未达到一定强度时,上人操作或运料,使表面出现凹陷不平或印痕	严格按施工规范操作,浇筑混凝土后,应根据水平控制标志和弹线用抹子找平、压光,终凝后浇水养护;模板应有足够的强度、刚度和稳定性,应支在坚实地基上,有足够的支撑面积,并防止浸水,确保不发生下沉;在浇筑混凝土时,加强检查;混凝土强度达到1.2MPa以上,方可在已浇混凝土结构上走动
强度不够,均质性差	(1) 水泥过期或受潮,活性降低;砂、石集料级配不好,空隙大,含泥量大,杂物多;外加剂使用不当,掺量不准确 (2) 混凝土配合比不当,计量不准,施工中随意加水,使水灰比增大 (3) 混凝土加料顺序颠倒,搅拌时间不够,拌合不匀 (4) 冬期施工,拆模过早或早期受冻 (5) 混凝土试块制作未振捣密实,养护管理不善,或养护条件不符合要求,在同条件养护时,早期脱水或受外力砸坏	水泥应有出厂合格证,砂、石子粒径、级配、含泥量等应符合要求;严格控制混凝土配合比,保证计量准确,混凝土应按顺序拌制,保证搅拌时间和拌匀;防止混凝土早期受冻,冬期施工用普通水泥配制混凝土,强度达到30%以上,矿渣水泥配制的混凝土,强度达到40%以上,不可遭受冻;按施工规范要求认真制作混凝土试块,并加强对试块的管理和养护。当混凝土强度偏低,可用非破损方法(如回弹仪法、超声波法)来测定结构混凝土实际强度,如仍不能满足要求,可按实际强度校核结构的安全度,研究处理方案,采取相应加固或补强措施

续表

质量通病	主要原因分析	防治措施
塑性收缩裂缝	(1) 混凝土早期养护不好,表面没有及时覆盖,受风吹日晒,表面游离水分蒸发过快,产生急剧的体积收缩,而此时混凝土强度很低,还不能抵抗这种变形应力而导致开裂 (2) 使用收缩率较大的水泥;或水泥用量过多;或使用过量的粉砂;或混凝土水灰比过大 (3) 模板、垫层过于干燥,吸水大 (4) 浇筑在斜坡上的混凝土,由于重力作用向下流动的倾向,亦会出现这类裂缝	配制混凝土时,严格控制水灰比和水泥用量,选择级配良好的石子,减小空隙率和砂率;混凝土要振捣密实,以减少收缩量;浇筑混凝土前,将基层和模板浇水湿透;混凝土浇筑后,表面及时覆盖,认真养护;在高温、干燥及刮风天气,应及早喷水养护,或设挡风设施。当表面发现细微裂缝时,应及时抹压一次,再护盖养护,或重新振捣的方法来消除;如硬化,可向裂缝撒上水泥加水湿润、嵌实,再覆盖养护
沉降收缩裂缝	混凝土浇筑振捣后,粗骨料沉降,挤出水分、空气,表面呈现泌水,而形成竖向体积缩小沉降,这种沉降受到钢筋、预埋件、模板或大的粗骨料以及先期凝固混凝土的局部阻碍或约束,或混凝土本身各部相互沉降量相差过大,而造成裂缝	加强混凝土配制和施工操作控制,水灰比、砂率、坍落度不要过大,振捣要充分,但避免过度;对于截面相差较大的混凝土构筑物,可先浇筑较深部位,静停2~3小时,待沉降稳定后,再与上部薄截面混凝土同时浇筑,以免沉降过大导致裂缝,适当增加混凝土的保护层厚度 治理方法同"塑性收缩裂缝"
凝缩裂缝	(1) 混凝土表面过度的抹平压光,使水泥和细集料过多浮到表面,形成含水量很大的砂浆层,它比下层混凝土有更大的干缩性能,水分蒸发后,产生凝缩而出现裂缝 (2) 在混凝土表面撒干水泥面压光,也常产生这类裂缝	混凝土表面刮抹应限制到最小程度;避免在混凝土表面撒干水泥面刮抹,如表面粗糙、含水量大,可撒较稠水泥砂浆或干水泥再压光。裂缝不影响强度,一般可不处理,对有美观要求的,可在表面加抹薄层水泥砂浆处理
干缩裂缝	(1) 混凝土成型后,养护不当,受到风吹日晒,表面水分散失快,体积收缩大,而内部湿度变化很小,收缩小,表面收缩受到内部混凝土的约束,出现拉应力而引起开裂;或者平卧薄型构件水分蒸发过快,体积收缩受到地基垫层或台座的约束,而出现干缩裂缝 (2) 混凝土构件长期露天堆放,时干时湿,表面湿度发生剧烈变化 (3) 采用含泥量大的粉砂配制混凝土,收缩大,抗拉强度低 (4) 混凝土经过度振捣,表面形成水泥含量较大的砂浆层,收缩量加大 (5) 后张法预应力构件,在露天长久堆放而不张拉等	控制混凝土水泥用量、水灰比和砂率不要过大;严格控制砂石含量,避免使用过量粉砂;混凝土应振捣密实,并注意对板面进行二次抹压,以提高抗拉强度、减少收缩量;加强混凝土早期养护,并适当延长养护时间;长期露天堆放的预制构件,可覆盖草帘、草袋,避免爆晒,并定期适当洒水,保持湿润;薄壁构件应在阴凉地方堆放并覆盖,避免发生过大湿度变化,其余参见"塑性裂缝"的预防措施。表面干缩裂缝,可将裂缝加以清洗,干燥后涂刷两遍环氧胶泥或加贴环氧玻璃布进行表面封闭;深进的或贯穿的,就用环氧灌缝或在表面加刷环氧胶泥封闭

续表

质量通病	主要原因分析	防治措施
温度裂缝	(1) 表面温度裂缝，多由于温差较大引起，如冬期施工过早拆除模板、保温层，或受到寒潮袭击，导致混凝土表面急剧的温度变化而产生较大的降温收缩，受到内部混凝土的约束，产生较大的拉应力，而使表面出现裂缝 (2) 深进和贯穿的温度裂缝，多由于结构温差较大，受到外界约束引起，如大体积混凝土基础、墙体浇筑在坚硬地基或厚大混凝土垫层上，如混凝土浇筑时温度较高，当混凝土冷却收缩，受到地基、混凝土垫层或其他外部结构的约束，将使混凝土内部出现很大拉应力，产生降温收缩裂缝。裂缝为较深的，有时是贯穿性的，常破坏结构整体性 (3) 基础长期不回填，受风吹日晒或寒潮袭击作用；框架结构的梁、墙板、基础等，由于与刚度较大的柱、基础连接，或预制构件浇筑在台座伸缩缝处，因温度收缩变形受到约束，降温时也常出现深进的或贯穿的温度裂缝 (4) 采用蒸汽养护的预制构件，混凝土降温制度控制不严，降温过速，或养生窑坑急速揭盖，使混凝土表面剧烈降温，而受到肋部或胎模的约束，常导致构件表面或肋部出现裂缝	预防表面温度裂缝，可控制构件内外不出现过大温差；浇筑混凝土后，应及时用草帘或草袋覆盖，并洒水养护；在冬期混凝土表面应采取保温措施，不过早拆除模板或保温层；对薄壁构件，适当延长拆模时间，使之缓慢降温；拆模时，块体中部和表面温差不宜大于25℃，以防急剧冷却造成表面裂缝；地下结构混凝土拆模后要及时回填。预防深进和贯穿温度裂缝，应尽量选用矿渣水泥或粉煤灰水泥配制混凝土；或混凝土中掺适量粉煤灰、减水剂，以节省水泥，减少水化热量；选用良好级配的集料，控制砂、石子含泥量，降低水灰比(0.6以下)加强振捣，提高混凝土密实性和抗拉强度；避开炎热天气浇筑大体积混凝土，必须时，可采用冰水搅制混凝土，或对集料进行喷水预冷却，以降低浇筑温度。分层浇筑混凝土，每层厚度不大于30cm，大体积基础，采取分块分层间隔浇筑(间隔时间为5～7天)分块厚度1.0～1.5m，以利水化热散发和减少约束作用；或每隔20～30m留一条0.5～1.0m宽间断缝，40天后再填筑，以减少温度收缩应力；加强洒水养护，夏季应当延长养护时间，冬期适当延缓保温和脱模时间，缓慢降温，拆模时内外温差控制不大于20℃；在岩石及厚混凝土垫层上，浇筑大体积混凝土时，可浇一度沥青胶或铺二层沥青，油毡作隔离层，预制构件与台座或台模间应涂刷隔离剂，以防粘结，长线台座生产构件及时放松预应力筋，以减少约束作用；蒸汽养护构件时，控制升温速度不大于25℃/h，降温不大于20℃/h，并缓慢揭盖，及时脱模，避免引起过大的温差应力。表面温度裂缝可采用涂两遍环氧胶泥，或加贴环氧玻璃布进行表面封闭；对有防渗要求的结构，缝宽大于0.1mm的深进或贯穿性裂缝，可根据裂缝可灌程度，采用灌水泥浆或环氧甲凝或丙凝浆液方法进行修补，或灌浆与表面封闭同时采用，宽度小于0.1mm的裂缝，一般会自行愈合，可不处理或只进行表面处理
碳化收缩裂缝	(1) 混凝土水泥浆中的氢氧化钙与空气中的二氧化碳作用，生成碳酸钙，引起表面体积收缩，受到结构内部未碳化混凝土的约束而导致表面发生龟裂。在空气相对湿度低(30%～50%)的干燥环境中最为显著 (2) 在密闭不通风的地方，使用火炉加热保温，产生大量二氧化碳，常会使混凝土表面加快碳化，产生这类裂缝	避免过度振捣混凝土，不使表面形成砂浆层，同时加强养护，提高表面强度；避免在不通风的地方采用火炉加热保温 治理方法与"干缩裂缝"同

续表

质量通病	主要原因分析	防治措施
化学反应裂缝	(1) 混凝土内掺有氯化物外加剂，或以海砂作集料，或用海水拌制混凝土，使钢筋产生电化学腐蚀，铁锈膨胀而把混凝土胀裂(即通常所谓"钢筋锈蚀膨胀裂缝")。有的保护层过薄，碳化深度超过保护层，在水作用下，亦使钢筋锈蚀膨胀，造成这类裂缝 (2) 混凝土中铝酸三钙受硫酸盐或镁盐的侵蚀，产生难溶而又体积增大的反应物，使混凝土体积膨胀而出现裂缝(即通常所谓"水泥杆菌腐蚀裂缝") (3) 混凝土集料中含有蛋白石、硅质岩或镁质岩等活性氧化硅与高碱水泥中的碱反应生成碱硅酸凝胶，吸水后体积膨胀，而使混凝土崩裂(即通常所谓"碱骨料反应裂缝") (4) 水泥含游离氧化钙过多(多呈小颗粒)，在混凝土硬化后，继续水化，发生固相体积增大，产生体积膨胀，而使混凝土出现"小豆豆"似的崩裂，多发生在土法生产水泥配制的混凝土工程上	严格控制冬季施工混凝土中掺加氯化物用量，使其在允许范围内，并掺入适量阻锈剂(亚硝酸钠)；采用海砂作集料，氯化物含量应控制在砂重的0.1%以内；在钢筋混凝土结构中避免用海水拌制混凝土；适当增厚保护层或对钢筋涂防腐涂料；对混凝土加密封外罩；混凝土采用级配良好的石子，使用低水灰比，加强振捣，以降低渗透率，有效阻止电腐蚀。采用含铝酸三钙少的水泥，或掺加火山灰掺料以减轻硫酸盐或镁盐对水泥的作用，或对混凝土进行防腐，以阻止对混凝土的侵蚀；避免采用含硫酸盐或镁盐的水拌制混凝土，或采用低碱性水泥和掺入火山灰的水泥配制混凝土，降低碱性物质和活性硅的比例，以控制化学反应的产生。加强水泥的检验，防止使用含游离氧化钙多的水泥配制混凝土，或经处理后使用。钢筋锈蚀裂缝，应把主筋周围含盐混凝土清除，铁锈用喷砂法清除、然后用喷浆或加围套方法修补，其他参见"干缩裂缝"
沉陷裂缝	(1) 结构、构件下面地基软硬不均，或局部存在软弱土未经夯实和必要的加固处理，混凝土浇筑后，地基局部产生不均匀沉降而引起裂缝 (2) 现场平卧生产的预制构件(如屋架、薄腹梁等)，底模部分在回填土上，由于养护时浸水局部下沉，而构件侧向刚度差，在弦、腹杆件或梁的侧面常产生裂缝 (3) 模板刚度不足，或模板支撑间距过大或底部支撑在松软土上泡水；混凝土未达到一定强度，过早拆模，也常导致不均匀沉降裂缝出现 (4) 结构各部荷载悬殊，未作必要的加强处理，混凝土浇筑后，因地基受力不均匀，产生不均匀下沉，造成结构应力集中而导致出现裂缝	对软弱土、填土地基应进行必要的夯(压)实和加固处理，避免直接在软弱土或填土上平卧制作较薄预制构件，或经压、夯实处理后作预制场地；模板应支撑牢固，保证有足够强度和刚度，并使地基受力均匀；拆模时间应按规定执行，避免过早拆模，构件制作场地周围应做好排水设施，并注意防止水管漏水或养护水浸泡地基；各部载荷悬殊的结构，适当增设构造钢筋加强，以避免不均匀下沉造成应力集中。沉降裂缝应根据裂缝严重程度，进行适当的加固处理，如设钢筋混凝土围套、加钢套箍等
冻胀裂缝	(1) 冬期施工混凝土结构，构件未保温，混凝土早期遭冻结，将表层混凝土冻胀，解冻后，钢筋部位变形仍不能恢复，而出现裂缝、剥落 (2) 冬期进行预应力孔道灌浆，未采取保温措施，或保温不善，孔道内灰浆含游离水分较多，受冻后体积膨胀，沿预应力筋方向孔道薄弱部位胀裂	结构、构件冬期施工时，配制混凝土应采用普通水泥、低水灰比，并掺入适量早强、抗冻剂，以提高早期强度，对混凝土进行蓄热保温或加热养护，直至达到设计强度40%；避免在冬期进行预应力构件孔道灌浆，应在灰浆中掺加早强型防冻减水剂或掺加气剂，防止水泥沉淀产生游离水；灌浆后进行加热养护，直至达到规定强度 对一般裂缝可用环氧胶泥封闭；对较宽较深裂缝，用环氧砂浆补缝或再加贴环氧玻璃布处理；对较严重裂缝，应将剥落疏松部分凿去，加焊钢丝网后，重新浇筑一层细石混凝土，并加强养护

续表

质量通病	主要原因分析	防治措施
张拉裂缝	（1）预应力板类构件板面裂缝，主要是预应力筋放张后，由于刚度差，产生反拱受拉，加上板面与纵筋收缩不一致，而在板面产生横向裂缝 （2）板面四角斜裂缝是由于端肋对纵筋压缩变形的牵制作用，使板面产生空间挠曲，在四角区出现对角拉应力而引起裂缝 （3）预应力大型屋面板端头裂缝是由于放张后，肋端头受到压缩变形，而胎模阻止其变形(俗称卡模)，造成板角受拉，横肋其端部受剪，因而将横肋与纵肋交接处拉裂。另外，在纵肋端头部位，预应力钢筋产生之剪应力和放松引起之拉应力均为最大，从而因主拉应力较大引起斜向裂缝 （4）预应力吊车梁、桁架、托架等端头锚固区，沿预应力方向的纵向水平或竖直裂缝，主要是构件端部接点尺寸不够和未配制足够的横向钢筋网片或钢箍，当张拉时，由于竖直预应力筋方向的"劈裂拉应力"而引起裂缝出现。此外，混凝土振捣不密实，张拉时混凝土强度偏低，以及张拉力超过规定等，都会出现这类裂缝 （5）拱形屋架上弦裂缝，主要是因下陷预应力钢筋拉应力过大，屋架向上拱起较多，使上弦受拉而在顶部产生裂缝	严格控制混凝土配合比加强混凝土振捣，保证混凝土密实性和强度；预应力筋张拉和放松时，混凝土必须达到规定的强度；操作时，控制应力准确，并应缓慢放松预应力钢筋；卡具端部加弹性垫层（木或橡皮），或减缓卡具端头角度，并选用有效隔离剂，以防止和减少卡模现象；板面适当加施预应力，使纵肋预应力钢筋引起的反拱减少，提高板面抗拉度；在吊车梁、桁架、托架等构件的端部接点处，增配箍筋、螺旋筋或钢筋网片，并保证外围混凝土有足够的厚度；减少张拉力或增大梁端截面的宽度 轻微的张拉裂缝，在结构受荷后会逐渐闭和，基本上不影响承载力，可不处理或采取涂刷环氧胶泥、粘贴环氧玻璃布等方法进行封闭处理；严重的裂缝，将明显降低结构刚度，应根据具体情况，采取预应力加固或钢筋混凝土围套、钢套箍加固等方法处理
其他施工裂缝	（1）用木模浇制的结构或构件，浇筑混凝土前模板未浇水湿透，或隔离剂失效，模板与混凝土粘结，模板大量吸水膨胀，常沿通常方向将柱、梁边角拉裂 （2）结构或构件成型或拆模时，受剧烈振动或大量施工载荷作用；起模只撬一角，或用猛烈振动的办法脱模，胎模刚度不够，起吊脱模时受扭；构件过早拆模，混凝土强度不够，常导致出现沿钢筋的纵向或横向裂缝。构件翻身脱模时，因受振动过大，或地面砂子摊铺不平，也常使混凝土开裂 （3）后张预应力构件或多孔板成孔时，如抽芯过早芯管弯曲，托管支架不平稳，抽管速度过快，转动方向不一致，不均匀，常使混凝土塌陷或出现裂缝，抽芯过晚，芯管与混凝土粘结，混凝土容易被拉裂 （4）构件运输、堆放时，支承垫木位置不当，上下垫木不在一条直线上或是悬排过长；运输时构件受到剧烈的颠簸、冲击；或急转弯产生扭转；拼装时，屋架倾斜，支撑不牢。下沉或倾倒都可能使构件发生裂缝 （5）构件起吊时，由于混凝土底模粘接，吊点位置不当，起模时构件受力不匀或受扭；吊装时，桁架等侧向刚度差的构件，未采取临时加固措施，安装时下放速度太快或突然刹车，使动量转变成冲击载荷，构件放置反，常使构件出现纵向、横向或斜向裂缝	浇筑混凝土前，应对模板浇水湿润；结构构件成型或拆模，防止受到剧烈冲击振动，脱模应使构件受力均匀；翻转模板生产构件，应在平整、坚实的铺砂地面上进行翻转，脱模就平稳，避免振动；预留构件孔洞的芯管应平直，预埋前应除锈刷油；混凝土浇筑后，要定时(15min左右)转动钢管；轴抽管时间以手指按压混凝土表面湿不显印痕为宜，抽管时应平稳缓慢均匀，转动方向应一致；预制构件胎模应选用有效的隔离剂，起模前应先用千斤顶均匀松动，再平缓起吊，防止构件受力不匀或受扭；混凝土堆放场地应平整，应按其受力状态设置垫块，重叠堆放时，垫块应在一条竖线上；同时，板、柱构件应做好标志，避免倒放，反放；运输时，构件之间应设垫木并互相绑牢，防止晃动、碰撞；急转弯和急刹车；拼装时，要用支架撑牢，防止斜放或支撑失稳倾倒；屋架、柱、薄腹梁、支架等大型构件吊装，应按规定设置吊点；对于屋架等侧向刚度差的构件，要用脚手杆横向加固，并设牵引绳，防止吊装过程中晃动、颠簸、碰撞，同时下放要平稳，防止下放速度太快和急刹车 纵向裂缝，一般可采取水泥浆或环氧胶泥进行修补；当裂缝较宽时，应先沿缝凿成八字形凹槽，再用水泥砂浆或细石混凝土修补；由于运输、堆放、吊装等原因引起的表面较细的横向裂缝，清洗、干燥后，用环氧胶泥涂刷表面或粘贴环氧玻璃布封闭；当裂缝较深时，可根据受力情况，采用灌环氧浆液或甲凝浆液、包钢丝网水泥或钢板套箍等方法处理；裂缝贯穿整个截面的构件，不得使用

混凝土裂缝的原因及裂缝的特征　　　　　表 9-2

裂缝的原因			裂缝的特征
混凝土材料方面	1. 水泥凝结(时间)不正常		面积较大混凝土凝初期出现不规则裂缝
	2. 水泥不正常膨胀		放射形网状裂纹
	3. 混凝土凝结时浮浆及下沉		混凝土浇筑1~2小时后在钢筋上面及墙和楼板交接处断续发生
	4. 骨料中含泥		混凝土表面出现不规则网状干裂
	5. 水泥水化热		大体积混凝土浇筑后1~2周出现等距离规则的直线裂缝,有表面的也有贯通的
	6. 混凝土的硬化、干缩		浇筑两三个月后逐渐出现及发展,在窗口及梁柱端角出现斜裂纹,在细长梁、楼板、墙等处则出现等距离垂直裂纹
	7. 接槎不好		从混凝土内部爆裂,潮湿地方比较多
施工方面	1. 搅拌时间过长		全面出现网状及长短不规则裂缝
	2. 泵送时增加水及水泥量		易出现网状及长短不规则裂缝
	3. 配筋踩乱,钢筋保护层减薄		沿混凝土肋周围发生,及沿配筋和配管表面发生
	4. 浇筑速度过快		浇筑1~2小时后,在钢筋上面,在墙与板、梁与柱交接处部分出现裂缝
	5. 浇筑不均匀,不密实		易成为各种裂纹的起点
	6. 模板鼓起		平行于模板移动的方向,部分出现裂缝
	7. 接槎处理不好		接槎处出现冷茬裂缝
	8. 硬化前受振或加荷		硬化后出现受力状态的裂缝
	9. 初期养护不好	过早干燥	浇筑不久表面出现不规则短裂
		初期受冻	微细裂纹。脱模后混凝土表面出现返白,空鼓等
	10. 模板支柱下沉		在梁及楼板端部上面与中间部分下面出现裂纹
使用及环境条件	1. 温度、湿度变化		类似干缩裂纹,已出现的裂纹随环境温度、温度的变化而变化
	2. 混凝土构件两面的温湿度差		在低温或低湿的侧面,拐角处易发生
	3. 多次冻融		表面空鼓
	4. 火灾表面受热		整个表面出现龟背头裂纹
	5. 钢筋锈蚀膨胀沿钢筋出现大裂缝、甚至剥落、流出锈水等		沿钢筋出现大裂缝,甚至剥落,流出锈水等
	6. 受酸及盐类浸蚀		混凝土表面受腐蚀或产生膨胀性物质而全面溃裂
结构及外力影响	1. 超载		在梁与楼板受拉侧出现垂直裂纹
	2. 地震、堆积荷载		柱、梁、墙等处发生45°斜裂纹
	3. 断面钢筋量不足		构件受拉力出现垂直裂纹
	4. 结构物地基不均匀下沉		发生45°大裂缝

1.3.2 安全问题(表9-3)

混凝土工程安全隐患的防治　　　　　表9-3

安全隐患	主要原因分析	防 治 措 施
高处作业对人身的伤害	高处作业、交叉作业的防护措施不够齐全完整 安全措施不力，串搭车道板不稳	1. 进入现场必须遵守安全生产纪律 2. 离地面2m以上浇捣过梁、雨篷、小平台等，不准站在搭头上操作，如无可靠的安全设备时，必须戴好安全带，并扣好保险钩 3. 串搭车道板时，两头需搁置平稳，并用钉子固定，在车道板下面每隔1.5m需加横楞、顶撑，2m以上高空串跳，必须装有防护栏杆，车道上应经常清扫垃圾、石子等以防车跳滑跌 4. 分层施工的楼梯口和梯段边，必须安装临时护栏。顶层楼梯口应随工程结构进度安装正式防护栏杆 5. 作业人员应从规定的通道上下，不得在阳台之间等非规定通道进行攀登，也不得任意利用吊车臂架等施工设备进行攀登 6. 混凝土浇筑时的悬空作业，必须遵守下列规定： (1) 浇筑离地2m以上独立柱、框架、过梁、雨篷和小平台时，应设操作平台，不得直接站在模板或支撑件上操作 (2) 特殊情况下如无可靠的安全设施，必须系好安全带、扣好保险钩，并架设安全网
运输与高处坠落对人身的伤害	抢工期，人员不足，未进行车道的清理，组织不当	采用现场搅拌混凝土或采用人工运料时，车道板单车行走不小于1.4m宽，双车来回不小于2.8m宽，车子向料斗倒料，应有挡车措施，不得用力过猛和撒把，脚不得踏在料斗上，料升起时斗的下方不得站人。在运料时，前后应保持一定车距，不准奔走、抢道或超车，清理料斗下砂石时，必须将两条斗链扣牢。在搅拌机运转过程中，不得将工具深入滚筒内
触电对人身的伤害	未按操作规程用电	1. 施工现场所有用电设备，除作保护接零外，必须在设备负荷线的首端处设置漏电保护装置 2. 架空线必须采用绝缘铜线或绝缘铝线 3. 每台用电设备应有各自专用的开关箱，必须实行"一机一闸"制，严禁用同一个开关电器直接控制二台及二台以上用电设备(含插座) 4. 开关箱中必须装设漏电保护器。进入开关箱的电源线，严禁用插销连接 5. 各种电源导线严禁直接绑扎在金属架上 6. 需要夜间工作的塔式起重机，应设置正对工作面的投光灯。塔身高于30m时，应在塔顶和臂架端部装设防撞红色信号灯 7. 电缆线应满足操作所需的长度，电缆上不得堆压物品或让车辆挤压，严禁用电缆线拖拉或吊挂振动器
机械伤害对人身的伤害	现场的指挥与调度及管理制度缺陷。企业技术管理薄弱，劳动组织管理混乱	1. 机、电操作人员应体检合格，无妨碍作业的疾病和生理缺陷，并应经过专业培训、考核合格取得行业主管部门颁发的操作证，方可持证上岗 2. 在工作中操作人员和配合作业人员必须按规定穿戴劳动保护用品，长发应束紧不得外露，高处作业时必须系安全带 3. 机械必须按照出厂使用说明书规定的技术性能、承载能力和使用条件，正确操作，合理使用，严禁超载作业或任意扩大使用范围 4. 机械上的各种安全防护装置及监测、指示、仪表、报警等自动报警、信号装置应完好齐全，有缺损时应及时修复。安全防护装置不完整或已失效的机械不得使用 5. 搅拌机作业中，当料斗升起时，严禁任何人在料斗下停留或通过；当需要在料斗下检修或清理料坑时，应将料斗提升后用铁链或插入销锁住 6. 用井架运输时，井架吊篮起吊或放下时，必须关好井架安全门，头、手不准伸入井架内，小车车把不得伸出笼外，车轮前后要楔牢，待吊篮停稳，方能进入吊篮内工作 7. 用塔吊、料斗浇捣混凝土时，指挥扶斗人员与塔吊驾驶员应密切配合，当塔吊放下料斗时，操作人员应主动避让，应随时注意料斗碰头，并应站立稳当，防止料斗碰人坠落

续表

安全隐患	主要原因分析	防治措施
对环境的影响与危害	管理的放纵。企业安全生产主体责任不落实。企业忽视安全管理，以包代管	1. 在机械产生对人体有害的气体、液体、尘埃、渣滓、放射性射线、振动、噪声等所，必须配置相应的安全保护设备和三废处理装置 2. 混凝土机械作业场地应有良好的排水条件，机械近旁应有水源，机棚内应有良好的通风、采光及防雨、防冻设施，并不得有积水 3. 作业后，应及时将机内、水箱内、管道内的存料、积水放尽，并应清洁保养机械，清理工作场地 4. 应选用低噪声或有消声降噪设备的混凝土施工机械 5. 现场混凝土搅拌站应搭设封闭的搅拌棚，防止扬尘和噪声污染

1.4 质量标准

1.4.1 混凝土原材料及配合比设计的质量标准

1. 主控项目

（1）水泥进场时应对某品种、级别、包装或散装仓号、出厂日期等进行检查，并应对其强度、安定性及其他必要的性能指标进行复验，其质量必须符合现行国家标准《硅酸盐水泥、普通硅酸盐水泥》GB 175 的规定。

当在使用中对水泥质量有怀疑或水泥出厂超过三个月（快硬硅酸盐水泥超过一个月）时，应进行复验，并按复验结果使用。

钢筋混凝土结构、预应力混凝土结构中，严禁使用含氯化物的水泥。

（2）混凝土中掺用外加剂的质量及应用技术应符合现行国家标准《混凝土外加剂》GB 8076、《混凝土外加剂应用技术规范》GBJ 119 等和有关环境保护的规定。

预应力混凝土结构中，严禁使用含氯化物的外加剂。钢筋混凝土结构中，当使用含氯化物的外加剂时，混凝土中氯化物的总含量应符合现行国家标准《混凝土质量控制标准》GB 50164 的规定。

（3）混凝土中氯化物和碱的总含量应符合现行国家标准《混凝土结构设计规范》GB 50010 和设计的要求。

（4）混凝土应按国家现行标准《普通混凝土配合比设计规程》JGJ 55 的有关规定，根据混凝土强度等级、耐久性和工作性等要求进行配合比设计。

对有特殊要求的混凝土，其配合比设计尚应符合国家现行有关标准的专门规定。

2. 一般项目

（1）混凝土中掺用矿物掺合料的质量应符合现行国家标准《用于水泥和混凝土中的粉煤灰》GB 1596 等的规定。矿物掺合料的掺量应通过试验确定。

（2）普通混凝土所用的粗、细骨料的质量应符合国家现行标准《普通混凝土用碎石或卵石质量标准及检验方法》JGJ 53、《普通混凝土用砂质量标准及检验方法》JGJ 52 的规定。

（3）拌制混凝土宜采用饮用水；当采用其他水源时，水质应符合国家现行标准《混凝土拌合用水标准》JGJ 63 的规定。

（4）首次使用的混凝土配合比应进行开盘鉴定，其工作性应满足设计配合比的要求。开始生产时应至少留置一组标准养护试件，作为验证配合比的依据。

（5）混凝土拌制前，应测定砂、石含水率并根据测试结果调整材料用量，提出施工配合比。

1.4.2 混凝土施工工程的质量标准

1. 主控项目

（1）结构混凝土的强度等级必须符合设计要求。用于检查结构构件混凝土强度的试件，应在混凝土的浇筑地点随机抽取。取样与试件留置应符合下列规定：

1）每拌制100盘且不超过$100m^3$的同配合比的混凝土，取样不得少于一次；

2）每工作班拌制的同一配合比的混凝土不足100盘时，取样不得少于一次；

3）当一次浇筑超过$100m^3$时，同一配合比的混凝土每$200m^3$取样不得少于一次；

4）每一楼层、同一配合比的混凝土，取样不得少于一次；

5）每次取样应至少留置一组标准养护试件，同条件养护试件的留置组数应根据实际需要确定。

（2）对有抗渗要求的混凝土结构，其混凝土试件应在浇筑地点随机取样。同一工程、同一配合比的混凝土，取样不应少于一次，留置组数可根据实际需要确定。

（3）混凝土原材料每盘称量的偏差应符合表9-4的规定。

原材料每盘称量的允许偏差　　　　　　表9-4

材料名称	允许偏差	材料名称	允许偏差
水泥、掺合料	±2%	水、外加剂	±2%
粗、细骨料	±3%		

注：1. 各种衡器应定期校验，每次使用前应进行零点校核，保持计量准确；

　　2. 当遇雨天或含水率有显著变化时，应增加含水率检测次数，并及时调整水和骨料的用量。

（4）混凝土运输、浇筑及间歇的全部时间不应超过混凝土的初凝时间。同一施工段的混凝土应连续浇筑，并应在底层混凝土初凝之前将上一层混凝土浇筑完毕。

当底层混凝土初凝后浇筑上一层混凝土时，应按施工技术方案中对施工缝的要求进行处理。

2. 一般项目

（1）施工缝的位置应在混凝土浇筑前按设计要求和施工技术方案确定。施工缝的处理应按施工技术方案执行。

（2）后浇带的留置位置应按设计要求和施工技术方案确定。后浇带混凝土浇筑应按施工技术方案进行。

（3）混凝土浇筑完毕后，应按施工技术方案及时采取有效的养护措施，并应符合下列规定：

1）应在浇筑完毕后的12h以内对混凝土加以覆盖并保温养护；

2) 混凝土浇水养护时间：对采用硅酸盐水泥、普通硅酸盐水泥或矿渣硅酸盐水泥拌制的混凝土，不得少于7d；对掺用缓凝型外加剂或有抗渗要求的混凝土，不得少于14d；

3) 浇水次数应能保持混凝土处于湿润状态；混凝土养护用水应与拌制用水相同；

4) 采用塑料布覆盖养护的混凝土，其敞露的全部表面应覆盖严密，并应保持塑料布内有凝结水；

5) 混凝土强度达到1.2N/mm² 前，不得在其上踩踏或安装模板及支架。

注：1. 当日平均气温低于5℃时，不得浇水；
2. 当采用其他品种水泥时，混凝土的养护时间应根据所采用水泥的技术性能确定；
3. 混凝土表面不便浇水或使用塑料布时，宜涂刷养护剂；
4. 对大体积混凝土的养护，应根据气候条件按施工技术方案采取控温措施。

1.4.3 现浇结构外观尺寸偏差检验批的质量标准(表9-5)

现浇结构尺寸允许偏差和检验方法　　　　　表9-5

项　目			允许偏差(mm)
轴线位置	基　　础		15
	独立基础		10
	墙、柱、梁		8
	剪力墙		5
垂直度	层高	≤5m	8
		>5m	10
	全高(H)		H/1000且≤30
标高	层高		±10
	全高		±30
截面尺寸			+8，-5
电梯井	井筒长、宽对定位中心线		+25，0
	井筒全高(H)垂直度		H/1000且≤30
表面平整度			8
预埋设施中心线位置	预埋件		10
	预埋螺栓		5
	预埋管		5
预留洞中心线位置			15

注：检查轴线、中心线位置时，应沿纵、横两个方向量测，并取其中的较大值。

1. 主控项目

(1) 现浇结构的外观质量不应有严重缺陷。

对已经出现的严重缺陷，应由施工单位提出技术处理方案，并经监理(建设)单位认可后进行处理。对经处理的部位，应重新检查验收。

（2）现浇结构不应用影响结构性能和使用功能的尺寸偏差。混凝土设备基础不应有影响结构性能和设备安装的尺寸偏差。

对超过尺寸允许偏差且影响结构性能和安装、使用功能的部位，应由施工单位提出技术处理方案，并经监理（建设）单位认可后进行处理。对经处理的部位，应重新检查验收。

2. 一般项目

现浇结构的外观质量不宜有一般缺陷。

对已经出现的一般缺陷，应由施工单位按技术处理方案进行处理，并重新检查验收。

1.5 质量检验（表 9-6～表 9-15）

原材料主控项目质量检验　　　　　　　　　　　　　表 9-6

施工质量验收规范规定			检验批划分	检验数量	检验方法	检验要点
项次	项目内容	规范编号				
1	水泥进场检验	第7.2.1条		按同一生产厂家、同一等级、同一品种、同一批号且连续进场的水泥，袋装不超过200t为一批，散装不超过500t为一批，每批抽样不少于一次	检查产品合格证、出厂检验报告和进场复验报告	水泥进场时应对其品种、级别、包装或散装仓号、出厂日期等进行检查，并应对其强度、安定性及其他必要的性能指标进行复验，其质量必须符合现行国家标准《硅酸盐水泥、普通硅酸盐水泥》（GB 175）等的规定 当在使用中对水泥质量有怀疑或水泥出厂超过三个月（快硬硅酸盐水泥超过一个月）时，应进行复验，并按复验结果使用 钢筋混凝土结构、预应力混凝土结构中，严禁使用含氯化物的水泥
2	外加剂质量及应用	第7.2.2条		按进场的批次和产品的抽样检验方案确定	检查产品合格证、出厂检验报告和进场复验报告	混凝土中掺用外加剂的质量及应用技术应符合现行国家标准《混凝土外加剂》（GB 8076）、《混凝土外加剂应用技术规范》（GB 50119）等和有关环境保护的规定 预应力混凝土结构中，严禁使用含氯化物的外加剂。钢筋混凝土结构中，当使用含氯化物的外加剂时，混凝土中氯化物的总含量应符合现行国家标准《混凝土质量控制标准》（GB 50164）的规定

续表

项次	施工质量验收规范规定 项目内容	施工质量验收规范规定 规范编号	检验批划分	检验数量	检验方法	检验要点
3	混凝土中氯化物、碱的总含量控制	第7.2.3条			检查原材料试验报告和氯化物、碱的总含量计算书	混凝土中氯化物和碱的总含量应符合现行国家标准《混凝土结构设计规范》（GB 50010）和设计的要求

原材料一般项目质量检验　　　　　　　　　　　　表9-7

项次	施工质量验收规范规定 项目内容	施工质量验收规范规定 规范编号	检验批划分	检验数量	检验方法	检验要点
1	矿物掺合料质量及掺量	第7.2.4条		按进场的批次和产品的抽样检验方案确定	检查出厂合格证和进场复验报告	混凝土中掺用矿物掺合料的质量应符合现行国家标准《用于水泥和混凝土中的粉煤灰》（GB 1596）等的规定。矿物掺合料的掺量应通过试验确定
2	粗细骨料的质量控制	第7.2.5条		按进场的批次和产品的抽样检验方案确定	检查进场复验报告	普通混凝土所用的粗、细骨料的质量应符合国家现行标准《普通混凝土用碎石或卵石质量标准及检验方法》（JGJ 53）、《普通混凝土用砂质量标准及检验方法》（JGJ 52）的规定
3	拌制混凝土用水	第7.2.6条		同一水源检查不应少于一次	检查水质试验报告	拌制混凝土宜采用饮用水；当采用其他水源时，水质应符合国家现行标准《混凝土拌合用水标准》（JGJ 63）的规定

配合比设计主控项目质量检验　　　　　　　　　　表9-8

项次	施工质量验收规范规定 项目内容	施工质量验收规范规定 规范编号	检验批划分	检验数量	检验方法	检验要点
	配合比设计	第7.3.1条			检查配合比设计资料	混凝土应按国家现行标准《普通混凝土配合比设计规程》（JGJ 55）的有关规定，根据混凝土强度等级、耐久性和工作性等要求进行配合比设计。对有特殊要求的混凝土，其配合比设计尚应符合国家现行有关标准的专门规定

配合比设计一般项目质量检验 表9-9

施工质量验收规范规定			检验批划分	检验数量	检验方法	检验要点
项次	项目内容	规范编号				
1	开盘鉴定	第7.3.2条			检查开盘鉴定资料和试件强度试验报告	首次使用的混凝土配合比应进行开盘鉴定,其工作性应满足设计配合比的要求。开始生产时应至少留置一组标准养护试件,作为验证配合比的依据
2	依砂、石含水率调整配合比	第7.3.3条		每工作班检查一次	检查含水率测试结果和施工配合比通知单	混凝土拌制前,应测定砂、石含水率并根据测试结果调整材料用量,提出施工配合比

混凝土施工主控项目质量检验 表9-10

施工质量验收规范规定			检验批划分	检验数量	检验方法	检验要点
项次	项目内容	规范编号				
1	混凝土强度等级及试件的取样和留置	第7.4.1条		(1) 每拌制100盘且不超过100m^3的同配合比的混凝土,取样不得少于一次 (2) 每工作班拌制的同一配合比的混凝土不足100盘时,取样不得少于一次 (3) 当一次连续浇筑超过1000m^3时,同一配合比的混凝土每200m^3取样不得少于一次 (4) 每一楼层、同一配合比的混凝土,取样不得少于一次 (5) 每次取样应至少留置一组标准养护试件,同条件养护试件的留置组数应根据实际需要确定	检查施工记录及试验强度试验报告	结构混凝土的强度等级必须符合设计要求。用于检查结构构件混凝土强度的试件,应在混凝土的浇筑地点随机抽取。取样与试件留置应符合本条规定
2	混凝土抗渗及试件取样和留置	第7.4.2条		对有抗渗要求的混凝土结构,其混凝土试件应在浇筑地点随机取样同一工程同一配合比的混凝土,取样不应少于一次	检验方法:检查试件抗渗试验报告	对有抗渗要求的混凝土结构,其混凝土试件应在浇筑地点随机取样。同一工程、同一配合比的混凝土,取样不应少于一次,留置组数可根据实际需要确定
3	原材料每盘称量的偏差	第7.4.3条		每工作班抽查不应少于一次	复称	混凝土原材料每盘称量的偏差应符合相关的规定
4	初凝时间控制	第7.4.4条		全数检查	观察,检查施工记录	混凝土运输、浇筑及间歇的全部时间不应超过混凝土的初凝时间。同一施工段的混凝土应连续浇筑,并应在底层混凝土初凝之前将上一层混凝土浇筑完毕 当底层混凝土初凝后浇筑上一层混凝土时,应按施工技术方案中对施工缝的要求进行处理

原材料每盘称量的允许偏差 表 9-11

材料名称	允许偏差	材料名称	允许偏差
水泥、掺合料	±2%	水、外加剂	±2%
粗、细骨料	±3%		

注：1. 各种衡器应定期校验，每次使用前应进行零点校核，保持计量准确。
2. 当遇雨天或含水率有显著变化时，应增加含水率检测次数，并及时调整水和骨料的用量。

混凝土施工一般项目质量检验 表 9-12

项次	施工质量验收规范规定 项目内容	施工质量验收规范规定 规范编号	检验批划分	检验数量	检验方法	检验要点
1	施工缝的留置和处理	第7.4.5条		全数检查	观察，检查施工记录	施工缝的位置应在混凝土浇筑前按设计要求和施工技术方案确定。施工缝的处理应按施工技术方案执行
2	后浇带的位置和浇筑	第7.4.6条		全数检查	观察，检查施工记录	后浇带的留置位置应按设计要求和施工技术方案确定。后浇带混凝土浇筑应按施工技术方案进行
3	混凝土养护	第7.4.7条		全数检查	观察；检查施工记录	混凝土浇筑完毕后，应按施工技术方案及时采取有效的养护措施，并应符合下列规定： （1）应在浇筑完毕后的12h以内对混凝土加以覆盖并保湿养护； （2）混凝土浇水养护的时间：对采用硅酸盐水泥、普通硅酸盐水泥或矿渣硅酸盐水泥拌制的混凝土，不得少于7d；对掺用缓凝型外加剂或有抗渗要求的混凝土，不得少于14d （3）浇水次数应能保持混凝土处于湿润状态；混凝土养护用水应与拌用水相同 （4）采用塑料布覆盖养护的混凝土，其裸露的全部表面应覆盖严密，并应保持塑料布内有凝结水 （5）混凝土强度达到1.2N/mm² 前，不得在其上踩踏或安装模板及支架 （6）其他要求 1) 当日平均气温低于5℃时，不得浇水； 2) 当采用其他品种水泥时，混凝土的养护时间应根据所采用水泥的技术性能确定； 3) 混凝土表面不便浇水或使用塑料布时，宜涂刷养护剂； 4) 对大体积混凝土的养护，应根据气候条件按施工技术方案采取控温措施

现浇结构分项工程(外观质量)主控项目质量检验　　　　表 9-13

项次	施工质量验收规范规定		检验批划分	检验数量	检验方法	检验要点
	项目内容	规范编号				
	现浇结构的外观质量不应有严重缺陷	第8.2.1条		全数检查	观察，检查技术处理方案	对已经出现的严重缺陷，应由施工单位提出技术处理方案，并经监理(建设)单位认可后进行处理。对经处理的部位应重新检查验收

现浇结构分项工程(外观质量)一般项目质量检验　　　　表 9-14

项次	施工质量验收规范规定		检验批划分	检验数量	检验方法	检验要点
	项目内容	规范编号				
	现浇结构的外观质量不宜有一般缺陷	第8.2.2条		全数检查	观察，检查技术处理方案	对已经出现的一般缺陷，应由施工单位按技术处理方案进行处理，并重新检查验收

现浇结构分项工程(尺寸偏差)质量检验　　　　表 9-15

项目	项次	内容			检查数量	检验方法
主控项目	1	现浇结构不应有影响结构性能和使用功能的尺寸偏差。混凝土设备基础不应有影响结构性能和设备安装的尺寸偏差 对超过尺寸允许偏差且影响结构性能和安装、使用功能的部位，应由施工单位提出技术处理方案，并经监理(建设)单位认可后进行处理，对经处理的部位，应重新检查验收			全数检查	量测、检查技术处理方案
一般项目	1	现浇结构和混凝土设备基础拆模后的尺寸偏差应符合表所列规范中表 8.3.2-1、表 8.3.2-2 的规定 GB 50204—2002 规范表 8.3.2-1 如下			按楼层、结构缝或施工段划分检验批。在同一检验批内，对梁、柱和独立基础，应抽查构件数量的10%，且不少于3件；对墙和板，应按有代表性的自然间抽查10%，且不少于3间；对大空间结构，墙可按相邻轴线间高度5m左右划分检查面，板可按纵、横轴线划分检查面，抽查10%，且均不少于3面；对电梯井，应全数检查。对设备基础，应全数检查	钢尺检查
		项　目		允许偏差(mm)		
		轴线位置	基础	15		
			独立基础	10		
			墙、柱、梁	8		
			剪力墙	5		
		垂直度	层高 ≤5m	8		经纬仪或吊线、钢尺检查
			层高 >5m	10		
			全高(H)	$H/1000$ 且 ≤30		经纬仪、钢尺检查
		标高	层高	±10		水准仪或拉线、钢尺检查
			全高	±30		

续表

项目	项次	内 容		检查数量	检验方法
一 般 项 目		截面尺寸	+8，-5	按楼层、结构缝或施工段划分检验批。在同一检验批内，对梁、柱和独立基础，应抽查构件数量的10%，且不少于3件；对墙和板，应按有代表性的自然间抽查10%，且不少于3间；对大空间结构，墙可按相邻轴线间高度5m左右划分检查面，板可按纵、横轴线划分检查面，抽查10%，且均不少于3面；对电梯井，应全数检查。对设备基础，应全数检查	钢尺检查
		电梯井	井筒长、宽对定位中心线 ±25，0		钢尺检查
			井筒全高(H)垂直度 $H/1000$ 且 ≤30		经纬仪、钢尺检查
		表面平整度	8		2m靠尺和塞尺检查
		预埋设施中心线位置	预埋件 20		钢尺检查
			预埋螺栓 5		
			预埋管 ±3，0		
		预留洞中心线位置	15		钢尺检查
		注：检查轴线、中心线位置时，应沿纵、横两个方向量测，并取其中的较大值			
		GB 50204—2002规范表8.3.2-2如下			钢尺检查
		项 目	允许偏差(mm)		
		坐标位置	20		
		不同平面的标高	0，-20		水准仪或拉线、钢尺检查
		平面外形尺寸	±20		钢尺检查
		凸台上平面外形尺寸	0，-20		钢尺检查
		凹穴尺寸	±20，0		钢尺检查
		平面水平度	每米 5		水平尺、塞尺检查
			全长 10		水准仪或拉线、钢尺检查
		垂直度	每米 5		经纬仪或吊线、钢尺检查
			全高 10		
		预埋地脚螺栓	标高(顶部) +20，0		水准仪或拉线、钢尺检查
			中心距 ±2		钢尺检查
		预埋地脚螺栓孔	中心线位置 10		钢尺检查
			深度 ±20，0		钢尺检查
			孔垂直度 10		吊线、钢尺检查
		预埋活动地脚螺栓锚板	标高 ±20，0		水准仪或拉线、钢尺检查
			中心线位置 5		钢尺检查
			带槽锚板平整度 5		钢尺、塞尺检查
			带螺纹孔锚板平整度 2		钢尺、塞尺检查
		注：检查坐标、中心线位置时，应沿纵、横两个方向量测，并取其中的较大值			

1.5.1 混凝土结构实体检验

(1) 对涉及混凝土结构安全的重要部位应进行结构实体检验。结构实体检验应在监理工程师(建设单位项目专业技术负责人)见证下,由施工项目技术负责人组织实施。承担结构实体检验的实验室应具有相应的资质。

(2) 对混凝土强度的检验,应以在混凝土浇筑地点制备并与结构实体同条件养护的试件强度为依据。对混凝土强度的检验,也可根据合同的约定,采用非破损或局部破损的检测方法,按国家现行有关标准的规定进行。

1.5.2 混凝土强度检验用同条件养护试件的留置、养护和强度代表值应符合下列规定

(1) 同条件养护试件的留置方式和取样数量,应符合下列要求:

1) 同条件养护试件所对应的结构构件或结构部位,应由监理(建设)、施工等各方共同选定;

2) 对混凝土结构工程中的各混凝土强度等级,均应留置同条件养护试件;

3) 同一强度等级的同条件养护试件,其留置的数量应根据混凝土工程量和重要性确定,不宜少于10组,且不应少于3组;

4) 同条件养护试件拆模后,应放置在靠近相应结构构件或结构部位的适当位置,并应采取相同的养护方法。

(2) 同条件养护试件应在达到等效养护龄期时进行强度试验。等效养护龄期应根据同条件养护试件强度与在标准养护条件下28d龄期试件强度相等的原则确定。

(3) 同条件自然养护试件的等效养护龄期及相应的试件强度代表值,宜根据当地的气温和养护条件,按下列规定确定:

1) 等效养护龄期可取按日平均温度逐日累计达到600℃·d时所对应的龄期,0℃及以下的龄期不计入;等效养护龄期不应小于14d,也不宜大于60d;

2) 同条件养护试件的强度代表值应根据度试验结果按现行国家标准《混凝土强度检验评定标准》(GBJ 107)的规定确定后,乘折算系数取用;折算系数宜取为1.10,也可根据当地的试验统计结果作适当调整。

(4) 冬期施工、人工加热养护的结构构件,其同条件养护试件的等效养护龄期可按结构构件的实际养护条件,由监理(建设)、施工等各方根据第(2)款的规定共同确定。

(5) 当同条件养护试件强度的检验结果符合现行国家标准《混凝土强度检验评定标准》(GBJ 107)的有关规定时,混凝土强度应判为合格。

(6) 当未能取得同条件养护试件强度、同条件养护试件强度被判为不合格时,应委托具有相应资质等级的检测机构按国家有关标准的规定进行检测。

(7) 同条件养护试件的留置组数和养护应符合下列规定:

1) 每层梁、板结构的混凝土,或每一个施工段(划分施工段时)梁、板结构的混凝土,或在同一结构部分每浇筑一次混凝土但不大于100m³ 的同材料、同配比、同强度的混凝土,应根据需要留设同条件养护试块。

2) 留置组数根据以下用途确定:

A. 用于检测等效混凝土强度;

B. 用于检测拆模时的混凝土强度;

C. 用于检测受冻前混凝土的强度；

D. 用于检测预应力张拉时的混凝土强度等。

每种功能的试块不少于1组。

同条件养护试块应放置在钢筋笼子中，间距100mm，挂于所代表的混凝土母体结构处，与母体混凝土结构同条件养护。

1.6 质量验收记录

(1) 混凝土所用原材料产品合格证、出厂检验报告及进场复验报告。

(2) 混凝土配合比通知单。

(3) 混凝土施工记录。

(4) 混凝土坍落度检查记录。

(5) 混凝土试件强度试验报告。

(6) 混凝土试件抗渗试验报告。

(7) 混凝土原材料及配合比检验批质量验收记录。

(8) 混凝土施工检验批质量验收记录。

(9) 现浇混凝土结构外观及尺寸偏差检验批质量验收记录。

(10) 混凝土设备基础外观及尺寸偏差检验批质量验收记录。

(11) 混凝土分项工程质量验收记录。

训练2 泵送混凝土

[训练目的与要求] 掌握泵送混凝土工程质量标准，能熟练地对泵送混凝土工程进行质量检验，并能填写工程质量检查验收记录。熟悉泵送混凝土工程的质量与安全隐患及防治措施，并能编制泵送混凝土工程质量与安全技术交底资料。参加泵送混凝土工程质量检查验收并填写有关工程质量检查验收记录。

2.1 浇筑准备

2.1.1 作业准备

(1) 根据混凝土浇筑量、工期、构件的特点、泵送能力等，编制泵送浇筑作业方案，确定输送泵型号、数量、配备搅拌运输车数量、制定行走路线、布置方式、浇筑程序、布料方法等。

(2) 泵送作业时，要保证模板及其支撑系统应有足够的强度、刚度、稳定性。

(3) 浇筑混凝土前的各道工序，经检查合格并办理验收手续。

(4) 混凝土搅拌、运输、浇筑机械设备，经试车运转均处于良好工作状态，并配备足够的泵机易损配件，满足连续施工的要求。

(5) 模板内的木屑、泥土、积水和钢筋上的油污等已清理干净，木模应洒水湿润，钢模板内侧应刷隔离剂。

(6) 根据现场实际材料含水率及混凝土配合比设计要求，实验室已开具泵送混凝土配合比单。

(7) 浇混凝土的脚手架和马道已搭设，经检查符合施工需要和安全要求，混凝土搅拌站至浇筑地点的临时道路已经修筑畅通；现场拌混凝土或预拌站供应的混凝土，其生产能力和运输能力必须大于或等于泵送能力。

(8) 泵送操作人员必须经培训、考试合格、持证上岗。

2.1.2 材料与机具准备

1. 材料准备

(1) 泵送混凝土原料的选择

1) 粗骨料的最大粒径与管径之比：输送管道在 50～100m 之间时比值应在 1∶3～1∶4 之间，粗骨料应符合《普通混凝土用碎石或卵石质量标准及检验方法》的规定，粗骨料采用连续级配，并且针片状颗粒含量不大于 10%。

2) 细骨料采用中砂，细度模数为 2.5～3.2，通过 0.315mm 筛孔的砂不小于 15%。

(2) 配合比的选择

1) 泵送混凝土的配合比，除必须满足混凝土的设计强度和耐久性的要求外，尚应满足混凝土可泵性的要求。

2) 坍落度的选择：根据本工程的泵送高度，选择混凝土的坍落度为 160～180mm。

3) 泵送混凝土的水灰比宜为 0.4～0.6。

4) 泵送混凝土的砂率宜为 38%～45%。

5) 泵送混凝土的最少水泥量为 300kg/m^3。根据要求报请实验室进行配合比试验。

2. 机具准备

混凝土泵、发电机、混凝土输送管、布料器、空气压缩机、混凝土振捣器、12～15 活扳手、电工工具、机械维修工具、对讲机、铁锹、铁钎等。

2.2 工艺流程

泵送混凝土 → 混凝土浇筑 → 泵送结束。

2.3 易产生的质量和安全问题

2.3.1 质量问题（见表 9-16）

2.3.2 安全问题

1. 安全措施（见表 9-17）

2. 施工注意事项

(1) 泵送混凝土强度等级应不低于 C20，除满足一般混凝土要求外，还必须满足可泵性要求，即有良好的和易性和合适的坍落度，以避免堵管。为提高和易性和配制大坍落度（大于 15cm）的混凝土，一般在混凝土中掺加粉煤灰和减水剂。泵送混凝土的最小水泥用量宜为 300kg/m^3，水泥用量低于下限应掺加适量粉煤灰来改善和易性；水灰比应限制在 0.4～0.6，砂率控制在 38%～45%；混凝土的坍落度一般要求为 10～20cm，常用为 8～15cm，以 9～13cm 为佳。

混凝土工程常见质量隐患的防治　　　　　　表 9-16

质量问题	主要原因分析	防 治 措 施
布料机操作质量问题	布料设备使用独立式混凝土布料机时的操作质量问题	(1) 在浇筑竖向结构混凝土时，布料设备的出口离模板内侧面不应小于 50cm，且不得向模板内侧面直冲，也不得直冲钢筋骨架 (2) 浇筑水平结构混凝土时，不得在同一处连续不停布料，应在 2～3m 范围内水平移动布料，且应垂直于模板布料 (3) 水平结构混凝土的浇筑厚度超过 500cm 时，按 1：6 坡度分层浇筑，且上层混凝土应超前履盖下层混凝土 500cm 以上 (4) 振捣泵送混凝土时，振动棒移动间距为 40cm 左右，振捣时间为 15～30s，应间隔 20～30min 后进行复振 (5) 对有预留洞、预埋件和钢筋太密的部位，应预先制定技术措施，确保顺利布料和振捣密实，在浇筑混凝土时，应经常观察，当发现混凝土有不密实等现象，应立即采取措施予以纠正 (6) 水平结构混凝土的表面用木抹子磨平搓毛两遍以上，以防产生收缩裂缝
商品混凝土问题	(1) 无商品混凝土通知单，混凝土小票、强度等级与设计要求未验证 (2) 现场不做坍落度检验，或无检验记录 (3) 出罐时间过长，混凝土已初凝，现场随意加水 (4) 混凝土不合要求时，不立即交涉、采取措施或退回 (5) 现场不留试块 (6) 泵送管内被清洗的混凝土也用于工程中(应废弃) (7) 冬期施工中机具及泵送管路保温不好造成混凝土入模温度不符合要求	严格按制度管理

泵送混凝土工程安全隐患的防治　　　　　　表 9-17

安全隐患	主要原因分析	防 治 措 施
高处作业对人身的伤害	高处作业、交叉作业的防护措施不够齐全完整	1. 混凝土泵的操作人员必须经过专门培训合格后，方可上岗独立操作 2. 泵送混凝土时，混凝土泵的支腿应完全伸出，并插好安全销 3. 混凝土泵与输送管连通后，应按所用混凝土泵使用说明书的规定进行全面检查，符合要求后方能开机进行空运转 4. 泵送设备必须有出厂合格证和产品使用说明书。现场安装接管，必须按施工方案执行泵送混凝土所用碎石。不得大于输送管径的 1/3，不得大于混凝土结构截面最小尺寸的 1/4，并不得大于钢筋最小净距的 3/4 5. 泵送设备必须放置在坚实的地基上，与基坑周边保持足够安全距离 6. 遇大雨或五级大风及其以上时，必须停止泵送作业

续表

安全隐患	主要原因分析	防治措施
高处坠落对人身的伤害	防高处坠落措施没有落实。企业技术管理薄弱,劳动组织管理混乱	1. 浇筑混凝土出料口的软管应系扎防脱安全绳(带),移动时要防碰撞伤人 2. 作业后,必须将料斗内和管道内的混凝土全部输出,然后对泵机、料斗、管道进行冲洗。用压缩空气冲洗管道时,管道两侧和出口端前方10m内不得站人,并应采用金属网等收集冲出的泡沫及砂、石粒,防止溅出伤人
触电与电器故障对人身的伤害	未按操作规程执行	1. 作业前应检查各部位,操纵开关、调整手柄、手轮、控制杆、旋塞等位置正确,液压系统无泄漏,电气线路绝缘良好,接线正确,开关无损坏,有重复接地和触电保护器,安全阀、压力表等各种仪表正常有效 2. 各部位操纵开关、调整手柄、手轮、控制杆、旋塞等均应复位,液压系统应卸荷,拉闸切断电源,锁好电箱
机械故障与机械伤害对人身的伤害	不按技术交底实施,人员培训不到位。现场的指挥与调度及管理制度缺陷。企业安全生产主体责任不落实。企业忽视安全管理,以包代管	1. 水平泵送管道敷设线路应接近直线,少弯曲,管道支撑必须紧固可靠,管道接头处应密封可靠。Y形管道应装接锥形管 2. 竖直管道架设的前端应安装长度不少于10m的水平管,严禁直接装接在泵的软出口上,水平管近泵处应装逆止阀。热天应用湿麻袋或湿草包等遮盖管路 3. 敷设向下倾斜的管道时,下端应接一段水平管,其长度至少是倾斜高低差的5倍,如倾斜度较大时,应在坡道上端装置排气阀 4. 泵送混凝土前必须先用按规定配制的水泥砂浆润滑管道,无关人员必须离开管道,高层建筑管道较长,应分段设置监控点 5. 混凝土搅拌运输汽车出料前,应高速转3～4min方可出料至泵机,按工程需要计划多台泵机和泵车配合。保证连续泵送施工。现场门口,应设专人指挥泵车进出安全 6. 使用布料杆浇筑混凝土时,支腿必须先全部伸出固定平稳,并按顺序伸出布料杆。在全伸状态中,严禁移动车身,严禁使用布料杆起吊或拖拉物件 7. 泵送混凝土连续作业中,料斗内应保持一定数量的混凝土,不得吸空,并随时监控各种仪表和指示灯,出现不正常时,应及时调整或处理。必须暂停作业时,应每隔5～10min(冬期3～5min)泵送一次。若停止时间较长再泵送时,应逆向运转一至二个行程,然后顺向泵送 8. 泵送过程中发生输送管道堵塞现象时,应进行逆向运转使混凝土返回料斗,必要时应拆管排除堵塞 9. 严禁用压缩空气冲洗布料杆配管,布料杆的折叠收缩应按顺序进行

(2)泵送混凝土在运输、卸料过程中如发现坍落度损失过大(超过2cm),严禁向搅拌车或储料斗内任意加水,但可在搅拌车内加入与混凝土相同水灰比的水泥浆或与混凝土配比相同的水泥砂浆,经充分搅拌后混凝土才能入泵。

(3)在泵车受料斗上应装孔径50mm×50mm的振动筛,防止超规格骨料混入,以加快卸料和防止堵管。当气温高时,在管上遮盖草包,泡水润湿。

(4)泵送混凝土时,输送管内有压力或成弱喷射状态,易造成混凝土出现分离现象,浇筑时,要避免对侧模板直接喷射,混凝土输送管口应保持距模板50～100cm的距离,以免分离骨料堆在模板边角,导致出现蜂窝等质量问题。

(5) 泵送中途停歇时间，一般不应大于 60min，如超过，应予清管或添加自拌混凝土，以保证泵机连续工作。

2.4 质量标准

(1) 泵送的混凝土必须用强制式机械搅拌，搅拌时间要满足有关规定要求，掺有外加剂时，一般不宜少于 120s，掺引气减水剂不宜大于 300s，也不宜少于 180s。

(2) 混凝土的坍落度宜 14~16cm，各盘拌合物的坍落度应均匀，混凝土入泵时坍落度的误差为 ±20mm。

(3) 混凝土的可泵性，一般 10s 时的相对压力泌水率 S10 不宜超 40%。

2.5 质量检验

(1) 模板的设计和保护，应注意是否符合下列规定：

1) 设计模板时，必须根据泵送混凝土对模板侧压力大的特点，确保模板和支架有足够的强度、刚度和稳定性；

2) 模板的最大侧压力，可根据混凝土的浇筑速度、浇筑高度、密度、坍落度、温度、外加剂等主要影响因素，按照规范推荐的公式计算；

3) 布料设备不得碰撞或直接搁置在模板上，手动布料杆下的模板和支架应加固。

(2) 钢筋骨架的保护，应符合下列规定：

1) 手动布料杆应设钢支架架空，不得直接支承在钢筋骨架上；

2) 板和块体结构的水平钢筋骨架(网)，应设置足够的钢筋撑脚或钢支架。钢筋骨架重要节点宜采取加固措施；

3) 浇筑混凝土时，钢筋骨架一旦变形或移位，应及时纠正。

(3) 应根据工程结构特点、平面形状和几何尺寸、混凝土供应和泵送设备能力、劳动力和管理能力，以及周围场地大小等条件，预先划分好混凝土浇筑区域。混凝土的浇筑应符合国家现行标准的有关规定。

(4) 混凝土浇筑分层厚度，宜为 300~500mm。当水平结构的混凝土浇筑厚度超过 500mm 时，可按 1:6~1:10 坡度分层浇筑，且上层混凝土应超前覆盖下层混凝土500mm 以上。

(5) 振捣泵送混凝土时，振动棒移动间距宜为 400mm，振捣时间为 15~30s，且隔 20~30min 后，进行复振。

(6) 对于有预留洞、预埋件和钢筋太密的部位，应预先制定技术措施，确保顺利布料和振捣密实。在浇筑混凝土时，应经常观察，当发现混凝土有不密实等现象，应立即采取措施予以纠正。

(7) 水平结构的混凝土表面，应适时用木抹子磨平搓毛两遍以上。必要时，还应先用铁滚筒压两遍以上，以防止产生收缩裂缝。

(8) 避免工程质量通病

1) 混凝土输送管道的直管布置顺直，管道接头密实不漏浆，转弯位置的锚固牢固可靠。

2）竖直向上配管时，水平管不宜小于竖直管的 1/4，并在混凝土泵 Y 形管出料口 3~6m 处装设一个截止阀，防止停泵时上面管内混凝土倒流产生负压。

3）向下泵送时，混凝土的坍落度适当减小，混凝土泵前有一段水平管道和弯上管道才折向下方。避免竖直向下装置方式以防止离析和混入空气，对压送不利。

4）凡管道经过的位置要平整，管道应搭设支架垫固，若依附在脚手架上，脚手架不得与模板连接。

5）对施工中途新接驳的输送管先清除管内杂物，并用水或水泥砂浆润滑管壁。

6）用布料器浇筑混凝土时，要避免对侧面模板的直接冲射。

7）竖直向上的管和靠近混凝土泵的起始混凝土输送管用新管或磨损较少的管。

8）泵送中途停歇时间一般不大于 60min，否则要予以清管或添加自拌混凝土，以保证泵机连续工作。

9）搅拌车卸料前，必须以一定搅拌速度搅拌一段时间方可卸入料斗若发现初出的混凝土拌合物石子多，水泥浆少，应适当加入备用砂浆拌匀方可泵送。

10）最初泵出的砂浆应均匀分布到较大的工作面上，控制在 2cm 左右，不能集中一处浇筑。

2.6 质量验收记录

（1）混凝土所用原材料产品合格证、出厂检验报告及进场复验报告。

（2）混凝土配合比通知单。

（3）混凝土施工记录。

（4）混凝土坍落度检查记录。

（5）混凝土试件强度试验报告。

（6）混凝土试件抗渗试验报告。

（7）混凝土原材料及配合比检验批质量验收记录。

（8）混凝土施工检验批质量验收记录。

（9）现浇混凝土结构外观及尺寸偏差检验批质量验收记录。

（10）混凝土设备基础外观及尺寸偏差检验批质量验收记录。

（11）混凝土分项工程质量验收记录。

项目10 砌 体 工 程

训练1 普通砖砌筑

[训练目的与要求] 掌握普通砖砌筑工程质量标准，能熟练地对普通砖砌筑工程进行质量检验，并能填写工程质量检查验收记录。熟悉普通砖砌筑工程的质量与安全隐患及防治措施，并能编制普通砖砌筑工程质量与安全技术交底资料。参加普通砖砌筑工程质量检查验收并填写有关工程质量检查验收记录。

1.1 砌筑准备

1.1.1 作业准备

(1) 办完基础工程验收手续；编制质量安全技术交底资料；测量放线工作已完成、检验合格并办理有关手续。

(2) 弹好轴线墙身线，根据设计要求和进场砖的实际规格尺寸，弹出门窗洞口位置线，经验线符合设计要求，办完预检手续。

(3) 构造柱的插筋顺直，并按设计要求及规范规定绑扎好。

(4) 原材料试验合格并进场，砂石配合比已确定；完成室外及房心回填土，安装好沟盖板。

(5) 办完地基、基础工程隐检手续；按标高抹好水泥砂浆防潮层。

(6) 按设计标高要求立好皮数杆，皮数杆的间距以15～20m为宜；砂浆由实验室做好试配，准备好砂浆试模(6块为一组)。

(7) 施工现场安全防护已完成，并通过了质量员及安全员的验收；脚手架应随砌随搭设，运输通道通畅，各类机具应准备就绪。

(8) 根据设计施工图纸及标准规范编制砖墙砌体专项的施工方案，并经相关单位批准通过；根据现场条件，完成工程测量控制点的定位、移交、复核工作；编制工程材料、机具、劳动力的需求计划；完成进场材料的见证取样检验及砌筑砂浆的试配工作。

(9) 组织施工人员进行技术、质量、安全、环境交底；班组砌筑工人要求中、高级工不少于7%，并应具有同类工程的施工经验；健全现场各项管理制度，专业技术人员持证上岗，并进行技术、安全交底。

1.1.2 材料机具准备

1. 材料准备

砖、水泥、砂、水、塑化材料。

2. 机具准备

(1) 机械设备

砂浆搅拌机、水平运输机械。

(2) 主要工具

瓦刀、铁锹、手锤、钢凿、筛子、手推车等。

(3) 检测工具

水准仪、经纬仪、钢卷尺、锤线球、水平尺、磅秤、砂浆试模等。

1.2 工艺流程

砖浇水→立皮数杆→砂浆搅拌→砌砖墙→检验。

1.3 易产生的质量与安全问题

1.3.1 质量问题(见表10-1)

砖砌体工程质量隐患的防治　　　　　　表 10-1

质量问题	主要原因分析	防治措施
砂浆强度不稳定	(1) 影响砂浆强度的主要因素是计量不准确。对砂浆的配合比，多数工地使用体积比，以铁锹凭经验计量。由于砂子含水率的变化，可导致砂子体积变化幅度达10%～20%；水泥密度随工人操作情况而异，这些都造成配料计量的偏差，使砂浆强度产生较大的波动 (2) 水泥混合砂浆中无机掺合料(如石灰膏、黏土膏、电石膏及粉煤灰等)的掺入，对砂浆强度影响很大，随着掺量的增加，砂浆和易性越好，但强度降低，如超过规定用量一倍，砂浆强度约降低40%。但施工时往往片面追求良好的和易性，无机掺合料的掺量常常超过规定用量，因而降低了砂浆的强度 (3) 无机掺合料材质不佳，如石灰膏中含有较多的灰渣，或运至现场保管不当，发生结硬、干燥等情况，使砂浆中含有较多的软弱颗粒，降低了强度。或者在确定配合比时，用石灰膏、黏土膏试配，而实际施工时却采用干石灰或干黏土，这不但影响砂浆的抗压强度，而且对砌体抗剪强度非常不利 (4) 砂浆搅拌不匀，人工拌合翻拌次数不够，机械搅拌加料顺序颠倒，使无机掺合料未散开，砂浆中含有多量的疙瘩，水泥分布不均匀，影响砂浆的匀质性及和易性 (5) 在水泥砂浆中掺加微沫剂(微沫砂浆)，由于管理不当，微沫剂超过规定掺用量，或微沫剂质量不好，甚至变质，严重地降低了砂浆的强度 (6) 砂浆试块的制作、养护方法和强度取值等，没有执行规范的统一标准，致使测定的砂浆强度缺乏代表性，产生砂浆强度的混乱	(1) 砂浆配合比的确定，应结合现场材质情况进行试配，试配时应采用重量比。在满足砂浆和易性的条件下，控制砂浆强度。如低强度等级砂浆受单方水泥预算用量的限制而不能达到设计要求的强度时，应适当调整水泥预算用量 (2) 建立施工计量器具校验、维修、保管制度，以保证计量的准确性 (3) 无机掺合料一般为湿料，计量称重比较困难，而其计量误差对砂浆强度影响很大，故应严格控制。计量时，应以标准稠度(120mm)为准，如供应的无机掺合料的稠度小于120mm时，应调成标准稠度，或者进行折算后称重计量，计量误差应控制在±5%以内 (4) 施工中，不得随意增加石灰膏、微沫剂的掺量来改善砂浆的和易性 (5) 砂浆搅拌加料顺序为：用砂浆搅拌机搅拌应分两次投料，先加入部分砂子、水和全部塑化材料，通过搅拌叶片和砂子搓动，将塑化材料打开(不见疙瘩为止)，再投入其余的砂子和全部水泥。用鼓式混凝土搅拌机拌制砂浆，应配备一台抹灰用麻刀机，先将塑化材料搅成稀粥状，再投入搅拌机内搅拌。人工搅拌应有拌灰池，先在池内放水，并将塑化材料打开至不见疙瘩，另在池边干拌水泥和砂子至颜色均匀时，用铁锹将拌好的水泥砂子均匀撒入池内，同时将三刺铁扒来回扒动，直至拌合均匀 (6) 试块的制作、养护和抗压强度取值，应按《建筑砂浆基本性能试验方法》(JGJ 70—90)的规定执行

续表

质量问题	主要原因分析	防治措施
砂浆和易性差，沉底结硬	(1) 强度等级低的水泥砂浆由于采用高强度等级水泥和过细的砂子，使砂子颗粒间起润滑作用的胶结材料——水泥量减少，因而砂子间的摩擦力较大，砂浆和易性较差，砌筑时，压薄灰缝很费劲。而且，由于砂粒之间缺乏足够的胶结材料起悬浮支托作用，砂浆容易产生沉淀和出现表面泛水现象 (2) 水泥混合砂浆中掺入的石灰膏等塑化材料质量差，含有较多灰渣、杂物，或因保存不好发生干燥和污染，不能起到改善砂浆和易性的作用 (3) 砂浆搅拌时间短，拌合不均匀 (4) 拌好的砂浆存放时间过久，或灰槽中的砂浆长时间不清理，使砂浆沉底结硬 (5) 拌制砂浆无计划，在规定时间内无法用完，而将剩余砂浆捣碎加水拌合后继续使用	(1) 低强度等级砂浆应采用水泥混合砂浆，如确有困难，可掺微沫剂或掺水泥用量5%～10%的粉煤灰，以达到改善砂浆和易性的目的 (2) 水泥混合砂浆中的塑化材料，应符合实验室试配时的质量要求。现场的石灰膏、黏土膏等，应在池中妥善保管，防止暴晒、风干结硬，并经常浇水保持湿润 (3) 宜采用强度等级较低的水泥和中砂拌制砂浆。拌制时应严格执行施工配合比，并保证搅拌时间 (4) 灰槽中的砂浆，使用中应经常用铲翻拌、清底，并将灰槽内边角处的砂浆刮净，堆于一侧继续使用，或与新拌砂浆混在一起使用 (5) 拌制砂浆应有计划性，拌制量应根据砌筑需要来确定，尽量做到随拌随用、少量储存，使灰槽中经常有新拌的砂浆。砂浆的使用时间与砂浆品种、气温条件等有关，一般气温条件下，水泥砂浆和水泥混合砂浆必须分别在拌后3h和4h内用完；当施工期间气温超过30℃时，必须分别在2h和3h内用完。超过上述时间的多余砂浆，不得再继续使用
基础轴线位移	(1) 基础是将龙门板中线引至基槽内进行摆底砌筑。基础大放脚进行收分(退台)砌筑时，由于收分尺寸不易掌握准确，砌至大放脚顶处，再砌基础直墙部位容易发生轴线位移 (2) 横墙基础的轴线，一般应在槽边打中心桩，有的工程放线仅在山墙处有控制桩，横墙轴线由山墙一端排尺控制，由于基础一般是先砌外纵墙和山墙部位，待砌横墙基础时，基槽中线被封在纵墙基础外侧，无法吊线找中。若采取隔墙吊中，轴线容易产生更大的偏差。有的槽边中心控制桩，由于堆土、放料或运输小车的碰撞而丢失、移位	(1) 在建筑物定位放线时，外墙角处必须设置标志板，并有相应的保护措施，防止槽边堆土和进行其他作业时碰撞而发生移动。标志板下设永久性中心桩(打入地面一平，四周用混凝土封固)，标志板拉通线时，应先与中心桩核对。为便于机械开挖基槽，标志板也可在基槽开挖后钉设 (2) 横墙轴线不宜采用基槽内排尺方法控制，应设置中心桩。横墙中心桩打入与地面平，为便于排尺和拉中线，中心桩之间不宜堆土和放料，挖槽时应用砖覆盖，以便于清土寻找。在横墙基础拉中线时，可复核相邻轴线距离，以验证中心桩是否有移位情况 (3) 为防止砌筑基础大放脚收分不匀而造成轴线位移，应在基础分分部砌完后，拉通线重新核对，并以新定出的轴线为准，砌筑基础直墙部分 (4) 按施工流水分段砌筑的基础，应在分段处设置标志板
基础标高偏差	(1) 砖基础下部的基层(灰土、混凝土)标高偏差较大，因而在砌筑砖基础时对标高不易控制 (2) 由于基础大放脚宽大，基础皮数杆不能贴近，难以察觉所砌砖层与皮数杆的标高差 (3) 基础大放脚填芯砖采用大面积铺灰的砌筑方法，由于铺灰厚薄不匀或铺灰面太长，砌筑速度跟不上，砂浆因停歇时间过久挤浆困难，灰缝不易压薄而出现冒高现象	(1) 应加强对基层标高的控制，尽量控制在允许负偏差之内。砌筑基础前，应将基土垫平 (2) 基础皮数杆可采用小断面(20mm×20mm)方木或钢筋制作，使用时，将皮数杆直接夹砌在基础中心位置。采用基础外侧立皮数杆检查标高时，应配以水准尺校对水平 (3) 宽大基础大放脚的砌筑，应采取双面挂线保持横向水平，砌筑填芯砖应采取小面积铺灰，随铺随砌，顶面不应高于外侧跟线砖的高度

续表

质量问题	主要原因分析	防治措施
基础防潮层失效	(1) 防潮层的失效不是当时或短期内能发现的质量问题，因此，施工质量容易被忽视。如施工中经常发生砂浆混用，将砌基础剩余的砂浆作为防潮砂浆使用，或在砌筑砂浆中随意加一些水泥，这些都达不到防潮砂浆的配合比要求 (2) 在防潮层施工前，基面上不作清理，不浇水或浇水不够，影响防潮砂浆与基面的粘结。操作时表面抹压不实，养护不好，使防潮层因早期脱水，强度和密实度达不到要求，或者出现裂缝 (3) 冬期施工防潮层因受冻失效	(1) 防潮层应作为独立的隐蔽工程项目，在整个建筑物基础工程完后进行操作，施工时尽量不留或少留施工缝 (2) 防潮层下面三层砖要求满铺满挤，横、竖向灰缝砂浆都要饱满，240mm墙防潮层下的顶皮砖，应采用满丁砌法 (3) 防潮层施工宜安排在基础房心土回填后进行，避免填土时对防潮层的损坏 (4) 如设计对防潮层作法未作具体规定时，宜采用20mm厚1:2.5水泥砂浆掺适量防水剂的作法，操作要求如下 1) 清除基面上的泥土、砂浆等杂物，将被碰动的砖块重新砌筑，充分浇水润湿，待表面略见风干，即可进行防潮层施工 2) 两边贴尺抹防潮层，保证20mm厚度。不允许用防潮层的厚度来调整基础标高的偏差 3) 砂浆表面用木抹子搓平，待开始起干时，即可进行抹压(2～3遍)。抹压时，可在表面撒少许干水泥或刷一遍水泥净浆，以进一步堵塞砂浆毛细管通路。防潮层施工应尽量不留施工缝，一次做齐，如必须留置，则应留在门口位置 4) 防潮层砂浆抹完后，第二天即可浇水养护。可在防潮层上铺20～30mm厚砂子，上面盖一层砖，每日浇水一次，这样能保持良好的潮湿养护环境。至少养护3d，才能在上面砌筑墙体 (5) 60mm厚混凝土圈梁的防潮施工，应注意混凝土石子级配和砂石含泥量，圈梁面层应加强抹压，也可采取撒干水泥压光处理，养护方法同水泥砂浆防潮层 (6) 防潮层砂浆和混凝土中禁止掺盐，在无保温条件下，不应进行冬期施工。防潮层应按隐蔽工程进行验收
砖砌体组砌混乱	(1) 因混水墙面要抹灰，操作人员容易忽视组砌形式，或者操作人员缺乏砌筑基本技能，因此，出现了多层砖的直缝和"二层皮"现象 (2) 砌筑砖柱需要大量的七分砖来满足内外砖层错缝的要求，打制七分砖会增加工作量，砌筑效率，而且砖损耗很大。当操作人员思想不够重视，又缺乏严格检查的情况下，三七砖柱习惯于用包心砌法。缝宽度跟不一致	在同一栋号工程中，应尽量使用同一砖厂的砖，以避免因砖的规格尺寸误差而经常变动组砌方法
砖缝砂浆不饱满，砂浆与砖粘结不良	(1) 低强度等级的砂浆，如使用水泥砂浆，因水泥砂浆和易性差，砌筑时挤浆费劲，操作者用大铲或瓦刀铺刮砂浆后，使底灰产生空穴，砂浆不饱满 (2) 用于砖砌墙，使砂浆早期脱水而降低强度，且与砖的粘结力下降，而于砖表面的粉屑又起隔离作用，减弱了砖与砂浆层的粘结 (3) 用铺浆法砌筑，有时因铺浆过长，砌筑速度跟不上，砂浆中的水分被底砖吸收，使砌上的砖层与砂浆失去粘结 (4) 砌清水墙时，为了省去刮缝工序，采取了大缩口的铺灰方法，使砌体砖缝缩口深度达20mm以上，既降低了砂浆饱满度，又增加了勾缝工作量	(1) 改善砂浆和易性是确保灰缝砂浆饱满度和提高粘结强度的关键。详见"砂浆和易性差，沉底结硬"的防治措施 (2) 改进砌筑方法。不宜采取满浆法或摆砖砌筑，应推广"三一砌砖法"，即使用大铲，一块砖、一铲灰、一挤揉的砌筑方法 (3) 当采用铺浆法砌筑时，必须控制铺浆的长度，一般气温情况下不得超过750mm，当施工期间气温超过30℃时，不得超过500mm (4) 严禁使用干砖砌墙。砌筑前1～2d应将砖浇湿，使砌筑时烧结普通砖和多孔砖的含水率达到10%～15%；灰砂砖和粉煤灰砖的含水率达到8%～12% (5) 冬期施工时，在正温度条件下也应将砖面适当湿润后再砌筑。负温下施工无法浇水时，应适当增大砂浆的稠度。对于9度抗震设防地区，在严冬无法浇砖情况下，不能进行砌筑

续表

质量问题	主要原因分析	防治措施
清水墙面游丁走缝	(1) 砖的长、宽尺寸误差较大，如砖的长为正偏差，宽为负偏差，砌一顺一丁时，竖缝宽度不易掌握，稍不注意就会产生游丁走缝 (2) 开始砌墙摆砖时，未考虑窗口位置对砖竖缝的影响，当砌至窗台处分窗口尺寸时，窗的边线不在竖缝位置，使窗间墙的竖缝搬家，上下错位 (3) 里脚手砌外清水墙，需经常探身穿看外墙面的竖缝垂直度，砌至一定高度后，穿看墙缝不大方便，容易产生误差，稍有疏忽就会出现游丁走缝	(1) 砌筑清水墙，应选取边角整齐、色泽均匀的砖 (2) 砌清水墙前应进行统一摆底，并先对现场砖的尺寸进行实测，以便确定组砌方法和调整竖缝宽度 (3) 摆底时应将窗口位置引出，使砖的竖缝尽量与窗口边线相齐，如安排不开，可适当移动窗口位置（一般不大于20mm）。当窗口宽度不符合砖的模数（如1.8m宽）时，应将七分头砖留在窗口下部的中央，以保持窗间墙处上下竖缝不错位 (4) 游丁走缝主要是丁砖游动所引起，因此在砌筑时，必须强调丁压中，即丁砖的中线与下层顺砖的中线重合 (5) 在砌大面积清水墙（如山墙）时，在开始砌的几层砖中，沿墙角1m处，用线坠吊一次竖缝的垂直度，至少保持一步架高度有准确的垂直度 (6) 沿墙面每隔一定间距，在竖缝处弹墨线，墨线用经纬仪或线坠引测。当砌至一定高度（一步架或一层墙）后，将墨线向上引伸，以作为控制游丁走缝的基准
"螺丝"墙	砌筑时，没有按皮数杆控制砖的层数。每当砌至基础顶面和在预制混凝土楼板上接砌砖墙时，由于标高偏差大，皮数杆往往不能与砖层吻合，需要在砌筑中用灰缝厚度逐步调整。如果砌同一层砖时，误将负偏差标高当作正偏差，砌砖时反而压薄灰缝，在砌至层高赶上皮数杆时，与相邻位置的砖墙正好差一皮砖，形成"螺丝"墙	(1) 砌墙前应先测定所砌部位基面标高误差，通过调整灰缝厚度，调整墙体标高 (2) 调整同一墙面标高误差时，可采取提（或压）缝的办法，砌筑时应注意灰缝均匀，标高误差应分配在一步架的各层砖缝中，逐层调整 (3) 挂线两端应相互呼应，注意同一条水平线所砌砖的层数是否与皮数杆上的砖层数相符 (4) 当内外墙有高差，砖层数不好对照时，应以窗台为界由上向下倒清砖层数。当砌至一定高度时，可检查与相邻墙体水平线的平行度，以便及时发现标高误差 (5) 在墙体一步架砌完前，应进行抄平弹半米线，用半米线向上引尺检查标高误差，墙体基面的标高误差，应在一步架内调整完毕
清水墙面水平缝不直，墙面凹凸不平	(1) 由于砖在制坯和晾干过程中，底条面因受压墩厚了一些，形成砖的两个条面大小不等，厚度约差2~3mm。砌砖时，如若大小条面随意跟线，必然使灰缝宽度不一致，个别砖大条面偏大较多，不易将灰缝砂浆压薄，因而出现冒线砌筑 (2) 所砌的墙体长度超过20m，拉线不紧，挂线产生下垂，跟线砌筑后，灰缝就会出现下垂现象 (3) 搭脚手排木直接压墙，使接砌墙体出现"捞活"（砌脚手板以下部位）；挂立线时没有从下步脚手架墙面向上引伸，使墙体在两步架交接处，出现凹凸不平、水平灰缝不直等现象 (4) 由于第一步架墙体出现垂直偏差，接砌第二步架时进行了调整，因而在两步架交接处出现凹凸不平	(1) 砌砖应采取小面跟线，因一般砖的小面楞角裁口齐，表面洁净。用小面跟线不仅能使灰缝均匀，而且可提高砌筑效率 (2) 挂线长度超长（15~20m）时，应加腰线。腰线砖探出墙面30~40mm，将挂线搭在砖面上，由角端检查挂线的平直度，用腰线砖的灰缝厚度调平 (3) 墙体砌至脚手架排木搭设部位时，预留脚手眼，并继续砌至高出脚手板面一层砖，以消灭"捞活"。挂立线应由下面一步架墙面引伸，立线延至下部墙面至少0.5m。挂立线吊直后，拉紧平线，用线坠吊平线和立线，当线坠与平线、立线相重，即"三线归一"时，则可认为立线正确无误

续表

质量问题	主要原因分析	防治措施
清水墙面勾缝不符合要求	(1) 清水墙面勾缝前未经开缝，刮缝深度不够或用大缩口缝砌砖，使勾缝砂浆不平，深浅不一致。竖缝挤浆不严，勾缝砂浆悬空未与缝内底灰接触，与平缝十字搭接不平，容易开裂、脱落 (2) 脚手眼堵塞不严，补缝砂浆不饱满。堵孔砖与原墙面的砖色泽不一致，在脚手眼处留下永久痕迹 (3) 勾缝前对墙面浇水润湿程度不够，使勾缝砂浆早期脱水而收缩开裂。墙缝内浮灰未清理干净，影响勾缝砂浆与灰缝内砂浆的粘结，日久后脱落 (4) 采取加浆勾缝时，因托灰板接触墙面，使墙面被勾缝水泥砂浆弄脏而留下印痕。如墙面浇水过湿，扫缝时墙面也容易被砂浆污染	(1) 清水墙面勾缝所用水泥的凝结时间和安定性复验应合格。砂浆的配合比应符合设计要求 (2) 勾缝前，必须对墙体砖缺楞掉角部位、瞎缝、刮缝深度不够的灰缝进行开凿。开缝深度为10mm左右，缝子上下切口应开凿整齐 (3) 砌墙时应保存一部分砖，供堵塞脚手眼用。脚手眼堵塞前，先将洞内的残余砂浆剔除干净，并浇水润湿(冲去浮灰)，然后铺以砂浆用砖挤严。横、竖灰缝均应填实砂浆，顶砖缝采取喂灰方法塞严砂浆，以减少脚手眼对墙体强度的影响 (4) 勾缝前，应提前浇水冲刷墙面的浮灰(包括清除灰缝表层不实部分)，待砖墙表皮略见风干时，再开始勾缝 (5) 勾缝用1∶1.5水泥细砂浆，细砂应过筛，砂浆稠度以勾缝镏子挑起下落为宜 (6) 外清水墙勾凹缝，凹缝深度为4~5mm，为使凹缝切口整齐，宜将勾缝镏子做成倒梯形断面。操作时用镏子将勾缝砂浆压入缝内，并来回压实、上下口切齐。竖缝镏子断面构造相同，竖缝应与上下水平缝搭接平整，左右切口要齐。为防止托灰板对墙面的污染，将板端刨成尖角，以减少与墙面的接触 (7) 勾完缝后，待勾缝砂浆略被砖面吸水起干，即可进行扫缝。扫缝应顺缝扫，先水平缝，后竖缝，扫缝时应不断地抖掉扫帚中的砂浆粉粒，以减少对墙面的污染 (8) 干燥天气，勾缝后应喷水养护
墙体留槎形式不符合规定，接槎不严	(1) 操作人员对留槎形式与抗震性能的关系缺乏认识，习惯于留直槎，认为留斜槎费事，技术要求高，不如留直槎方便，而且多数留阴槎。有时由于施工操作不便，如外脚手砌墙，横墙留斜槎较困难而留直槎 (2) 施工组织不当，造成留槎过多。由于重视不够，留直槎时，漏放拉结筋，或拉结筋长度、间距未按规定执行；拉结筋部位的砂浆不饱满，使钢筋锈蚀 (3) 后砌120mm厚隔墙留置的阳槎(马牙槎)不正不直，接槎时由于咬槎深度较大(砌十字缝时咬槎深120mm)，使接槎砖上部灰缝不易塞严 (4) 斜槎留置方法不统一，留置大斜槎工作量大，斜槎灰缝平直度难以控制，使接槎部位不顺线 (5) 施工洞口随意留设，运料小车将混凝土、砂浆撒落到洞口留槎部位，影响接槎质量。填砌施工洞的砖、色泽与原墙不一致，影响清水墙面的美观	(1) 在安排施工组织计划时，对施工留槎应统一考虑。外墙大角尽量做到同步砌筑不留槎，或一步架留槎，二步架改为同步砌筑，以加强墙角的整体性。纵横墙交接处，有条件时尽量安排同步砌筑，如外脚手砌纵墙，横墙可以与此同步砌筑，工作面互不干扰。这样可尽量减少留槎部位，有利于房屋的整体性 (2) 执行抗震设防地区不得留直槎的规定，斜槎宜采取18层斜槎砌法，为防止因操作不熟练，使接槎处水平缝不直，可以加立小皮数杆。清水墙留槎，如遇有门窗口，应将留槎部位砌到转角 (3) 应注意接槎的质量。首先应将接槎处清理干净，然后浇水湿润，接槎时，槎面要填实砂浆，并保持灰缝平直 (4) 后砌非承重隔墙，可于墙中引出凸槎，对抗震设防地区还应按规定设置拉结钢筋，非抗震设防地区的120mm隔墙，也可采取在墙面上留样式槎的作法。接槎时，应在榫式槎洞内先填塞砂浆，顶皮砖的上部灰缝用大铲或瓦刀将砂浆塞严，以稳固隔墙，减少留槎洞口对墙体断面的削弱 (5) 外清水墙施工洞口(竖井架上料口)留槎部位，应加以保护和遮盖，防止运料小车碰撞槎子和撒落混凝土、砂浆造成污染。为使填砌施工洞口用砖规格和色泽与墙体保持一致，在施工洞口附近应保存一部分原砌墙用砖，供填砌洞口时使用

续表

质量问题	主要原因分析	防治措施
配筋砌体钢筋遗漏和锈蚀	(1) 配筋砌体钢筋漏放，主要是操作时疏忽造成的。由于管理不善，待配筋砌体砌完后，才发现配筋网片有剩余，但已无法查对，往往不了了之 (2) 配筋砌体灰缝厚度不够，特别当同一条灰缝中，有的部位（如窗间墙）有配筋，有的部位无配筋时，皮数杆灰缝若按无配筋砌体划制，造成配筋部位灰缝厚度偏小，使配筋在灰缝中没有保护层，或局部未被砂浆包裹，造成钢筋锈蚀	(1) 砌体中的配筋与混凝土中的钢筋一样，都属于隐蔽工程项目，应加强检查，并填写检查记录存档。施工中，对所砌部位需要的配筋应一次备齐，以便检查有无遗漏。砌筑时，配筋端头应从砖缝处露出，作为配筋标志 (2) 配筋宜采用冷拔钢丝点焊网片，砌筑时，应适当增加灰缝厚度（以钢筋网片厚度上下各有 2mm 保护层为宜）。如同一标高墙面有配筋和无配筋两种情况，可分划两种皮数杆，一般配筋砌体最好为外抹水泥砂浆混水墙，这样就不会影响墙体缝式的美观 (3) 为了确保砖缝中钢筋保护层的质量，应先将钢筋网片刷水泥净浆。网片放置前，底面砖层的纵横竖缝应用砂浆填实，以增强砌体强度，同时也能防止铺浆砌筑时，砂浆掉入竖缝中而出现露筋现象 (4) 配筋砌体一般均使用强度等级较高的水泥砂浆，为了使挤浆严实，严禁用干砖砌筑。应采取满铺满挤（也可适当敲砖振实砂浆层），使钢筋能很好地被砂浆包裹 (5) 如有条件，可在钢筋表面涂刷防腐涂料或防锈剂
住宅工程附墙烟道堵塞、窜烟	(1) 施工操作不注意，将大量碎砖、砂浆等杂物掉落烟道内，造成堵塞。尤其是每层平口处烟道部位要浇筑混凝土圈梁，稍不留意混凝土就掉落在烟道内 (2) 烟道内安放瓦管的接口，没有用砂浆塞严或接口错位，使各楼层间烟道相互窜烟	(1) 砌筑附墙烟道部位应建立责任制，各楼层烟道采取定人定位（各楼层同一轴线的烟道，尽量由同一人砌筑），便于明确责任和实行奖惩 (2) 砌筑烟道安放瓦管时，应注意接口对齐，接口周围用砂浆塞严，四周间隙内嵌塞碎砖，以嵌固瓦管。烟道砌筑时应先放瓦管后砌墙体，以防止碎砖、砂浆等杂物掉入管内 (3) 推广采用桶式提芯工具的施工方法，既可防止杂物落入烟道内造成堵塞，又可使烟道内壁砂浆光滑、密实，对防止窜烟有利 (4) 烟道必须进行逐个检查验收，用线坠吊测和测烟检查，必须全部达到合格 治理方法 (1) 烟道内有碎砖头、砂浆渣和混凝土块堵塞物时，可用粗钢筋由房顶顺烟道往下疏通 (2) 烟道堵塞严重时，可采取"开膛"办法，将墙体剔凿开，把堵塞物取出
楼板伸入墙体长度不足或搁置不平	(1) 轴线放线不准，使墙体间的距离产生较大偏差，距离小时，板的支承长度大；距离大时，板的支承长度小 (2) 放楼板时，不认真检查板在墙上的支承长度，或已发现支承长度不够，也怕麻烦，不作调整 (3) 搁置楼板前，未对墙顶找平，放板时也不坐浆，或仅用砂浆将明显不平处填平，楼板放上后，发现板不平稳，也未认真处理	(1) 采用先放楼板后浇圈梁的硬架支模工艺，彻底解决楼板支承长度不足和搁置不平稳这一问题 硬架支模的施工要点如下： 1) 楼板长度按每端伸入墙内 45mm 确定 2) 楼板预应力钢筋留出一定长度，搁板后弯折 30°～45° 3) 伸进楼板孔洞内 40mm 左右进行堵孔 (2) 采用钢尺准确放线，控制墙体轴线的偏差不超过 10mm (3) 搁放楼板前，用砂浆对墙顶找平（有混凝土圈梁时，可不进行此道工序），放板时，先进行坐浆，并控制好两端进墙长度，再落板

续表

质量问题	主要原因分析	防治措施
地基不均匀下沉引起墙体裂缝	斜裂缝一般发生在纵墙的两端，多数裂缝通过窗口的两个对角，裂缝向沉降较大的方向倾斜，并由下向上发展。横墙由于刚度较大（门窗洞口也少），一般不会产生太大的相对变形，故很少出现这类裂缝。裂缝多出现在底层墙体，向上逐渐减少，裂缝宽度下大上小，常常在房屋建成后不久就在窗台处产生竖直裂缝。为避免多层房屋底层窗台下出现裂缝，除了加强基础整体性外，也采取通长配筋的方法来加强。另外，窗台部位也不宜使用过多的半砖砌筑	(1) 对于沉降差不大，且已不再发展的一般性细小裂缝，因不会影响结构的安全和使用，采取砂浆堵抹即可 (2) 对于不均匀沉降仍在发展，裂缝较严重并且在继续开展的情况，应本着先加固地基后处理裂缝的原则进行。一般可采用桩基托换加固方法来加固，即沿基础两侧布置灌注桩，上设抬梁，将原基础圈梁托起，防止地基继续下沉。然后根据墙体裂缝的严重程度，分别采用灌浆充填法（1∶2水泥砂浆）；钢筋网片加固法（ϕ4-6 250mm×250mm 钢筋网，用穿墙拉筋固定于墙体两侧，上抹35mm 厚 M10 水泥砂浆或 C20 细石混凝土）；拆砖重砌法（拆去局部砖墙，用高于原强度等级一级的砂浆重新砌筑）进行处理
温度变化引起的墙体裂缝	(1) 八字裂缝一般发生在平屋顶房屋顶层纵墙面上，这种裂缝的产生，往往是在夏季屋顶圈梁、挑檐混凝土浇筑后，保温层未施工前，由于混凝土和砖砌体两种材料线胀系数的差异（前者比后者约大一倍），在较大温差情况下，纵墙因不能自由缩而在两端产生八字裂缝。无保温屋盖的房屋，经过夏、冬季气温的变化，也容易产生八字裂缝。裂缝之所以发生在顶层，还由于顶层墙体承受的压应力较其他各层小，从而砌体抗剪强度比其他各层要低的缘故 (2) 檐口下水平裂缝、包角裂缝以及在较长的多层房屋楼梯间处，楼梯休息平台与楼板邻接部位发生的竖直裂缝，以及纵墙上的竖直裂缝，产生的原因与上述原因相同	预防措施 (1) 合理安排屋面保温层施工。由于屋面结构层施工完毕至做好保温层，中间有一段时间间隔，因此屋面施工应尽量避开高温季节，同时应尽量缩短间隔时间 (2) 屋面挑檐可采取分块预制或者顶层圈梁与墙体之间设置滑动层 (3) 按规定留置伸缩缝，以减少温度变化对墙体产生的影响。伸缩缝内应清理干净，避免碎砖或砂浆等杂物填入缝内 治理方法 此类裂缝一般不会危及结构的安全，且2～3年将趋于稳定，因此，对于这类裂缝可待其基本稳定后再作处理。治理方法与"地基不均匀下沉引起墙体裂缝"基本相同
大梁处的墙体裂缝	(1) 大梁下面墙体竖直裂缝，主要由于未设梁垫或梁垫面积不足，砖墙局部承受荷载过大所引起 (2) 该部位墙体厚度不足，或未砌砖垛 (3) 砖和砂浆强度偏低，施工质量较差	预防措施 (1) 有大梁集中荷载作用的窗间墙，应有一定的宽度（或加垛） (2) 梁下应设置足够面积的现浇混凝土梁垫，当大梁荷载较大时，墙体尚应考虑横向配筋 (3) 对宽度较小的窗间墙，施工中应避免留脚手眼 治理方法 由于此类裂缝属受力裂缝，将危及结构的安全，因此一旦发现，应尽快进行处理。首先由设计部门根据砖和砂浆的实际强度，并结合施工质量情况进行复核验算，如果局部受压不能满足规范要求，可会同施工部门采取加固措施。处理时，一般应先加固结构，后处理裂缝。对于情况严重者，为确保安全，必要时在处理前应采取临时加固措施，以防墙体突然性破坏

1.3.2 安全问题(见表10-2)

砌体工程安全隐患的防治　　　　　表10-2

安全隐患	主要原因分析	防治措施
高处作业对人身的伤害	高处作业、交叉作业的防护措施不够齐全完整	(1) 在操作之前必须检查操作环境是否符合要求,道路是否畅通,机具是否完好无损,安全设施和防护用品是否齐全,经检查符合要求后才可施工 (2) 脚手架应经检查方能使用。砌筑时不准随意拆除和改动脚手架,楼层屋盖上的盖板防护栏杆不得随意挪动拆除 (3) 操作人员应戴好安全帽,高空作业时应挂好安全网
运输与高处坠落对人身的伤害	企业技术管理薄弱,劳动组织管理混乱,违规操作	(1) 在架子上砍砖时,操作人员应向里把碎砖打在架板上,严禁把砖头打向架外。挂线用的坠砖,应绑扎牢固,以免坠落伤人 (2) 脚手架上堆砖不得超过3层(侧放)。采用砖笼吊砖时,砖在架子或楼板上要均匀分布,不应集中堆放。灰桶、灰斗应放置有序,使架子上保持畅通 (3) 采用内脚手架砌墙时,不得站在墙上勾缝或在墙顶上行走 (4) 起吊砖笼和砂浆料斗时,砖和砂浆不能过满。吊臂工作范围内不得有人停留
对环境的影响与危害	管理的放纵。企业安全生产主体责任不落实。企业忽视安全管理,以包代管	(1) 施工现场实行封闭化,主要道路硬化,水泥库房及时覆盖,易起尘的施工面及时洒水围挡,保证现场扬尘排放达标 (2) 固体废物实现分类存放,有效管理,提高回收利用率。生产和生活用水分类排放 (3) 车辆运输不超载,出入冲洗车轮,保证运输无遗洒

1.4 质量标准

1.4.1 一般规定

(1) 蒸压灰砂砖和蒸压粉煤灰砖不得用于长期受热200℃以上、受急冷急热和有酸性介质侵蚀的部位。

(2) 砌筑时,砖应提前1～2d浇水湿润。烧结普通砖、多孔砖含水率宜为10%～15%,灰砂砖、粉煤灰砖含水率宜为5%～8%。

(3) 当采用铺浆法砌筑时,铺浆长度不得超过750mm;施工期间气温超过30℃时,铺浆长度不得超过的500mm。

(4) 砖墙中的洞口、管道、沟槽和预埋件等,宽度超过300mm的,应砌筑平拱或设置过梁。

(5) 砖砌平拱过梁的灰缝应砌成楔形缝。灰缝均宽度,在过梁底面不应小于5mm;在过梁顶面不应大于15mm。拱脚应伸入墙内不少于20mm,拱底应有1%的起拱。

(6) 砖过梁底部的模板,应在灰缝砂浆强度不低于设计强度的50%时,方可拆除。

(7) 施砌的蒸压(养)砖的产品龄期不应小于28d。

(8) 竖向灰缝不得出现透明缝、瞎缝和假缝。

(9) 施工临时间断处补砌时，必须将接槎处表面清理干净，浇水湿润，并填实砂浆，保持灰缝平直。

1.4.2 主控项目

(1) 砖和砂浆的强度等级必须符合设计要求。

(2) 砌体水平灰缝的砂浆饱满度不得小于80%。

(3) 砖砌体的转角处和交接处应同时砌筑，严禁无可靠措施的内外墙分砌施工。对不能同时砌筑而又必须留置的临时间断处应砌成斜槎，斜槎水平投影长度不小于高度的2/3。

(4) 砖砌体的位置及垂直度允许偏差应符合规定。

1.4.3 一般项目

(1) 砖砌体组砌方法应正确，上、下错缝，内外搭砌。

(2) 砖砌体的灰缝应横平竖直，厚薄均匀。水平灰缝厚度宜为10mm，但不应小于8mm，也不应大于12mm。

(3) 砖砌体的一般尺寸允许偏差应符合规定。

1.4.4 观感检查项目

主要检查砖的组砌方法、留槎、接槎、构造柱、拉接筋、上下错缝、预埋件等是否按规范及标准施工。

1.5 质量检验（见表10-3）

砖砌体（混水）工程质量检验　　　表10-3

		施工质量验收规范规定	检验批划分	检验数量	检验方法	检验要点
主控项目	1	砖强度等级	设计要求MU	烧结砖15万块、多孔砖5万块、灰砂砖及粉煤灰砖10万块	从尺寸偏差、外观合格的样砖中用抽样法抽取3组15块砖样（每组5块）。两组进行抗压、抗折试验，一组备用	用机械随机抽样法抽取100块砖进行尺寸偏差、外观、进场复试	检验复试报告，合格证及合同约定的要求
	2	砂浆强度等级	设计要求M	250m³砌体，每台搅拌机至少抽检一次，同一强度、类型砂浆试块不少于3组	砂浆试块6块为一组	砂浆强度的检验批可由若干分项工程检验批组成	砂浆强度的平均值达到75%
	3	水平灰缝砂浆饱满度	≥80%		每检验批不少于5处　各项目80%检测点应满足要求，其余20%点可超过允许值，但不得超其值的150%，即为合格，否则，返工处理	用百格网检查砖底面与砂浆的粘结痕迹面积每处检验3块砖，取平均值	禁止干砖砌筑，水泥混合砂浆达到73.6%时，可满足砌体抗压值要求

续表

		施工质量验收规范规定		检验批划分	检验数量	检验方法	检验要点
主控项目	4	斜槎留置	第5.2.3条		每检验批抽20%的接槎,不少于5处	观察检查	斜槎水平投影长度不小于高度的2/3
	5	直槎拉结筋及接槎处理	第5.2.4条		每检验批抽20%的接槎,不少于5处	观察和尺量检查	留槎正确。拉接筋设置正确,竖向间距不超过100mm,留置长度符合要求
	6	轴线位移	≤10mm		查全部承重墙	用经纬仪和尺检查或用其他测量仪器检查	
	7	垂直度(每层)	≤5mm		外墙全高查阳角,不少于4处,每层每20m查一处;内墙按有代表的自然间抽10%,不少于3间每间不少于2处,柱不少于5根	用经纬仪和尺检查或用其他测量仪器检查 每层垂直用2m托线板检查;全高垂直度用经纬仪、吊线和尺检查	不一定每个检验批都有全高,要采取双控方法
一般项目	1	组砌方法	第5.3.1条		观察检查 上下错缝,内外搭砌,砖柱不用包心砌法。混水墙≤300mm的通缝每间房不超过3处,且不得在同一墙体上,为合格		清水墙不得有通缝 上下两皮砖搭接长度小于25mm的为通缝
	2	水平灰缝厚度10mm	8~12mm				水平灰缝厚度10mm,量10皮砖砌体高度折算,按皮数杆10皮砖的高度计算。10皮砖在-8、+12范围内为合格

续表

	施工质量验收规范规定		检验批划分	检验数量	检验方法	检验要点
一般项目	3	基础顶面、楼面标高	±15mm	不应少于5处	用水平仪和尺检查	在结构板面上进行检测
	4	表面平整度（混水）	8mm	有代表性自然间10%，但不应少于3间，每间不应小于2处	用2m靠尺和楔形塞尺检查	靠尺易倾斜45°放置，每片墙宜检测一处
	5	门窗洞口高、宽度	±5mm	检验批洞口的10%，且不应少于5处	用尺检查	
	6	外墙上下窗口偏移	20mm	检验批的10%，且不应少于5处	以底层窗口为准，用经纬仪或吊线检查	
	7	水平灰缝平直度（混水）	10mm	按有代表性的自然间抽10%，不少于3间，每间不少于2处	拉10m线和尺量检查；不足10m的墙按全墙长度	
	8	清水墙游丁走缝	20mm	有代表性自然间10%，但不应少于3间，每间不应少于2处	吊线和尺检查，以每层第一皮砖为准	

1.6 质量验收记录

(1) 砌体施工质量控制等级确认记录。
(2) 砖、水泥、钢筋、砂等材料合格证书、产品性能检测报告。
(3) 有机塑化剂砌体强度试验报告。
(4) 砂浆配合比通知单。
(5) 砂浆试件抗压强度试验报告。
(6) 隐蔽工程检查验收记录。
(7) 砖砌体工程检验批质量验收记录。
(8) 砖砌体分项工程质量验收记录。

训练 2 填 充 墙 砌 筑

[**训练目的与要求**] 掌握填充墙砌筑工程质量标准，能熟练地对填充墙砌筑工程进行质量检验，并能填写工程质量检查验收记录。熟悉填充墙砌筑工程的质量与安全隐患及防治措施，并能编制填充墙砌筑工程质量与安全技术交底资料。参加填充墙砌筑工程质量检查验收并填写有关工程质量检查验收记录。

2.1 砌筑准备

2.1.1 作业准备

主体结构分部已经验收合格并办理验收手续；已编制砌筑方案；已编制质量安全技术交底资料；基层已清理，墙、柱拉接筋已设置好；测量放线已完成并检验合格并办理有关手续；原材料检验合格进场，砂浆配合比已确定。

（1）砌筑前，应结合设计图纸要求和施工现场具体情况根据砌体砌块的施工特点，编制施工方案、材料、施工机具计划，按计划进场以满足连续施工要求。

（2）砌筑前，必须完成基础工程、基础工程验收合格且办理了验收签字手续。

（3）砌体基层应清理干净，并在基层上弹好轴线、边线、门窗洞口位置线和其他尺寸线，应立好皮数杆，同时办理验线签字手续。

（4）施工脚手架及卸料平台搭设完毕，操作层脚手板和安全网挂设好，施工脚手架经过验收合格允许使用，环境保护有措施。

2.1.2 材料与机具准备

1. 材料准备

砌筑材料（加气混凝土砌块、空心砖、轻骨料混凝土小型空心砌块）、水泥、砂、掺合剂、水等。

2. 机具准备

（1）机械：塔式起重机、卷扬机、提升架、搅拌机、电动切割机。

（2）工具：夹具、电动手锯、灰斗、大铁锹、手推车、吊篮、小撬棍。

2.2 工艺流程（见图 10-1）

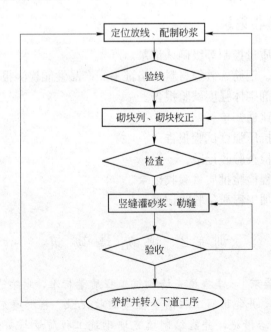

图 10-1 砌体工艺流程图

2.3 易产生的质量与安全问题

2.3.1 质量问题(见表10-4)

填充墙砌体工程质量隐患的防治   表10-4

质量隐患	主要原因分析	防治措施
混砌	因墙面要抹灰,操作人员容易忽视组砌形式,或者操作人员缺乏砌筑基本技能及思想不够重视	应使操作者了解组砌形式,加强对操作人员的技能培训和考核,达不到技能要求者不能上岗
拉结钢筋遗漏、错放和生锈	(1)拉结钢筋漏放和错放,主要是操作时疏忽造成的 (2)配筋砌体灰缝厚度不够,特别当同一条灰缝中,有的部位(如窗间墙)有配筋,有的部位无配筋时,皮数杆灰缝若按无配筋砌体绘制,造成配筋部位灰缝厚度偏小,使配筋在灰缝中没有保护层,或局部未被砂浆包裹,造成钢筋锈蚀	(1)砌体中的配筋与混凝土中的钢筋一样,都属于隐蔽工程项目,应加强检查,并填写检查记录存档。施工中,对所砌部位需要的配筋应一次备齐,以便检查有无遗漏和错放。砌筑时,配筋端头应从砖缝处露出,作为配筋标志 (2)砌筑填充墙时,必须把预埋在柱中的拉结钢筋砌入墙内,拉结钢筋的规格、数量、间距、长度应符合要求;填充墙与框架柱间隙应用砂浆填满 (3)为了确保砖缝中钢筋保护层的质量,应先将钢筋网片刷水泥净浆。网片放置前,底层的纵横竖缝应用砂浆填实,以增强砌体强度,同时也能防止铺浆砌筑时,砂浆掉入竖缝中而出现露筋现象 (4)配筋砌体一般均使用强度等级较高的水泥砂浆,为了使挤浆严实,严禁用干砌块砌筑。应采取满铺满挤,使钢筋能很好地被砂浆包裹 (5)如有条件,可在钢筋表面涂刷防腐涂料或防锈剂
灰缝偏大、过小、不饱满以及通缝	由于施工时工人没有严格按照操作工艺要求砌筑;砌筑前没有进行统一摆底;砂浆和易性差;用干砖砌墙;铺浆过长	(1)施工前应对工人进行安全技术交底 (2)操作出前先进行摆底,以确定灰缝和砌块搭接错缝 (3)采用和易性好的砂浆,严格控制砂浆配合比。铺灰均匀即铺即砌 (4)砌筑前砌块要提前浇水湿润
距梁、板底缝隙过大	由于填充墙一次直接砌到顶;补砌没有挤紧塞严	填充墙砌至接近梁、板底时,应留一定的空隙,待填充墙砌筑完并应至少间隔7天后,再将其补砌挤紧

2.3.2 安全问题(见表10-5)

砌块工程安全隐患的防治   表10-5

安全隐患	主要原因分析	防治措施
高处作业对人身的伤害	高处作业、交叉作业的防护措施不够齐全完整	1. 采用内脚手架时,应在房屋四周按照安全技术规定的要求设置安全网,并随施工的高度上升,屋檐下一层安全网在屋面工程完工前不准拆除 2. 砌块施工时,不准站在墙身上进行砌筑、划线、检查墙面平整度和垂直度、裂缝、清扫墙面操作,也不准在墙身上行走 3. 砌块吊装就位时,应待砌块放稳后,方可松开夹具

续表

安全隐患	主要原因分析	防治措施
高处坠落对人身的伤害	企业技术管理薄弱，劳动组织管理混乱，违规操作	1. 堆放砌块的地方应平整、无杂物、无块状物体以防止砌块在夹具松开后倒下伤人 在楼面卸下、堆放砌块时，应尽量避免冲击，严禁倾卸，撞击楼板，砌块的堆放应尽量靠近楼板的端部，楼面上砌块的重量，应考虑楼面的承载能力和变形情况，楼面荷载不准超过楼板的允许承载能力，否则应采取相应的加固措施，如在楼板底加设支撑等 2. 砌筑外架及室内砌筑临时架搭设完毕，须经安全员检查验收后方可使用 3. 操作层的脚手架必须满铺跳板，严禁搭设有探头板 4. 砌体中的落地灰及碎砌块应及时清理成堆，装车或装袋运输，严禁从楼上或架子上抛下
机械故障与机械伤害对人身的伤害	企业安全生产主体责任不落实；企业忽视安全管理，以包代管	1. 上班时，应对各种起重机械设备、绳索、临时脚手架和其他施工安全设施进行检查 特别是要检查夹具的有关零件是否灵活牢固，剪刀夹具悬空吊起后夹具是否自动拉拢，夹板齿或橡胶块是否磨损，夹板齿槽中的垃圾是否清除 夹具还应定期进行检查和有关性能的测试，如发现歪曲变形、裂痕、夹板磨损等情况，应及时修理，不应勉强使用。新夹具在使用前，应认真地验收，尺寸应准确，并进行性能测试 2. 砌块在装夹前，应先检查砌块是否平稳，如果有歪斜不齐时，应在撬正后再夹，夹具的夹板在砌块的中心线上，以防止砌块起吊后歪斜 砌块起吊过程中，如发现有部分破裂，且有脱落危险的砌块，严禁继续起吊，起重拔杆回转时，严禁将砌块停留在操作人员上空或在空中修理、加工砌块，拔杆及吊钩下方不得站人或进行其他操作，砌块吊装时不准在下层楼面进行其他任何工作 利用台灵架吊装较重的构件时，台灵架应加稳绳 3. 台灵架或其他楼面起重机、起重机设备等到在新位后，吊装前应检查这些设备的位置、压重、缆绳的锚口等是否符合要求，砌块或其他构件吊装时应注意吊物体重心的位置，起重量应严格控制在允许范围内，应严格控制起重拔杆的回转半径和变幅角度，不准起吊台灵架前支柱后面的砌块或其他构件，不准放长吊索拖拉砌块或构件，起吊砌块后作水平回转时，应由操作人员牵引以免摇摆和碰撞墙体或临时脚手架等
对环境的影响与危害	管理的放纵，企业安全生产主体责任不落实，企业忽视安全管理，以包代管	1. 施工应严格执行国家现行有关的环境保护法律、法规 2. 施工过程中应采取有效防止噪声和粉尘飞扬的措施 3. 在居民稠密区施工时，必须严格控制噪声和粉尘的污染 4. 施工现场及搅拌的污水须经过沉淀，排入指定地点

2.4 质量标准

2.4.1 一般规定

（1）加气混凝土砌块开始砌筑时，其产品龄期应超过28d。

(2) 加气混凝土砌块运输、装卸过程中，严禁抛掷和倾倒，进场后应按规格、品种分别堆放，高度不得超过 2m，防止雨淋。

(3) 砌筑前，加气混凝土砌块应提前 2d 浇水湿润，砌块砌筑时应向砌筑面适量浇水。

(4) 加气混凝土砌块砌筑时，墙底部应砌筑烧结普通砖、多孔砖、普通混凝土小型空心砌块或现浇混凝土坎台等，其高度不宜小于 200mm。

2.4.2 主控项目

(1) 砌块和砌筑砂浆的强度等级应符合设计要求。

(2) 砌块的抗冻性能，强度等级损失≤20%，表观密度损失≤5%。

(3) 检验方法：检查砌块的产品合格证书，产品性能检测报告和砂浆试验报告。

2.4.3 一般项目

(1) 加气混凝土砌块砌体不能与其他块材混合砌筑。

(2) 加气混凝土砌块体一般允许偏差应符合表 10-6 规定。

砌块砌体一般尺寸允许偏差　　　　　表 10-6

项次	项　　目		允许偏差(mm)	检　验　方　法
1	轴线位移		10	用尺检查
	垂直度	小于或等于 3m	5	用 2m 托线板或吊线检查
		大于 3m	10	
2	表面平整度		8	用 2m 靠尺和楔形塞尺检查
3	门窗洞口高、宽(后塞口)		±5	用尺检查
4	外墙上下窗口偏移		20	用经纬仪或吊线检查

(3) 加气混凝土砌块砌体的砂浆饱满度及检验方法应符合表 10-7 的规定。

砌块砌体的砂浆饱满度及检验方法　　　　　表 10-7

砌体分类	灰　缝	砂浆饱满度	检　验　方　法
加气混凝土砌块砌体	水　平	≥80%	采用百格网检查块材底面砂浆的粘结痕迹面积
	竖　直		

(4) 墙砌体留置的拉结筋或网片的位置应与块体皮数相符合，拉结筋及网片应置于灰缝中，埋长应符合设计要求，竖向位置偏差不应超一皮砌块高度。

(5) 砌块砌体位置应错缝搭砌，砌体的灰缝厚度与宽度应正确，加气混凝土砌块搭砌长度不应小于砌块长度的 1/3，竖向通缝不应大于两皮，加气混凝土砌块水平灰缝厚度及竖向灰缝宽度宜分别为 15mm 和 20mm。

(6) 砌块砌体砌至接近梁、板底时，应留一定空隙，待砌块砌体砌筑完并应至少间隔 7d 后，再将其补砌挤紧。

2.4.4 资料核查项目

(1) 加气混凝土砌块出厂合格证及试验报告。

(2) 水泥出厂合格证及试验报告。
(3) 砂检验报告。
(4) 砌筑砂浆配合比通知单及抗压强度试验报告。
(5) 施工隐蔽记录及分项工程质量检验记录。

2.4.5 观感检查项目

(1) 检查砌块砌体墙面是否横平竖直，搭砌方法是否正确、上下墙面组砌是否一致。
(2) 检查砌体水平灰缝及丁头缝砂浆饱满、无透明缝。

2.5 质量检验（见表10-8）

填充墙砌体工程质量检验　　　　表10-8

		施工质量验收规范规定		检验批划分	检验数量	检验方法	检验要点
主控项目	1	块材强度等级	设计要求MU	粉煤灰砖10万块		检查砖或砌块的产品合格证、产品性能报告和砂浆试块试验报告	砖或砌块的强度等级符合设计要求，产品合格证、产品性能报告有时合并到一起，对填充墙的砖或砌块要进行复试
	2	砂浆强度等级	设计要求M	$250m^3$砌体，每台搅拌机至少抽检一次，同一强度、类型砂浆试块不少于3组	砂浆试块6块为一组	砂浆强度的检验批可能若干分项工程检验批组成	砂浆强度的平均值达到75%
一般项目	1	无混砌现象	第9.3.2条				蒸压加气混凝土砌块砌体和轻骨料混凝土小型空心砌块砌体不应与其他块材混砌
	2	拉结钢筋网片位置	第9.3.4条	在检验批中抽检20%，且不应少于5处		观察和用尺量检查	位置应与块体皮数相符合。拉结钢筋或网片应置于灰缝中，埋置长度应符合设计要求，竖向位置偏差不应超过一皮高度
	3	错缝搭砌	第9.3.5条	在检验批的标准间中抽查10%，且不应少于3间		观察和用尺检查	错缝，即上、下皮块体错开摆放，此种砌法为搭砌，以增强砌体的整体性 填充墙砌筑时应错缝搭砌，蒸压加气混凝土砌块搭砌长度不应小于砌块长度的1/3；轻骨料混凝土小型空心砌块搭砌长度不应小于90mm；竖向通缝不应大于2皮

续表

		施工质量验收规范规定	检验批划分	检验数量	检验方法	检验要点
一般项目	4	灰缝厚度、宽度	第9.3.6条	在检验批的标准间中抽查10%，且不应少于3间	用尺量5皮空心砖或小砌块的高度和2m砌体长度折算	加气混凝土砌块尺寸比空心砖、轻骨料混凝土小砌块大，故对其砌体水平灰缝厚度和竖向灰缝宽度的规定稍大一些。灰缝过厚或过宽，不仅浪费砌筑砂浆，而且砌体灰缝的收缩也将加大，不利砌体裂缝的控制
	5	梁底砌法	第9.3.7条	每验收批抽10%填充墙片（每两柱间的填充墙为一墙片），且不应少于3片墙	观察检查	填充墙砌完后，砌体还将产生一定变形，施工不当，不仅会影响砌体与梁或板底的紧密结合，还会产生结合部位的水平裂缝
	6	水平灰缝砂浆饱满度	≥80%	每步架子不少于3处，且每处不应少于3块	采用百格网检查块材底面砂浆的粘结痕迹面积	
	7	轴线位移	≤10mm	每验收批随机抽查10%，但不少于3间，大面积房间和楼道按两个轴线或每10延长米按一标准间计数，每间检查不少于3处	用尺检查	
	8	垂直度	≤3m，≤5mm；<3m，≤10mm		用2m靠尺和楔形塞尺检查	
	9	表面平整度	≤8mm		用2m靠尺和楔形塞尺检查	
	10	门窗洞口高宽度（后塞口）	±5mm	每验收批抽检10%，且不应少于5处	用尺检查	
	11	外墙上下窗口偏移	20mm		用经纬仪或吊线检查	

2.6 质量验收记录

(1) 砌筑施工质量控制等级确认记录。
(2) 填充墙砌块、水泥、钢筋、砂等材料合格证书,产品性能检测报告。
(3) 有机塑化剂砌体强度形式检验报告。
(4) 砂浆配合比通知单。
(5) 砂浆试件抗压强度试验报告。
(6) 隐蔽工程检查验收记录。
(7) 填充墙砌筑工程检验批质量验收记录。
(8) 填充墙砌筑分项工程质量验收记录。

项目 11 屋 面 工 程

训练 1 屋 面 保 温 层

[训练目的与要求] 掌握屋面保温层工程质量标准,能熟练地对屋面保温层工程进行质量检验,并能填写工程质量检查验收记录。熟悉屋面保温层工程的质量与安全隐患及防治措施,并能编制屋面保温层工程质量与安全技术交底资料。参加屋面保温层工程质量检查验收并填写有关工程质量检查验收记录。

1.1 铺设准备

1.1.1 作业准备

施工前应编制铺设方案或技术措施;编制质量与安全技术交底资料;保温层基层验收合格可以进行保温层铺设;保温材料已检验合格并已进场;施工环境符合施工操作条件要求。

1.1.2 材料与机具准备

1. 材料准备

膨胀蛭石、膨胀珍珠岩、粘结剂、板状保温材料、现浇沥青膨胀蛭石(珍珠岩)等符合设计要求的保温材料。

2. 机具准备

搅拌机、平板振捣器、喷涂设备、手推车、铁锹、料斗、沥青锅、拌合锅、筛网(100目)、台秤、温度计、水平尺、水平刮杠等。

1.2 工艺流程

基层清理→隔气层施工→厚度控制块→保温层铺设。

1.3 易产生的质量和安全问题

1.3.1 质量问题(见表 11-1)

屋面保温层质量隐患的防治   表 11-1

质量隐患	主要原因分析	防治措施
表面铺设不平	1. 松散保温材料未按规定粒径进行筛选,施工中未采取分层铺设和适当压实措施 2. 干铺或粘贴的板状保温材料厚度偏差较大,基层不平,施工时未能采取措	1. 材料的粒径应进行筛选,筛余的细颗粒及粉末严禁使用 2. 保温层施工前要求基层平整,屋面坡度符合设计要求。施工时可根据保温层的厚度设置基准点,拉线找平

续表

质量隐患	主要原因分析	防 治 措 施
	施，使保温层铺平垫稳，粘贴牢固 3. 整体现浇保温层在施工时标高控制不严，保温层厚薄不均，且压实抹平不好 4. 保温层强度不足，施工时保护措施不够，易在局部形成塌陷或凹坑	3. 材料应分层铺设，并适当压实，每层虚铺厚度不宜大于150mm，压实程度与厚度应经过试验确定 4. 干铺的板状保温材料，应紧靠在需保温的基层表面上，并应铺平垫稳。分层铺设的板块上下层接缝应相互错开，板间缝隙应采用同类材料嵌填密实
保温层起鼓、开裂	主要是保温材料中窝有过多水分，在温差作用下形成巨大的蒸汽分压力，导致保温层乃至找平层、防水层起鼓、开裂	1. 应优先采用质轻、导热系数小且吸水率较低的保温材料 2. 控制原材料含水率 3. 倒置式屋面应采用吸收率小于6%，长期浸水不腐烂的保温材料 4. 保温层施工完成后，应及时进行找平层和防水层的施工 5. 从材料堆放、运输、施工以及成品保护等环节，都应采取措施，防止受潮和雨淋 6. 屋面保温层干燥时，应采用排汽措施

1.3.2 安全问题(见表11-2)

屋面保温层安全隐患的防治　　　　　　　表11-2

安全隐患	主要原因分析	防 治 措 施
人、物高空坠落	1. 高处、临边施工未采取有效保护措施 2. 未遵守高处作业等有关规定	1. 施工前，应逐级进行安全技术教育及交底，落实所有安全技术措施和人身防护用品，未经落实时不得进行施工 2. 施工作业场所所有有坠落可能的物件，应一律先行撤除或加以固定 3. 遇有6级以上强风、浓雾等恶劣气候，不得进行高处作业 4. 竖直上料平台应设防护栏杆，人工提升应设拉牵绳，重物下方10m半径范围内严禁站人 5. 高处作业屋面周围边沿和预留孔洞，必须按"洞口、临边"防护规定进行安全防护
人身中毒、烫伤事件	未穿戴好防护用品	从事沥青等有毒物质工作人员，应佩带各种防毒、防烫伤等防护用品

1.4 质量标准

1.4.1 主控项目

(1) 保温材料的规格、表观密度、导热系数以及板材的强度、吸水率，必须符合设计要求(屋面保温层应采用吸水率低、表观密度或堆积密度和导热系数较小的材料，是为了保证保温性能；板状材料有一定的强度，主要是为了运输、搬运及施工时不易损坏，保证屋面工程质量。本条对松散保温材料和板状保温材料的质量要求，是根据《民用建筑热工设计规范》GB 50176—93及有关国家材料标准的要求,综合确定了基本应保证的数值,也就是最低的保证值)。

(2) 保温层的含水率必须符合设计要求(保证材料的干湿程度与导热系数关系很大,限制含水率是保证工程质量的重要环节。规范中规定了封闭式保温层的含水率,应相当于该材料在当地自然风干状态下的平衡含水率。具体地讲,当采用有机胶结材料时,保温层的含水率不得超过 5%;当采用无机胶结材料时,保温层的含水率不得超过 20%)。

1.4.2　一般项目

(1) 保温层的铺设应符合下列要求:

1) 松散保温材料:分层铺设,压实适当,表面平整,找坡正确。

2) 板状保温材料:紧贴(靠)基层,铺平垫稳,拼缝严密,找坡正确。

3) 整体现浇保温层:拌合均匀,分层铺设,压实适当,表面平整,找坡正确。

(2) 保温层厚度的允许偏差:松散保温材料和整体现浇保温层为+10%,-5%;板状保温材料为±5%,且不得大于 4mm(保温层厚度将体现屋面保温的效果,检查时应给出厚度的允许偏差,过厚浪费材料,过薄则达不到设计要求。这里规定松散材料和整体现浇保温层的允许偏差为+10%,-5%;板状材料保温层的允许偏差为±5%,且不得大于 4mm)。

(3) 当倒置式屋面保护层采用卵石铺压时,卵石应分布均匀,卵石的质量应符合设计要求(倒置式屋面当保护层采用卵石铺压时,卵石铺设应防止过量,以免加大屋面荷载,致使结构开裂或变形过大,甚至造成结构破坏,故应严加注意)。

1.5　质量检验(见表 11-3)

屋面保温层工程质量检验　　　　　　表 11-3

	施工质量验收规范规定		检验批划分	检验数量	检验方法	检验要点
主控项目	1. 材料质量	设计要求	一栋、一个施工段(或变形缝)作为一个检验批,进行全部检查	1. 应按屋面面积 100m² 抽查一处,每处 10m² 且不得少于 3 处。2. 接缝密封防水,每 50m 应抽查一处,每处 5m,且不得少于 3 处。3. 细部构造根据分项工程的内容,应全部进行检查	检查出厂合格证、质量检验报告和现场抽样复验报告	检查出厂合格证、质量报告的有效性、相符性,现场抽样随机进行,检查抽样复验报告。重点查验保温材料的堆积密度或表观密度、导热系数及板材的强度、吸水率等性能指标
	2. 保温层含水率	设计要求			检查现场抽样检验报告	现场随机取样,样品要具有代表性,查验复检报告

续表

施工质量验收规范规定			检验批划分	检验数量	检验方法	检验要点
一般项目	1. 保温层铺设		第4.2.10条	一栋、一个施工段（或变形缝）作为一个检验批，进行全部检查	1. 应按屋面面积100m²抽查一处，每处10m²且不得少于3处 2. 接缝密封防水，每50m应抽查一处，每处5m，且不得少于3处 3. 细部构造根据分项工程的内容，应全部进行检查	观察检查	控制其分层铺设厚度及总厚度。查验压实情况、板状材料。查验其与基层是否紧贴，是否铺平，拼缝应严密。保温材料应注意表面平整度和找坡坡度的控制
	2. 倒置式屋面保护层		第4.2.12条		观察检查和按堆积密度计算其质（重）量	观察检查卵石分铺是否均匀，检查卵石质（重）量是否满足设计要求（防止过量）
	3. 保温层厚度允许偏差	松散、整体	+10% −5%		用钢针插入和尺量检查	检测点位置要具有代表性，检测点数量要满足规范要求，正确使用检测工具，读数正确
		板块	+5%		用钢针插入和尺量检查	检测点位置要具有代表性，检测点数量要满足规范要求，正确使用检测工具，读数正确

1.6 质量验收记录

（1）材料出厂合格证、质量检测报告及现场抽样复验报告。
（2）保温层施工配合比。
（3）屋面保温层检验批质量验收记录。
（4）屋面保温层分项工程质量验收记录。

训练2 屋面找平层

[训练目的与要求] 掌握屋面找平层工程质量标准，能熟练地对屋面找平层工程进行质量检验，并能填写工程质量检查验收记录。熟悉屋面找平层工程的质量与安全隐患及防治措施，并能编制屋面找平层工程质量与安全技术交底资料。参加屋面找平层工程质量检查验收并填写有关工程质量检查验收记录。

2.1 施工准备

2.1.1 作业准备

已编制找平层施工的质量与安全技术措施；基层已处理清洁、坡度符合设计要求，能进行下道工序。

找平层材料已确定配合比；施工环境条件符合施工要求(雨、雪天不得施工；水泥砂浆、细石混凝土施工环境气温为5～35℃；沥青砂浆施工环境温度不宜低于0℃)。

2.1.2 材料与机具准备

1. 材料准备

水泥、砂、石子、沥青等。

2. 机具准备

砂浆搅拌机或混凝土搅拌机、手推车、沥青锅、拌合锅、铁锹、铁抹子、水平尺、水平刮杠、烙铁、温度计、压滚等。

2.2 工艺流程

基层清理→分格缝弹线→找平层施工。

2.3 易产生的质量和安全问题

2.3.1 质量问题(见表11-4)

屋面找平层质量隐患的防治　　　　　　　　表11-4

质量隐患	主要原因分析	防治措施
找坡不准，排水不畅	1. 屋面出现积水主要是排水坡度不符合设计要求 2. 天沟、檐沟纵向坡度在施工操作时控制不严，造成排水不畅 3. 水落管内径过小，屋面垃圾、落叶等杂物未及时清扫	1. 根据建筑物的使用功能，在设计中应正确处理分水、排水和防水之间的关系 2. 天沟、檐沟的纵向坡度不应小于1%，天沟落水落差不得超过200mm，水落管内径不应小于75mm，一根水落管的屋面最大汇水面积不宜大于200m² 3. 屋面找平层施工时，应严格按设计坡度拉线，并在相应位置上设基准点 4. 屋面找平层施工完成后，对屋面坡度、平整度应及时组织验收
找平层起砂、起皮	1. 结构层或保温层高低不平，导致找平层施工厚度不均 2. 配合比不准，使用过期和受潮结块的水泥，砂子含泥量过大 3. 屋面基层清扫不干净，找平层施工前基层未刷水泥净浆 4. 水泥砂浆搅拌不均，摊铺压实不当，特别是水泥砂浆在收水后未能及时进行二次压实和收光 5. 水泥砂浆养护不充分，特别是保温材料的基层，更易出现水泥水化不完全的问题	1. 严格控制结构层或保温层的标高，确保找平层的厚度符合设计要求 2. 在松散材料保温层上做找平层时，宜选用细石混凝土材料，其厚度一般为30～35mm，混凝土强度等级应大于C20 3. 水泥砂浆找平层宜采用1:2.5～1:3体积配合比，水泥强度等级不低于32.5级，不得使用过期和受潮结块的水泥 4. 水泥砂浆摊铺前，屋面基层应清扫干净，并充分润湿，但不得有积水现象 5. 水泥砂浆宜用机械搅拌，并要严格控制水灰比，砂浆稠度为70～80mm，搅拌时间不得少于1.5min 6. 作好水泥砂浆的摊铺和压实工作 7. 屋面找平层施工后应及时覆盖浇水养护，使其表面保持湿润，养护时间宜为7～10d

续表

质量隐患	主要原因分析	防治措施
找平层开裂	1. 在保温屋面中，如采用水泥砂浆找平层，其刚度和抗裂性明显不足 2. 采用水泥砂浆找平，两种材料的线膨胀系数相差较大，且保温材料容易吸水 3. 找平层的开裂还与施工工艺有关，如抹压不实、养护不良等	1. 在屋面防水等级为Ⅰ、Ⅱ级的重要工程中，可采用如下措施：①对于整浇的钢筋混凝土结构基层，一般应取消水泥砂浆找平层。②对于保温屋面，在保温材料上必须设置35～40mm厚的C20细石混凝土找平层，内配置双向$\phi 4@200$钢筋网 2. 找平层应设分格缝 3. 抗裂要求较高的屋面防水工程，水泥砂浆找平层中，宜掺微膨胀剂 4. 其余同找平层起砂、起皮的预防措施

2.3.2 安全问题(见表11-5)

屋面找平层安全隐患的防治 表11-5

安全隐患	主要原因分析	防治措施
人、物高空坠落	1. 高处、临边施工未采取有效保护措施 2. 未遵守高处作业等有关规定	1. 施工前，应逐级进行安全技术教育及交底，落实所有安全技术措施和人身防护用品，未经落实时不得进行施工 2. 施工人员应佩戴安全帽，穿防滑鞋，工作中不得打闹 3. 人工或机械上料时，重物下严禁站人 4. 屋面上应做好四边、龙门架入口和洞口安全防护工作 5. 高处作业屋面周围边沿和预留孔洞，必须按"洞口、临边"防护规定进行安全防护
人身中毒、烫伤事件	未穿戴好防护用品	沥青砂浆操作工人应佩带防毒、防烫等防护用品

2.4 质量标准

2.4.1 主控项目

（1）找平层的材料质量及配合比必须符合设计要求。规范规定，水泥浆找平层采用1∶2.5～1∶3（水泥∶砂）体积比，水泥强度等级不得低于32.5级；细石混凝土找平层采用强度等级不得低于C20；沥青砂浆找平层采用1∶8（沥青∶砂）质量比，沥青可采用10号、30号的建筑石油沥青或其熔合物。具体材质及配合比应符合设计要求。

（2）屋面（含天沟、檐沟）找平层的排水坡度，必须符合设计要求（屋面找平层是铺设卷材、涂膜防水层的基层。在调研中发现平屋面（坡度3‰～5‰）、天沟、檐沟，由于排水坡度过小或找坡不正确，常会造成屋面排水不畅或积水现象。基层找坡正确，能将屋面上的雨水迅速排走，延长了防水层的使用寿命）。

2.4.2 一般项目

（1）基层与突出屋面结构的交接处和基层的转角处，均应做成圆弧形，且整齐平顺。基层与突出屋面结构，如女儿墙、出墙、天窗壁、变形缝、烟囱等的交接处以及基层的转角处，均应按《屋面工程质量验收规范》GB 50207—2002 第4.1.5条的规定做成圆弧形，以保证卷材、涂膜防水层的质量。

（2）水泥砂浆、细石混凝土找平层应平整、压光，不得有酥松、起砂、起皮现象。沥青砂浆找平层不得有拌合不匀、蜂窝现象。由于目前一些施工单位对找平层质量不够重视，致使水泥砂浆、细石混凝土找平层的表面有酥松、起砂、起皮和裂缝现象，直接影响防水层和基层的粘贴质量或导致防水层开裂。对找平层的质量要求，除排水坡度满足设计要求外，并规定找平层要在收水后二次压光，使表面坚固、平整；水泥砂浆终凝后，应采取浇水、覆盖浇水、喷养护剂、涂刷冷底子油等手段充分养护，保证砂浆中的水泥充分水化，以确保找平层质量。沥青砂浆找平层，除强调配合比准确外，施工中应注意拌合均匀和表面密实。找平层表面不密实会产生蜂窝现象，使卷材胶结材料或涂膜的厚度不均匀，直接影响防水层的质量。

（3）找平层分缝的位置和间距应符合设计要求。调查分析认为，卷材、涂膜防水层的不规则拉裂，是由于找平层的开裂造成的，而水泥砂浆找平层的开裂又是难以避免的。找平层合理分格后，可将变形集中到分格缝处。规范规定找平层分格缝应设在板端缝处，其纵横缝的最大间距：水泥砂浆或细石混凝土找平层，不宜大于6m；沥青砂浆找平层，不宜大于4m。因此，找平层分格缝的位置和间距应符合设计要求。

（4）找平层表面平整度的允许偏差为5mm。找平层的表面平整度是根据普通抹灰质量标准规定的，其允许偏差为5mm。提高对基层平整度的要求，可使卷材胶结材料或涂膜的厚度均匀一致，保证屋面工程的质量。

2.5 质量检验（见表11-6）

屋面找平层工程质量检验 表11-6

	施工质量验收规范规定	检验批划分	检验数量	检验方法	检验要点
主控项目	1. 材料质量及配合比	设计要求	按施工段（或变形缝）作为检验批，进行全部检查	1. 应按屋面面积100m²抽查一处，每处10m²且不得少于3处	检查出厂合格证、质量检验报告和计量措施	检查出厂合格证与材料是否相符，检查其时效性。检查质量检验报告和复验报告。严格控制配合比（体积或质量）
	2. 排水坡度	设计要求		2. 接缝密封防水，每50m应抽查一处，每处5m，且不得少于3处	用水平仪（水平尺）、拉线和尺量检查	严格控制排水坡度，特别注意局部积水，出水口等节点部位排水不畅
一般项目	1. 交接处和转角细部处理	第4.1.9条		3. 细部构造根据分项工程的内容，应全部进行检查	观察和尺量检查	检查基层与女儿墙、山墙、天窗壁、变形缝、烟囱等突出屋面结构交接处及基层转角处圆弧是否整齐平顺

续表

施工质量验收规范规定		检验批划分	检验数量	检验方法	检验要点
一般项目	2. 表面质量 第4.1.10条	按施工段（或变形缝）作为检验批，进行全部检查	1. 应按屋面面积100m²抽查一处，每处10m²且不得少于3处	观察检查	检查找平层是否平整、压光，不得有酥松、起砂、起皮现象
	3. 分格缝位置和间距 第4.1.11条		2. 接缝密封防水，每50m应抽查一处，每处5m，且不得少于3处	观察和尺量检查	检查分格缝的间距，位置是否满足设计要求（纵横缝最大间距：水泥砂浆或细石混凝土找平层不宜大于6m），分格缝填充材料和填充质量是否合格
	4. 表面平整度允许偏差 5mm		3. 细部构造根据分项工程的内容，应全部进行检查	用2m靠尺和楔形塞尺检查	检测点位置应具有代表性

2.6 质量验收记录

（1）水泥砂浆、沥青砂浆细石混凝土施工配合比。
（2）水泥、沥青等原材料出厂合格证，质量检测报告及现场抽样复验报告。
（3）屋面找平层检验批质量验收记录。
（4）找平层分项工程质量验收记录。

训练3 卷材屋面防水层

[训练目的与要求]　掌握卷材屋面防水层工程质量标准，能熟练地对卷材屋面防水层工程进行质量检验，并能填写工程质量检查验收记录。熟悉卷材屋面防水层工程的质量与安全隐患及防治措施，并能编制卷材屋面防水层工程质量与安全技术交底资料。参加卷材屋面防水层工程质量检查验收并填写有关工程质量检查验收记录。

3.1　防水层施工准备

3.1.1　作业准备

编制防水工程施工方案；编制防水层施工质量安全技术交底资料；卷材防水层的基层检验合格可以进行下道工序；防水施工人员经培训考试合格持证上岗；施工环境符合适宜作业环境条件要求（雨、雪天和五级风及其以上天气不得施工，沥青卷材防水层施工环境气温不低于5℃）。

3.1.2　材料与机具准备

1. 材料准备

油毡、沥青、填充料、绿豆砂、稀释剂等。

2. 机具准备

喷涂机、沥青锅、薄钢板、保温车、油桶、油壶、铁板漏勺、油勺、温度计、台秤、长柄刮板、长柄棕刷、铁锹、扫帚、防护用品、消防器材等。

3.2 工艺流程

3.2.1 沥青卷材屋面防水层

基层清理→喷涂冷底子油→配置玛琋脂→油毡铺贴→细部处理→淋水、蓄水检验→油毡保护层。

3.2.2 改性沥青卷材屋面防水层

基层清理→喷涂基层处理剂→卷材铺贴→细部处理→淋水、蓄水试验→卷材保护层施工。

3.2.3 高分子卷材屋面防水层

基层清理→喷涂基层处理剂→卷材铺贴→细部处理→淋水、蓄水试验→卷材保护层。

3.3 易产生的质量与安全问题

3.3.1 质量问题(见表11-7)

卷材屋面防水层质量隐患的防治　　　　　　　　表 11-7

质量隐患	主要原因分析	防治措施
屋面积水	1. 基层找平不准，形成洼坑，水落口标高过高，雨水在天沟中无法排除 2. 大挑檐其中天沟反梁过水孔标高过高或过低，出水孔径过小，易堵塞造成长期积水 3. 水落口管径过小，水落口周围排水不畅造成堵塞	1. 防水层施工前，对找平层的坡度应作为主要项目进行检查，遇有低洼或坡度过小时，应修补处理后，方可继续施工 2. 水落口标高必须考虑天沟排水坡度的高差、周围加大的坡度尺寸和防水层施工厚度等因素。在施工时须测量后确定 3. 设计时应根据最大雨量计算确定水落管数量与管径尺寸，且排水距离不宜过长
屋面开裂	1. 温度变化，屋面板产生胀缩，引起板端角变 2. 卷材搭接太小，卷材收缩后接头开裂、翘起，卷材老化龟裂、鼓泡破裂或外伤等	1. 在应力集中、基层变形较大的部位，先干铺一层卷材条作为缓冲层，使卷材能适应基层伸缩的变化 2. 找平层应设分格缝 3. 选用合格的卷材，朽、变质者应剔除不用 4. 沥青玛琋脂事先经过试验，耐热度、柔韧性和粘结力三个指标必须全部符合质量标准 5. 沥青玛琋脂的熬制温度不应过高，熬制时间不能过长，以免影响沥青玛琋脂的柔韧性，加速材料的老化 6. 卷材铺贴前，其表面应加以清理，并反卷过来 7. 砖混结构住宅的楼板与屋面板中，将预制空心板改为整体现浇板，对防止屋面开裂收到实效 8. 卷材防水层上有重物覆盖或基层变形较大时，应优先采用空铺法、点粘法、条粘法或机械固定法，但距屋面周边 800mm 内应满粘，卷材与卷材之间也应满粘

续表

质量隐患	主要原因分析	防治措施
屋面流淌	1. 沥青玛琋脂耐热度偏低 2. 沥青玛琋脂胶粘层过厚 3. 屋面坡度过陡，且采用平行于屋脊方向铺贴卷材；或采用垂直屋脊铺帖卷材，但在半坡进行短边搭接	1. 找平层应平整、坚实、干净，以提高防水层与基层之间的粘结力 2. 沥青玛琋脂耐热度必须经过严格检验，其标号应按规范选用。竖直面的耐热度还应提高5～10号 3. 每层沥青玛琋脂厚度必须控制在1～1.5mm之间，确保卷材粘结牢固，长短边搭接宽度应满足规范要求 4. 用做保护层的绿豆砂必须过筛，事先烘干预热，在玛琋脂涂刷后，趁热撒铺均匀，使砂粒牢固嵌入沥青玛琋脂之中 5. 在竖直面上，可在铺完防水层并涂刷热沥青玛琋脂后，浇筑干硬性的细石混凝土作保护层。这种构造对应铺卷材的流淌或滑坡有较好的阻止作用 6. 屋面坡度大于25%时，卷材防水层应采取固定措施，固定点应密封严密 7. 对于重要屋面防水工程，宜选用耐热性能较好的高聚物改性沥青防水卷或合成高分子防水卷材
卷材防水层过早老化	沥青胶结材料的标号选用不当，软化点过高；熬制温度过高，加热时间过长；涂刷过厚；绿豆砂铺撒不匀；缺乏经常维修等，都会加速材料的老化	1. 合理选择沥青胶结材料的标号，并应设法防止过早老化 2. 严格控制沥青胶结材料的熬制温度和使用温度，禁止使用熬焦过（碳化）的沥青或玛琋脂 3. 重视绿豆砂保护层的施工和维修工作，切实保证其质量 4. 重要屋面防水工程，宜选用耐老化性能较好的高聚物改性沥青防水卷或合成高分子防水卷材
女儿墙推裂与渗漏	1. 屋面结构层与女儿墙之间未留空隙，也未嵌填松散材料，致使屋面结构在高温季节暴晒时，因温度膨胀产生推力，使女儿墙发生开裂或移位，从而出现渗漏 2. 女儿墙的压顶如采用水泥砂浆抹面，由于温差和干缩变形，使压顶出现竖直裂缝，有时往往贯通，从而引起渗漏 3. 女儿墙推裂与渗漏，还与地基不均匀沉降、设计不周、施工质量低劣等有关	1. 在炎热地区，砖混结构的建筑物可在屋顶上设置通风隔热层或采用种植屋面、倒置屋面等多种措施，可有效防止女儿墙的推裂 2. 对于不良地基，应采用加固处理后，才能作为建筑物地基的土层。特别在江、河、湖、海地区，更要控制软土地基引起的不均匀沉降 3. 减少约束影响。如刚性防水层宜每隔4～6m设置一条温度伸缩缝；屋面结构层与女儿墙之间则应留出大于20mm的空隙，并用松散材料予以填充，封口收头处应密封 4. 改进细部构造的防水处理 5. 重要的建筑物应采用钢筋混凝土女儿墙
细部构造渗漏	1. 细部构造处是屋面积水和雨水比较集中的地方，在气温变化及晴、雨相间的恶劣环境下，这些地方容易发生卷材过早老化、腐烂或破损等现象 2. 细部构造又是结构变形与温度应力集中的地方，容易发生结构位移和卷材收头密封不严等情况，并引发渗漏水 3. 找坡不准、施工操作困难以及基层潮湿又无法排除等原因，导致卷材铺贴不牢 4. 屋面垃圾、草皮及树叶等杂物，未能定期清扫，造成屋面排水不畅	1. 铺贴泛水处的卷材应采用满粘法工艺，确保卷材与基层粘结牢靠 2. 基层潮湿而又急需施工时，宜用"喷火"法进行烘烤，及时将基层中多余潮气排除 3. 改进设计构造。根据"减少约束、防排结合、刚柔相济、多道防线"的原则

续表

质量隐患	主要原因分析	防治措施
防水层剥离	1. 找平层有起皮、起砂现象，卷材铺贴前基层上有灰尘和潮气 2. 热玛琋脂使用温度过低，卷材铺贴后与基层未粘牢 3. 在屋面转角处，因卷材拉伸过紧，或因材料收缩，使防水层与基层剥离	1. 严格控制找平层表面质量，施工前应多次清扫。如有潮气和水分，宜用"喷火"法进行烘烤 2. 适当提高热玛琋脂的加热和使用温度 3. 在大坡面和立面施工时，卷材一定要采取满粘法铺贴，必要时还可以采取金属压条固定。另外在铺贴卷材时，要注意压实和卷材接缝处及收头的密封处理
屋面卷材起鼓	在卷材防水层中粘结不实的部位，窝有水分和气体，当其受到太阳照射或人工热源影响后，体积膨胀，造成鼓泡	1. 找平层应平整、干净、干燥，基层处理剂涂刷均匀，这是防止卷材起鼓的主要措施 2. 原材料在运输和储存过程中，应避免水分侵入，尤其是要防止卷材受潮。铺设时应先高后低，先远后近，分区段流水施工，并注意掌握天气变化，连续作业，一气呵成 3. 防水层施工前，应将卷材表面清刷干净；铺贴卷材时，玛琋脂应涂刷均匀，并认真做好压实工序，以增强卷材防水层与基层的粘贴能力 4. 不得在雨天、大雾、大风或风沙天施工，防止基层受潮 5. 当屋面基层干燥确有困难，而又急需铺贴卷材时，应采用排汽屋面作法
卷材施工后破损	1. 清洁不干净，在防水层内残留砂粒或小石子 2. 人员穿带钉的鞋子操作 3. 卷材防水层上做刚性材料保护层时，运输小车直接将砂浆或混凝土材料倾倒在防水卷材上 4. 架空隔热屋面施工时，直接在防水卷材上砌筑砖墩或砖地垄墙，在高温时，因温度变形易将砖支墩处的卷材拉破	1. 卷材防水层施工前应进行多次清扫，铺贴卷材前还应检查有否残存的砂石粒屑；遇五级以上大风时应停止施工，防止脚手架上或上一层建筑物上刮下灰砂 2. 施工人员必须穿软底鞋操作，无关人员不准在铺好的防水层上随意行走或踩踏 3. 在卷材防水层上做保护层时，运输材料的手推车必须包裹柔软的橡胶或麻布；在倾倒砂浆或混凝土材料时，其运输通道上必须铺设木垫板，以防损坏卷材防水层 4. 在卷材防水层上铺砌架空屋面的砖墩时，应在砖墩下垫一方块卷材，堆置与安装隔热板时，要轻拿轻放，防止损坏已完工的卷材防水层

3.3.2 安全问题(见表11-8)

卷材屋面防水层安全隐患的防治　　　　　　表11-8

安全隐患	主要原因分析	防治措施
人、物高空坠落	1. 高处、临边施工未采取有效保护措施 2. 未遵守高处作业等有关规定	1. 施工前，应逐级进行安全技术教育及交底，落实所有安全技术措施和人身防护用品，未经落实时不得进行施工 2. 屋面四边、洞口、脚手架边均应设有防护栏杆和支设安全网 3. 高处作业屋面周围边沿和预留孔洞，必须按"洞口、临边"防护规定进行安全防护

续表

安全隐患	主要原因分析	防治措施
人身中毒,烫伤事件	未穿戴好防护用品以及采取相关保护措施	1. 从事沥青工作人员,均应认真佩戴各种防护用品,防止沥青中毒和烫伤事故发生 2. 施工现场和配料场地应通风良好,操作人员应穿软底鞋、工作服、扎紧袖口,并应配戴手套以及鞋盖。涂刷处理剂和胶粘剂时,必须戴好防毒口罩和防护眼镜。外露皮肤应涂抹防护膏。操作时严禁用手直接揉擦皮肤 3. 用热玛琋脂粘铺卷材时,烧油和铺毡人员,应保持一定距离,烧油时,檐口下方不得有人行走或停留 4. 使用液化气喷枪以及汽油喷灯点火时,火嘴不准对人。汽油喷灯加油不得过满,打气不能过足
防止火灾	主要是施工时未采取安全措施	1. 熬制沥青应在下风口,远离火源和建筑物10m以上。锅内沥青不应超出锅容量的2/3,锅灶附近应备有消防灭火器材。如发生沥青着火,应立即用铁板封盖油锅,禁止浇水灭火 2. 材料存放与专人负责的库房,严禁烟火并应挂有醒目的警告标志 3. 防水卷材采用热熔粘结,使用明火(如喷灯)操作时,应申请办理用火证,并设专人看火。配有灭火器材,周围 30m 以内不准有易燃物

3.4 质量标准

3.4.1 主控项目

(1) 卷材防水层所用卷材及其配套材料,必须符合设计要求。卷材防水层应采用高聚物改性沥青防水卷材、合成高分子防水卷材或沥青防水卷材。沥青防水卷材是我国传统防水材料,已制定较完整技术标准,产品质量应符合国标《石油沥青纸胎油毡》GB 326—89 的要求。国内新型防水材料发展很快。近年来,我国普遍应用并获得较好效果,高聚物产品质量应符合国标《弹性体沥青防水卷材》GB 18242—2000,《塑性体沥青防水卷材》GB 18243—2000 和行标《改性沥青聚乙烯胎防水卷材》JC/T 633—1996 的要求。目前国内合成高分子防水卷材的种类主要为:三元乙丙、氯化聚乙烯橡胶共混、聚氯乙烯、氯化聚乙烯和纤维增强氯化聚乙烯等产品,这些材料在国内使用比较多,而且比较成熟。产品质量应符合国标《高分子防水材料》(第一部分片材)GB 18173.1—2000 的要求。同时还对卷材的胶粘剂提出基本质量要求,合成高分子胶粘剂浸水保持率是一项重要性能指标,为保证屋面整体防水性能,规定浸水 168h 后胶粘剂剥离强度保持不应低于70%。

(2) 卷材防水层不得有渗漏或积水现象。防水是屋面的主要功能之一,若卷材防水层出现渗漏或积水现象,将是最大的弊病。检验屋面有无渗漏和积水、排水系统是否畅通,可在雨后或持续淋水 2h 以后进行。有可能作蓄水检验的屋面,其蓄水时间不应少于 24h。

(3) 卷材防水层在天沟、檐沟、檐口、水落口、泛水、变形缝和伸出屋面防水构造面管道的,必须符合设计要求。天沟、檐沟、檐口、水落口、泛水、变形缝和伸出屋面管道等处,是当前屋面防水工程渗漏最严重的部位。因此,卷材屋面的防水构造设计应符合下列规定:①应根据屋面的结构变形、温差变形、干缩变形和震动等因素,使节点设防能够满足基层变形的需要。②应采用柔性密封、防排结合、材料防水与构造防水相结合的作法。③应采用防水卷材、防水涂料、密封材料和刚性防水材料等材性互补并用的多道设防(包括设置附加层)。

3.4.2 一般项目

(1) 卷材防水层的搭接缝应粘(焊)结牢固,密封严密,不得有皱折、翘边和鼓泡等缺陷;防水层的收头应与基层粘结并固定牢固,缝口封严,不得翘边。根据历次调查发现,天沟、檐沟与屋面交接处常发生裂缝,在这个部位应采用增铺卷材或防水涂膜附加层。由于卷材铺贴较厚,檐沟卷材收头又在沟帮顶部,不采用固定措施就会由于卷材的弹性发生翘边脱落现象。卷材在泛水处应采用满粘,防止立面卷材下滑。收头密封形式还应根据墙体材料及泛水高度确定。①女儿墙较低,卷材铺到压顶下,上用金属或钢筋混凝土等盖压。②墙体为砖砌时,应预留凹槽将卷材收头压实,用压条钉压,密封材料封严,抹水泥砂浆或聚合物砂浆保护。凹槽距屋面找平层高度不应小于250mm。③墙体为混凝土时,卷材的收头可采用金属压条钉压,并用密封材料封固。

(2) 卷材防水层上的撒布材料和浅色涂料保护层应铺撒或涂刷均匀,粘结牢固;水泥砂浆、块材或细石混凝土保护层与卷材防水层间应设置隔离层;刚性保护层的分格缝留置应符合设计要求。卷材防水层完工并经验收合格后,应做好成品保护。保护层的施工应符合下列规定:①绿豆砂应清洁、预热、铺撒均匀,并使其与沥青玛琋脂粘结,不得有未粘结的绿豆砂。②云母或蛭石的保护层不得有粉料,撒铺应均匀,不得露底,多余的云母或蛭石应清除。③水泥砂浆保护层的表面应抹平压光,并设表面分格缝,分格面积宜为 $1m^2$。④块体材料保护层应留设分格缝,分格面积不宜大于 $100m^2$,分格缝宽度不宜小于20mm。⑤细石混凝土保护层,混凝土应密实,表面抹平压光,并留设分格缝,分格面积不大于 $36m^2$。⑥浅色涂料保护层应与卷材粘结牢固,厚薄均匀,不得漏涂。⑦水泥砂浆、块材或细石混凝土保护层与防水之间应设置隔离层。⑧刚性保护层与女儿墙、山墙之间应预留宽度为30mm的缝隙,并用密封材料嵌填严密。

(3) 排气屋面的排气道应纵横贯通,不得堵塞。排气管应安装牢固,位置正确,封闭严密(排气屋面的排气道应纵横贯通,不得堵塞,并同大气排气出口相通。找平层设置分格缝可兼做排气道,排气道间距宜为6m,纵横设置。屋面面积每 $36m^2$ 宜设一个排气出口。排气出口应埋设排气管,排气管应设置在结构层上,穿过保温层的管壁应设排气孔,以保证排气道的畅通。排气口亦可设在檐口下或屋面排气道交叉处。排气管的安装必须牢固、封闭严密,否则会使排气管变成了进水孔,造成屋面漏水)。

(4) 卷材的铺贴方向应正确,卷材搭接宽度的允许偏差为10mm。卷材铺贴方向应符合下列规定:①屋面坡度小于3%时,卷材宜平行屋脊铺贴。②屋面坡度在3%~15%时,卷材可平行或垂直屋脊铺贴。③屋面坡度大于15%或屋面受震动时，沥青防水卷材应垂直屋脊铺贴，高聚物改性沥青防水卷材和合成高分子防水卷材可平行或垂直屋脊铺贴。卷材铺贴方向主要是针对沥青防水卷材规定的。考虑到沥青软化点较低，防水层较厚，屋面坡度较大时须垂直屋脊方向铺贴，以防发生流淌。高聚物改性沥青防水卷材和合成高分子防水卷材耐温性好，厚度较薄，不存在流淌问题，故对铺贴方向不予限制。为保证卷材铺贴质量，规范规定了卷材搭接宽度的允许偏差为10mm，不考虑正偏差。通常卷材铺贴前施工单位应根据卷材搭接宽度和允许偏差，在现场弹出尺寸粉线作为标准去控制施工质量。

3.5 质量检验（见表 11-9）

卷材屋面防水层工程质量检验　　表 11-9

	施工质量验收规范规定		检验批划分	检验数量	检验方法	检验要点
主控项目	1. 卷材及配套材料质量	设计要求	按栋、施工段（或变形缝）划分检验批	1. 卷材防水屋面应按屋面面积100m² 抽查一处，每处10m² 且不得少于3处。2. 接缝密封防水，每50m 应抽查一处，每处5m，且不得少于3处。3. 细部构造根据分项工程的内容，应全部进行检查	检查出厂合格证、质量检验报告和现场抽样复验报告	检查所用卷材的种类、材质厚度及配套材料的相容性是否符合设计要求。检查出厂合格证、质量检验报告的有效性、与原材料的相符性。材料现场随机取样，检查复验报告
	2. 卷材防水层	第4.3.16条			雨后或淋水、蓄水检验	进行淋水或蓄水试验，观察是否有渗漏现象，在雨后或持续淋水2h后行。作蓄水试验时，其蓄水时间不应小于24h
	3. 防水细部构造	第4.3.17条			检查隐蔽工程验收记录	在天沟、檐沟、水落口、泛水、变形缝和伸出屋面管道等细部各工序施工时要根据设计要求和验收规范全部进行检查
一般项目	1. 卷材搭接缝与收头质量	第4.3.18条			观察检查	观察检查卷材防水层接缝处、收头处、细部是否粘(焊)结牢固，是否皱折、翘边、起泡现象
	2. 卷材保护层	第4.3.19条			观察检查	撒布材料和浅色涂料保护层是否粘结牢固，铺撒或涂刷均匀。刚性保护层与卷材防水层间是否按设计设置隔离层。分格缝间距、位置是否满足要求。分格缝间材料规格是否满足要求

续表

	施工质量验收规范规定	检验批划分	检验数量	检验方法	检验要点
一般项目	3. 排气屋面孔道留置	第4.3.20条	1. 卷材防水屋面应按屋面面积100m²抽查一处，每处10m²且不得少于3处 2. 接缝密封防水，每50m应抽查一处，每处5m，且不得少于3处 3. 细部构造根据分项工程的内容，应全部进行检查	观察检查	查排气管数量位置，是否纵横贯通，有无堵塞。安装是否牢固，接头封闭是否严密。每36m²宜设一个排气出口
	4. 卷材铺贴方向	铺贴方向正确		观察和尺量检查	1. 屋面坡度小于3%时，卷材宜平行屋脊铺贴 2. 屋面坡度在3%~15%时，卷材可平行或垂直屋脊铺贴 3. 屋面坡度大于15%或屋面受震动时，沥青防水卷材应垂直屋脊铺贴，高聚物改性沥青防水卷材和合成高分子防水卷材可平行或垂直屋脊铺贴
	5. 搭接宽度允许偏差	10mm		观察和尺量检查	重点查看卷材短边接头部位，长边靠近端头部位处及节点部位

3.6 质量验收记录

3.6.1 沥青卷材屋面防水层

(1) 油毡和沥青出厂合格证、质量检验报告和现场抽样复检验报告。

(2) 沥青玛琋脂的施工配合比。

(3) 沥青玛琋脂在配置过程中的试验资料。

(4) 沥青玛琋脂的加热温度和使用温度记录。

(5) 隐蔽工程检查验收记录。

(6) 淋水蓄水检验记录。

(7) 卷材防水层检验批质量验收记录。

(8) 卷材防水层分项工程质量验收记录。

(9) 细部构造检验批质量验收记录。

(10) 细部构造分项工程质量验收记录。

3.6.2 改性沥青卷材屋面防水层

(1) 改性沥青卷材及其配套材料出厂合格证、质量检验报告和现场抽样复检报告。

(2) 隐蔽工程检查验收记录。

(3) 淋水蓄水检验记录。

(4) 卷材防水层检验批质量验收记录。

(5) 卷材防水层分项工程质量验收记录。

(6) 细部构造检验批质量验收记录。

(7) 细部构造分项工程质量验收记录。

3.6.3 高分子卷材屋面防水层

(1) 高分子卷材及其配套材料出厂合格证、质量检验报告和现场抽样复检报告。

(2) 隐蔽工程检查验收记录。

(3) 淋水、蓄水检验记录。

(4) 卷材防水层检验批质量验收记录。

(5) 卷材防水层分项工程质量验收记录。

(6) 细部构造检验批质量验收记录。

(7) 细部构造分项工程质量验收记录。

训练 4 聚氨酯涂膜屋面防水层

[训练目的与要求] 掌握聚氨酯涂膜屋面防水层工程质量标准，能熟练地对聚氨酯涂膜屋面防水层工程进行质量检验，并能填写工程质量检查验收记录。熟悉聚氨酯涂膜屋面防水层工程的质量与安全隐患及防治措施，并能编制聚氨酯涂膜屋面防水层工程质量与安全技术交底资料。参加聚氨酯涂膜屋面防水层工程质量检查验收并填写有关工程质量检查验收记录。

4.1 防水层施工准备

4.1.1 作业准备

编制防水工程施工方案；编制防水层施工安全技术交底资料；防水层的基层检验合格可以进行下道工序；防水施工人员经培训考试合格持证上岗；施工环境符合施工作业环境条件的要求（雨、雪天和五级风及其以上天气不得施工，聚氨酯涂膜防水层施工环境气温宜为 5～35℃）。

4.1.2 材料与机具准备

1. 材料准备

聚氨酯涂料、促凝剂二月桂酸二丁基锡、缓凝剂磷酸、乙酸乙酯、二甲苯、胎体增强材料等。

2. 机具准备

电动搅拌器、搅拌桶、小铁桶、小平铲、塑料或橡皮刮板、长把滚刷、毛刷、小抹子、扫帚、磅秤等。

4.2 工艺流程

基层清理→涂膜附加层→涂膜施工→细部处理→淋水、蓄水试验→涂膜保护层。

4.3 易产生的质量和安全问题

4.3.1 质量问题(见表11-10)

聚氨酯涂膜屋面防水层质量隐患防治　　　　表 11-10

质量隐患	主要原因分析	防治措施
屋面渗漏	1. 基层不平，屋面积水 2. 设计构造不合理 3. 屋面基层结构变形较大、地基不均匀沉降等引起防水层开裂 4. 细部构造封固不严，涂膜有开裂、脱落等现象 5. 涂布方法不当，涂料成膜厚度不足，且有露胎体、皱皮等现象 6. 使用不合适的防水涂料 7. 双组分涂料施工时，配合比计量不正确，搅拌不充分	1. 找平层必须做到平整、坚实、光滑、无起砂、起皮及开裂等缺陷 2. 有合理的分水和排水设计，所有檐口、檐沟、天沟、水落口等应有一定的排水坡度，并切实做到封口严密，排水通畅 3. 正确选择涂料品种与防水层的厚度，以及相适应的屋面构造与涂层结构 4. 涂膜防水屋面宜选用整体浇筑的钢筋混凝土结构 5. 天沟、檐沟、檐口、变形缝、泛水、穿透防水基层的管道或突出屋面结构连接处等，均匀加铺有胎体增强材料的附加层 6. 严禁使用不合格的防水涂料 7. 应视防水涂料的品种及成膜方法，选择合理的施工工法，并须遵守有关操作工艺 8. 防水涂膜应分层分遍涂布 9. 涂膜防水层施工时应做到厚薄均匀，表面平整 10. 涂膜厚度对防水质量有直接影响，也是施工中最易出现偷工减料的环节 11. 涂层之间不能采取连续作业法，两道涂层的相隔时间与涂膜的干燥程度有关，且应通过试验确定
粘结不牢	1. 表面不平整，不干净，有起皮、起灰等现象 2. 施工时基层过分潮湿 3. 涂料结膜不良 4. 涂料成膜厚度不足 5. 在复合防水施工时，涂料与其他防水材料相容性差 6. 防水涂料施工时突遇下雨 7. 突击施工，上下工序及二道涂层之间无技术间隔时间	1. 找平层不平整造成屋面积水时，宜用涂料拌合水泥砂浆进行修补；凡有起皮、起灰等缺陷时，要及时用钢丝刷清理，并修补好；防水层施工前，还应将基层表面清扫，并洗刷干净 2. 涂膜防水层的基层应达到干燥状态后才可进行防水作业，并应选在晴朗天气施工 3. 基层表面尚未干燥而又急于施工时，则可选择涂刷潮湿界面处理剂、基层处理剂等方法，改善涂料与基层的粘结性能 4. 采用两种防水材料进行复合防水施工时，应考虑防水涂料与其他材料的相容性，确保两者之间粘结牢固 5. 施涂操作要确保涂料的成膜厚度 6. 掌握天气变化，并备置雨布，供下雨时及时覆盖。表面的涂料已经结膜，此时可抵抗雨水冲刷，而不致影响与基层的粘结力 7. 防水层每道工序之间应有一定的技术间隔时间，详见有关"屋面渗漏"的预防措施 8. 不得使用已经变质失效的防水涂料

续表

质量隐患	主要原因分析	防治措施
涂膜，裂缝，脱皮，流淌，鼓包	1. 基层刚度不足，抗变形能力差，找平层开裂 2. 涂料施工时温度过高，或一次涂刷过厚，或在前遍涂料未干前即涂刷后续涂料 3. 基层表面有砂粒、杂物，涂料中有沉淀物质 4. 基层表面未充分干燥，或在湿度较大的气候下操作 5. 基层表面不平，涂膜厚度不足，胎体增强材铺贴不平整 6. 涂膜流淌主要发生在耐热性差的防水涂料中	1. 在保温层上必须设置细石混凝土（钢筋）刚性找平层；同时在找平层上按规定留设温度分格缝 2. 为防止涂膜防水层开裂，应在找平层分格缝处，增设带胎体增强材料的空铺附加层，其宽度宜为 200~300mm；而在分格缝中间 70~100mm 范围内，胎体附加层的底部不应涂刷防水涂料，以使与基层脱开 3. 涂料应分层、分遍进行施工，并按事先试验的材料用量与间隔时间进行涂布 4. 施工前应将基层表面清扫干净，沥青基涂料中如有沉淀物，可用 32 目钢丝网过滤 5. 选择晴朗天气下操作，或可选用潮湿界面处理剂、基层处理剂或能在湿基层上固化的合成高分子防水涂料，可减少涂料膜中鼓泡的形成 6. 基层表面局部不平，可用涂料渗入水泥砂浆中先行修补平整，待干燥后即可施工 7. 进场前应对原材料抽检复查，不符合质量要求的防水涂料坚决不用
保护层材料脱落	1. 粒料保护层未经辊压，与涂料粘结不牢 2. 着色涂料保护层施工时基层潮湿，或使用与原防水涂料不相容的材料 3. 水泥类刚性保护层在施工初期因不注意成品保护，造成缺棱、掉角等缺陷	1. 粒料保护层的材料颗粒不宜过期，使用前应筛去杂质、泥块，必要时还应冲洗和烘干 2. 粒料保护层施工时，应随刷涂料随抛撒保护层材料，然后用表面包胶皮的铁辊轻轻碾压，使粒料嵌入棉层涂料中 3. 浅色涂料保护层施工时，其基层应符合平整、干净和干燥的要求，使用的涂料应与原防水涂料进行相容性试验 4. 整浇水泥类保护层施工初期，要注意养护，并防止碰伤
防水层破损	涂膜防水层较薄，在施工时若保护不好，容易遭到破坏	1. 按操作程序施工，待屋面上其他工程全部完工后，再施工涂膜防水层 2. 找平层强度不足或酥软、塌陷等现象时，则应对基层进行处理，然后才可施工涂膜防水层 3. 防水层施工后 7d 以内严禁上人

4.3.2 安全问题（见表11-11）

聚氨酯涂膜屋面防水层安全隐患的防治 表 11-11

安全隐患	主要原因分析	防治措施
防止火灾	由于聚氨酯甲、乙料及固化剂、稀释剂等均为易燃品	1. 将易燃材料储存在阴凉、远离火源的地方，储仓及施工现场应严禁烟火，并配置消防器材 2. 材料存放与专人负责的库房，严禁烟火并应挂有醒目的警告标志

续表

安全隐患	主要原因分析	防治措施
防止污染皮肤	未穿戴好防护用品	1. 现场操作人员应戴防护手套，避免污染皮肤 2. 施工现场和配料场地应通风良好，操作人员应穿软底鞋、工作服、扎紧袖口，并应配戴手套以及鞋盖。涂刷处理剂和胶粘剂时，必须戴好防毒口罩和防护眼镜。外露皮肤应涂抹防护膏。操作时严禁用手直接揉擦皮肤
人、物高空坠落	1. 高处、临边施工未采取有效保护措施 2. 未遵守高处作业等有关规定	1. 施工前，应逐级进行安全技术教育及交底，落实所有安全技术措施和人身防护用品，未经落实时不得进行施工 2. 屋面四边、洞口、脚手架边均应设有防护栏杆和支设安全网 3. 高处作业屋面周围边沿和预留孔洞，必须按"洞口、临边"防护规定进行安全防护

4.4 质量标准

4.4.1 主控项目

（1）防水涂料和胎体增强材料必须符合设计要求。《屋面工程质量验收规范》GB 50207—2002 附录 A 第 A.0.2 条所列入防水涂料的质量指标，是根据屋面工程的需要规定了物理性能要求，而不是这些材料的全部指标和最高或最低标准要求，现综合说明如下：①固体含量：是各类防水涂料的主要成膜物质，根据各类防水涂料的特性，表中列出了各类防水涂料的固体含量要求。如果固体含量过低，涂膜的质量就难以得到保证。②耐热度：在夏季最高气温条件下，屋面表面的温度可达到 70℃。若涂料的耐热度小于 80℃，同时保持不了 5h，那么涂膜将会产生流淌、起泡和滑动，所以表中列出了各类防水涂料的耐热度要求。③柔性：为使各类防水涂料对施工温度具有一定的适应性，根据各类防水涂料的特性，表中列出各类防水涂料的柔性要求。④不透水性：根据各类防水涂料的特性，表中列出了各类防水涂料的不透水性要求。如能达到表中列出的质量要求，完工后的防水层就不会产生直接渗漏。⑤延伸：主要是使各类防水涂膜具有一定的适应基层变形的能力，保证防水效果。根据各类防水涂料的特性，表中列出了各类防水涂料的延伸性要求。合成高分子防水涂料中的反应固化型，主要指聚氨酯类防水涂料。

（2）涂膜防水层不得有渗漏或积水现象。防水是屋面的主要功能之一，若防水层出现渗漏或积水现象，将是最大的弊病。检验屋面有无渗漏和积水、排水系统是否畅通，可在雨后或持续淋水 2h 以后进行。有可能作蓄水检验的屋面，其蓄水时间不应少于 24h。

（3）涂膜防水层在天沟、檐沟、檐口、水落口、泛水、变形缝和伸出屋面管道和防水构造，必须符合设计要求。天沟、檐沟、檐口、水落口、泛水、变形缝和伸出屋面管道等处，是当前屋面防水工程渗漏最严重的部位。因此，卷材屋面的防水构造设计应符合下列规定：①应根据屋面的结构变形、温差变形、干缩变形和震动等因素，使节点设防能够满足基层变形的需要。②应采用柔性密封、防排结合、材料防水与构造防水相结合的作法。③应采用防水卷材、防水涂料、密封材料和刚性防水材料等材性互补并用的多道设防(包括设置附加层)。

4.4.2 一般项目

(1)涂膜防水层的平均厚度应符合设计要求，最小厚度不应小于设计厚度的80%。涂膜防水层合理使用年限长短的决定因素，除防水涂料技术性能外就是涂膜的厚度，规范规定平均厚度应符合设计要求，最小厚度不应小于设计厚度的80%。涂膜防水层厚度也应包括胎体厚度。

(2)涂膜防水层与基层应粘结牢固，表面平整，涂刷均匀，无流淌、皱折、鼓泡、露胎体和翘边等缺陷。涂膜防水层应表面平整，涂刷均匀，成膜后如出现流淌、鼓泡、露胎体和翘边等缺陷，会降低防水工程质量而影响使用寿命。关于涂膜防水层与基层粘结牢固的问题，考虑到防水涂料的粘结性是反映防水涂料性能优劣的一项重要指标，而且涂膜防水层施工时，基层可预见变形部位(如分格缝处)可采用空铺附加层。因此，验收时规定涂膜防水层与基层应粘结牢固是合理的要求。

(3)涂膜防水层上的撒布材料或浅色涂料保护层应铺撒或涂刷均匀，粘结牢固；水泥砂浆、块材或细石混凝土保护层与涂膜防水层间应设置隔离层；刚性保护层的分格缝留置应符合设计要求。防水层上设置保护层，可提高防水层的合理使用年限。如采用细砂等粉料作保护层，应在涂刮最后一遍涂料时边涂边撒布，使细砂等粉料与防水层粘结牢固，并要求撒铺均匀不得露底，起到长期保护防水层的作用。与防水层粘结不牢的细砂等粉料，要待涂膜干燥后将多余的细砂等粉料及时清除掉，避免因雨水冲刷将多余的细砂等粉料堆积到水落口处，堵塞水落口或使屋面局部积水而影响排水效果。

4.5 质量检验(见表11-12)

聚氨酯涂膜屋面防水层工程质量检验　　　　　表11-12

	施工质量验收规范规定	检验批划分	检验数量	检验方法	检验要点
主控项目	1.涂料及胎体质量　　第5.3.9条	按栋、施工段(或变形缝)划分检验批	1.涂膜防水层屋面应按屋面面积100m²抽查一处，每处10m²且不得少于3处 2.接缝密封防水，每50m应抽查一处，每处5m，且不得少于3处 3.细部构造根据分项工程的内容，应全部进行检查	检查出厂合格证、质量检验报告和现场抽样复验报告	检查材料合格证是否与原材料相符，查验质量检验报告：固体含量、耐热度、柔性、不透水性、延伸率等物理性能指标。材料现场随机取样，检查材料复验报告
	2.涂膜防水层不得渗漏或积水　　第5.3.10条			雨后或淋水、蓄水检验	涂膜防水层不得有渗漏或积水现象。蓄水试验在雨后或持续淋水2h后进行。作蓄水试验其蓄水时间不应小于24h

续表

	施工质量验收规范规定	检验批划分	检验数量	检验方法	检验要点
主控项目	3. 防水细部构造 第5.3.11条	按栋、施工段（或变形缝）划分检验批	1. 涂膜防水层屋面应按屋面面积100m²抽查一处，每处10m²且不得少于3处 2. 接缝密封防水，每50m应抽查一处，每处5m，且不得少于3处 3. 细部构造根据分项工程的内容，应全部进行检查	观察检查和检查隐蔽工程验收记录	天沟、檐沟、檐口、水落口、泛水、变形缝和伸出屋面管道等是当前屋面工程防水工程渗漏最严重的部位，要求全部检查并应满足设计要求及验收规范细部构造要求
一般项目	1. 涂膜施工 第5.3.13条			观察检查	防水材料的粘结性是反映防水涂料的性能优劣的一项重要指标，要严查，同时对基层可预见变形部位（如分格缝处）可采用空铺附加层
一般项目	2. 涂膜保护层 第5.3.14条			观察检查	查细砂保护层与防水层粘结是否牢固并按要求撒布均匀不露底。涂膜干燥后将多余的细砂是否清除干净
一般项目	3. 涂膜厚度符合设计要求，最小厚度≥80%设计厚度			针测法或取样量测	现场随机取样，查验复验报告

4.6 质量验收记录

（1）防水涂料和胎体增强材料出厂合格证、质量检验报告和现场抽样复检验报告。

（2）隐蔽工程检查验收记录。

（3）淋水或蓄水检验记录。

（4）涂膜防水层检验批质量验收记录。

（5）涂膜防水层分项工程质量验收记录。

（6）细部构造检验批质量验收记录。

（7）细部构造分项工程质量验收记录。

训练5 细石混凝土刚性防水层

[训练目的与要求] 掌握细石混凝土刚性防水层工程质量标准，能熟练地对细石混凝土刚性防水层工程进行质量检验，并能填写工程质量检查验收记录。熟悉细石混凝土刚性防水层工程的质量与安全隐患及防治措施并能编制细石混凝土刚性防水层工程质量与安全技术交底资料。参加细石混凝土刚性防水层工程质量检查验收并填写有关工程质量检查验收记录。

5.1 防水层施工准备

5.1.1 作业准备

已编制防水工程施工方案；已编制安全技术交底资料；基层处理符合要求，可以进行防水施工；施工自然环境符合施工操作条件要求（细石混凝土防水层施工环境温度宜为5~35℃，并应避免在负温或烈日暴晒下施工）。

5.1.2 材料与机具准备

1. 材料准备

水泥、钢筋、砂、石子、水、外加剂、密封材料、隔离层材料等。

2. 机具准备

混凝土搅拌机、平板振动器、手推胶轮车、铁板、铁锹、铁抹子、木抹子、木刮杠、扫帚、水桶、锤子、斧子、铲子、油刷、铁滚筒等。

5.2 工艺流程

基层清理→设置隔离层→分格缝设置→铺钢筋网片→混凝土浇筑→细部处理→淋水、蓄水试验。

5.3 易产生的质量与安全问题

5.3.1 质量问题（见表11-13）

细石混凝土刚性防水层质量隐患的防治 表11-13

质量隐患	主要原因分析	防治措施
屋面开裂	1. 混凝土刚性屋面防水层较薄，当基层变动时，很易开裂，如基础的沉降、结构的变形，不同建筑材料的温差等，都能引起结构裂缝 2. 由于大气温度、太阳辐射、雨、雪以及车间热源作用等的影响，若温度分格缝未按规定设置或设置不合理，在施工中处理不当，都会产生温度裂缝 3. 混凝土配合比设计不当，施工时振捣不密实，压实收光不好以及早期干燥脱水、后期养护不当，都会产生施工裂缝	1. 刚性防水屋面的适用范围，除应遵守屋面工程质量验收规范有关要求外，且不得用于高温或振动的建筑。也不适用于基础有较大不均匀下沉的建筑 2. 为减少结构变形对防水层的不利影响，在防水层与屋面基层之间宜设置隔离层 3. 防水层必须分格 4. 刚性混凝土防水层块的外形以方形或接近方形为宜。不宜做有阴角的门形或Γ形；如遇此类形状时，应将防水层至少分成三块或两块 5. 混凝土防水层厚度不应小于40mm，内配$\phi4~\phi6$间距100~200mm的双向钢筋网片 6. 细石混凝土防水层强度等级不应小于C20，水泥用量不少于330kg/m³，水灰比不应大于0.55，含砂率应为35%~40%，灰砂比应为1:2~1:2.5 7. 细石混凝土中掺入膨胀剂、减水剂或防水剂时，应按配合比准确计量，投料顺序得当，并应用机械搅拌、机械振捣 8. 当屋面基层变形较大时或在有条件的地方，应积极采用补偿收缩混凝土，以减少刚性屋面的开裂 9. 补偿收缩混凝土在施工时应按配合比准确称量，搅拌投料时膨胀剂应与水泥同时加入 10. 刚性防水层浇筑厚度应均匀一致，每个分格板块的混凝土应一次浇筑完成，不得留设施工缝

续表

质量隐患	主要原因分析	防 治 措 施
屋面渗漏	1. 非承重山墙与屋面板相交处，因两者变形不一致，当在连接处拉裂脱空 2. 檐口天沟板与屋面板相交处。因接缝部位下宽上窄，由于屋面板与天沟板温度变形值不一致，使填缝的混凝土或砂浆脱落 3. 女儿墙与防水层相交处。该处为低温区，相对于屋面高温区会产生较大的温度应力，当分格缝未做到头时，由于混凝土温度变形产生应力，在分格缝的末端形成应力集中，并导致开裂，进而将泛水处裂透 4. 屋面烟囱与防水层相交处。在相交部位的阴角处，因砖墙与混凝土烟囱的吸水率相差较大，造成该处混凝土干缩不一致，从而产生开裂。此外，有的烟囱砌块与女儿墙之间未用砂浆填实，以及泛水与烟囱壁或墙体之间粘结不牢形成空隙，都是造成渗漏的原因 5. 横式水落口弯头与防水层相交处。采用非标准水管，因弯头短，伸不到女儿墙的内表面，与屋面防水层不能搭接；加上施工操作粗糙，雨水口处水泥砂浆抹面与屋面防水层之间出现施工缝而产生漏源 6. 楼梯间屋面矮墙与防水层相交处。如矮墙未做泛水，楼梯间屋面未做架空隔离层，因屋面板温差变形较大，易将矮墙推裂而渗漏 7. 排污通气管与防水层相交处。厕所、厨房的排污通气管与屋面防水层相交处，一般采用水泥砂浆作泛水处理，因材料收缩开裂容易引起渗漏。若采用沥青玛碲脂粘贴油毡，则因材料老化硬脆，更易开裂渗漏 8. 南方夏季暴雨多，雨量大，如女儿墙泛水高度不够，亦易引起渗漏 9. 分格缝设置方法不当。屋面分格缝没有与屋面板端缝对齐，在外荷载、徐变的板面与板底温差应力作用下，屋面板板端上翘，使防水层开裂。另外，如在屋面承重梁（花篮梁）上搁置屋面板时，由于相邻两块板支放在梁的耳朵上，中间被承重梁隔开，板端将会产生两个不同的角变位，为此分格缝的设置应比通常矩形梁多增加一道，否则即会引起开裂 10. 密封材料材质较差，嵌缝方法不当，因不能适应屋面温度变形而产生开裂	1. 采用装配式钢筋混凝土板作为屋面结构层时，在选择屋面板荷载级别时，应以结构板的刚度作为主要依据。另外，为了保证细石混凝土灌缝质量，在板缝部位应吊木方或设置角钢作为底模 2. 非承重山墙与屋面板连接处，先浇筑细石混凝土(或干硬性砂浆)，然后分两次嵌填密封材料，嵌缝深30mm、宽10～20mm。再按常规做卷材防水，并宜增加干铺卷材一层 3. 当屋面坡度大于或等于1∶5时，宜将天沟板靠屋面板一侧的沟壁外侧改成斜面，构成合理的接缝 4. 在女儿墙与防水层相交处，将分格缝做到女儿墙边，使泛水部分完全断开 5. 在屋面烟囱与防水层相交的阴角处，其泛水宜做成圆弧形，并适当加厚。施工时应注意拍打密实，不留空隙。另外在设计时，宜将防水层以上的混凝土烟囱改为砖烟囱；施工时砖烟囱底部砂浆必须饱满密实，泛水顶宽不应超过烟囱壁厚，以免顶部积水而降低防水效果 6. 为确保屋面横式水落口处的防水质量，在设计时应选用定型钢制或铸铁的水落管。另外，水落管与防水层之间的接缝，应用优质的密封材料嵌填 7. 防止因屋面温度应力较大而推裂屋面楼梯间的矮墙，可在矮墙与防水层之间设置膨胀缝，并嵌填密封材料 8. 屋面的管道，与刚性防水层相交处应留设缝隙，用密封材料嵌填，并应加设柔性防水附加层，收头应固定密封 9. 南方暴雨地区，在泛水处应铺设卷材或涂膜附加层，泛水高度应等于或大于250mm，收头处应封固严密 10. 分格缝应设置合理。此外普通细石混凝土和补偿收缩混凝土防水层的分格缝宽度宜为20～25mm。分格缝中应嵌填密封材料，上部铺贴防水卷材 11. 密封材料的技术性能应符合设计要求和国家或行业标准。施工时，应将分格缝两侧清洗干净并达到完全干燥状态，确保密封材料在和基面脱开情况下，与两侧混凝土粘结牢固，防水可靠 12. 在刚性防水层内严禁埋设管线

续表

质量隐患	主要原因分析	防治措施
防水层起壳、起砂	1. 混凝土防水层施工质量不好，特别是不注意压实收光，养护不良 2. 刚性屋面长期暴露于大气中，日晒雨淋，时间一长，混凝土面层会发生碳化现象 3. 有些密封材料质量较差，寿命较短	1. 同屋面开裂的预防措施 2. 混凝土的水泥用量不应过高，细骨料应尽可能采用中砂或粗砂。如当地无中、粗砂时，宜采用水泥石屑面层 3. 切实做好清基、摊铺、碾压、收光、抹平和养护等工序。特别是碾压，一般宜用石碾（重30～50kg、长600mm）纵横来滚压40～50遍，直至混凝土表面压出拉毛状的水泥浆为止，然后抹平；待一定时间后再抹压第二、第三遍，务必使混凝土达到平整光滑 4. 混凝土应避免在酷热、严寒气温下施工，也不要在风沙和雨天施工 5. 刚性屋面宜增加防水涂膜保护层或轻质砌块保护层

5.3.2 安全问题（见表 11-14）

细石混凝土刚性防水层安全隐患的防治　　　　　表 11-14

安全隐患	主要原因分析	防治措施
防止人身伤害和高空坠物	1. 高处、临边施工未采取有效保护措施 2. 未遵守高处作业等有关规定	1. 施工前，应逐级进行安全技术教育及交底，落实所有安全技术措施和人身防护用品，未经落实时不得进行施工 2. 操作人员应穿工作服、防滑鞋，戴安全帽、手套等劳保用品 3. 屋面四周、洞口、脚手架边均应设有防护栏杆和支设安全网 4. 高处作业屋面周围边沿和预留孔洞，必须按"洞口、临边"防护规定进行安全防护
防止火灾	主要是施工时未对易燃材料采取安全措施	施工现场应备有消防灭火器材，严禁烟火；易燃材料应有专人保存管理

5.4 质量标准

5.4.1 主控项目

（1）细石混凝土的原材料及配合比必须符合设计要求。细石混凝土防水层的原材料质量、各组成材料的配合比，是确保混凝土抗渗性能的基本条件。如果原材料质量不好，配合比不准确，就不能确保细石混凝土的防水性能。

（2）细石混凝土防水层不得有渗漏或积水现象。强调细石混凝土防水层应在雨后或淋水 2h 后进行检查，使防水层经受雨淋的考验，观察有否渗漏，以确保防水层的使用功能。

细石混凝土防水层在天沟、檐沟、檐口、水落口、泛水、变形缝和伸出屋面管道的防水构造必须符合设计要求，确保细石混凝土防水层的整体质量。

5.4.2 一般项目

(1) 细石混凝土防水层应表面平整、压实抹光,不得有裂缝、起壳、起砂等缺陷。细石混凝土防水层应按每个分格板一次浇筑完成,严禁留施工缝。如果防水层留设施工缝,往往因接槎处理不好,形成渗水通道导致屋面渗漏。混凝土抹压时不得在表面洒水、加水泥浆或撒干水泥,否则只能使混凝土表面产生一层浮浆,混凝土硬化后内部与表面的强度和干缩不一致,极易产生面层的收缩龟裂、脱皮现象,降低防水层的防水效果。混凝土收水后二次压光可以封闭毛细孔,提高抗渗性,是保证防水层表面密实的极其重要的一道工序。混凝土的养护应在浇筑 12～24h 后进行,养护时间不得少于 14d,养护初期屋面不得上人。养护方法可采取洒水湿润,也可覆盖塑料薄膜、喷涂养护剂等,但必须保证细石混凝土处于充分的湿润状态。

(2) 细石混凝土防水层的厚度和钢筋位置应符合设计要求。目前国内的细石混凝土防水层厚度为 40～60mm,如果厚度小于 40mm,无法保证钢筋网片保护层厚度(规定不应小于 10mm),从而降低了防水层的抗渗性能。双向钢筋网片配置直径 4～6mm 的钢筋,间距宜为 100～200mm,分格缝处的钢筋应断开,满足刚性屋面的构造要求。故规定细石混凝土防水层的厚度和钢筋位置应符合设计要求。

(3) 细石混凝土分格缝的位置和间距应符合设计要求。为了避免因结构变形及混凝土本身变形而引起的混凝土开裂,分格缝位置应设置在变形较大或较易变形的屋面板支承端、屋面转折处、防水层与突出屋面结构的交接处。规范规定细石混凝土防水层分格缝的位置和间距应符合设计要求。

(4) 细石混凝土防水层表面平整度的允许偏差为 5mm。细石混凝土防水层的表面平整度,应用 2m 直尺检查;每 100m² 的屋面不应少于一处,每一屋面不应少于 3 处,面层与直尺间最大空隙不应大于 5mm,空隙应平缓变化,每米长度不应多于一处。

5.5 质量检验(见表 11-15)

细石混凝土刚性防水层工程质量检验 表 11-15

	施工质量验收规范规定	检验批划分	检验数量	检验方法	检验要点
主控项目	1. 材料质量及配合比	第 6.1.7 条	按施工段(或变形缝)作为检验批,进行全部检查	1. 刚性防水层屋面应按屋面面积 100m² 抽查一处,每处 10m² 且不少于 3 处 2. 接缝密封防水,每 50m 应抽查一处,每处 5m,且不少于 3 处 3. 细部构造根据分项工程的内容,应全部进行检查	检查出厂合格证、质量检验报告、计量措施和现场抽样复验报告	检查水泥品种是否符合设计要求以及水泥出厂合格证、质量检验报告。水泥、砂子、石子现场取样复验,查验复验报告。检查计量措施,严格控制配合比
	2. 细石混凝土防水层不得渗漏或积水	第 6.1.8 条		雨后或淋水、蓄水检验	蓄水试验在雨后或持续淋水 2h 后进行。采用蓄水试验时,蓄水时间不应小于 24h

续表

施工质量验收规范规定		检验批划分	检验数量	检验方法	检验要点
主控项目	3. 细部防水构造 第6.1.9条	按施工段（或变形缝）作为检验批，进行全部检查	1. 刚性防水层屋面应按屋面面积100m² 抽查一处，每处10m²且不得少于3处 2. 接缝密封防水，每50m应抽查一处，每处5m，且不得少于3处 3. 细部构造根据分项工程的内容，应全部进行检查	观察检查和检查隐蔽工程验收记录	天沟、檐沟、檐口、水落口、泛水、变形缝和伸出屋面管道等是当前屋面工程防水工程渗漏最严重的部位，要求全部检查并应满足设计要求及验收规范细部构造要求
一般项目	1. 防水层施工表面质量 第6.1.10条			观察检查	每个分格板是否一次浇筑完成，严禁留施工缝，混凝土抹压时不得在表面洒水、加水泥浆或撒干水泥。养护应在浇筑12～24h后进行，养护时间不得少于14d
	2. 防水层厚度和钢筋位置 第6.1.11条			观察和尺量检查	重点检查防水层厚度，保护层厚度以及分格缝处的钢筋是否断开
	3. 分格缝位置和间距 第6.1.12条			观察和尺量检查	分格缝的位置和间距要满足设计要求，查验接缝处背衬材料、密封材料、保护层以及其厚度是否合格
	4. 表面平整度允许偏差 5mm			用2m靠尺和楔形塞尺检查	检查点位要具有代表性，认真量测准确读数

5.6 质量验收记录

（1）细石混凝土的原材料、密封材料出厂合格证，质量检验报告和现场抽样复验报告。

（2）细石混凝土施工配合比。

（3）隐蔽工程检查验收记录。

（4）淋水、蓄水检验记录。

（5）细石混凝土防水层检验批质量验收记录。

（6）细石混凝土防水层分项工程质量验收记录。

（7）密封材料嵌缝验收批质量验收记录。

（8）密封材料嵌缝分项工程质量验收记录。

（9）细部构造检验批质量验收记录。

（10）细部构造分项工程质量验收记录。

项目 12 门 窗 工 程

训练 1 木门窗安装

[训练目的与要求] 掌握木门窗安装工程质量标准,能熟练地对木门窗安装工程进行质量检验,并能填写工程质量检查验收记录。熟悉木门窗安装工程的质量与安全隐患及防治措施,并能编制木门窗安装工程质量与安全技术交底资料。参加木门窗安装工程质量检查验收并填写有关工程质量检查验收记录。

1.1 施工准备

1.1.1 作业准备

编制门窗安装施工方案或技术措施;编制门窗安装质量安全技术交底资料;主体结构工程已经验收合格,室内 0.5m 标高控制线已弹好;门窗框、门窗扇已验收合格并已进入现场。

1.1.2 材料与机具准备

1. 材料准备

木门窗、木制纱门窗、防腐剂、预埋木门窗配件。

2. 机具准备

手电钻、粗刨、细刨、裁口刨、单线刨、手锯、手锤、斧子、螺丝刀、线勒子、扁铲、塞尺、盒尺、铁水平尺、线坠、墨斗、木楔、笤帚等。

1.2 工艺流程

放线找规矩→洞口修复→门窗框安装→嵌缝处理→门窗扇安装→五金配件安装→纱扇安装。

1.3 易产生的质量和安全问题

1.3.1 质量问题(见表 12-1)

木门窗安装质量隐患的防治 表 12-1

质量隐患	主要原因分析	防治措施
门窗框翘曲(皮楞)	框的两根立梃不在同一个竖直平面内其中一根立梃不竖直,或两根立梃向相反的两个方向倾斜	1. 安装门窗时要用线坠吊直,按规程进行操作,安装完毕要进行复查 2. 门框安完以后,可先把立梃的下角清刷干净,用水泥砂浆将其筑牢,以加强门框的稳定性

续表

质量隐患	主要原因分析	防治措施
		3. 注意成品保护，避免门框因车撞、物碰而产生位移 4. 安扇前对门、窗框要进行检查，发现问题及早处理
门窗框位置不准确	1. 门窗框安装的具体作法，设计图纸无明确规定，施工中交底不清，操作时各自为政 2. 预留门窗高低不一，位置不准，安门窗框时，随高就低，位置未予调整 3. 清水墙面下木砖未考虑门框的位置，致使两者不相吻合，安框后盖不住木砖 4. 未严格按照图纸尺寸要求立门窗框，有时为了"赶好活"，适合砖的模数，而移动框的位置 5. 大模板工程先立框的，在浇筑混凝土时，受冲击振动使框产生位移和变形	1. 无论工程大小，如图纸对门窗位置无明确规定时，施工负责人应根据工程性质及使用具体情况，作统一交底。明确开向、标高及位置 2. 安装门窗框前，墙面要先冲标筋，安装时依标筋定位 3. 二层以上建筑物安装框时，上层框的位置要用线坠等工具与下层框吊齐、对正 4. 安装门窗框要考虑到筒子板、窗台板的位置和尺寸 5. 清水墙木砖位置，最好统一由外墙皮往里返120mm，立门窗框由外皮往里返115mm，这样既可盖住木砖，又可盖住砖墙的立缝 6. 一般窗框上皮应低于过梁10～15mm，如预留门窗洞口高低不一致时，就低不就高，上面的空隙堵砂浆或浇细石混凝土处理 7. 固定在大模板上的门框，应与钢假口用螺丝拧紧，并用丝杆顶牢，以免浇筑混凝土时位移或变形 8. 门窗框安装时，先用木楔临时固定，待找平吊直后再钉牢
门窗框不方正（窜角）	1. 框在安装过程中，卡方不准或根本没有卡方，框的两个对角线不一样长，造成框不方正 2. 框的上、下宽度不一致，安装时框的1根立梃竖直，并与冒头保持方正；而另1根（装合页的一边）却不竖直，与冒头不成90°	1. 安装前应检查框的每一个角的榫眼结合是否一致，如果松动或脱开，应用钉子将其加固好以后再进行安装 2. 检查门框两根立梃上锯口线的尺寸是否一致，如不一致，要重新划线 3. 框的立梃垂直好后要卡方，两个对角线的长度相等时再加钉固定 4. 框固定好后，再进行一次检查，看是否有出入，并注意将框的下角用垫木垫实 5. 注意成品保护
门窗框弯曲	1. 用黄花松制作木门窗框，其物理性能不大稳定，极易产生变形 2. 现场保管不妥善，长期经受风吹日晒雨淋，框受温度和湿度的影响发生变形 3. 操作不认真，垂直度垂吊不严格 4. 木砖松动或框与木砖之间的垫木不实	1. 对已进场的框要按规格码放整齐，底层要垫实垫平，距离地面要留一定的空隙，以便通风。防止框在存放期间因潮湿和底层不平引起的变形 2. 注意遮盖，避免框受风吹日晒和雨淋而引起变形 3. 对已变形的框，进行修理后再安装使用 4. 安装时，框的每根立梃的正侧面都要认真进行垂吊，并用靠尺与立梃靠严。如为与墙体同一方向不严实，可调整垫木的厚度；如为竖直与墙体方向不严，先将立梃上下固定好，再把立梃不直的地方用力使其顺直后加钉固定 5. 在立门窗框前，应先在框与砖砌体的接触面上涂刷防腐油，以防木材吸潮变形

续表

质量隐患	主要原因分析	防治措施
门窗框松动	1. 预留木砖间距过大，半砖墙或轻质隔墙使用普通木砖，与墙体结合不牢，经受振动，逐渐与墙体脱离 2. 预留门窗洞口尺寸过大，使门窗框与墙体间的空隙较大，这种情况往往用加木垫的方法处理，使钉子钉进木砖的长度减少，降低了锚固能力，而且木垫容易劈裂 3. 门窗口塞灰不严，或所塞灰浆稠度大，硬化后收缩，使墙体、门窗和灰缝三者之间产生空隙，也易造成门窗框松动	1. 木砖的数量应按图纸或有关规定设置，一般不超过10皮砖一块，半砖墙或轻质隔墙应在木砖位置加砌混凝土块 2. 较大的门窗框或硬木门窗框要用铁掯子与墙体结合 3. 门窗洞口每边空隙不应超过20mm，如超过20mm，钉子要加长，并在木砖与门窗框之间加木垫，保证钉子钉进木砖50mm 4. 门窗框与木砖结合时，每一木砖要钉100mm钉子2个，而且上下要错开，不要钉在一个水平线上，垫木必须通过钉子钉牢，不应垫在钉子的上边或下边 5. 门窗框与洞口之间的缝隙超过30mm时，应浇细石混凝土；不足30mm的应塞灰，要分层进行，待前次灰浆硬化后再塞第二次灰，以免收缩过大，并严禁在缝隙内塞嵌水泥纸或其他材料
门窗框安装不垂直	1. 立门窗框时没有用线坠将框吊直、校正、牢靠固定 2. 瓦工在砌砖墙时操作不注意，将门窗框碰斜，而又未及时吊正修理 3. 现场运输、施工等一些人为的原因，将撑杆碰掉，门窗框撞斜，砌筑砖墙时未及时发现 4. 安装后塞口门窗框时，未吊直吊正，或是为了迁就已放斜的木砖而将框倾斜安装	1. 立门窗框时，必须拉通线找平，并用线坠逐樘吊正、吊直 2. 门窗框立好并吊直后，应用斜撑与地面的小木桩临时固定，然后再复查一次是否保持竖直 3. 在施工过程中，瓦工、木工要密切配合，及时检查校正门窗框是否竖直，如发现歪斜，应及时纠正
门窗框缺棱掉角	1. 制作门窗框时选材不当，采用了带棱或大木节的木料 2. 施工中运输车辆由门框中出入，由于门的宽度较小或工人粗心大意，车轴或车带将门框边梃下部棱角撞坏 3. 室内抹灰装修时，工人搬运架板、马凳、材料等，将门框棱角碰坏 4. 工人拆除架板、模板及清理建筑垃圾时，将其从窗口向外抛出，造成窗框下冒头及边梃下部棱角碰坏	1. 安装前要检查门窗框的质量，正面如有缺棱掉角的部分应予更换 2. 门框下部要钉上50cm高的临时木护角，安门扇时再将其拆除 3. 加强工人责任心，搬运架板、材料时不得碰撞门框 4. 严禁从已安装好窗框中向外扔建筑垃圾和模板、架板等物件
门窗框与洞口间的缝过大或过小	1. 洞口尺寸小，框只能勉强塞进 2. 过梁的放置位置偏高，洞口的水平尺寸大于要求尺寸，致使框周围露出很宽的灰缝	1. 砌墙时，应按设计图纸上的标高画出过梁位置，下面窗台要留出5cm左右的泛水，这样，门窗洞口尺寸才能符合设计要求 2. 砌墙排砖时，不得随意将洞口尺寸加大或缩小 3. 洞口尺寸合适，安装时过梁下边要留有15~18mm的缝隙

续表

质量隐患	主要原因分析	防治措施
门窗扇翘曲	1. 门窗扇制作时操作不认真，质量低劣，拼装好后的门窗扇本身就不在同一平面内 2. 门窗扇材质，用了容易产生变形的木料，或是未进行充分干燥，木材含水率过高，安装好后由于干湿产生变形 3. 现场保管不善，长期受风吹、日晒、雨淋，或是堆放不注意，造成门窗扇变形	1. 提高门窗扇的制作质量，门窗扇翘曲超过2mm，不得出厂使用 2. 对已进场的门窗扇，要按规格堆放整齐，平放时底层要垫实垫平，距离地面要有一定的空隙，以便通风 3. 安装前对门窗扇进行检查，翘曲超过2mm的经处置后才能使用
门扇锁木位置颠倒	纤维板门在生产时只一边备有锁木，安装时未仔细检查，造成锁木位置倒置	1. 安装修刨前，首先要确定锁木位置。方法是在靠近两根立梃的部位，用锤子轻轻敲击面板，声音虚，里边是空的，声音实，里边即是锁木，做上明显标记，然后再进行修刨 2. 修刨过程中，切勿再把位置搞错
门窗扇开启不灵	1. 门窗扇上下两块合页的轴不在一个竖直线上，致使门窗扇开关费力 2. 门窗扇安装时，预留的缝隙过小，当门窗扇在使用中吸收空气中的水分，体积膨胀，或刷油漆过厚，缝隙变小，造成开关不灵	1. 验扇前应检查框的立梃是否竖直。如有偏差，待修整后再安装 2. 保证合页的进出、深浅一致，使上、下合页轴保持在一个竖直线上 3. 选用五金要配套、螺丝安装要平直 4. 安装门窗扇时，扇与扇、扇与框之间要留适当的缝隙
门扇自行开关	1. 门框安装倾斜，往开启方向倾斜，扇就自行打开，往关闭方向倾斜，扇就自行关闭 2. 合页安装倾斜，门扇上下两块合页的轴不在一条竖直线上	1. 安装门窗前，先检查门框是否竖直，如发现里外倾斜，应进行调整修理合格后再安装门扇 2. 安合页时应使合页槽的位置一致，深浅合适，上下合页的轴线在一条竖直线上
门窗扇倒棱	扇修刨完毕，未做倒棱工序	1. 扇修刨完毕，要顺手用细刨将棱倒一下，并养成习惯 2. 扇进行修理后亦不要忘记倒棱
门窗扇修刨面不平直，有戗槎	1. 刨刀不锋利，又不注意木材的纹理，很容易出戗槎 2. 修刨时刨外棱，或是操作时没有把握，软的地方刨得多，硬的地方刨的少，造成凹凸不平和中间有棱角	1. 不断提高技术水平，掌握过硬本领 2. 经常修磨工具，操作时要先用粗刨后用细刨，保证成活平直光滑 3. 注意木材纹理，从两头往中间推刨，避免戗槎
合页槽不齐整	1. 没有掌握正确的操作方法 2. 工具不锋利	1. 合页的高低位置线要画得尽量准确一致 2. 铅笔要保持尖细。画线时笔尖要紧靠合页的边缘，轻轻地将合页的轮廓画在需要的位置上 3. 剔凿时，扁铲的刃口要锋利。操作时沿铅笔线的里侧下铲，要稳，要准。首先把周围的木线断开。注意入铲深度不宜过深。特别是上下两铲要有意识地把铲斜置，使合页槽外口深于里口 4. 根据缝隙的大小和合页的厚度下铲剔槽。里口比外口浅剔出的面要平直。这样只要把合页放在槽上，用锤子轻轻一敲，即可严丝合缝地嵌在槽里，并能做到里平外深，符合要求

续表

质量隐患	主要原因分析	防治措施
框与扇接触面不平	1. 门窗框的边梃裁口宽度不合适，小于门窗扇边梃厚度时，扇面高出框面，大于门窗梃厚度时，框面高出扇面 2. 门窗扇弯曲变形，使部分扇面高出框面 3. 操作不认真，门窗框裁口或门窗扇梃料刨削不顺直，局部凹凸，造成框与扇接触面不平整	1. 在制作门窗框时，裁口的宽度必须与门窗扇边梃厚度相适应，裁出的口要宽窄一致。顺直平整，边角方正 2. 门窗框扇要用干燥木材制作。运到现场后要认真保管，防止风吹、日晒、雨淋 3. 在安装门窗扇前，根据实测门窗框裁口尺寸划线，按线将门窗扇锯正刨光，使表面平整顺直，边缘嵌入框的裁口槽内，缝隙合适，接触面平整
木纱窗安装缺陷	1. 钉窗纱时未将窗纱卧伏在裁口内，压纱条贴不实，有钉子处凹一块，无钉子处鼓起 2. 压纱条钉得不正，冒出裁口，使纱边外露 3. 窗纱皱折，钉后出现鼓兜	1. 绷纱前先将线角捋直，消除边外露 2. 将窗纱折90°卧在裁口内，压平后钉钉子 3. 钉帽打扁顺木纹钉入
双弹簧门安装缺陷	1. 弹簧合页位置不准或弹簧疲劳，使门扇位置不准 2. 合页槽深浅不一，门边圆弧与门框凹槽不吻合，易使门扇相碰 3. 地弹簧底座安装不准，使门扇开关不灵，对扇不平	1. 弹簧门的风缝要大于普通门 2. 弹簧门梃中间应呈圆弧凹面，安装弹簧门扇时，门边应刨成圆弧形凸面，并应相吻合，中缝不小于3mm，以免门扇碰撞 3. 地弹簧必须仔细安装，保证其位置和标高准确 4. 安装地弹簧的顶轴套和回转轴套时，轴孔中心应在同一直线上，并与门扇底面垂直，安底座时，通过顶轴吊垂线找中
门窗扇偏口过大或过小	1. 不注意留有偏口 2. 操作技术欠佳，造成偏口过大或过小	修刨时，要有意刨出偏口
门窗扇缝隙不均匀、不顺直	1. 操作技术不熟练，或操作不认真，不重视工程质量 2. 门窗扇尺寸偏差大，或是双扇搭口错台时刨削尺寸掌握不准确	1. 加强基本功训练，并在操作实践中注意积累经验 2. 如果直接修刨把握不大时，可根据缝隙大小的要求，用铅笔沿框的里棱在是扇上画出应该修刨的位置 3. 安装对扇，尤其是安装上下对扇时，应先把对扇的口裁出来
门窗扇下坠	1. 窗扇边梃断面过小，安装玻璃后，加大了扇自身的重量，造成窗扇下坠 2. 门扇过宽、过重，选用的合页较小或安装的位置不适当，上部合页与扇上边距离过大 3. 门窗扇制作质量不好，榫铆不严，榫头松动，在自重作用下发生窜角变形 4. 合页安装质量不好，发生松动，造成扇下坠 5. 门窗扇上未按规定安装L形、T形铁角	1. 安装门窗扇前，要检查扇的质量，如发现榫铆不严，制作不牢固等情况，要事先修理好后才能安装使用 2. 安装门窗扇前，应按规定在扇上安好L形、T形铁角 3. 合页的大小要选择适当，不能凑合 4. 安装时，木螺丝应先用锤打入1/3深度，然后再拧入，不得打入全部深度 5. 修刨门窗扇时，不装合页一边的底面，可多刨1mm左右，让扇稍有挑头，留有下坠的余量

续表

质量隐患	主要原因分析	防治措施
合页安装不符合要求	1. 操作不认真，技术不过硬或是马虎随便 2. 只图快或只图省事，不重视工程质量 3. 安合页时，木螺丝不是拧入，而是用锤打入，使用受力后产生松动	1. 合页位置距门窗上下端宜取立梃高度的1/10，并避开榫头 2. 安装合页时，必须按画好的合页位置线开凿合页槽，槽深应比合页厚度大1～2mm 3. 安装合页时，应根据合页规格选用合适的木螺丝。木螺丝可锤打入1/3深后再行拧入
风钩位置不统一	1. 风钩安装位置不一致，不准确 2. 将风钩直接钉入，与窗结合不牢，产生松动以致脱出	1. 风钩安装时，以窗扇打开，其外立梃距窗口2cm为宜，且风钩与框、扇的夹角均为45°。随后量出标准尺寸，专人安装，以保持上下左右一致 2. 在风钩安装的位置上，先用扎锥扎眼，但不能过粗和过深，再把风钩拧进去。严禁用锤子一次打进
木螺丝松动、倾斜	1. 木材质地坚硬，上木螺丝时未先钻眼，木螺丝产生倾斜 2. 木螺丝与五金不配套，长短、大小不合适 3. 不遵守操作规程，将木螺丝一次打入。木螺丝和扇结合不牢，过一段时间后，木螺丝产生松动或脱出	1. 严格按五金表配备木螺丝 2. 严格遵守操作规程，严禁用锤将木螺丝打入，可先打入1/3深度后再拧入。木螺丝拧入深度不得少于全长的1/3；如果木料坚硬，必须先钻孔，其孔深为木螺丝长度的2/3，然后拧入木螺丝，以免木螺丝周围木料开裂或把木螺丝拧断、拧歪
铁三角安装质量差	1. 安装铁三角或T形铁角时，未在门窗扇上按铁三角、T形铁角的规格划线，并凿出槽口，而是直接安在扇表面上 2. 虽凿了槽口，但深度过浅 3. 未统一规定安装铁三角、T形铁角的位置，或是虽作了规定，但操作人员不明确，工作不认真	1. 在门窗扇上安装铁三角、T形铁角时，必须在扇的一面凿出槽口，槽的深度应比铁三角的厚度深1～2mm，以使用腻子批平 2. 铁三角、T形铁角的安装位置应为：双层扇应嵌于双层扇之间，单层扇外开的应嵌于扇的内面，单层扇内开的应嵌于扇的外面
拉手位置不一致	1. 没有统一的安装尺寸 2. 操作时不认真，产生误差	1. 规定统一的安装尺寸 2. 同一樘窗、同一房间、同一单元或整个栋号，拉手位置应力求一致 3. 尺寸要量准确
插销安装不符合要求	没有掌握正确的安装要求和操作方法	1. 认真地把插销按统一要求摆正后再上木螺丝固定 2. 剔插销鼻子要用锋利的凿子，刃口要薄，操作要慢，注意不要将周围碰损 3. 视情况调整插销鼻子与框竖直方向的深度，以保持插销使用时严密

1.3.2 安全问题(见表12-2)

木门窗安装安全隐患的防治   表12-2

安全隐患	主要原因分析	防治措施
施工人员高空坠落	施工人员未采取相应的保护措施	施工人员应戴好安全帽、安全带,防止工具高空坠落伤人
构件倒塌	构件安装后未及时给以固定或采取临时固定措施	构件安装后应及时固定,防止倾倒
高空坠物伤人	外门窗安装时材料、工具放置不当,工人操作不规范、粗心大意	外门窗安装,材料应妥善放置,严格按操作规程施工,竖直下方严禁站人
发生火灾事故	在加工棚、堆料场使用明火,电线铺设、电器设备使用不规范	在加工棚、堆料场严禁使用明火,施工用电应执行《施工现场临时用电安全技术规程》,严格按操作规程使用电器设备

1.4 质量标准

1.4.1 主控项目

(1) 木门窗的品种、类型、规格、开启方向、安装位置及连接方式应符合设计要求。

(2) 木门窗框的安装必须牢固。预埋木砖的防腐处理、木门窗框固定点的数量、位置及固定方法符合设计要求。

(3) 木门窗扇必须安装牢固,并应开关灵活,关闭严密,无倒翘(在正常情况下,当门窗关闭时,门窗扇的上端本应与下端同时或上端略早于下端贴紧门窗的上框。所谓"倒翘"通常是指当门窗扇关闭时,门窗扇的下端已经贴紧门窗下框,而门窗扇的上端由于翘曲未能与门窗的上框贴紧,尚有离缝的现象)。

(4) 木门窗配件的型号、规格、数量应符合设计要求,安装应牢固,位置应正确,功能应满足使用要求(考虑到材料的发展,规范将门窗五金件统一称为配件。门窗配件不仅影响门窗功能,也有可能影响安全,故规范将门窗配件的型号、规格、数量及功能列为主控项目)。

1.4.2 一般项目

(1) 木门窗与墙体间缝隙的填嵌材料应符合设计要求,填嵌应饱满。寒冷地区外门窗(或门窗框)与砌体间的空隙应填充保温材料。

(2) 木门窗批水、盖口条、压缝条、密封条安装应顺直,与门窗结合应牢固、严密。

(3) 木门窗安装的留缝限值、允许偏差和检验方法应符合相关规范的规定。

1.5 质量检验(见表 12-3)

木门窗安装工程质量检验 表 12-3

	施工质量验收规范规定		检验批划分	检验数量	检验方法	检验要点
主控项目	1. 木门窗品种、规格、安装方向位置	第 5.2.8 条	1. 同一品种、类型和规格的木门窗、金属门窗、塑料门窗及门窗玻璃每 100 樘应划分为一个检验批，不足 100 樘也应划分为一个检验批 2. 同一品种、类型和规格的特种门每 50 樘应划分为一个检验批，不足 50 樘也应划分为一个检验批	1. 木门窗、金属门窗、塑料门窗及门窗玻璃，每个检验批应至少抽查 5%，并不得少于 3 樘，不足 3 樘时应全数检查；高层建筑的外窗，每个检验批应至少抽查 10%，并不得少于 6 樘，不足 6 樘时应全数检查 2. 特种门每个检验批应至少抽查 50%，并不得少于 10 樘，不足 10 樘时应全数检查	观察；尺量检查；检查成品门的产品合格证书	仔细观察；尺量检查其规格；检查成品门的产品合格证书
	2. 木门窗安装牢固	第 5.2.9 条			观察；手扳检查；检查隐蔽工程验收记录和施工记录	检查预埋木砖的防腐情况、位置、数量、间距、外墙门窗在砌体上严禁用射钉固定
	3. 木门窗扇安装	第 5.2.10 条			观察；开启和关闭检查；手扳检查	查验合页规格、位置、数量手扳关闭检查
	4. 门窗配件安装	第 5.2.11 条			观察；开启和关闭检查；手扳检查	检查门窗配件的规格、型号、数量位置
一般项目	1. 缝隙嵌填材料	第 5.2.15 条			轻敲门窗框检查；检查隐蔽工程验收记录和施工记录	检查填充材料的材质、填充质量、门窗框与砌体间填充是否合格
	2. 批水、盖口条等细部	第 5.2.16 条			观察；手扳检查	仔细观察，手扳检查
	3. 安装留缝隙值及允许偏差	第 5.2.18 条			见验收规范	按规范正确选用检测工具，按规定的方法精量细测，准确读数

1.6 质量验收记录

(1) 木门窗及五金配件产品合格证书、性能检测报告和进场验收记录。
(2) 隐蔽工程检查验收记录。
(3) 施工记录。
(4) 木门窗安装工程检验批质量验收记录。
(5) 木门窗制作与安装分项工程质量验收记录。

训练 2 金属门窗安装

[训练目的与要求] 掌握金属门窗安装工程质量标准，能熟练地对金属门

窗安装工程进行质量检验，并能填写工程质量检查验收记录。熟悉金属门窗安装工程的质量与安全隐患及防治措施，并能编制金属门窗安装工程质量与安全技术交底资料。参加金属门窗安装工程质量检查验收并填写有关工程质量检查验收记录。

2.1 施工准备

2.1.1 作业准备

编制门窗安装施工方案或技术措施；编制门窗安装质量安全技术交底资料；主体结构工程已经验收合格，室内0.5m标高控制线已弹好；门窗框、门窗扇已验收合格并已进入现场。

2.1.2 材料与机具准备

1. 材料准备

（1）钢门窗材料准备：钢纱扇、钢门窗、五金配件、强度等级为32.5级以上的普通硅酸盐水泥、中砂、防锈漆、铁纱、焊条。

（2）铝合金门窗材料准备：铝合金门窗、五金配件、嵌缝材料、粘结剂、密封材料、保护材料、清洁材料等。

（3）涂色镀锌钢板门窗材料准备：涂色镀锌钢板门窗、五金配件、橡胶密封胶条、塑料插接件、螺钉、焊条、嵌缝材料、密封膏、强度等级为32.5级以上的普通水泥或矿渣水泥、中砂、防锈漆及铁纱（或铝纱）膨胀螺栓、塑料垫片、钢钉。

2. 机具准备

（1）钢门窗机具准备：电焊机、焊把线、塞尺、盒尺、铁水平尺、线坠、木楔、手锤、螺丝刀、卡具、笤帚等。

（2）铝合金门窗机具准备：铝材切割机、手电钻、射钉枪、锉刀、十字螺丝刀、画针、圆规、锤子、塞尺、盒尺、钢板尺、铁水平尺、线坠、木楔、卡具、笤帚等。

（3）涂色镀锌钢板门窗机具准备：冲击电钻、射钉枪、螺丝刀、粉线包、托线板、线坠、扳手、手锤、钢卷尺、塞尺、毛刷、扁铲、水平尺、丝锥、扫帚等。

2.2 工艺流程

2.2.1 钢门窗安装工艺流程

放线找规矩→门窗就位→门窗固定→五金配件安装→纱扇安装。

2.2.2 铝合金门窗安装

放线找规矩→防腐处理→门窗安装就位→门窗框固定→嵌缝处理→门窗扇安装→五金配件安装→纱门窗扇安装。

2.2.3 涂色镀锌钢板门窗安装

放线找规矩→门窗安装→嵌缝。

2.3 易产生的质量和安全问题

2.3.1 质量问题(见表12-4)

金属门窗安装质量隐患的防治　　　　　表12-4

质量隐患	主要原因分析	防治措施
钢门窗翘曲变形	1. 钢门窗制作质量粗糙，本身翘曲不平 2. 搬运，装卸不认真 3. 施工时在窗芯和框子上搭架子或脚手板，致使窗棂子产生弯曲	1. 钢门窗安装以前，必须逐樘进行检查 2. 搬运钢门时，不准用杠棒穿入窗芯抬挑，要做到轻搬轻放，运输或堆放时应竖直放置 3. 在工程施工时，不准把脚手架横杆搭设在钢窗上，也不得把架板穿搭在窗芯上
钢窗扇开启受阻	1. 有遮阳板的钢窗，混凝土遮阳板下沉或弯曲，抹灰后阻碍窗扇开启 2. 窗套抹灰过厚，抵住窗上的合页 3. 钢窗安装倾斜、歪扭	1. 有混凝土遮阳板的钢窗，在浇筑混凝土支模板时，底模板应高出窗框20mm 2. 安装钢窗时，先用木楔在窗框四角受力部位临时塞住，然后用水平尺和线坠验校水平和垂直度，使钢窗横平竖直，高低进出一致，试验开关灵活，没有阻滞回弹现象，再将铁脚置于预留孔内，用水泥砂浆填实固定 3. 洞口尺寸要留准确，钢窗四周灰缝应一致，抹灰时不得抹去框边位置，边框及合页全部露出
钢门窗洞口过大或过小	1. 施工人员在分洞口尺寸时没有掌握钢门窗安装的要求，致使洞口留得过小或过大 2. 混凝土遮阳板、框架柱超厚或翘曲不平，使门窗洞口的尺寸变大或缩小，与钢门窗不适合	1. 认真查对图纸，分洞口尺寸时应根据外装修材料决定预留两边灰缝的宽度。一般清水墙缝宽度大于15mm，水泥砂浆灰缝宽度大于20mm，水刷石缝宽大于25mm，面砖墙面缝宽大于30mm 2. 有竖向遮阳板，且钢窗又直接焊接在遮阳板上的建筑，在吊装遮阳板时，除外口吊竖直线外，内口也应吊竖直线 3. 在混凝土遮阳板和框架柱两边直接安装钢窗时，应首先计算设计尺寸是否考虑安装和抹灰的余地，如没有考虑时，应在征得设计单位同意后，在不影响结构荷载的情况下，减少板和柱两边20mm厚度，以保证安装和抹灰的质量
组合钢窗装倒	组合窗上下尺寸相同，开启方向一致，施工时没有认真检查便进行组装	1. 安装前应仔细校对钢窗型号、规格、数量和五金零件 2. 钢窗组装应按向左或向右的方向顺序逐樘进行，用合适的螺旋将钢窗与组合构件紧密拼合。凡是两个组合构件交接处，必须用电焊焊牢固 3. 要正确选用五金零件
钢门窗安装松动，不牢固	1. 钢门窗顶部铁脚未伸入预留孔或未与过梁上预埋的铁件焊牢 2. 四周铁脚伸入墙体太少，或浇筑砂浆后被碰撞，以及铁脚固定不符合要求等	1. 钢门窗立好并校正无误后，应及时将上框铁脚与混凝土过梁上的预埋铁件焊牢 2. 两侧铁脚插入墙中预留孔内，并校正水平和垂直后，应用水泥砂浆或细石混凝土将孔洞填实固定，并浇水养护，在此期间不得碰撞钢门窗 3. 钢门窗安装时，不得把铁脚打弯或去掉
钢门窗大面积返锈	1. 钢门窗出厂前，防锈漆未处理好 2. 搬运、安装时撞伤表面，擦脱漆膜 3. 堆放时既未防潮，又无防雨措施，遭到日晒雨淋	1. 搬运钢门窗时要轻拿轻放，保护漆膜，不得碰撞 2. 钢门窗应堆存在离地面100～200mm的垫木上 3. 钢门窗堆放场地应有防雨棚，或用帆布、油毡等覆盖好，防止日晒雨淋

续表

质量隐患	主要原因分析	防治措施
铝合金门窗材质不合格	1. 没有铝合金门窗设计图纸，或者设计图纸上未注明门窗采用图集的名称、编号、规格 2. 用户盲目选用劣质价廉的铝合金型材 3. 铝合金型材的厚度过薄，小于铝合金门窗型材的标准厚度，使用了厚度仅有 0.8~1.0mm 的铝型材 4. 铝合金型材的硬度过低，氧化膜厚度过薄，小于 10μm	1. 设计单位应根据使用功能，地区气候特点确定风压强度，空气渗透，雨水渗透性能指标，选择相应的图集代号及型材规格 2. 对所使用的铝合金型材应事先进行型材厚度、氧化膜厚度和硬度检验，合格后方准使用 3. 建设单位不能因片面降低成本而采用小于设计厚度的型材
铝合金门窗立口不正	1. 操作人员工作马虎，安装铝合金门窗框时未认真吊线找直、找正 2. 门窗框安装时固定不牢靠，被碰撞倾斜后，在正式锚固前未加检验、修整 3. 墙上洞口本身倾斜，安装铝合金门窗框时按洞口墙厚分中，从而使门窗框也随之倾斜	1. 安装铝合金门窗框前，应根据设计要求在洞口上弹出立口的安装线，照线立口 2. 在铝合金门窗框正式锚固前，应检查门窗口是否竖直，如发现问题应及时修正后才能与洞口正式锚固
锚固做法不符合要求（铝合金门窗）	1. 采用未经过防腐蚀处理的锚固板，会出现铝合金与钢铁间的电偶腐蚀，破坏锚固点的牢固性 2. 用未做防腐蚀处理的螺钉固定连接件，致使其处于大阴极小阳极的状态，在潮湿环境下，螺钉很快就会腐蚀掉，使铝合金门窗框与墙之间处于无连接的状态 3. 操作人员素质低，随意设置锚固点，增大锚固点间距 4. 在砖墙、加气混凝土墙上用射钉的方法锚固，造成射钉周围的墙体碎裂，锚固力大大降低，使门窗框出现松动	1. 铝合金门窗选用的锚固件，除不锈钢外，均应采用镀锌、镀铬、镀镍的方法进行防腐蚀处理 2. 在铝合金门窗框与钢铁连接件之间用塑料膜隔开 3. 锚固板应固定牢靠，不得有松动现象，锚固板的间距不应大于 600mm，锚固板距框角不应大于 180mm 4. 在砖墙上锚固时，应用冲击钻在墙上钻孔，塞入直径不小于 8mm 的金属或塑料胀管，再拧进木螺丝进行固定
铝合金门窗扇推拉不灵活	1. 制作工艺粗糙，窗扇与窗框的尺寸配合欠妥，窗扇制作尺寸偏大 2. 铝合金窗框因温度变化、建筑物沉降或受振动而变化，导致窗扇推拉受阻 3. 窗扇下的滑轮制作粗糙，耐久性不好 4. 所选用的滑轮与窗扇不配套，偏大或偏小，滑轮脱出轨道	1. 提高制作人员的操作水平，根据窗框尺寸精确窗扇的下料和制作，使框、扇尺寸配合良好 2. 在窗框四周与洞口墙体的缝隙间采用柔性连接，以防止铝合金窗框受挤压变形 3. 选用符合设计规定厚度的铝型材，防止因铝型材过薄而产生变形 4. 选用质量优良且与窗扇配套的滑轮

续表

质量隐患	主要原因分析	防治措施
铝合金推拉窗扇脱轨、坠落	1. 铝合金推拉窗下滑轨的高度为6～8mm，而在滑轨上行走的滑轮内槽深度只有3mm，滑轮为塑料制品，质量差，槽又浅，当猛推猛拉时滑轮就容易出轨 2. 铝合金推拉窗上的两个走轮，没有安装在同一条直线上，如果其中有一只偏斜，走轮就容易脱轨 3. 推拉窗所用的铝合金型材偏小，厚度偏薄，经过多次推拉后，使紧固在窗扇上的走轮螺栓松动，走轮上浮，整个窗扇下坠，脱轨滑落 4. 铝合金窗扇高度不够，上滑轨镶嵌窗扇的深度不足，导致推拉窗开启时坠落或被风吹落	1. 制作铝合金推拉窗的窗扇时，应根据窗框的高度尺寸，确定窗扇的高度，既要保证窗扇能顺利安装入窗框内，又要确保窗扇在窗框上滑槽内有足够的嵌入深度 2. 推拉窗扇下面的滑轮，应选用优质滑轮，制作窗扇时应将两个滑轮安装在同一条直线上 3. 要选用厚度符合设计要求的铝型材
铝合金窗渗漏水	1. 铝合金窗制作和安装时，由于本身拼接存在缝隙，成为渗水的通道 2. 窗框与洞口墙体间的缝隙因填塞不密实，缝外侧未用密封胶封严，在风压作用下，雨水沿缝隙渗入室内 3. 推拉窗下滑道内侧的挡水板偏低，风吹雨水倒灌 4. 平开窗搭接不好，在风压的作用下雨水倒灌 5. 窗楣、窗台做法不当，未留鹰嘴、滴水槽和斜坡，因而出现倒坡、爬水	1. 在窗楣上做鹰嘴和滴水槽，在窗台上做出向外的流水斜坡，坡度不小于10% 2. 用闭孔弹性材料在铝合金窗框与洞口间的缝隙填塞密实，外面再用优质密封材料封严 3. 对铝合金窗框的榫接、铆接、滑撑、方槽、螺钉等部位，均应用防水玻璃硅胶密封封严 4. 将铝合金推拉窗下滑道的低边挡水板改换成高边挡水板的下滑道
玻璃胶条龟裂、短缺、脱落（铝合金门窗）	1. 使用了再生胶的玻璃胶条，这种玻璃胶条价格便宜，但无弹性，耐久性差，极易龟裂 2. 玻璃胶条收缩，从窗的四角开始脱落 3. 玻璃胶条嵌入时不打胶固定，或打胶方法不正确 4. 嵌入玻璃胶条时未将胶条割断，将一根胶条用周圈方法嵌入玻璃槽内	1. 铝合金门、窗使用的玻璃胶条要选用弹性好，耐老化的优质玻璃胶条 2. 玻璃胶条下料时要留出2%的余量，作为胶条收缩的储备 3. 方形、矩形门窗玻璃扇用的胶条，要在四角处按45°切断，对接 4. 安装玻璃胶条前，要先将槽口清理干净，避免槽内有异物 5. 安装玻璃胶条前，在玻璃槽四角端部20mm范围内均匀注入玻璃胶，如玻璃胶条长度大于500mm，则每隔500mm再增加一个注胶点，然后将玻璃胶条嵌入槽内

续表

质量隐患	主要原因分析	防治措施
铝合金门窗框与洞口墙体未做柔性连接	1. 铝合金型材与水泥砂浆的膨胀系数不一样，当温度升高时，铝合金膨胀，门窗框变形，门窗扇开启困难；当温度降低时，铝合金收缩，在门窗框与洞口墙体间出现缝隙 2. 当建筑物受振动、沉降等因素影响，易引起门窗框与水泥砂浆间的撞击、挤压而导致门窗损坏 3. 铝合金门窗框直接与水泥砂浆接触，水泥砂浆中的碱性物质对铝合金进行腐蚀，缩短了门窗的使用寿命 4. 因铝合金与水泥砂浆的导热系数不一样，在铝合金门窗四周形成冷热交换区而产生结露	1. 铝合金门窗框与洞口墙体之间应采用柔性连接 2. 在施工过程不得损坏铝合金门窗上的保护膜 3. 如表面沾污了水泥砂浆，应随时擦净
铝合金门窗结合处不打胶	铝合金门窗所用铝型材之间的连接，常见的有45°对接、直角对接及插接三种，但不论使用何种连接方法，均为金属与金属相结合，中间存在缝隙，成为渗水通道	铝合金门窗不论采用何种连接方法，均应在结合处的缝隙中用防水玻璃硅胶嵌填、封堵，以防雨水沿缝渗入室内
封闭不严密（涂色镀锌钢板门窗）	主要是由于四周框边内外未嵌密封胶	门窗框与墙体四周的缝隙应按设计要求选用嵌缝材料，嵌塞后其外表面应用密封胶密封严密
严禁随砌墙、随塞口的施工方法（涂色镀锌钢板门窗）	因为此种门窗属于薄壁形门窗，易损坏	涂色镀锌钢板门窗应采取后塞口
门窗框变形（涂色镀锌钢板门窗）	不带副框的门窗四周采用水泥砂浆填缝，容易造成门窗框件的变形	无副框的门窗安装时，最好先做好内外抹灰，再在洞口内弹线、安装门窗，并用膨胀螺栓将外框固定在洞口的墙体上，嵌密封胶将门窗与墙体之间缝堵严。不应填嵌水泥砂浆

2.3.2 安全问题（见表12-5）

金属门窗安装安全隐患的防治　　　　　　表12-5

安全隐患	主要原因分析	防治措施
防止人身伤害	施工人员未采取相应的保护措施	1. 操作时严禁将射钉枪的枪口对人，操作者应戴防护眼镜 2. 电工、焊工等特殊工种操作人员必须持有上岗证
防止高空坠物伤人	主要是施工时未按高空作业相关规定实施	1. 施工人员应戴好安全帽、安全带，防止工具高空坠落伤人 2. 外门窗安装时，材料及工具应妥善放置，竖直下方严禁站人

续表

安全隐患	主要原因分析	防治措施
构件倒塌伤人	大形构件安装后未以及时给予固定或采取临时固定措施	构件安装后应及时固定，防止倾倒

2.4 质量标准

2.4.1 主控项目

（1）金属门窗的品种、类型、规格、尺寸、性能、开启方向、安装位置、连接方式及铝合金门窗的型材壁厚应符合设计要求。金属门窗的防腐处理及填嵌、密封处理应符合设计要求。

（2）金属门窗框和副框的安装必须牢固。预埋件的数量、位置、埋设方式、与框的连接方式必须符合设计要求。

（3）金属门窗扇必须安装牢固，并应开关灵活、关闭严密，无倒翘。推拉门窗必须有防脱落措施。

（4）金属门窗配件的型号、规格、数量应符合设计要求，安装应牢固，位置应正确，功能应满足使用要求。

2.4.2 一般项目

（1）金属门窗表面应洁净、平整、光滑、色泽一致，无锈蚀。大面应无划痕、碰伤。漆膜或保护层应连续。

（2）铝合金门窗推拉门窗扇开关力应不大于100N。

（3）金属门窗框与墙体之间的缝隙应填嵌饱满，并采用密封胶密封。密封胶表面应光滑、顺直、无裂纹。

（4）金属门窗扇的橡胶密封条或毛毡密封条应安装完好，不得脱槽。

（5）有排水孔的金属门窗，排水孔应畅通，位置和数量应符合设计要求。

（6）钢门窗安装的留缝限值、允许偏差和检验方法应符合表12-6的规定。

钢门窗安装的留缝限值、允许偏差和检验方法　　　　表12-6

项次	项　　目		留缝限值（mm）	允许偏差（mm）	检　验　方　法
1	门窗槽口宽度、高度	≤1500mm	—	2.5	用钢尺检查
		>1500mm	—	3.5	
2	门窗槽口对角线长度差	≤2000mm	—	5	用钢尺检查
		>2000mm	—	6	
3	门窗框的正、侧面垂直度		—	3	用1m竖直检测尺检查
4	门窗横框的水平度		—	3	用1m水平尺和塞尺检查
5	门窗横框标高		—	5	用钢尺检查
6	门窗竖向偏离中心		—	4	用钢尺检查
7	双层门窗内外框间距		—	5	用钢尺检查
8	门窗框、扇配合间隙		≤2	—	用塞尺检查
9	无下框时门扇与地面间留缝		4~8	—	用塞尺检查

（7）铝合金门窗安装的允许偏差和检验方法应符合表12-7的规定。

铝合金门窗安装的允许偏差和体验方法　　　　　表12-7

项次	项目		允许偏差(mm)	检验方法
1	门窗槽口宽度、高度	≤1500mm	1.5	用钢尺检查
		>1500mm	2	
2	门窗槽口对角线长度差	≤2000mm	3	用钢尺检查
		>2000mm	4	
3	门窗框的正、侧面垂直度		2.5	用竖直检测尺检查
4	门窗横框的水平度		2	用1m水平尺和塞尺检查
5	门窗横框标高		5	用钢尺检查
6	门窗竖向偏离中心		5	用钢尺检查
7	双层门窗内外框间距		4	用钢尺检查
8	推拉门窗扇与框搭接量		1.5	用钢直尺检查

（8）涂色镀锌钢板门窗安装的允许偏差和检验方法应符合表12-8的规定。

涂色镀锌钢板门窗安装的允许偏差和检验方法　　　　　表12-8

项次	项目		允许偏差(mm)	检验方法
1	门窗槽口宽度、高度	≤1500mm	2	用钢尺检查
		>1500mm	3	
2	门窗槽口对角线长度差	≤2000mm	4	用钢尺检查
		>2000mm	5	
3	门窗框的正、侧面垂直度		3	用垂直检测尺检查
4	门窗横框的水平度		3	用1m水平尺和塞尺检查
5	门窗横框标高		5	用钢尺检查
6	门窗竖向偏离中心		5	用钢尺检查
7	双层门窗内外框间距		4	用钢尺检查
8	推拉门窗扇与框搭接量		2	用钢直尺检查

2.5　质量检验（见表12-9）

金属门窗安装工程质量检验　　　　　表12-9

	施工质量验收规范规定		检验批划分	检验数量	检验方法	检验要点
主控项目	1.门窗质量	第5.3.2条	1.同一品种、类型和规格的木门窗、金属门窗、塑料门窗及门窗玻璃	1.木门窗、金属门窗、塑料门窗及门窗玻璃，每个检验批应至少抽查5%，并不得少于3樘，不	观察；尺量检查；检查产品合格证书、性能检测报告、进场验收记录和复验报告；检查隐蔽工程验收记录	在普检的前提下，重点查：产品合格证书、复验报告、性能检测报告

续表

	施工质量验收规范规定		检验批划分	检验数量	检验方法	检验要点
主控项目	2. 框和副框安装、预埋件	第5.3.3条	每100樘应划分为一个检验批，不足100樘也应划分为一个检验批。2. 同一品种、类型和规格的特种门每50樘应划分为一个检验批，不足50樘也应划分为一个检验批	足3樘时应全数检查；高层建筑的外窗，每个检验批应至少抽查10%，并不得少于6樘，不足6樘时应全数检查。2. 特种门每个检验批应至少抽查50%，并不得少于10樘，不足10樘时应全数检查	手扳检查；检查隐蔽工程验收记录	注意检查连接方式、固定点位置、间距、数量
	3. 门窗扇安装	第5.3.4条			观察；开启和关闭检查；手扳检查	推拉查验：开关灵活性。仔细观察：严密性，有无倒翘，有无防脱落措施，结合手扳检查安装的牢固性
	4. 配件质量及安装	第5.3.5条			观察；开启和关闭检查；手扳检查	注意其规格、型号、位置、数量、安装质量
一般项目	1. 表面质量	第5.3.6条			观察	认真观察
	2. 推拉扇开关应力（铝合金门窗）	第5.3.7条			用弹簧秤检查	弹簧秤计量检测合格，开关试验位置正确
	3. 框与墙体间缝隙	第5.3.8条			观察；轻敲门窗框检查；检查隐蔽工程验收记录	填充材料是否符合设计，是否用胶密封
	4. 扇密封胶条或毛毡密封条	第5.3.9条			观察；开启和关闭检查	密封条转角切割正确对缝严密，不得连续弯折，不得卷边，不得脱槽
	5. 排水孔	第5.3.10条			观察	排水孔位置特别是高低位置以及数量要正确
	6. 留缝隙值和允许偏差（钢门窗）	第5.3.11条			见验收规范	
	7. 安装允许偏差（铝合金门窗）	第5.3.12条			见验收规范	量测器具计量检查合格，量测方法正确。精靠细量。读数准确
	8. 安装允许偏差（涂色镀锌钢板门窗）	第5.3.13条			见验收规范	

2.6 质量验收记录

（1）钢门窗、铝合金门窗及五金配件产品合格证书、性能检测报告和进场验收记录。

（2）钢门窗、铝合金门窗抗风压、空气渗透性能和雨水渗透性能复验报告。

（3）嵌缝、密封材料合格证书。

（4）涂色钢板镀锌门窗产品合格证书、性能检测报告和进场验收记录和复验报告。

（5）涂色镀锌钢板门窗五金配件产品合格证书。

(6) 隐蔽工程检查验收记录。
(7) 施工记录。
(8) 金属门窗安装工程检验批质量验收记录。
(9) 金属门窗制作与安装分项工程质量验收记录。

训练3 塑料门窗安装

[**训练目的与要求**] 掌握塑料门窗安装工程质量标准，能熟练地对塑料门窗安装工程进行质量检验，并能填写工程质量检查验收记录。熟悉塑料门窗安装工程的质量与安全隐患及防治措施，并能编制塑料门窗安装工程质量与安全技术交底资料。参加塑料门窗安装工程质量检查验收并填写有关工程质量检查验收记录。

3.1 施工准备

3.1.1 作业准备

编制门窗安装施工方案或技术措施；编制门窗安装质量与安全技术交底资料；主体结构工程已经验收合格，室内0.5m标高控制线已弹好；门窗框、门窗扇已验收合格并已进入现场；环境温度适宜，施工作业要求不低于5℃。

3.1.2 材料与机具准备

1. 材料准备

UPVC型材、密封条、紧固件、五金件、增强型钢及金属衬板、玻璃垫块、嵌缝膏等材料。

2. 机具准备

铝塑型材锯、冲击电钻、塑料焊机、射钉枪、螺丝刀、橡皮锤、线坠、粉线包、钢卷尺、水平尺、托线板、溜子、扁铲、凿子等。

3.2 工艺流程

外观检查→安装固定片→放线找规矩→门窗安装→嵌缝→五金配件安装→纱门窗安装。

3.3 易产生的质量与安全问题

3.3.1 质量问题(见表12-10)

塑料门窗安装质量隐患的防治　　　　　表12-10

质量隐患	主要原因分析	防治措施
塑料门窗固定片安装不当	1. 操作人员不了解塑料门窗安装的特点，随意操作 2. 安装前未进行认真的技术交底	1. 安装固定片前，应先采用直径 $\phi3.2$ 的钻头钻孔，然后将十字槽盘头自攻螺钉 M4×20 拧入 2. 固定片与墙角、中竖框、中横框的距离为150～200mm，固定片之间的距离应小于或等于600mm

续表

质量隐患	主要原因分析	防治措施
塑料门窗与洞口固定不当	1. 操作人员技术素质差，不了解塑料门窗安装技术规范的有关规定 2. 施工时工人图方便、省事，不按有关规定操作	1. 当塑料窗与墙体固定时应先固定上框，后固定边框 2. 混凝土洞口应采用射钉或塑料膨胀螺钉固定 3. 砖墙洞口应采用塑料膨胀螺钉或水泥钉固定
塑料门窗与墙体间缝做法错误	1. 塑料的膨胀系数大，当塑料门窗与洞口墙体间填塞水泥砂浆后，由于气温升高，塑料门窗膨胀挤压而出现变形 2. 当气温降低时，塑料门窗冷缩，使门窗框与洞口墙体间出现缝隙 3. 窗台处水泥砂浆填塞不密实，下雨时由窗台下渗入	1. 塑料门窗框与洞口墙体间应采用闭孔泡沫塑料，发泡聚苯乙烯等弹性材料分层填塞 2. 弹性材料要填塞严实，但也不宜过紧 3. 对于有保温、隔音等级要求较高的工程，应用相应的隔热、隔声材料填塞 4. 门窗与墙体间的缝隙外侧应用嵌缝膏密封处理
揭撕塑料门窗面膜时间不当	1. 由于运输、安装等过程中，操作人员不注意将塑料门窗上的面膜撕开、损坏 2. 由于工程停工或门窗安装后续工序延长，塑料门窗经风吹日晒后面膜老化，而不能整张揭撕下来	1. 塑料门窗在运输、安装过程中，操作人员要认真、细致，不得损坏面膜 2. 塑料门窗宜在室内、外抹完灰后再安装和抹口，待抹口的水泥砂浆强度达到70%后，方可将面膜撕下来 3. 塑料门窗出厂至安装完揭撕面膜的时间不宜超过6个月 4. 当老化的面膜揭撕困难时，应先用15%的双氧水溶液均匀涂刷一遍，再用10%的氢氧化钠溶液擦洗，面膜即可清除
塑料窗渗漏水	1. 塑料窗制作质量粗糙，接缝不严密，不符合气密性、水密性及抗风压的技术要求 2. 塑料窗为推拉窗时，有一扇露在外面，下雨时推拉槽中灌水，雨水沿下面的接口缝隙处渗入墙内，造成渗漏 3. 窗框与洞口墙体间的缝隙，未按规范要求进行嵌填和密封，雨水沿缝隙渗入室内 4. 窗台施工时未做出向外的坡度，窗楣未做鹰嘴和滴水槽	1. 应选用连接方式合理可靠，制作质量符合标准规定，使用性能符合气密性、水密性及抗风压等技术要求的塑料窗 2. 塑料窗框与洞口墙体间的连接固定要符合规范要求 3. 窗台应做出不小于15%的向外坡度，窗楣要做鹰嘴和滴水槽
安装塑料窗玻璃时未正确设置垫块	安装塑料窗扇上的玻璃时，将玻璃直接镶入玻璃槽内而不加垫块，导致在使用过程中玻璃受框扇材料的挤压而破坏	1. 安装玻璃时，应在玻璃四边垫上不同厚度的玻璃垫块 2. 边框上的垫块，应用聚苯乙烯胶加固定 3. 当将玻璃镶入框玻璃槽后，用玻璃压条将其固定

3.3.2 安全问题(见表12-11)

塑料门窗安装安全隐患的防治   表12-11

安全隐患	主要原因分析	防治措施
防止人身伤害	对施工人员未采取相应的保护措施	1. 施工人员应戴好安全帽、安全带，防止工具高空坠落伤人 2. 外门窗安装时，材料及工具应妥善放置，竖直下方严禁站人
构件倒塌伤人	大型构件安装后未及时给予固定或采取临时固定措施	构件安装后应及时固定，防止倾倒
防止火灾	主要是施工时未对易燃材料采取安全措施	施工现场成品及辅助材料应堆放整齐、平稳，并应采取防火等安全措施

3.4 质量标准

3.4.1 主控项目

(1) 塑料门窗的品种、类型、规格、尺寸、开启方向、安装位置、连接方式及填嵌密封处理应符合设计要求，内衬增强型钢的壁厚及设置应符合国家现行产品标准的质量要求。

(2) 塑料门窗框、副框和扇的安装必须牢固。固定片或膨胀螺栓的数量与位置应正确，连接方式应符合设计要求。固定点应距窗角、中横框、中竖框150～200mm，固定点间距应不大于600mm。

(3) 塑料门窗拼樘料内衬型钢的规格、壁厚必须符合设计要求，型钢应与型材内腔紧密吻合，其两端必须与洞口固定牢固。窗框必须与拼樘料连接紧密，固定点间距应不大于600mm。

(4) 塑料门窗扇应开关灵活、关闭严密，无倒翘。推拉门窗扇必须有防脱落措施。

(5) 塑料门窗配件的型号、规格、数量应符合设计要求，安装应牢固，位置应正确，功能应满足使用要求。

塑料门窗框与墙体间缝隙应采用闭孔弹性材料填嵌饱满，表面应采用密封胶密封。密封胶应粘结牢固，表面应光滑、顺直、无裂纹。塑料门窗的线性膨胀系数较大，由于温度升降易引起门窗变形或在门窗框与墙体间出现裂缝，为了防止上述现象，规定塑料门窗框与墙体间缝隙应采用伸缩性能较好的闭孔弹性材料填嵌，并用密封胶密封。采用闭孔材料则是为了防止材料吸水导致连接件锈蚀，影响安装强度。

3.4.2 一般项目

(1) 塑料门窗表面应洁净、平整、光滑，大面应无划痕、碰伤。

(2) 塑料门窗扇的密封条不得脱槽，旋转窗间隙应基本均匀。

(3) 塑料门窗扇的开关力应符合下列规定：

1) 平开门窗扇平铰链的开关力应不大于80N；滑撑铰链的开关力应不大于80N，且不小于30N。
2) 推拉门窗扇的开关力应不大于100N。
(4) 玻璃密封条与玻璃槽口的接缝应平整，不得卷边、脱槽。
(5) 排水孔应畅通，位置和数量应符合设计要求。
(6) 塑料门窗安装的允许偏差和检验方法应符合表12-12的规定。

塑料门窗安装的允许偏差和检验方法　　　　　表12-12

项次	项　目		允许偏差(mm)	检验方法
1	门窗槽口宽度、高度	≤1500mm	2	用钢尺检查
		>1500mm	3	
2	门窗槽口对角线长度差	≤2000mm	3	用钢尺检查
		>2000mm	5	
3	门窗框的正、侧面垂直度		3	用1m竖直检测尺检查
4	门窗横框的水平度		3	用1m水平尺和塞尺检查
5	门窗横框标高		5	用钢尺检查
6	门窗竖向偏离中心		5	用钢直尺检查
7	双层门窗内外框间距		4	用钢尺检查
8	同樘平开门窗相邻扇高度差		2	用钢尺检查
9	平开门窗铰链部位配合间隙		+2；-1	用塞尺检查
10	推拉门窗扇与框搭接量		+1.5；-2.5	用钢尺检查
11	推拉门窗扇与竖框平等度		2	用1m水平尺和塞尺检查

3.5　质量检验(见表12-13)

塑料门窗安装工程质量检验　　　　　表12-13

施工质量验收规范规定		检验批划分	检验数量	检验方法	检验要点
主控项目	1. 门窗质量 第5.4.2条	1. 同一品种、类型和规格的木门窗、金属门窗、塑料门窗及门窗玻璃，每个检验批应至少抽查5%，并不得少于3樘，不足3樘时应全数检查；高层建筑的外窗，每个检验批应至少抽查10%，并不得少于6樘，不足6樘时应全数检查	观察；尺量检查；检查产品合格证书、性能检测报告、进场验收记录和复验报告；检查隐蔽工程验收记录	注意检查产品合格证书、复验报告、性能检测报告。钢内衬厚度以及位置，连接方法，密封处理
	2. 框、扇安装 第5.4.3条			观察；手扳检查；检查隐蔽工程验收记录	注意检查固定点的位置、数量、间距、连接方式。在外墙门窗砌体上安装门窗严禁用射钉枪固定

续表

施工质量验收规范规定		检验批划分	检验数量	检验方法	检验要点
主控项目	3. 拼樘料与框连接 第5.4.4条	2. 同一品种、类型和规格的特种门每50樘应划分为一个检验批，不足50樘也应划分为一个检验批	2. 特种门每个检验批应至少抽查50%，并不得少于10樘，不足10樘时应全数检查	观察；手扳检查；尺量检查；检查进场验收记录	内衬型钢的规格、壁厚以及其与型材的连接。拼樘与洞口的连接
	4. 门窗扇安装 第5.4.5条			观察；开启和关闭检查；手扳检查	推拉查验：开关灵活性。仔细观察：严密性，有无倒翘，有无防脱落措施，结合手扳检查安装的牢固性
	5. 配件质量及安装 第5.4.6条			观察；手扳检查；尺量检查	规格、型号、位置、数量、安装质量
	6. 框与墙体缝隙填嵌 第5.4.7条			观察；检查隐蔽工程验收记录	嵌缝材料是否符合设计要求。表面是否胶封，检查胶封施涂质量
一般项目	1. 表面质量 第5.4.8条			观察	认真观察
	2. 密封条及旋转门窗间隙 第5.4.9条			观察	密封条观察，手扳，检查不脱槽。旋转门窗间隙要均匀
	3. 门窗扇开关力 第5.4.10条			观察；用弹簧秤检查	弹簧秤计量检测合格，开关试验位置正确，转角切割正确，对缝严密
	4. 玻璃密封条、玻璃槽口 第5.4.11条			观察	玻璃密封条，不连续弯折，不卷边，不脱槽
	5. 排水孔 第5.4.12条			观察	排水孔位置特别是高低位置以及数量要正确
	6. 安装允许偏差 第5.4.13条			见验收规范	量测器具检测合格，量测方法正确。精靠细量，读数准确

3.6 质量验收记录

（1）塑料门窗及五金配件产品合格证书、性能检测报告和进场验收记录。
（2）塑料门窗抗风压、空气渗透性能和雨水渗透性能试验报告。
（3）嵌缝、密封材料合格证书。
（4）隐蔽工程检查验收记录。
（5）施工记录。
（6）塑料门窗安装检验批质量验收记录。
（7）塑料门窗安装分项工程质量验收记录。

项目 13 抹 灰 工 程

训练 1 墙 面 抹 灰

[训练目的与要求] 掌握墙面抹灰工程质量标准,能熟练地对墙面抹灰工程进行质量检验,并能填写工程质量检查验收记录。熟悉墙面抹灰工程的质量与安全隐患及防治措施,并能编制墙面抹灰工程质量与安全技术交底资料。参加墙面抹灰工程质量检查验收并填写有关工程质量检查验收记录。

1.1 施工准备

1.1.1 作业准备

已编制抹灰工程施工方案或技术措施;已编制抹灰工程质量安全技术交底资料;主体结构工程已经过验收合格并办理了相关手续;门窗框与墙体间缝隙已按设计和规范要求嵌塞;墙上施工孔洞等已填塞密实、基层已清理干净并湿润;对需要隐蔽的项目已验收合格;施工用脚手架已按设计要求搭设好;样板间经检查合格;施工环境温度不低于5℃。

1.1.2 材料与机具准备

1. 材料准备

水泥、砂子、石灰膏、磨细生石灰粉、粘结剂等。

2. 机具准备

砂浆搅拌机、弹麻刀机、灰浆车、计量斗、筛子、手锤、钢丝刷、铁錾子、2.5m大杠、2m靠尺板、线坠、木折尺、方尺、托灰板、铁抹子、木抹子、小压子、塑料抹子、八字靠尺、5～7mm厚方口靠尺、阴阳角抹子、长毛刷、笤帚、喷壶、水桶、分格条、滴水槽等。

1.2 工艺流程

基层处理→贴饼冲筋→做护角→抹窗台→抹底灰→抹中层灰→抹罩面灰→抹踢脚或墙裙。

1.3 易产生的质量与安全问题

1.3.1 质量问题(见表 13-1)

墙面抹灰质量隐患的防治　　　　　　表 13-1

质量隐患	主 要 原 因 分 析	防 治 措 施
砖墙，混凝土基层抹灰空鼓	1. 基层清理不干净或处理不当；墙面浇水不透，抹灰后砂浆中的水分很快被基层或灰底吸收，影响粘结力 2. 配制砂浆和原材料质量不好，使用不当 3. 基层偏差较大，一次抹灰层过厚，干缩率较大 4. 线盒往往是由电工在墙面抹灰后自己安装，由于没有按抹灰操作规程施工，过一段时间易出现空裂 5. 砖混结构顶层两端山开头间，在圈梁与砖墙交接处，由于混凝土和砖墙的膨胀系数不同，经过一年使用后出现水平裂缝，并随时间的增长而加大 6. 拌合后的水泥或水泥混合砂浆不及时使用完，停放时间过长，砂浆逐渐失去流动性而凝结 7. 在石灰砂浆及保温砂浆墙面上后抹水泥踢脚板、墙裙时，在上口交接处，石灰砂浆未清理干净，水泥砂浆罩在残留的石灰砂浆或保温砂浆上，大部分工程会出现抹灰裂缝和空鼓	1. 抹灰前的基层处理是确保抹灰质量的关键之一 2. 抹灰前墙面应浇水 3. 主体施工时应建立质量控制点，严格控制墙面的竖直和平整度，确保抹灰厚度基本一致 4. 全部墙面上接线盒的安装时间应在墙面找点冲筋后进行，并应进行技术交底，作为一道工序，由抹灰工配合电工安装，安装后线盒面同冲筋面平、牢固、方正、一次到位 5. 外墙内面抹保温砂浆应同内墙面或顶板的阴角处相交 6. 砖混结构的顶层两山墙头开间，在圈梁和砖墙间出现水平裂缝处采取加强措施 7. 抹灰用的砂浆必须具有良好的和易性，并具有一定的粘结强度 8. 抹灰用的原材料和使用的砂浆应符合质量要求 9. 墙面抹灰底层砂浆与中层砂浆配合比应基本相同 10. 抹灰工程使用的水泥除有合格证外，还应进行凝结时间和安定性复验，合格后才能使用 11. 禁止使用淘汰材料，108 胶应满足游离甲醛含量≤1g/kg
抹灰面层起泡、开花、有抹纹	1. 抹完罩面灰后，压光工作跟得太紧，灰浆没有收水，压光后产生起泡 2. 底子灰过于干燥，罩面前没有浇水湿润，抹罩面灰后，水分很快被底层吸收，压光时易出现抹纹 3. 淋制石灰膏时，对慢性灰、过火灰颗粒及杂质没有滤净，灰膏熟化时间不够，未完全熟化的石灰颗粒掺在灰膏内，抹灰后继续熟化，体积膨胀，造成抹灰表层炸裂，出现开花和麻点	1. 底筋(麻刀)灰罩面，须待底子灰五六成干后进行，如底子灰过干应先浇水湿润；罩面时应由阴、阳角处开始，先竖着(或横着)薄薄的刮一遍底，再横着(或竖着)抹第二遍找平，两遍总厚度约 2mm；阴、阳角分别用阳角抹子和阴角抹子压光，墙面再用铁抹子压一遍，然后顺抹子纹压光 2. 水泥砂浆罩面，应用 1∶2～1∶2.5 水泥砂浆，待抹完底子灰后，第二天进行罩面，先薄薄抹一遍，跟着抹第二遍，用刮杠刮平，木抹子搓平，然后用钢皮沫子揉实压光 3. 纸筋(麻刀)灰用的石灰膏，淋灰时最好先将石灰块粉化后装入淋灰机中，并经过不大于 3mm×3mm 的筛子过滤；石灰熟化时间不少于 30d；严禁使用含有未熟化颗粒的石灰膏

续表

质量隐患	主要原因分析	防治措施
抹灰面不平、阴阳角不垂直，不方正	抹灰前没有事先按规矩找方、挂线、做灰饼和冲筋，冲筋用料强度较低或冲筋后过早进行抹面施工，冲筋离阴阳角距离较远，影响了阴阳角的方正	1. 抹灰前按规矩找方、横线找平，立线吊直，弹出准线和墙裙线 2. 先用托线板检查墙面平整度和垂直度，决定抹灰厚度，在墙面的两个角用1:3砂浆或1:3:9混合砂浆各做一个灰饼，利用托线板在墙面的两下角作出灰饼，拉线，间隔1.2~1.5m做墙面灰饼，冲筋同灰饼平，再利用托线板和拉线检查，无误后方可抹灰 3. 冲筋较软时抹灰易碰坏灰筋，抹灰后墙面不平，但也不宜在冲筋过干后再抹灰，以免抹面干后灰筋高出墙面 4. 经常检查修正抹灰工具，尤其避免木杠变形后再使用 5. 抹阴阳角时应随时检查角的方正，及时修正 6. 罩面灰施抹前进行一次质检验收，验收标准同面层，不合格处必须修正后再进行面层施工
建筑物外表面起霜	1. 配制的混凝土或砂浆中的水泥含碱量高 2. 水泥水化反应时生成部分NaOH和KOH，它们与水泥中的$CaSO_4$等盐类反应，生成Na_2SO_4和K_2SO_4，二者是溶于水的盐类，随着水分迁移到建筑物表面，当水分蒸发后在建筑物表面留下白色粉状晶体 3. 冬期施工中使用Na_2SO_4或K_2SO_4做早强剂或防冬剂，增加了可溶性盐类，也就增加了建筑物表面析出白霜的可能性 4. 某些地区用盐碱土烧制的砖，经雨淋日晒，水分迁移蒸发，将其内部可溶性盐带出，在建筑物外表面形成一种白色结晶 5. 由于砖、混凝土和砂浆等存在着大量的孔隙，且具有渗透性，外界介质进入其内部，然后由于蒸发也会带出来一部分物质，加剧了白霜的产生	1. 选用含碱量低的建筑材料；不使用碱金属氧化物含量高的外加剂，且用量应严格控制 2. 配制混凝土或砂浆时掺加适量活性硅质掺合料 3. 提高基材的抗渗性，配制混凝土、砂浆时使用减水剂降低用水量，从而降低其孔隙率，提高抗渗性能 4. 在基层表面喷防水剂，用以封填混凝土或砂浆表面的孔隙 5. 混凝土、砂浆等都是亲水材料，可用有机硅憎水剂处理其表面，使水分无法渗入基层内部，这样也可阻止其起霜
分格缝不平、缺棱、错缝	没有拉通线统一在底灰上弹水平和垂直分格线，木分格条浸水不透，使用时变形，粘贴分格条和起条时操作不当，造成缝口两边缺棱角或错缝	1. 柱子等短向分格缝，对每个柱子要统一找标高，拉通线弹出水平分格线，柱子侧面要用水平尺引过去，保证平整度；窗心墙竖向分层分格逢，几个层段应统一吊线分块 2. 分格条使用前要在水中泡透

1.3.2 安全问题(见表13-2)

墙面抹灰安全隐患的防治　　　　　表13-2

安全隐患	主要原因分析	防 治 措 施
安全事故造成人身伤害	1. 对施工人员未采取相应的保护措施 2. 脚手架、脚手板、吊蓝架搭设不规范，脚手架吊蓝架等未经检测合格使用 3. 安全防护不齐全 4. 安全用电不符合规程要求	1. 脚手架使用前应检查脚手板是否有空隙，探头板、护身栏、挡脚板确认合格方可使用。吊篮架的升降由架子工负责，非架子工不得擅自拆改或升降。吊蓝检测合格后方使用可 2. 外饰面工序上、下层同时操作时，脚手架与墙面的空隙部位应设遮隔措施 3. 脚手架上的工具、材料要分散放稳，不得超过允许荷载 4. 采用井字架、龙门架、外用电梯竖直运送材料时，预先检查卸料平台通道的两侧边安全防护是否齐全、牢固，吊盘内小推车必须加挡车掩。不得向井内探头张望 5. 脚手板不得搭设在门窗、暖气片、洗脸池等非承重的物器上 6. 室内抹灰采用高凳上铺脚手板时，宽度不得少于两块脚手板，间距不得大于 2m，移动高凳时上面不得站人，作业人员最多不得超过两个 7. 在高大门、窗旁作业时，必须将门窗扇关好，并插上插销 8. 夜间或阴暗处作业，应用 36V 以下安全电压照明 9. 使用电钻、砂轮等手持电动机具，必须装有漏电保护器，作业前应试机检查，作业时应戴绝缘手套
防止高空坠物伤人	1. 未遵守高处作业等有关规定 2. 高处、临边施工未采取有效保护措施	1. 施工人员应戴好安全帽，安全带，防止工具高空坠落伤人 2. 外饰必须设置可靠的安全防护隔离层 3. 瓷砖墙面作业时，瓷砖碎片不得向窗外抛仍 4. 遇到六级以上强风、大雾、大雨，应停止室外高空作业

1.4 质量标准

1.4.1 主控项目

（1）抹灰前基层表面的尘土、污垢、油渍等应清除干净，并应洒水润湿。

（2）一般抹灰所用材料的品种和性能应符合设计要求。水泥的凝结时间和安定性复验应合格。砂浆的配合比应符合设计要求。材料质量是保证抹灰工程质量的基础，因此抹灰工程所用材料如水泥、砂、石灰膏、石膏、有机聚合物等应符合设计要求及国家现行产品标准的规定，并应有出厂合格证；材料进场时应进行现场验收，不合格的材料不得用在抹灰工程上，对影响抹灰工程质量与安全的主要材料的某些性能如水泥的凝结时间和安定性进行现场抽样复验。

（3）抹灰工程应分层进行。当抹灰总厚度大于或等于 35mm 时，应采取加强措施。不同材料基体交接处表面的抹灰，应采取防止开裂的加强措施，当采用加强网时，加强网与各基体的搭接宽度不应小于 100 mm。抹灰厚度过大时，容易产生起鼓、脱落等质量问题；不同材料基体交接处，由于吸水和收缩性不一致，接缝处表面的抹灰层容易开裂，上述情况均应采取加强措施，以切实保证抹灰工程的质量。

（4）抹灰层与基层之间及各抹灰层之间必须粘结牢固，抹灰层应无脱层、空鼓，面层应无爆灰和裂缝。抹灰工程的质量关键是粘结牢固，无开裂、空鼓与脱落，如果粘结不牢，出现空鼓、开裂、脱落等缺陷，会降低对墙体保护作用，且影响装饰效果。经调研分析，抹灰层之所以出现开裂、空鼓和脱落等质量问题，主要原因是基体表面清理不干净，如：基体表面尘埃及疏松物、脱模剂和油渍等影响抹灰粘结牢固的物质未彻底清除干净；基体表面光滑，抹灰前未作毛化处理；抹灰前基体表面浇水不透，抹灰后砂浆中的水分很快被基体吸收，使砂浆中的水泥未充分水化成水泥石，影响砂浆的粘结力；砂浆质量不好，使用不当；一次抹灰过厚，干缩率较大等，都会影响抹灰层与基体的粘结牢固。

1.4.2 一般项目

（1）一般抹灰工程的表面质量应符合下列规定：

1）普通抹灰表面应光滑、洁净、接槎平整，分格缝应清晰。

2）高级抹灰表面应光滑、洁净、颜色均匀、无抹纹，分格缝和灰线应清晰美观。

（2）护角、孔洞、槽、盒周围的抹灰表面应整齐、光滑；管道后面的抹灰表面应平整。

（3）抹灰层的总厚度应符合设计要求；水泥砂浆不得抹在石灰砂浆层上；罩面石膏灰不得抹在水泥砂浆层上。

（4）抹灰分格缝的设置应符合设计要求，宽度和深度应均匀，表面应光滑，棱角应整齐。

（5）有排水要求的部位应做滴水线（槽）。滴水线（槽）应整齐顺直，滴水线应内高外低，滴水槽宽度和深度均不应小于10mm。

（6）一般抹灰工程质量的允许偏差和检验方法应符合下表13-3的规定。

一般抹灰的允许偏差和检验方法　　　　表13-3

项次	项 目	允许偏差		检 验 方 法
		普通抹灰	高级抹灰	
1	立面垂直度	4	3	用2m垂直检测尺检查
2	表面平整度	4	3	用2m靠尺和塞尺检查
3	阴阳角方正	4	3	用直角检测尺检查
4	分格条（缝）直线度	4	3	用5m线，不足5m拉通线，用钢直尺检查
5	墙裙、勒脚上口直线度	4	3	拉5m线，不足5m拉通线，用钢直尺检查

注：1. 普通抹灰，本表第3项阴角方正可不检查；
　　2. 顶棚抹灰，本表第2项表面平整度可不检查，但应平顺。

1.5 质量检验（见表13-4）

墙面抹灰工程质量检验　　　　　　　　表13-4

	施工质量验收规范规定		检验批划分	检验数量	检验方法	检验要点
主控项目	1. 基层表面	第4.2.2条	1. 相同材料、工艺和施工条件的室外抹灰工程每500~1000m²应划为一个检验批，不足500m²也应划为一个检验批 2. 相同材料、工艺和施工条件的室内抹灰工程每50个自然间（大面积房间和走廊按抹灰面积30m²为一间）应划分为一个检验批，不足50间也应划分为一个检验批	1. 室内每个检验批应至少抽查10%，并不得少于3间；不足3间时应全数检查 2. 室外每个检验批每100m²应至少抽查一处，每处不得小于10m²	检查施工记录	基层表面的突出物、尘土、油毡条、污垢、油渍等应清除干净，并应洒水润湿
	2. 材料品种和性能	第4.2.3条			检查产品合格证书、进场验收记录、复验报告和施工记录	材料是保证抹灰工程质量的基础，抹灰工程所用材料如水泥、砂、石灰膏、石膏、有机聚合物等应符合设计要求及国家现行产品标准的规定，有出厂合格证，复验合格，严格控制配合比
	3. 操作要求	第4.2.4条			检查隐蔽工程验收记录和施工记录	厚度大于或等于35mm处，不同材料交接处有无采用加强网。网与基体粘贴是否牢固，搭接宽度不应小于100mm，抹灰要分层进行
	4. 层间粘结及面层质量	第4.2.5条			观察；用小锤轻击检查；检查施工记录	用小锤轻击微裂、快干变色、门窗洞口、护角边、预埋管线、线盒周围、不同材料交接处
一般项目	1. 表面质量	第4.2.6条			观察；手摸检查	认真观察，手摸检查；光洁度、接槎质量、分格缝和灰线质量、阴阳角线及其交会处的质量
	2. 细部质量	第4.2.7条			观察	认真检查，护角、预留洞、槽、接线盒及管道后面等细部抹灰质量
	3. 层与层间材料要求及总厚度	第4.2.8条			检查施工记录	各抹灰层材料、层与层顺序及抹灰厚度要符合设计要求
	4. 分格缝	第4.2.9条			观察；尺量检查	分格缝位置、宽和深要符合要求。表面、棱角，特别是缝端部质量应注意查
	5. 滴水线（槽）	第4.2.10条			观察；尺量检查	滴水线要内高外低，注意滴水槽宽度和深度均不应小于10mm。要注意滴水线（槽）端部及其交合处的施工质量
	6. 允许偏差	第4.2.11条			见规范要求	检测点选择要具有代表性，精量细测，正确读数

1.6 质量验收记录

(1) 材料的产品合格证书、性能检验报告、进场验收记录和复验记录。
(2) 隐蔽工程检查验收记录。
(3) 施工记录。
(4) 一般抹灰工程检验批质量验收记录。
(5) 一般抹灰分项工程质量验收记录。

训练2 顶 棚 抹 灰

[训练目的与要求] 掌握顶棚抹灰工程质量标准，能熟练地对顶棚抹灰工程进行质量检验，并能填写工程质量检查验收记录。熟悉顶棚抹灰工程的质量与安全隐患及防治措施，并能编制顶棚抹灰工程质量与安全技术交底资料。参加顶棚抹灰工程质量检查验收并填写有关工程质量检查验收记录。

2.1 施工准备

2.1.1 作业准备

编制施工方案或技术措施；已编制抹灰工程质量安全技术交底资料；主体结构工程已经过验收合格并办理了相关手续；在墙面或梁侧面已弹出标高控制线，连续梁底已弹出通长墨线；基层已清理干净；施工用脚手架已按设计要求搭设好；施工环境温度不低于5℃。

2.1.2 材料与机具准备

1. 材料准备

水泥、砂、粘结剂、石灰膏等。

2. 机具准备

搅拌机、灰浆车、计量斗、灰斗、刮尺、托灰板、铁抹子、木抹子、塑料抹子、阴阳角抹子、阴角切割器、素灰桶、锤子、铁錾子、钢丝刷、笤帚、墨线盒等。

2.2 工艺流程

基层处理→弹线找规→抹底灰→抹中层灰→抹罩面灰。

2.3 易产生的质量与安全问题

2.3.1 质量问题(见表13-5)
2.3.2 安全问题(见表13-6)

2.4 质量标准

2.4.1 主控项目

(1) 抹灰前基层表面的尘土、污垢、油渍等应清除干净，并应洒水润湿。

顶棚抹灰质量隐患的防治　　　　　　　　表 13-5

质量隐患	主要原因分析	防治措施
混凝土顶板抹灰空鼓、裂缝	1. 基层清理不干净,砂浆配合比不当,底层砂浆与楼板粘结不牢,产生空鼓、裂缝 2. 预制楼板两端与支座处结合不严密,使得楼板负荷后,产生扭动而裂缝 3. 楼板灌缝后,混凝土未达到设计强度要求,也未采取其他技术措施便在楼板上施工,使楼板不能形成整体工作而产生裂缝 4. 板缝过小,清理不干净,灌缝不易密实,加载后影响预制楼板的整体性,顺板缝方向出现裂缝 5. 板缝灌缝后,养护不及时,使灌缝混凝土过早失水,达不到设计强度,加载后出现裂缝 6. 由于板缝窄小,为了施工方便,灌缝细石混凝土水灰比过大,在混凝土硬化过程中体积收缩,水分蒸发后产生空隙,造成板缝开裂	1. 预制楼板安装采用硬架支摸,使楼板端头同支座处紧密结合,形成一个整体 2. 预制楼板灌缝的时间最好是选择隔层灌缝,可避免灌缝后产生施工荷载,也便于养护 3. 基层表面的尘土、污垢、油污等要清理干净并洒水湿润
抹灰面层起泡、开花、有抹纹	1. 抹完罩面灰后,压光工作跟得太紧,灰浆没有收水,压光后产生起泡 2. 底子灰过分干燥,罩面前没有浇水湿润,抹罩面灰时,水分很快被底层吸收,压光时易出现抹纹 3. 淋制石灰膏时,对慢性灰、过火灰颗粒及杂质没有滤净,石灰膏熟化时间不够,未完全熟化的石灰颗粒掺在灰膏内,抹灰后继续熟化,体积膨胀,造成抹灰表层炸裂,出现开花和麻点	1. 底筋(麻刀)灰罩面,须待底子灰五六成干后进行,如底子灰过干应先浇水湿润;罩面时应由阴、阳角处开始,先竖着(或横着)薄薄的刮一遍底,再横着(或竖着)抹第二遍找平,两遍总厚度约 2mm;阴、阳角分别用阳角抹子和阴角抹子光,墙面再用铁抹子压一遍,然后顺抹子纹压光 2. 水泥砂浆罩面,应用 1:2～1:2.5 水泥砂浆,待抹完底子灰后,第二天进行罩面,先薄薄抹一遍,跟着抹第二遍,用刮杠刮平,木抹子搓平,然后用铁抹子揉实压光 3. 纸筋(麻刀)灰用的石灰膏,淋灰时最好先将石灰块粉化后装入淋灰机中,并经过不大于 3mm×3mm 的筛子过滤;石灰熟化时间不少于 30d;严禁使用含有未熟化颗粒的石灰膏
抹灰面不平,阴阳角不垂直,不方正	抹灰前没有事先按规矩找方、挂线、做灰饼和冲筋,冲筋用料强度较低或冲筋后过早进行抹面施工,冲筋离阴阳角距离较远,影响了阴阳角的方正	1. 抹灰前按规矩找方、横线找平,立线吊直,弹出准线和墙裙线 2. 先用托线板检查墙面平整度和垂直度,决定抹灰厚度,在墙面的两个角用 1:3 砂浆或 1:3:9 混合砂浆各做一个灰饼,利用托线板在墙面的两下角作出灰饼,拉线,间隔 1.2～1.5m 做墙面灰饼,冲纵筋同灰饼平,再利用托线板和拉线检查,无误后方可抹灰 3. 冲筋较软时抹灰易碰坏冲筋,抹灰后墙面不平,但也不宜在冲筋过干后抹灰,以免抹面干后灰筋高出墙面 4. 经常检查修正抹灰工具,尤其避免木杠变形后再使用 5. 抹阴阳角时应随时检查角的方正,及时修正 6. 罩面灰施抹前进行一次质检验收,验收标准同面层,不合格处必须修正后再进行面层施工

顶棚抹灰安全隐患的防治　　　　　　　　　表13-6

安全隐患	主要原因分析	防治措施
防止人身伤害	对施工人员未采取相应的保护措施	1. 脚手架使用前应检查脚手板是否有空隙，探头板、护身栏、挡脚板确认合格，方可使用 2. 脚手架上的工具、材料要分散放稳，不得超过允许荷载 3. 脚手板不得搭设在门窗、暖气片、洗脸池等非承重的器物上 4. 室内抹灰采用高凳上铺脚手板时，宽度不得少于两块脚手板，间距不得大于2m，移动高凳时上面不得站人，作业人员最多不得超过两个 5. 夜间或阴暗处作业，应用36V以下安全电压照明 6. 使用电钻、砂轮等手持电动机具，必须装有漏电保护器，作业前应试机检查，作业时应戴绝缘手套
防止高空坠物伤人	1. 高处、临边施工未采取有效保护措施 2. 未遵守高处作业等有关规定	1. 施工人员应戴好安全帽、安全带，防止工具高空坠落伤人 2. 必须严格执行相关规定

（2）一般抹灰所用材料的品种和性能应符合设计要求。水泥的凝结时间和安定性复验应合格。砂浆的配合比应符合设计要求。材料质量是保证抹灰工程质量的基础，因此，抹灰工程所用材料如水泥、砂、石灰膏、石膏、有机聚合物等应符合设计要求及国家现行产品标准的规定，并应有出厂合格证；材料进场时应进行现场验收，不合格的材料不得用在抹灰工程上，对影响抹灰工程质量与安全的主要材料的某些性能如水泥的凝结时间和安定性进行现场抽样复验。

（3）抹灰工程应分层进行。当抹灰总厚度大于或等于35mm时，应采取加强措施。不同材料基体交接处表面的抹灰，应采取防止开裂的加强措施，当采用加强网时，加强网与各基体的搭接宽度不应小于100mm。抹灰厚度过大时，容易产生起鼓、脱落等质量问题；不同材料基体交接处，由于吸水和收缩性不一致，接缝处表面的抹灰层容易开裂，上述情况均应采取加强措施，以切实保证抹灰工程的质量。

（4）抹灰层与基层之间及各抹灰层之间必须粘结牢固，抹灰层应无脱层、空鼓，面层应无爆灰和裂缝。抹灰工程的质量关键是粘结牢固，无开裂、空鼓与脱落。如果粘结不牢，出现空鼓、开裂、脱落等缺陷，会降低对墙体的保护作用，且影响装饰效果。经调研分析，抹灰层之所以出现开裂、空鼓和脱落等质量问题，主要原因是基体表面清理不干净，如：基体表面尘埃及疏松物、脱模剂和油渍等影响抹灰粘结牢固的物质未彻底清除干净；基体表面光滑，抹灰前未作毛化处理；抹灰前基体表面浇水不透，抹灰后砂浆中的水分很快被基体吸收,使砂浆中的水泥未充分水化成水泥石,影响砂浆的粘结力;砂浆质量不好,使用不当;一次抹灰过厚,干缩率较大等,都会影响抹灰层与基体的粘结牢固。

2.4.2 一般项目

(1) 一般抹灰工程的表面质量应符合下列规定:

1) 普通抹灰表面应光滑、洁净、接槎平整,分格缝应清晰。

2) 高级抹灰表面应光滑、洁净、颜色均匀、无抹纹,分格缝和灰线应清晰美观。

(2) 护角、孔洞、槽、盒周围的抹灰表面应整齐、光滑;管道后面的抹灰表面应平整。

(3) 抹灰层的总厚度应符合设计要求;水泥砂浆不得抹在石灰砂浆层上;罩面石膏灰不得抹在水泥砂浆层上。

(4) 抹灰分格缝的设置应符合设计要求,宽度和深度应均匀,表面应光滑,棱角应整齐。

(5) 有排水要求的部位应做滴水线(槽)。滴水线(槽)应整齐顺直,滴水线应内高外低,滴水槽宽度和深度均不应小于10mm。

(6) 一般抹灰工程质量的允许偏差和检验方法应符合表13-7的规定。

一般抹灰的允许偏差和检验方法　　　　　　表13-7

项次	项　目	允许偏差		检　验　方　法
		普通抹灰	高级抹灰	
1	立面垂直度	4	3	用2m竖直检测尺检查
2	表面平整度	4	3	用2m靠尺和塞尺检查
3	阴阳角方正	4	3	用直角检测尺检查
4	分格条(缝)直线度	4	3	用5m线,不足5m拉通线,用钢直尺检查
5	墙裙、勒脚上口直线度	4	3	拉5m线,不足5m拉通线,用钢直尺检查

注:1. 普通抹灰,本表第3项阴角方正可不检查;
　　2. 顶棚抹灰,本表第2项表面平整度可不检查,但应平顺。

2.5 质量检验(见表13-8)

2.6 质量验收记录

(1) 材料的产品合格证书、性能检验报告、进场验收记录和复验记录。
(2) 隐蔽工程检查验收记录。
(3) 施工记录。
(4) 一般抹灰工程检验批质量验收记录。
(5) 一般抹灰分项工程质量验收记录。

顶棚抹灰工程质量检验 表13-8

	施工质量验收规范规定		检验批划分	检验数量	检验方法	检验要点
主控项目	1. 基层表面	第4.2.2条	1. 相同材料、工艺和施工条件的室外抹灰工程每500～1000m²应划为一个检验批，不足500m²也应划为一个检验批 2. 相同材料、工艺和施工条件的室内抹灰工程每50个自然间（大面积房间和走廊按抹灰面积30m²为一间）应划分为一个检验批，不足50间也应划分为一个检验批	1. 室内每个检验批应至少抽查10%，并不得少于3间；不足3间时应全数检查 2. 室外每个检验批每100m²应至少抽查一处，每处不得小于10m²	检查施工记录	基层表面的突出物、尘土、油毡条、污垢、油渍等应清除干净，并应洒水润湿
	2. 材料品种和性能	第4.2.3条			检查产品合格证书、进场验收记录、复验报告和施工记录	材料是保证抹灰工程质量的基础，抹灰工程所用材料如水泥、砂、石灰膏、石膏、有机聚合物等应符合设计要求及国家现行产品标准的规定，有出厂合格证，复验合格，严格控制配合比
	3. 操作要求	第4.2.4条			检查隐蔽工程验收记录和施工记录	厚度大于或等于35mm处，不同材料交接处有无采用加强网。加强网与基体粘贴是否牢固，搭接宽度不应小于100mm，抹灰要分层进行
	4. 层间粘结及面层质量	第4.2.5条			观察；用小锤轻击检查；检查施工记录	用小锤轻击微裂、快干、变色、门洞口阳角、预埋管件、不同材料交接处
一般项目	1. 表面质量	第4.2.6条			观察；手摸检查	认真检查，手摸检查；光洁度、接槎质量、分格缝和水线质量、阴阳角线及其交汇处的质量
	2. 细部质量	第4.2.7条			观察	认真检查护角、预留洞、槽、接线盒及管道后面等细部抹灰质量
	3. 层与层间材料要求及总厚度	第4.2.8条			检查施工记录	各灰层材料、层与层顺序及抹灰厚度要符合设计要求
	4. 分格缝	第4.2.9条			观察；尺量检查	分格缝位置、宽和深要符合要求。表面、棱角，特别是缝端部质量应注意检查
	5. 滴水线（槽）	第4.2.10条			观察；尺量检查	滴水线要内高外低，注意滴水槽宽度和深度均不应小于10mm。要注意滴水线（槽）端部及其交合处的施工质量
	6. 允许偏差	第4.2.11条			见规范要求	检测点选择要具有代表性，精量细测、正确读数

项目 14 楼 地 面 工 程

训练 1 楼地面垫层

[**训练目的与要求**] 掌握楼地面垫层工程质量标准,能熟练地对楼地面垫层工程进行质量检验,并能填写工程质量检查验收记录。熟悉楼地面垫层工程的质量与安全隐患及防治措施,并能编制楼地面垫层工程质量与安全技术交底资料。参加楼地面垫层工程质量检查验收,并填写有关工程质量检查验收记录。

1.1 炉渣垫层及填充层

1.1.1 铺设准备
1. 作业准备

编制垫(填充)层技术措施;地基与基础工程、主体工程已验收合格并办完验收手续;垫(填充)层下基层已验收合格;预埋在垫(填充)层内的各种管线已经隐蔽验收合格;穿过楼板的各种管线已安装完毕;管线周围孔洞填充密实并经验收合格;施工时环境温度在5℃以上。

2. 材料与机具准备

(1) 材料准备

炉渣、水泥、熟化石灰。

(2) 机具准备

扫帚、铁錾子、手锤、钢丝刷、胶水管、喷壶、浆壶、手推车、翻斗车、计量斗、1.5~2mm钢板、平铁锹、搅拌机、木拍板、1m和3m长的刮杠、平板振捣器、铁制压滚、水准仪、水准尺及各种孔径筛等。

1.1.2 工艺流程

基层处理→炉渣过筛、闷水→弹线、做标志墩→炉渣拌合→铺设炉渣→刮平、滚压(或振捣)→养护。

1.1.3 易产生的质量与安全问题
1. 质量问题(见表14-1)
2. 安全问题(见表14-2)

1.1.4 质量标准
1. 主控项目

(1) 炉渣内不应含有有机杂质和未燃尽的煤块,颗粒粒径不应大于40mm,且颗粒粒径在5mm及其以下的颗粒不得超过总体积的40%,熟化石灰颗粒粒径不得大于5mm。

炉渣垫层及填充层质量隐患的防治　　　　　　　　　　　　　表 14-1

质量隐患	主要原因分析	防治措施
垫层空鼓、开裂	1. 基层杂物未清理干净，水泥浆皮没有剔掉刷净，铺垫层前又没有洒水等 2. 炉渣含有未燃尽的煤渣或炉渣闷水不透 3. 炉渣内微小颗粒（粒径在5mm及以下）比例较大	混凝土基层上土、灰、杂物应清理干净，铺拌合料前应认真洒水湿润，刷素水泥浆，以保证垫层（或填充层）与基层间的粘结；炉渣内未燃尽的煤渣的含量应在要求的范围内，炉渣内粒径在5mm以下颗粒的含量应控制在40%以内
炉渣垫层表面不平	主要是炉渣铺设后，未进行拉线找平，待水泥初凝后再进行抹平，已经很困难了	必须严格按工艺流程操作，整个操作过程控制在2小时之内，滚压过程中随时拉水平线进行检验
垫层松散，强度低	主要是在拌合过程中配合比不准，施工全过程过长，初凝后仍进行滚压，造成垫层松散，垫层浇筑完后，未经养护、过早上人操作等因素，都易导致表面松散强度低	水泥、石灰等材料应符合标准的要求，配合比应准确，施工过程应在初凝前完成；垫层或填充层铺设完后，应经养护达到要求后方可上人操作

炉渣垫层及填充层安全隐患的防治　　　　　　　　　　　　　表 14-2

安全隐患	主要原因分析	防治措施
高空坠落，水泥、石灰造成人身伤害	1. 对施工人员未采取相应的保护措施 2. 高处、临边施工未采取有效保护措施	1. 楼层孔洞、电梯井口、楼梯口、楼层边处安全防护设施应齐全 2. 淋灰时应穿好胶鞋，以防石灰烧脚；筛灰时，应注意风向，戴上防护镜，扎好袖口和裤腿
触电伤害	1. 对施工人员未采取相应的保护措施 2. 安全防护措施不齐全 3. 安全用电不符合规程要求	1. 临时照明及动力配电线路敷设应绝缘良好，并符合有关规定 2. 夜间或阴暗处作业，应用36V以下安全电压照明 3. 使用手持电动机具，必须装有漏电保护器，作业前应试机检查，作业时应戴绝缘手套

(2) 填充层的材料质量必须符合设计要求和国家产品标准的规定。

(3) 炉渣垫层的体积比应符合设计要求。

(4) 填充层的配合比必须符合设计要求。

2．一般项目

(1) 炉渣垫层与其下一层结合牢固，不得有空鼓和松散炉渣颗粒。

(2) 炉渣垫层表面的允许偏差应符合表14-3的规定。

(3) 松散材料填充层铺设应密实，板块状材料填充层应压实、无翘曲。

(4) 填充层表面的允许偏差应符合表14-3的规定。

基层表面的允许检验方法(mm)　　　　表 14-3

项次	项目	基土	垫层			毛地板		找平层			填充层		隔离层	检验方法
		土	砂、砂石、碎石、碎砖	灰土、三合土、炉渣、水泥	木搁栅	拼花实木地板、拼花实木复合地板面层	其他种类面层	用沥青玛碲脂做结合层铺设拼花样式木板板块面层	用水泥砂浆做结合层铺设板块面层	用胶粘剂做结合层铺设拼花木板、塑料板、强化复合地板、竹地板面层	松散材料	板、块材料	防水、防潮、防油渗	
1	表面平整度	15	15	10	3	3	5	3	5	2	7	5	3	用2m靠尺和楔形塞尺检查
2	标高	0~50	+20	+10	+5	+5	+8	+5	+8	+4	+4	+4	+4	用水准仪检查
3	坡度	不大于房间相应尺寸的 2/1000,且不大于 30													用坡度尺检查
4	厚度	在个别地方不大于设计厚度的 1/10													用钢尺检查

1.1.5　质量检验(见表 14-4)

1.1.6　质量验收记录

（1）水泥材质合格证明文件及检测报告。
（2）炉渣干密度及粒径试验记录。
（3）石灰粒径检测记录。
（4）配合比设计文件或通知单。
（5）施工记录。
（6）隐蔽工程检测验收记录。
（7）地基炉渣垫层工程检验批质量验收记录。
（8）填充层工程检验批质量验收记录。
（9）整体面层分项工程质量验收记录。

1.2　水泥混凝土垫层

1.2.1　铺设准备

1. 作业准备

编制垫(填充)层技术措施；地基与基础工程、主体工程已验收合格并办完验收手续；垫(填充)层下基层已验收合格；预埋在垫(填充)层内的各种管线已经隐蔽验收合格；穿过楼板的各种管线已安装完毕，管线周围孔洞已填充密实并经验收合格；施工时环境温度在 5℃以上。

炉渣垫层及填充层工程质量检验　　　　　　　表 14-4

施工质量验收规范规定			检验批划分	检验数量	检验方法	检验要点
主控项目	1. 材料质量	第 4.7.4 条 第 4.11.5 条	基层（各构造层）和各类面层的分项工程的施工质量验收应按每一层次或每层施工段（或变缝）作为检验批，高层建筑的标准层可按每三层作为一个检验批	每检验批应以各个分部工程的基层（各构造层）和各类面层所划分的分项工程按自然间（或标准层）检验，抽查数量应随机检验不应少于 3 间，不足 3 间的，应全数检查，其中走廊（过道）应以 10 延长米为 1 间，工业厂房、礼堂、门厅应以两个轴线为 1 间计算；有防水要求的建筑地面分部工程的分项工程施工质量每检验批抽查数量应按其房间总数随机检验不应少于 4 间，不足 4 间的应全数检查	观察检查和检查材质合格证明文件及检测报告	原材料现场随机取样，查验材质合格证以及复检报告，注意控制浇水闷透时间；闷渣时间均不得少于 5d
	2. 垫层体积比	设计要求			观察检查和检查配合比通知单	按配合比单配合、拌水、闷渣；分层铺摊
一般项目	1. 垫层与下一层粘结	第 4.7.6 条			观察检查	观察手摸检查表面有无松散颗粒，用小锤轻击边、角、接槎，易干变色等易空鼓部位
	2. 允许偏差	表面平整度 10mm			用 2m 靠尺和楔形塞尺检查	量测器具计量检查合格，检测点选择要具有代表性，按规定方法精细量测
		标高 ±10mm			用水准仪检查	
		坡度 2/1000，且 ≤30mm			用坡度尺检查	
		厚度 <1/10			用钢尺检查	

2. 材料与机具准备

(1) 材料准备

水泥、水、石子、砂。

(2) 机具准备

扫帚、铁錾子、手锤、钢丝刷、胶水管、喷壶、浆壶、手推车、翻斗车、磅秤、1.5~2.0mm 厚钢板、尖铁锹、平铁锹、混凝土搅拌机、平板振捣器、插入式振捣器、刮杠、木抹子、水准仪、水准尺、经纬仪、钢尺、钢盒尺等。

1.2.2 工艺流程

基层处理→弹线及设标志点→混凝土铺设→混凝土振捣及找平→混凝土养护。

1.2.3 易产生的质量和安全问题

1. 质量问题（见表 14-5）

水泥混凝土垫层质量隐患的防治　　　　　表 14-5

质量隐患	主要原因分析	防 治 措 施
混凝土不密实	主要是由于漏振和振捣不密实，或配合比不准及操作不当而造成。基底未洒水太干燥和垫层过薄，也会造成不密实	混凝土配合比应准确，石子粒径应符合要求，混凝土应防止离析，振捣应密实
表面不平，标高不准	操作时未认真找平	铺混凝土时必须根据所拉水平线掌握混凝土的铺设厚度，振捣后再次拉水平线检查平整度，去高填平后，用木刮杠以水平堆（或小木桩）为标准进行刮平
不规则裂缝	垫层面积过大，未分段分仓进行浇筑，首层暖沟盖板上未浇筑混凝土，首层地面回填土不均匀下沉或管线太多，垫层厚度不足 60mm 等因素都能导致裂缝产生	1. 混凝土垫层应认真找平，按铺设工艺要求操作，大面积垫层应按设计要求留设缩缝、假缝和伸缝 2. 地面下回填土应夯压密实，防止填土下沉和地面产生裂缝

2. 安全问题（见表 14-6）

水泥混凝土垫层安全隐患的防治　　　　　表 14-6

安全隐患	主要原因分析	防 治 措 施
防止人身伤害	1. 对施工人员未采取相应的保护措施 2. 高处、临边施工未采取有效保护措施	1. 楼层孔洞、电梯井口、楼梯口、楼层边处安全防护设施应齐全 2. 临时照明及动力配电线路敷设应绝缘良好并符合有关规定 3. 楼地面清理时，不得从窗口向外扔杂物 4. 用塔吊运送混凝土时，起吊物下方不要站人，防止料斗突然下降砸伤人 5. 混凝土工不准代替机工、电工操作或维修机电设备，防止触电伤人
触电对人身的伤害	未按操作规程用电	1. 振捣混凝土时周围环境潮湿、水多，容易发生触电事故，所以使用振捣棒必须配有漏电保护装置 2. 操作前，应检查电源线是否有破损，振捣混凝土时，操作人员要穿胶靴、带绝缘手套 3. 电缆线应满足操作所需的长度，电缆线上不得堆压物品或让车辆挤压，严禁用电缆线拖拉或吊挂振动器
机械伤害对人身的伤害	现场的指挥与调度及管理制度缺陷。企业技术管理薄弱，劳动组织管理混乱	1. 机、电操作人员应体检合格，无妨碍作业的疾病和生理缺陷，并应经过专业培训、考核合格取得行业主管部门颁发的操作证，方可持证上岗 2. 向搅拌机料斗倒料时，脚不要蹬在料斗上，防止滑倒伤人。料斗起斗时，操作人员要闪开，防止料斗伤人。清理料斗坑前，要先与机工联系好，拉闸断电并把料斗两个保险钩挂好再进行清理，防止料斗下落伤人 3. 机械必须按照出厂使用说明书规定的技术性能、承载能力和使用条件，正确操作，合理使用，严禁超载作业或任意扩大使用范围 4. 机械上的各种安全防护装置及监测、指示、仪表、报警等自动报警、信号装置应完好齐全，有缺损应及时修复。安全防护装置不完整或已失效的机械不得使用 5. 搅拌机运转中，不要用工具伸进搅拌筒内扒料，更不准伸入筒内查看，防止机械伤人。发现故障时，要先拉闸停机，再请机工修理

1.2.4 质量标准

1. 主控项目

（1）水泥混凝土垫层采用的粗骨料，其最大粒径不应大于垫层厚度的 2/3；含泥量不应大于 2%；砂为中粗砂，其含泥量不应大于 3%。

（2）混凝土的强度等级应符合设计要求，且不应小于 C10。

2. 一般项目

水泥混凝土垫层表面的允许偏差应符合表 14-3 的规定。

1.2.5 质量检验（见表 14-7）

水泥混凝土垫层工程质量检验　　　　表 14-7

施工质量验收规范规定			检验批划分	检验数量	检验方法	检验要点
主控项目	1. 材料质量		设计要求	基层（各构造层）和各类面层所划分的分项工程的施工质量验收应按每一层次或每施工段（或变形缝）作为检验批，高层建筑的标准层可按每三层作为检验批	每检验批应以各个分部工程的基层（各构造层）和各类面层所划分的分项工程按自然间（或标准层）检验，抽查数量应随机检验不应少于 3 间，不足 3 间的，应全数检查，其中走廊（过道）应以 10 延长米为 1 间，工业厂房、礼堂、门厅应以两个轴线间为 1 间计算；有防水要求的建筑地面分部工程的分项工程施工质量每检验批抽查数量应按其房间总数随机检验不应少于 4 间，不足 4 间的，应全数检查	观察检查和检查材质合格证明文件及检测报告	水泥、粗、细骨料现场随机取样，查验水泥材质合格证明以及砂石的复验报告。注意控制砂石粒径与含泥量
	2. 混凝土强度等级		设计要求		观察检查和检查配合比通知单及检测报告	按配合比单控制混凝土配合比，注意振捣和养护质量检查检测报告
一般项目	允许偏差	表面平整度	10mm		用 2m 靠尺和楔形塞尺检查	量测器具计量检查合格，检测点选择要具有代表性，按规定方法，精细量测
		标高	±10mm		用水准仪检查	
		坡度	2/1000，且≤30mm		用坡度尺检查	
		厚度	<1/10		用钢尺检查	

1.2.6 质量验收记录

（1）水泥材质合格证明文件及检测报告。

（2）砂石试验报告。

（3）混凝土配合比通知单。

（4）隐蔽工程检测验收记录。

（5）混凝土试件强度试验报告。

（6）地面水泥混凝土垫层工程检验批质量验收记录。

(7) 地面基层分项工程质量验收记录。

训练2 厕浴间涂膜防水层

[训练目的与要求] 掌握厕浴间涂膜防水层工程质量标准，能熟练地对厕浴间涂膜防水层工程进行质量检验，并能填写工程质量检查验收记录。熟悉厕浴间涂膜防水层工程的质量与安全隐患及防治措施，并能编制厕浴间涂膜防水层工程质量与安全技术交底资料。参加厕浴间涂膜防水层工程质量检查验收并填写有关工程质量检查验收记录。

2.1 作业准备

所有穿过厕浴间楼板的管道、地漏均已安装牢固并经验收；穿墙管洞口周围已用细石混凝土填塞密实；防水层下基层已作完，表面坚实平整、无起砂缺陷，基本干燥，含水率不大于9%，墙根、管根及墙转角处做成半径不小于50mm的圆弧，管道和地漏与楼板交接处已用建筑密封膏封严；厕浴间具备足够的采光照明及通风条件；溶剂型涂料的施工环境温度为-5~35℃，水乳型涂料的施工环境温度为5~35℃；操作人员应经过专业培训，持证上岗。

2.2 材料与机具准备

2.2.1 材料准备

聚氨酯防水涂料、磷酸或苯磺酰氯、二月桂酸二丁基锡、二甲苯、乙酸乙酯等。

2.2.2 机具准备

电动搅拌器、搅拌桶、塑料容器、橡胶刮板、毛刷、滚动刷、小抹子、腻子刀、笤帚、消防器材等。

2.3 工艺流程

基层处理→涂刷底胶→配置砂浆→做附加层→涂料配置→涂膜施工→蓄水试验。

2.4 易产生的安全与质量问题

2.4.1 质量问题(见表14-8)
2.4.2 安全问题(见表14-9)

2.5 质量标准

2.5.1 主控项目

(1) 隔离层材质必须符合设计要求和国家产品标准规定。

(2) 厕浴间和有防水要求的建筑地面必须设置防水隔离层。楼层结构必须采用现浇混凝土或整块预制混凝土板，混凝土强度等级不应小于C20；楼板四周除门洞外，应做混凝土翻边，其高度不应小于120mm。施工时结构层标高和预留孔洞位置应准确，严禁乱凿洞。

厕浴间涂膜防水层质量隐患防治 表14-8

质量隐患	主要原因分析	防治措施
涂膜防水层空鼓，有气泡	主要是基层清理不干净，底胶涂刷不匀或者是由于找平层潮湿，含水率高于9%，涂刷之前未进行含水率试验，造成空鼓，严重者造成大面积起鼓包	做涂膜防水层前，基层应干燥，并应清理干净，以及做含水率试验
地面面层做完后进行蓄水试验，有渗漏现象	主要是由于防水材料不合格，以及接缝处不严密	防水材料品种、规格、厚度等材料性能要符合设计要求；管道、地漏、排水口与防水层接缝处应严密
地面存水排水不畅	主要原因是在地面垫层施工时，没有按设计要求找坡，做找平层时也没有采取补救措施，造成倒坡或凹凸不平而存水	在做涂膜防水层之前，先检查基层坡度是否符合要求，与设计不符时，应进行处理后再做防水

厕浴间涂膜防水层安全隐患的防治 表14-9

安全隐患	主要原因分析	防治措施
防止火灾	由于聚氨酯甲、乙料及固化剂、稀释剂等均为易燃品	1. 将易燃材料储存在阴凉、干燥、通风，远离火源易燃品的场所，储仓及施工现场应严禁烟火，并配置消防器材。纤维布的储存环境应干燥、通风并远离火源 2. 材料存放于专人负责的库房，严禁烟火并应挂有醒目的警告标志
防止人身伤害	未穿戴好防护用品	1. 施工人员应戴口罩、手套、眼镜等防护用品 2. 施工现场和配料场地应通风良好，操作人员应穿软底鞋、工作服、扎紧袖口，并应配戴手套以及鞋盖。涂刷处理剂和胶粘剂时，必须戴好防毒口罩和防护眼镜。外露皮肤应涂擦防护膏。操作时严禁用手直接揉擦皮肤

(3) 水泥类防水隔离层的防水性能和强度等级必须符合设计要求。

(4) 防水隔离层严禁渗漏，坡向应正确、排水通畅。

2.5.2 一般项目

(1) 隔离层厚度应符合设计要求。

(2) 隔离层与其下一层粘结牢固，不得有空鼓；防水涂层应平整、均匀，无脱皮、起壳、裂缝、鼓泡等缺陷。

(3) 隔离层表面的允许偏差应符合表14-3的规定。

2.6 质量检验（见表 14-10）

厕浴间涂膜防水层工程质量检验 表 14-10

	施工质量验收规范规定		检验批划分	检验数量	检验方法	检验要点
主控项目	1. 材料质量	设计要求	每检验批应以各个分部工程的基层（各构造层）和各类面层所划分的分项工程按自然间（或标准层）检验，抽查数量应随机检验不应少于3间，不足3间应全数检查，其中走廊（过道）应以10延长米为1间，工业厂房、礼堂、门厅应以两个轴线为1间计算；有防水要求的建筑地面分部工程的分项工程施工质量每检验批抽查数量应按其房间总数随机检验不应少于4间，不足4间应全数检查	观察检查和检查材质合格证明文件、检测报告	隔离层材质；产品合格证、检测报告和进场复检报告应重点查验
	2. 隔离层设置要求	第4.10.8条		观察和钢尺检查	厕浴间以及设计有防水要求的建筑地面要做防水隔离层。楼板四周有无翻边，高度是否满足要求，应注意检查
	3. 水泥类隔离层防水性能	第4.10.9条		观察检查和检查检测报告	控制防水剂掺量，检查检测报告，观察防水性能
	4. 防水层防水要求	第4.10.10条		观察检查和蓄水、泼水检验或坡度尺检查及检查检验记录	检查管道穿过楼板面四周向上铺涂高度，靠近墙面处铺涂高度。阴阳角和管孔穿越楼面处是否铺涂附加防水隔离层。防水层铺好，进行蓄水，水深20～30mm，24h内无渗漏为合格
一般项目	1. 隔离层平整度	设计要求		观察检查和用钢尺检查	检查隔离层平整度是否满足要求
	2. 隔离层厚度	第4.10.12条		观察和尺量检查	尺量检查厚度是否满足设计要求
	3. 防水涂层	第4.10.12条		用小锤轻击检查和观察检查	仔细观察，小锤轻击检查特别注意管道穿越楼板四周、阴阳角部位、门洞口等部位
	允许偏差	表面平整度 3mm		用2m靠尺和楔形塞尺检查	检查点选择要具有代表性，精细量测，正确读数
		标高 ±4mm		用水准仪检查	
		坡度 2/100，且≤30mm		用坡度尺检查	
		厚度 <1/10		用钢尺检查	

2.7 质量验收记录

(1) 防水涂料出厂合格证、质量检验报告及现场抽样试验报告。
(2) 隐蔽工程检查验收记录。
(3) 蓄水试验检查记录。
(4) 地面隔离层工程检验批质量验收记录。
(5) 其他技术文件。

训练 3 楼地面面层

[训练目的与要求] 掌握楼地面面层工程质量标准，能熟练地对楼地面面层工程进行质量检验，并能填写工程质量检查验收记录。熟悉楼地面面层工程的质量与安全隐患及防治措施，并能编制楼地面面层工程质量与安全技术交底资料。参加楼地面面层工程质量检查验收并填写有关工程质量检查验收记录。

3.1 水泥混凝土地面

3.1.1 作业准备

编制好水泥混凝土面层技术交底资料；地面下基土、垫层、填充层、隔离层等均施工完毕，经隐蔽工程验收合格，铺设有防水隔离层经蓄水试验合格；主体结构已经验收合格，办完验收手续；室内门窗已安完，并弹出 0.5m 标高控制线；预填垫(填充)层内的各种管线已经隐蔽验收合格；穿过楼板的各种管线已安装完毕，管线周围孔洞已填充密实并经验收合格；施工时环境温度在 5℃以上。

3.1.2 材料与机具准备

1. 材料准备

水泥、砂、水、石子。

2. 机具准备

混凝土搅拌机、平板振捣器、插入式振捣器、混凝土振动器、铁滚子(或电碾)、混凝土切缝机、磅秤、水桶、笤帚、2m 靠尺、平碾、木抹子、铁抹子、铁錾子、手锤、钢丝刷、水壶、浆壶、胶水管、3mm 筛孔筛等。

3.1.3 工艺流程

基层处理→弹线及设标志墩→铺设混凝土→抹面压光→混凝土养护→混凝土切缝。

3.1.4 易产生的安全与质量问题

1. 质量问题(见表 14-11)
2. 安全问题(见表 14-12)

3.1.5 质量标准

1. 主控项目

(1) 水泥混凝土采用的粗骨料，其最大粒径不应大于面层厚度的 2/3，细石

水泥混凝土地面质量隐患的防治 表 14-11

质量隐患	主要原因分析	防治措施
空鼓，裂缝	1. 基层清理不彻底，不认真 2. 涂刷水泥浆结合层不符合要求	1. 在抹水泥浆之前必须将基层上粘结物、灰尘、油污彻底处理干净，并认真进行清洗湿润 2. 涂刷水泥浆稠度要适宜，涂刷时要均匀不得漏刷，面积不要过大，混凝土铺多少刷多少
地面起砂	1. 养护时间不够，过早上人 2. 使用过期、强度等级不够的水泥，混凝土搅拌不匀，操作过程中抹压遍数不够等	1. 施工完后，必须做好养护工作 2. 当面层抗压强度达 5MPa 时才能上人 3. 面层抹压遍数要确保面层质量
面层不光，有抹纹	没有按工艺要求去操作和认真抹压	必须按工艺要求去操作，用铁抹子抹压，最后在水泥终凝前用力抹压不得漏压，直到将前遍的抹纹压平、压光为止
地面边角处损坏	1. 混凝土地面虽然有较大的承载力，但也有受力不均匀性的弱点 2. 室外混凝土地面施工完成后，除承受使用荷载外，还将承受昼夜寒暑的温度变化，这对混凝土板的边角处也是不利的，裂缝首先从混凝土地面的边角处产生 3. 寒冷地区在冻胀性土层上铺设室外地面时，未设置防冻胀层，土层冻胀使地面冻裂，地面的边角处又是最易冻裂的部位	1. 混凝土地面，特别是室外混凝土地面，在设计上应采取必要的加强措施，以提高地面板角处的承载力，使地面各部位的承载力趋于均衡，达到最佳的使用效果和经济效益 2. 室外混凝土地面应施工验收规范要求，设置伸缩缝 3. 寒冷地区室外混凝土地面下应设计要求设置防冻层

水泥混凝土地面安全隐患的防治 表 14-12

安全隐患	主要原因分析	防治措施
防止人身伤害	1. 对施工人员未采取相应的保护措施 2. 高处、临边施工未采取有效保护措施	1. 楼层孔洞、电梯井口、楼梯口、楼层边处安全防护设施应齐全 2. 楼地面清理时，不得从窗口向外扔杂物
触电对人身的伤害	未按操作规程用电	1. 振捣混凝土时周围环境潮湿、水多，容易发生触电事故。所以使用振捣棒必须要配有漏电保护装置 2. 操作前，应检查电源线是否有破损，振捣混凝土时，操作人员要穿胶靴、戴绝缘手套 3. 电缆线应满足操作所需的长度，电缆线上不得堆压物品或让车辆挤压，严禁用电缆线拖拉或吊挂振动器 4. 临时照明及动力配电线路敷设应绝缘良好，并符合有关规定

续表

安全隐患	主要原因分析	防治措施
机械对人身的伤害	现场的指挥与调度及管理制度缺陷。企业技术管理薄弱，劳动组织管理混乱	1. 机、电操作人员应体检合格，无妨碍作业的疾病 2. 搅拌机运转中，不要用工具伸进搅拌筒内扒料，更不准伸入筒内处理缺陷，并应经过专业培训、考核合格取得行业主管部门颁发的操作证，方可持证上岗 3. 向搅拌机料斗到料时，脚不要蹬在料斗上，防止滑倒伤人。料斗起斗时，操作人员要闪开，防止料斗伤人。清理料斗坑前，要先与机工联系好，拉闸断电并把料斗两个保险钩挂好再进行清理，防止料斗下落伤人 4. 机械必须按照出厂使用说明书规定的技术性能、承载能力和使用条件，正确操作，合理使用，严禁超载作业或任意扩大使用范围 5. 机械上的各种安全防护装置及监测、指示、仪表、报警等自动报警、信号装置应完好齐全，有缺损时应及时修复。安全防护装置不完整或已失效的机械不得使用，内查看，防止机械伤人。发现故障时，要拉闸停机，再请机工修理

混凝土面采用的石子粒径不应大于 15mm。

（2）面层的强度等级应符合设计要求，且水泥混凝土面层强度等级不应小于 C20；水泥混凝土垫层兼面层强度等级不应小于 C15。

（3）面层与下一层应结合牢固，无空鼓、裂纹。

2. 一般项目

（1）面层表面不应有裂纹、脱皮、麻面、起砂等缺陷。

（2）面层表面的坡度应符合设计要求，不得有倒泛水和积水现象。

（3）水泥砂浆踢脚线与墙面应紧密结合，高度一致，出墙厚度均匀。

（4）楼梯踏步的宽度、高度应符合设计要求；楼层梯段相邻踏步高度差不应大于 10mm，每踏步两端宽度差不应大于 10mm；旋转楼梯梯段的每踏步两端宽度的允许偏差为 5mm；楼梯踏步的齿角应整齐，防滑条应顺直。

水泥混凝土面层的允许偏差和检验方法应符合表 14-13 的规定。

整体面层的允许偏差和检验方法　　　表 14-13

项次	项目	允许偏差					检验方法
		水泥混凝土面层	水泥砂浆面层	普通水磨石面层	高级水磨石面层	水泥钢(铁)屑面层	防油渗混凝土和不发火(防爆的)面层	
1	表面平整度	5	4	3	2	4	5	用 2m 靠尺和楔形塞尺检查
2	踢脚线上口平直	4	4	3	3	4	4	拉 5m 线和用钢尺检查
3	缝格平直	3	3	3	2	3	3	

3.1.6 质量检验(见表14-14)

水泥混凝土地面工程质量检验　　　　　　表14-14

	施工质量验收规范规定		检验批划分	检验数量	检验方法	检验要点
主控项目	1. 骨料粒径	设计要求	每检验批应以各个分部工程的基层（各构造层）和各类面层所划分的分项工程按自然间（或标准层）检验，抽查数量应随机检验不应少于3间，不足3间应全数检查，其中走廊（过道）应以10延长米为1间，工业厂房、礼堂、门厅应以两个轴线为1间计算；有防水要求的建筑地面分部工程的分项工程施工质量每检验批抽查数量应按其房间总数随机检验不应少于4间，不足4间应全数检查	观察检查和检查材质合格证明文件及检测报告	粗细骨料现场随机取样，检查复检报告
	2. 面层强度等级	设计要求		检查配合比通知单及检测报告	控制养护时间（不少于7天）以及上人时间（抗压强度大于5MPa），检查检测报告
	3. 面层与下一层结合	第5.2.5条		用小锤轻击检查	控制基层质量（如强度、粗糙程度，是否清扫干净，经湿润有无积水）。用小锤轻击检查应注意门洞口，阴阳角，面层颜色变异等易空鼓开裂部位
一般项目	1. 表面质量	第5.2.6条		观察检查	控制面层抹平以及压光时间，严格按标准的技术交底操作。认真观察检查
	2. 表面坡度	第5.2.7条		观察和采用泼水或坡度尺检查	泼水或坡度尺检查是否存在积水和倒泛水情况
	3. 踢脚线与墙面结合	第5.2.8条		用小锤轻击、钢尺和观察检查	用小锤轻击检查是否空鼓，门洞口、暖气槽、阴阳角、施工洞口以及颜色变异等易空鼓部位。局部空鼓长度不应大于300mm，每自然间（标准间）不多于2处
	4. 楼梯踏步	第5.2.9条		观察和钢尺检查	仔细观察，精确量测，准确读数
	5. 表面允许偏差	表面平整度	5mm		用2m靠尺和楔形塞尺检查	按规定方法，仔细量测
		踢脚线上口平直	4mm		拉5m线和用钢尺检查	
		缝格平直	3mm		拉5m线和用钢尺检查	
		旋转楼梯踏步两端宽度	5mm		拉5m线和用钢尺检查	

3.1.7 质量验收记录

（1）水泥材质合格证明文件及检测报告。
（2）砂、石试验报告。
（3）混凝土配合比通知单。
（4）隐蔽工程检测验收记录。
（5）混凝土试件强度试验报告。
（6）地面水泥混凝土垫层工程检验批质量验收记录。
（7）地面水泥混凝土面层分项工程质量验收记录。

3.2 水泥砂浆地面

3.2.1 铺设准备

1. 作业准备

编制好水泥砂浆面层技术交底资料；地面下基土、垫层、填充层、隔离层等均施工完毕，经隐蔽验收合格，铺设有防水隔离层经蓄水试验合格；主体结构已经验收合格，办完验收手续；当水泥砂浆面层内埋设管线时，已提出防裂措施；施工时环境温度在 5℃ 以上。

2. 材料与机具准备

（1）材料准备

水泥、砂、水。

（2）机具准备

砂浆搅拌机、灰浆车、磅秤、5mm筛孔筛、粉线包、钢丝刷、平铁锹、铁錾子、剁斧、手锤、小水桶、喷壶、长毛刷、笤帚、刮杠、木抹子、铁抹子、小压子、劈缝溜子、水平尺、2m靠尺、塞尺等。

3.2.2 工艺流程

基层处理→贴饼冲筋、支模→配置砂浆→铺设砂浆→抹面压光→养护→抹踢脚板。

3.2.3 易产生的质量与安全问题

1. 质量问题（见表 14-15）
2. 安全问题（见表 14-16）

3.2.4 质量标准

1. 主控项目

（1）水泥采用硅酸盐水泥、普通硅酸盐水泥，其强度等级不应小于 32.5 级，不同品种、不同强度等级的水泥严禁混用；砂应为中粗砂，当采用石屑时，其粒径应为 1~5mm，且含泥量不应大于 3%。

（2）水泥砂浆面层的体积比（强度等级）必须符合设计要求；且体积比应为 1∶2，强度等级不应小于 M15。

（3）面层与下一层应结合牢固，无空鼓、裂纹。空鼓面积不应大于 400cm²，且每自然间（标准间）不多于两处可不计。

2. 一般项目

水泥砂浆地面质量隐患的防治 表 14-15

质量隐患	主要原因分析	防 治 措 施
地面起砂	1. 水泥砂浆拌合物的水灰比过大，即砂浆稠度过大 2. 不了解水泥硬化的基本原理，压光工序安排不适当，以及底层过干或过湿等，造成地面压光时间过早或过迟 3. 养护不适当 4. 水泥地面在尚未达到足够的强度时，就上人走动或进行下道工序，使地表面遭受摩擦等作用，容易导致地面起砂 5. 水泥地面在冬期低温施工时，若门窗未封闭或无供暖设备，就容易受冻 6. 碳酸钙能显著降低地面面层的强度，常常造成地面凝结硬化后起砂 7. 水泥强度低或用过期、受潮结块水泥，这种水泥活性差，影响地面面层强度和耐磨性能；砂子粒度过细，拌合时用水量大，水灰比加大，强度降低	1. 严格控制水灰比 2. 掌握好面层的压光时间。水泥砂浆地面的压光时间一般不少于三遍 3. 水泥砂浆地面压光后，应视气温情况，一般在一昼夜后进行洒水养护，或用草帘、锯末覆盖后洒水养护。有条件的可用黄泥或石灰膏在门口做坎后进行蓄水养护 4. 合理安排施工流向，避免上人过早。水泥地面应尽量安排在墙面、顶棚的粉刷等装饰工程完工后进行，避免对面层产生污染和损害。如必须安排在其他装饰工程之前施工，应采取有效的保护措施。严禁在已做好的水泥地面上拌合砂浆，或倾倒砂浆于水泥地面上 5. 低温条件下抹水泥地面，应防止早期受冻。水泥宜采用早期强度较高的硅酸盐水泥，普通硅酸盐水泥强度等级不应低于 32.5 级，安定性要好
地面空鼓	1. 垫层（或基层）表面清理不干净，有浮灰、砂浆或其他污物，特别是室内粉刷的白灰砂浆沾污在楼板上，极不容易清理干净，严重影响垫层与面层的结合 2. 面层施工时，垫层（或基层）表面不浇水湿润或浇水不足，过于干燥。铺设砂浆后，由于垫层迅速吸收水分，致使砂浆失水过快而强度不高，面层与垫层粘结不牢；另外，干燥的垫层（或基层）未经冲洗，表面的粉尘难以扫除，对面层砂浆起到一定的隔离作用 3. 垫层（或基层）表面有积水，在铺设面层后，积水部分水灰比突然增大，影响面层与垫层之间的粘结，易使面层空鼓 4. 为了增强面层与垫层（或基层）之间的粘结力，需涂刷水泥砂浆结合层 5. 炉渣垫层质量不好	1. 清理表面的浮灰、砂浆以及其他污物，并冲洗干净。如底层表面过于光滑，则应凿毛。门口处砖层过高时应剔 2. 基层平整度，用 2m 直尺检查，其凹凸度不应大于 10mm，以保证面层厚度均匀一致，防止厚薄悬殊过大，造成凝结硬化时收缩不均匀而产生裂缝、空鼓 3. 面层施工前 1~2d，应对基层认真进行浇水湿润，使基层具有清洁、湿润、粗糙的表面 4. 注意结合层施工质量 5. 保证炉渣垫层和混凝土垫层的施工质量 6. 冬期施工如使用火炉采暖养护时，炉子下面要高架，上面要吊铁板，避免局部温度过高而使砂浆或混凝土失水过快，造成空鼓 7. 高压缩性软土地基上施工地面前，应先进行地面加固处理。对局部设备荷载较大的部位，可采取桩基承台支承，以免除沉降后患

续表

质量隐患	主要原因分析	防治措施
地面面层不规则裂缝	1. 水泥安定性差或用刚出窑的热水泥，凝结硬化时的收缩量大 2. 面层养护不及时或不养护，产生收缩裂缝 3. 水泥砂浆过稀或搅拌不均匀，则砂浆的抗拉强度降低，影响砂浆与基层的粘结，也容易导致地面出现裂缝 4. 首层地面填土质量差 5. 配合比不准确，垫层质量差；混凝土振捣不实，接槎不严；地面填土局部标高不够或过高，这些都将削弱垫层的承载力而引起地面裂缝 6. 面层因收缩不均匀产生裂缝 7. 面积较大的楼地面未留伸缩缝，因温度变化而产生较大的胀缩变形，使地面产生裂缝 8. 结构变形，如因局部地面堆荷过大而造成地基上下沉或构件挠度过大，使构件下沉、错位、变形，导致地面产生不规则裂缝 9. 使用外加剂过量而造成面层较大的收缩值	1. 重视原材料质量 2. 保证垫层厚度和配合比的准确性，振捣要密实，表面要平整，接槎要严密 3. 面层的水泥拌合物应严格控制用水量，水泥砂浆的稠度不应大于35mm，混凝土坍落度不应大于30mm 4. 回填土应夯填密实，如地面以下回填土较深时，还应注意做好房屋四周的地面排水，以免雨水灌入造成室内回填土沉陷 5. 水泥砂浆面层铺设前，应认真检查基层表面的平整度，尽量使面层的铺设厚度厚薄一致，垫层或预制楼板表面高低不平时，应用水泥砂浆或细石混凝土先找平 6. 面积较大的水泥砂浆楼地面，应从垫层开始设置变形缝 7. 结构设计上应尽量避免基础沉降量过大，特别要避免不均匀沉降 8. 使用上应防止局部地面集中堆荷过大 9. 水泥砂浆或混凝土面层中掺用外加剂时，严格按规定控制掺用量，并加强养护
带坡度地面倒泛水	1. 阳台(外走廊)、浴厕间的地面一般应比室内地面低20～50mm，但有时因图纸设计成一样平，施工又疏忽，造成地面积水外流 2. 施工前，地面标高抄平弹线不准确，施工中未按规定的泛水坡度冲筋、刮平 3. 浴厕间地漏安装过高，以致形成地漏四周积水 4. 土建施工与管道安装施工不协调，或中途变更管线走向，使土建施工时预留的地漏位置不合安装要求，管道安装时另行凿洞，造成泛水方向不对	1. 阳台(外走廊)，浴厕间的地面标高设计应比室内地面低20～50mm 2. 施工中首先应保证楼地面基层标高准确，抹地面前，以地漏为中心向四周辐射冲筋，找好坡度，用刮尺刮平。抹面时，注意不留洼坑 3. 水暖工安装地漏时，应注意标高准确，宁可稍低，也不要超高 4. 加强土建施工和管道安装施工的配合，控制施工中途变更，认真进行施工交底，做到一次留置正确
地面返潮	1. 地面季节性潮湿一般发生在我国南方的梅雨季节，雨水多，温度高，湿度大 2. 地面常年性潮湿主要是地面的垫层、面层不密实，又未设置防水层，地面下地基土中的水通过毛细管作用上升以及气态水向上渗透，使地面层材料受潮所致	1. 季节性潮湿地面可采取以下措施。①在梅雨季节来临时，应尽可能隔绝潮湿的热空气与室内地面的接触，如尽量少开门窗，门口设置门廊、门套以及门帘等。②室内准备适量的吸湿剂或吸湿机，将进入室内的潮湿空气中的水分吸收掉。③采用不太光滑的地面材料铺设地面面层 2. 常年性潮湿地面，主要应从增强面层(包括垫层)的密实性，切断毛细水上升和气态水渗透方面采取有效措施。根据地面不同的防潮要求，通常采用以下几种措施。①设置碎石或煤渣、炉渣垫层，对阻止地下毛细水的向上渗透有一定作用，但对阻止气态水的向上渗透作用较小。②设置防潮隔离层。③采用架空式地面

水泥砂浆地面安全隐患的防治　　　　　表 14-16

安全隐患	主要原因分析	防治措施
高空坠落对人身伤害	1. 对施工人员未采取相应的保护措施 2. 高处、临边施工未采取有效保护措施	1. 楼层孔洞、电梯井口、楼梯口、楼层边处安全防护设施应齐全 2. 清理基层时，不得从窗口、洞口向外扔杂物，以免伤人
触电对人身的伤害	未按操作规程用电	1. 抹水泥砂浆面时周围环境潮湿、水多，容易发生触电事故。所以使用电器设备时要配备漏电保护装置 2. 操作前，应检查电源线是否有破损，操作人员要穿胶靴、戴绝缘手套 3. 电缆线应满足操作所需的长度，电缆线上不得堆压物品或让车辆挤压，严禁用电缆线拖拉或吊挂振动器 4. 临时照明及动力配电线路敷设应绝缘良好，并符合有关规定
机械对人身的伤害	现场的指挥与调度及管理制度缺陷。企业技术管理薄弱，劳动组织管理混乱	1. 机、电操作人员应体检合格，无妨碍作业的疾病 2. 搅拌机运转中，不要用工具伸进搅拌筒内扒料，更不准伸入筒中处理缺陷，并应经过专业培训、考核合格取得行业主管部门颁发的操作证，方可持证上岗 3. 向搅拌机料斗到时，脚不要蹬在料斗上，防止滑倒伤人。料斗起斗时，操作人员要闪开，防止料斗伤人。清理料斗坑前，要先与机工联系好，拉闸断电并把料斗两个保险钩挂好再进行清理，防止料斗下落伤人 4. 机械必须按照出厂使用说明书规定的技术性能、承载能力和使用条件，正确操作，合理使用，严禁超载作业或任意扩大使用范围 5. 机械上的各种安全防护装置及监测、指示、仪表、报警等自动报警、信号装置应完好齐全，有缺损时应及时修复。安全防护装置不完整或已失效的机械不得使用，防止机械伤人。定期检查机械设备，发现故障时，要拉闸停机，再请机工修理

（1）面层表面的坡度应符合设计要求，不得有倒泛水和积水现象。

（2）面层表面应洁净，无裂纹、脱皮、麻面、起砂等缺陷。

（3）踢脚线与墙面应紧密结合，高度一致，出墙厚度均匀。局部空鼓长度不应大于 300mm，且每自然间（标准间）不多于两处可不计。

（4）楼梯踏步的宽度、高度应符合设计要求，楼梯段相邻踏步高度差不应大于 10mm，每踏步两端宽度差不应大于 10mm，旋转楼梯梯段的每踏步两端宽度的允许偏差为 5mm，楼梯踏步的齿角应整齐，防滑条应顺直。

（5）水泥砂浆面层的允许偏差应符合表 14-13 的规定。

3.2.5 质量检验(见表14-17)

水泥砂浆地面工程质量检验　　　　　表14-17

施工质量验收规范规定			检验批划分	检验数量	检验方法	检验要点
主控项目	1. 材料质量	设计要求	基层(各构造层)和各类面层的分项工程的施工质量验收应按每一层次或每层施工段(或变形缝)作为检验批,高层建筑的标准层可按每三层作为检验批	每检验批应以各个分部工程的基层(各构造层)和各类面层所划分的分项工程按自然间(或标准层)检验,抽查数量应随机检验不应少于3间,不足3间应全数检查,其中走廊(过道)应以10延长米为1间,工业厂房、礼堂、门厅应以两个轴线为1间计算;有防水要求的建筑地面分部工程的分项工程施工质量每检验批抽查数量应按其房间总数随机检验不应少于4间,不足4间应全数检查	观察检查和检查材质合格证明文件及检测报告	检查水泥的合格证、检验报告,水泥、砂子现场随机取样,检查复检报告
主控项目	2. 水泥砂浆面层的体积比	设计要求			检查配合比通知单及检测报告	配合比通知单及计量控制要注意查
主控项目	3. 面层与下一层结合	第5.3.4条			用小锤轻击检查	控制基层质量(如强度、粗糙程度,是否清扫干净,经湿润有无积水)。用小锤轻击检查应注意门洞口,阴阳角,面层颜色变异等易空鼓开裂部位
一般项目	1. 表面坡度	第5.3.5条			观察和采用泼水或用坡度尺检查	泼水或用坡度尺检查是否存在积水和倒泛水情况
一般项目	2. 表面质量	第5.3.6条			观察检查	控制面层抹平以及压光时间,严格按技术交底操作。认真观察检查
一般项目	3. 踢脚线与墙面结合	第5.3.7条			用小锤轻击、钢尺和观察检查	用小锤轻击检查是否空鼓,门洞口、暖气槽、阴阳角、施工洞口以及颜色变异处、踢脚线上口等易空鼓部位。局部空鼓长度不应大于300mm,每自然间(标准间)不多于2处
一般项目	4. 楼梯踏步	第5.3.8条			观察和钢尺检查	仔细观察,精确量测,准确读数
一般项目	5. 表面允许偏差	表面平整度	5mm		用2m靠尺和楔形塞尺检查	按规定方法,仔细量测。检测点要具有代表性
一般项目	5. 表面允许偏差	踢脚线上口平直	4mm		拉5m线和用钢尺检查	按规定方法,仔细量测。检测点要具有代表性
一般项目	5. 表面允许偏差	缝格平直	3mm		拉5m线和用钢尺检查	按规定方法,仔细量测。检测点要具有代表性
一般项目	5. 表面允许偏差	旋转楼梯踏步两端宽度	5mm		拉5m线和用钢尺检查	按规定方法,仔细量测。检测点要具有代表性

3.2.6 质量验收记录

(1) 水泥材质合格证明文件及检测报告。
(2) 砂试验报告。
(3) 砂浆配合比通知单。
(4) 砂浆试件抗压强度试验报告。
(5) 地面水泥砂浆面层工程检验批质量验收记录。
(6) 地面水泥砂浆面层分项工程质量验收记录。

3.3 现制水磨石地面

3.3.1 铺设准备

1. 作业准备

编制好现制水磨石地面技术交底资料；操作环境温度应保持在5℃以上；屋面防水层、墙面及顶棚抹灰已经完成并验收，四周墙上弹好0.5m标高线；安装好门框并加防护，与地面有关的水、电管线已安装就位；石子应过筛、洗净并去掉杂物。使用白色水泥掺颜料配制时，应事先按不同的配比做出样本，供设计和建设单位选定。

2. 材料与机具准备

(1) 材料准备

水、砂、石粒、颜料、分格条、地板蜡、22号钢丝、煤油、松香水等。

(2) 机具准备

平面磨石机、立面磨石机、电动角磨机、砂浆搅拌机、计量斗、平铁锹、滚筒、铁抹子、水平尺、毛刷子、铁簸箕、大小水桶、笤帚、钢丝刷、刮杠、刮尺、粉线包、靠尺、60~240号油石、手推胶轮车等。

3.3.2 工艺流程

基层处理→贴饼冲筋→铺抹找平层→镶分格条→配置水磨石拌合料→铺水磨石拌合料→滚压、抹平→研磨→草酸清洗→打蜡上光→踢脚板施工结束。

3.3.3 易产生的质量与安全问题

1. 质量问题(见表14-18)
2. 安全问题(见表14-19)

3.3.4 质量标准

1. 主控项目

(1) 水磨石面层的石粒，应采用坚硬可磨的白云石、大理石等岩石加工而成，石粒应洁净无杂物，其粒径除特殊要求外应为6~15mm；水泥强度等级不应小于32.5；颜料应采用耐光、耐碱的矿物原料，不得使用酸性颜料。

(2) 水磨石面层拌合料的体积比应符合设计要求，且为1∶1.5~1∶2.5(水泥∶石粒)。

(3) 面层与下一层结合应牢固，无空鼓、裂纹。

2. 一般项目

(1) 面层表面应光滑；无明显裂纹、砂眼和磨纹；石粒密实，显露均匀；颜

现制水磨石地面质量隐患的防治　　　　　　表 14-18

质量隐患	主要原因分析	防治措施
石子及分格条处显露不清	1. 面层水泥石子浆铺设厚度过高，超过分格条较多，使分格条难以磨出 2. 铺好面层后，磨光不及时，水泥石子面层强度过高，使分格条难以磨出 3. 第一遍磨光时，所用的磨光石号数过大，磨损量过小，不易磨出分格条 4. 磨光时用水量过大，磨光机的磨石在水中呈漂浮状态，故磨损量较小 5. 面层铺设厚度过厚，石子粒径较小，滚压时石子被压到下层，表面水泥浆加厚，石子难以磨出	1. 控制面层水泥石子浆的铺设厚度，虚铺厚度一般比分格条高出 5mm 为宜，待滚筒压实后，则比分格条高出约 1mm，第一遍磨完后，分格条就能清晰外露 2. 水磨石地面施工前，应准备好一定数量的磨石机。面层施工时，铺设速度应与磨光速度相协调，避免开磨时间过迟 3. 第一遍磨光应用 60～90 号的粗金刚砂磨石，以加大其磨损量。同时磨光时应控制浇水速度，浇水量不应过大，使面层保持一定浓度的磨浆水 4. 面层铺设厚度应与石子粒径相一致：小八厘为 10～12mm，中八厘为 12～15mm，掺一定数量大八厘的为 15～18mm，掺一定数量一分半的为 18～20mm 5. 掌握好水泥石子浆的配合比
分格条压弯（铜条、条铝）或压碎（玻璃条）	1. 面层水泥石子浆铺设厚度不够，用滚筒滚压后，表面同分格条平，有的甚至低于分格条，滚筒直接在分格条上碾压，致使分格条被压弯或压碎 2. 滚筒滚压过程中，有时石子粘在滚筒上或分格条上，滚压时就容易将分格条压弯或压碎 3. 分格条粘贴不牢，在面层滚压过程中，往往因石子相互挤紧而挤弯或挤坏分格条	1. 水磨石拌合料铺设厚度不够 2. 滚筒滚压前，应先用铁抹子或木抹子在分格条两边约 10mm 的范围内轻轻拍实，并应将抹子顺条处往里稍倾斜压出一个小八字。这既可检查面层虚铺厚度是否恰当，又能防止石子在滚压过程中挤坏分格条 3. 滚筒滚压过程中，应用笤帚随时扫掉粘在滚筒上或分格条上的石子，防止滚筒和分格条之间存在石子而压坏分格条 4. 分格条应粘贴牢固。铺设面层前，应仔细检查一遍，发现粘贴不牢而松动或弯曲的，应及时更换 5. 滚压结束后，应再检查一次，压弯的应及时校直，压碎的玻璃条应及时更换，清理后，用水泥与玻璃做成的快凝水泥浆重新粘贴分格条
地面接槎处不严密	由于施工现浇水磨石地面时，对板块地面的几何尺寸未作详细了解，没有留出较宽余的接槎量，最终造成接槎平面上不合缝或标高不一致，成为观感较差的质量弊端	1. 施工现浇水磨石地面时，应对相邻接部位地面的做法进行详细了解，事先制定一个较完善的接槎措施 2. 摊铺现浇水磨石地面的水泥石子浆时，在接槎处应多铺出 30～50mm 的接槎余量，端部甩槎处用带坡度的挡板留成反槎。到铺贴相邻部位板块地面时，用无齿锯锯掉多余的接槎余量，这样拼接的缝就能严丝合缝 3. 无齿锯锯割时，动作要轻、细，切忌猛干，防止磨石崩裂，造成豁口等缺陷 4. 铺接相邻接合处的板块地面时，应将接合处清理干净，并充分洒水湿润，涂刷水泥浆，以使结合牢固

续表

质量隐患	主要原因分析	防治措施
面层褪色	1. 水泥在水化过程中会析出氢氧化钙，它是一种碱性物质。因此，如果掺入面层中颜料的耐碱性能差，则容易发生褪色或变色现象。如果地面经常处于阳光照射，则会因颜料的耐光性能差而造成褪色或变色 2. 颜料本身质量差	采用耐碱性能（有太阳光照射的地面还应有耐光性能）好的矿物颜料。由于颜料的品种、名称较多，因此在采购和使用时，应加以注明，避免差错。如氧化铁黄（又名铁黄，学名叫含水三氧化二铁，分子式为 $Fe_2O_3 \cdot xH_2O$）的耐碱和耐光性能非常强，是比较理想的黄色系颜料。而铬黄（又名铅铬黄、黄粉等，学名叫铬酸铅，分子式为 $PbCrO_4$）耐碱和耐光性能都较差，因此在地面施工中不宜采用
分格条两边或分格条十字交叉处石子显露不清或不匀	1. 分格条粘结操作方法不正确。水磨石地面厚度一般为12~15mm，常用石子粒径为6~8mm。因此，在粘贴分格条时，应特别注意砂浆的粘结高度和水平方向的角度 2. 分格条在十字交叉处粘贴方法不正确，嵌满砂浆，不留空隙。在铺设面层水泥石子浆时，石子不能靠近分格条的十字交叉处，结果周围形成一圈没有石子的纯水泥斑痕 3. 滚筒的滚压方法不妥，仅在一个方向来回碾压，与滚筒碾压方向平行的分格条两边不易压实，容易造成浆多石子少的现象 4. 面层水泥石子浆太稀，石子比例太少	1. 正确掌握分格条两边砂浆的粘贴高度和水平方向的角度，并粘贴牢固 2. 分格条在十字交叉的粘贴砂浆，应留出15~20mm左右的空隙。在铺设面层水泥石子浆时，石子就能靠近十字交叉处，磨光后，石子显露清晰，外形也较美观 3. 滚筒滚压时，应在两个方向反复碾压，如碾压后发现分格条两侧或十字交叉处浆多石子少时，应立即补撒石子，尽量使石子密集 4. 以采用干硬性水泥石子浆为宜，水泥石子浆的配合比应正确
面层有明显的水泥斑痕	1. 水泥石子浆在铺设时是很松软的，如果穿高跟胶鞋或鞋底凹凸不平较明显的胶鞋进行操作，必将踩出很多较深的脚印。在滚筒滚压过程中，脚印部分往往由水泥浆填补。不易发现这一缺陷，磨光后，则会立即发现脚印部分出现一块块水泥斑痕，造成无法弥补的质量缺陷。水泥石子浆越稀软，这种现象越严重 2. 铺设水泥砂浆地面面层，一般常用刮尺刮平，但铺设水磨石地面面层时，由于水泥石子成分较多，如果用刮尺刮平，则高出部分的石子大部分给刮尺刮走，留下的部分出现浆多石子少的现象，磨光后，出现一块块水泥斑痕，影响美观	1. 水泥石子浆拌制不能过稀，以采用干硬性的水泥石子浆为宜 2. 铺设水泥石子浆时，应穿平底或底楞凹凸不明显的胶鞋进行操作 3. 面层铺设后，出现局部过高时，不得用刮尺刮平，应用铁抹子或铁铲将高出部分挖去一部分，然后再将周围的水泥石子拍挤抹平 4. 滚筒滚压过程中，应随时认真观察面层泛浆情况，如发现局部泛浆过多时，应及时增补石子，并滚压密实

续表

质量隐患	主要原因分析	防治措施
表面光亮度差，细洞眼多	1. 磨光时磨石规格不齐，使用不当。水磨石地面的磨光遍数一般不应少于3遍。第一遍的作用是磨平磨匀，使分格条和石子清晰外露；第二遍应用细金刚石砂轮磨，主要作用是磨去第一遍磨光后留下的磨石凹痕，将表面磨光。第三遍应用更细的金刚石砂轮或油石磨，进一步将表面磨光滑。但在施工中，金刚石砂轮的规格往往不齐，对第二遍、第三遍的磨石要求重视不够，只要求石子、分格条显露清晰，而忽视了对表面光亮度的要求 2. 打蜡之前未涂擦草酸溶液，或将粉状草酸直接撒于地面表面后进行干擦。打蜡的目的是使地面光滑、洁亮美观，因此要求蜡与地面表面层有一定的粘附力和耐久性 3. 补浆时不用擦浆法，而用刷浆法。水磨石地面在磨光过程中，需进行两次补浆，这是消除面层洞眼空隙的有效措施	1. 打磨时，磨石规格应齐全，对外观要求较高的水磨石地面，应适当提高第三遍的油石号数，并增加磨光遍数 2. 打蜡之前应涂擦草酸溶液。溶液洒于地面，并用油石打磨一通后，用清水冲洗干净。禁止用撒粉状草酸后干擦的施工方法 3. 补浆应用擦浆法，用干布蘸上较浓的水泥浆将洞眼擦严擦实。擦浆时，洞眼中不得有积水、杂物，擦浆后应进行养护，使水泥浆有个良好的凝结硬化条件 4. 打蜡工序应在地面干燥后进行，应避免在地面潮湿状态下打蜡，也不应在地面被弄脏后打蜡。打蜡时，蜡层应薄而匀，操作者应穿干净的拖鞋
地面裂缝	1. 主要是地面回填土不实，高低不平或基层过冬时受冻；沟盖板水平标高不一致，灌缝不严；门口或洞口下部基础砖墙砌的太高，造成垫层厚薄不均或太薄，引起地面裂缝 2. 工期较紧，结构沉降不稳定；垫层与面层工序跟得过紧，垫层材料收缩不稳定，暗敷电线管线过高，周围砂浆固定不好，造成面层裂缝 3. 基层清理不干净，预制混凝土楼板板缝及端头浇筑不密实，影响楼板的整体性和刚度，地面荷载过于集中引起裂缝 4. 分格不当，形成狭长的分格带，容易在狭长的分格带上出现裂缝	1. 首层地面房心回填土应分层夯实，不得含有杂物和较大冻块，冬期施工中的回填土要采取保温措施，防止受冻 2. 现制水磨石地面的混凝土垫层浇筑后有一定的养护期，使垫层基本收缩后再做面层；较大的或荷载分布不均匀的房间，混凝土垫层中最好加配钢筋以增强垫层的整体性 3. 做好基层表面清扫处理，保证上下层粘结牢固 4. 尽可能使用干硬性混凝土和砂浆 5. 分格设计时，避免产生狭长的分格带，防止因面层收缩而产生裂缝

色图案一致，不混色；分格条牢固、顺直和清晰。

（2）踢脚线与墙面应紧密结合，高度一致，出墙厚度均匀。

（3）楼梯踏步的宽度、高度应符合设计要求，楼层梯段相邻踏步高度差不应大于10mm，每踏步两端宽度差不应大于10mm，旋转楼梯梯段的每踏步两端宽度的允许偏差为5mm，楼梯踏步的齿角应整齐，防滑条应顺直。

现制水磨石地面安全隐患的防治　　　　表 14-19

安全隐患	主要原因分析	防治措施
防止人身伤害	1. 对施工人员未采取相应的保护措施 2. 高处、临边施工未采取有效保护措施	1. 清理基层时，不得从窗口、洞口向外扔杂物，以免伤人 2. 剔凿地面时应戴防护眼镜 3. 楼层孔洞、电梯井口、楼梯口、楼层边处安全防护设施应齐全 4. 磨石机操作人员应穿高腰绝缘胶鞋，戴绝缘胶皮手套 5. 两台以上磨石机在同一部位操作，应保持 3m 以上安全距离
触电对人身的伤害	未按操作规程用电	1. 施工水磨石地面时周围环境潮湿、水多，容易发生触电事故。所以使用电器设备时要配备漏电保护装置 2. 操作前，应检查电源线是否有破损，操作人员要穿胶靴、带绝缘手套 3. 电缆线应满足操作所需的长度，电缆线上不得堆压物品或让车辆挤压，严禁用电缆线拖拉或吊挂振动器 4. 临时照明及动力配电线路敷设应绝缘良好，并符合有关规定

（4）水磨石面层的允许偏差应符合表 14-13 的规定。

3.3.5　质量检验(见表 14-20)

3.3.6　质量验收记录

（1）水泥材质合格证明文件及检测报告。

（2）石粒、颜料材质合格证明文件。

（3）砂试验报告。

（4）结合层砂浆以及面层拌合料配合比通知单。

（5）砂浆试件抗压强度试验报告。

（6）地面水磨石面层工程检验批质量验收记录。

（7）地面水磨石面层分项工程质量验收记录。

（8）其他技术文件。

3.4　砖面层

3.4.1　铺设准备

1. 作业准备

墙面和顶棚的抹灰或装饰已完成，在墙面上弹好 0.5m 标高线；门框安装完毕，并做好保护；各种管线、预埋铁件已安装完毕并固定好；管道及地漏周围洞口已用细石混凝土堵塞严实；竖管套管应高出面层 20mm，且与竖管间的缝隙已堵严密；有防水要求的房间已作好防水及保护层，并经蓄水试验合格，做好隐蔽工程验收；施工环境温度不应低于 5℃。

2. 材料与机具准备

现制水磨石地面工程质量检验　　　　　表 14-20

施工质量验收规范规定			检验批划分	检验数量	检验方法	检验要点
主控项目	1. 材料质量	设计要求	基层（各构造层）和各类面层的分项工程的施工质量验收应按每一层次或每层施工段（或变形缝）作为检验批，高层建筑的标准层可按每三层作为检验批	每检验批应以各个分部工程的基层（各构造层）和各类面层所划分的分项工程按自然间（或标准层）检验，抽查数量应随机检验不应少于3间，不足3间应全数检查，其中走廊（过道）应以10延长米为1间，工业厂房、礼堂、门厅应以两个轴线为1间计算；有防水要求的建筑地面分部工程的分项工程施工质量每检验批抽查数量应按其房间总数随机检验不应少于4间，不足4间应全数检查	观察检查和检查材质合格证明文件及检测报告	检查水泥品种、强度等级，石粒材质、粒径以及颜料是否符合设计要求或验收规范要求，检查产品合格证明文件
	2. 拌合料体积比（水泥：石料）	1：1.5～1：2.5			检查配合比通知单及检测报告	检验水磨石面层的水泥砂浆配合比及其稠度，按配合比单进行配比，控制计量措施
	3. 面层与下一层结合	牢固、无空鼓、无裂纹			用小锤轻击检查	注意检查门洞口、阴阳角、面层早干处、分格条交界处等易空鼓开裂的部位。用小锤轻击检查。（空鼓面不应大于400cm^2），且每自然间（标准间）不多于2处可不计
一般项目	1. 表面质量	第5.4.9条			观察检查	控制磨光遍数，涂草酸和上蜡前的表面清洁。认真观察，注意阴阳角拐角，楼梯踏步、踏面等处
	2. 踢脚线	第5.4.10条			观察和采用泼水或用坡度尺检查	用小锤轻击检查是否空鼓，门洞口、暖气槽、阴阳角、施工洞口以及颜色变异处、踢脚线上口等易空鼓部位。局部空鼓长度不应大于300mm，每自然间（标准间）不多于2处
	3. 楼梯踏步	第5.4.11条			观察和钢尺检查	仔细观察，精确量测，准确读数。注意观察防滑条的安装质量
	4. 表面允许偏差	表面平整度	高级水磨石 2mm		用2m靠尺和楔形赛尺检查	按规定方法，仔细量测。检测点要具有代表性
			普通水磨石 3mm			
		踢脚线上口平直	3mm		拉5m线和用钢尺检查	
		缝格平直	高级水磨石 2mm		拉5m线和用钢尺检查	
			普通水磨石 3mm			
		旋转楼梯踏步两端宽度	5mm		拉5m线和用钢尺检查	

(1) 材料准备

水泥、砂、陶瓷锦砖、建筑胶粘剂等。

(2) 机具准备

砂浆搅拌机、小水桶、笤帚、小铲、铁抹子、平铁锹、刮杠、刮尺、窗纱筛子、手推车、计量斗、喷壶、毛刷、钢丝刷、橡皮锤、硬木拍板、凿子、拨板、粉线包、砂轮、靠尺板等。

3.4.2 工艺流程

基层处理→找标高弹线→抹找平层→锦砖铺贴。

3.4.3 易产生的质量与安全问题

1. 质量问题(见表 14-21)

砖面层质量隐患的防治　　　　　　　　　　表 14-21

质量隐患	主要原因分析	防治措施
地面空鼓	1. 基层清理不干净或浇水湿润不够，水泥素浆结合层涂刷不均匀或涂刷时间过长，致使风干硬结，造成面层和垫层一起空鼓 2. 垫层砂浆应为干硬性砂浆，如果加水较多或一次铺得太厚，砸不密实，容易造成面层空鼓 3. 板块背面浮灰没有刷净和用水湿润，影响粘贴效果；操作质量差，锤击不当	1. 地面基层清理必须认真清理，并充分湿润，以保证垫层与基层结合良好，垫层与基层的纯水泥浆结合层应涂刷均匀，不能先撒干水泥面层，再洒水扫浆 2. 砖板背面的浮土杂物必须清扫干净，对于背面贴有塑料网格的，铺设前必须将其撕掉，并事先用水湿润，等表面稍晾干后进行铺设 3. 垫层砂浆应用 1:3~1:4 干硬性水泥砂浆，铺设厚度以 2.5~3cm 为宜。如果遇有基层较低或过凹的情况，应事先抹砂浆或细石混凝土找平，铺放板块时比地面线高出 3~4mm 为宜 4. 铺贴宜二次成活，第一次试铺放后，用橡皮锤敲击，既要达到铺设高度，也要使垫层砂浆平整密实，根据锤击的空实声，搬起板块，增减砂浆，浇一层水灰比为 0.5 左右的素水泥浆，再安铺板块，四角平稳落地 5. 铺设 24h 后，应洒水养护 1~2 次，以补充水泥砂浆在硬化过程中所需的水分，保证板块与砂浆粘结牢固 6. 灌缝前应将地面清扫干净，把板块上和板缝内松散砂浆用刀清除掉，灌缝应分几次进行，用长把刮板往缝内刮浆，务使水泥浆填满缝子和部分边角不实的空隙内
接缝不平，缝子不匀	1. 板块本身几何尺寸不一，有厚薄、宽窄、窜角、翘曲等缺陷，事先挑选不严，铺设后在接缝处易产生不平和缝子不匀现象 2. 各房间内水平标高线不统一，使与楼道相接的门口处出现地面高低偏差 3. 分格弹线马虎，分格线本身存在尺寸误差 4. 铺贴时，粘结层砂浆稠度较大，又不进行试铺，一次成活，造成板块铺贴后走线较大，容易造成接缝不平、缝子不匀 5. 地面铺设后，成品保护不好，在养护期内上人过早，板缝也易出现高低差	1. 必须由专人负责从楼道统一往各房间内引进标高线，房间内应四边取中，在地面上弹出十字线 2. 铺设标准块后向两侧和后退方向顺序铺设，粘结层砂浆稠度不应过大，宜采用干硬性砂浆 3. 板块本身几何尺寸应符合规范要求，凡有翘曲、拱背、宽窄不方正等缺陷时，应事先套尺检查，挑出不用，或分档次后分别使用 4. 地面铺设后，在养护期内禁止上人活动，做好成品保护工作

续表

质量隐患	主要原因分析	防治措施
地砖地面爆裂拱起	这种情况大多发生在春、夏季节气温较高时铺设的地面,主要是由于地砖与铺设砂浆的线膨胀系数不同所致	1. 铺设地砖的水泥砂浆配合比宜为1:2.5～1:3,水泥掺量不宜过大 2. 地砖铺设时不宜拼缝过紧,宜留缝1～2mm,擦缝不宜用纯水泥浆,水泥沙浆中宜加白灰为宜 3. 地砖铺设时,四周与砖墙间宜留2～3mm空隙

2. 安全问题(见表14-22)

砖面层工程安全隐患的防治　　　　表14-22

安全隐患	主要原因分析	防治措施
防止人身伤害	对施工人员未采取相应的保护措施	1. 搬运陶瓷锦砖时,应用木板整联托住,防止纸皮破断伤人 2. 剔凿地面时应戴防护眼镜。剔裁陶瓷锦砖时,应戴防护眼镜和胶皮手套 3. 随时清理操作地点的余料、废料,不得从窗口向外抛出 4. 孔洞、楼层电梯井口、楼梯口、楼层边处安全防护设施应齐全 5. 清理基层时,不得从窗口、洞口向外扔杂物,以免伤人
触电对人身的伤害	没有按规定接线,机械没有采取安全防护措施或防护规范,操作人员没有按规定佩带防护用品	使用电动器具,应由电工接电接线,并应装设漏电保护。砂轮切割机切割板材时,应戴防护眼镜及胶皮手套、脸部器。一般电动器具和Ⅰ类手持电动工具应接PE保护线

3.4.4 质量标准

1. 主控项目

(1)面层所用的板块的品种、质量必须符合设计要求。

(2)面层与下一层的结合(粘结)应牢固,无空鼓。

2. 一般项目

(1)砖面层的表面应洁净,图案清晰,色泽一致,接缝平整,深浅一致,周边顺直。板块无裂纹、掉角和缺楞等现象。

(2)四面邻接处的镶边用料及尺寸应符合设计要求。边角整齐、光滑。

(3)踢脚线表面应洁净、高度一致、结合牢固、出墙厚度一致。楼梯踏步和台阶板的缝隙宽度应一致,齿角整齐;楼层梯段相邻踏高度差不应大于10mm;防滑条顺直。

(4)面层表面的坡度应符合设计要求,不倒泛水、无积水;与地漏、管道结合处应严密牢固,无渗漏。

砖面层的允许偏差应符合表14-23的规定。

板、块面层的允许偏差和检验方法(mm)　　表14-23

项次	项目	允许偏差											检验方法
		陶瓷锦砖面层、高级水磨石板、陶瓷地砖面层	缸砖面层	水泥花砖面层	水磨石板块面层	大理石面层和花岗石面层	塑料板面层	水泥混凝土板块面层	碎拼大理石、碎拼花岗石面层	活动地板面层	条石面层	块石面层	
1	表面平整度	2.0	4.0	3.0	3.0	1.0	2.0	4.0	3.0	2.0	10.0	10.0	用2m靠尺和楔形塞尺检查
2	缝格骨直	3.0	3.0	3.0	3.0	2.0	3.0	3.0	—	2.5	8.0	8.0	拉5m线和用钢尺检查
3	接缝高低差	0.5	1.5	0.5	1.0	0.5	0.5	1.5	—	0.4	2.0	—	用钢尺和楔形塞尺检查
4	踢脚线上口平直	3.0	4.0	—	4.0	1.0	2.0	4.0	1.0	—	—	—	拉5m线和用钢尺检查
5	板块间隙宽度	2.0	2.0	2.0	2.0	1.0	—	6.0	—	0.3	5.0	—	用钢尺检查

3.4.5 质量检验(见表14-24)

3.4.6 质量验收记录

(1) 陶瓷锦砖(面砖)水泥、胶粘剂材质合格证明文件及检测报告。

(2) 砂试验记录。

(3) 胶粘剂总挥发性有机化合物(TVOC)和游离甲醛检测报告。

(4) 地面蓄水、泼水试验记录。

(5) 地面砖面层工程检验批质量验收记录。

(6) 地面砖面层分项工程质量验收记录。

(7) 其他技术文件。

3.5 大理石花岗岩地面

3.5.1 铺设准备

1. 作业准备

板材进场应堆放在室内,底下加垫木,并详细核对品种、规格、数量,质量等级应符合设计要求及有关标准规定;安装好台钻及砂轮切割机,并接通水、电;室内抹灰、水电管线安装等均已完成,门框已安装好,并作好防护;四周墙上弹好0.5m标高线;设计好板材铺装大样图;作业环境温度不低于5℃。

2. 材料与机具准备

(1) 材料准备

水泥、砂、大理石和花岗岩板材、矿物颜料、蜡、草酸、大理石碎块、大理石石粒。

砖面层工程质量检验 表 14-24

	施工质量验收规范规定		检验批划分	检验数量	检验方法	检验要点
主控项目	1. 块材质量	设计要求	基层（各构造层）和各类面层所划分的分项工程的施工质量验收应按每层次或每层施工段（或变形缝）作为检验批，高层建筑的标准层可按每三层作为检验批	每检验批应以各个分部工程的基层（各构造层）和各类面层所划分的分项工程按自然间（或标准层）检验，抽查数量应随机检验不应少于3间，不足3间应全数检查，其中走廊（过道）应以10延长米为1间，工业厂房、礼堂、门厅应以两个轴线为1间计算；有防水要求的建筑地面分部工程的分项工程施工质量每检验批抽查数量应按其房间总数随机检验不应少于4间，不足4间应全数检查	观察检查和检查材质合格证明文件及检测报告	对砖的品种、规格尺寸、外观质量、色泽进行检查是否符合设计要求。检查其产品合格证、检测报告
	2. 面层与下一层结合	第6.2.8条			用小锤轻击检查	用小锤轻击检查，应特别注意单砖边、角、阴阳角，穿过楼板管道周围门洞口等易空鼓部位检查
一般项目	1. 面层表层质量	第6.2.9条			观察检查	认真观察检查
	2. 邻边处镶边用料	第6.2.10条			观察和钢尺检查	观察尺量检查镶边材料品种及尺寸是否符合设计要求（注：靠墙处不得用水泥填补）
	3. 踢脚线质量	第6.2.11条			观察和用小锤轻击及钢尺检查	用小锤轻击检查，阴阳角、墙面厚度不均匀处等易空鼓部位结合是否牢固
	4. 楼梯踏步高度差	第6.2.12条			观察和钢尺检查	参见细石混凝土和水泥砂浆地面
	5. 面层表面坡度	第6.2.13条			观察、泼水或坡度尺及蓄水检查	用泼水法进行检验，简单易做直观明了面广；并进行蓄水试验检查有无渗漏
	6. 表面允许偏差	表面平整度	缸砖	4.0mm	用2m靠尺和楔形塞尺检查	量测仪器校核准确，检测点选择要具有代表性，按规定方法，精量细测，读数准确
			水泥花砖	3.0mm		
			陶瓷锦砖、陶瓷地砖	2.0mm		
		缝格平直		3.0mm	拉5m线和用钢尺检查	
		接缝高低差	陶瓷锦砖、陶瓷地砖、水泥花砖	0.5mm	用钢尺和楔形塞尺检查	
			缸砖	1.5mm		
		踢脚线上口平直	陶瓷锦砖、陶瓷地砖、水泥花砖	3.0mm	拉5m线和用钢尺检查	
			缸砖	4.0mm		
		板块间隙宽度		2.0mm	用钢尺检查	

(2) 机具准备

砂浆搅拌机、经纬仪、水准仪、手推车、铁锹、靠尺、水桶、喷壶、铁抹子、木抹子、墨斗、折尺、方尺、钢卷尺、水平尺、小白线、橡皮锤（或木锤）、手锤、铁錾子、台钻、合金钢钻头、砂轮切割机、磨石机、钢丝刷、笤帚、计量斗等。

3.5.2 工艺流程

基层处理→找标高线→试拼和试排→铺结合层→板材铺贴→铺贴踢脚板→打蜡。

3.5.3 易产生的质量与安全问题

1. 质量问题（见表14-25）
2. 安全问题（见表14-26）

大理石花岗岩地面质量隐患的防治　　　　　　　表14-25

质量隐患	主要原因分析	防 治 措 施
天然石材地面色泽纹理不协调	1. 不同产地的天然石材混杂使用，色泽、纹理不一致 2. 对同一产地的天然石材，铺设前没有进行色泽、纹理的挑选工作，来料就用 3. 同一间地面正式铺贴前，没有进行试铺，铺贴结束后，才发觉色泽、纹理不协调	1. 不同产地的天然石材不应混杂使用 2. 同一产地的天然石材，铺设前也应进行色泽、纹理的挑选工作，将色泽、纹理一致或大致接近的，用于同一间地面，铺设后容易协调一致 3. 同一间地面正式铺贴前，应进行试铺
地面空鼓	1. 基层清理不干净或浇水湿润不够，水泥素浆结合层涂刷不均匀或涂刷时间过长，致使风干硬结，造成面层和垫层一起空鼓 2. 垫层砂浆应为干硬性砂浆，如果加水较多或一次铺得太厚，砸不密实，容易造成面层空鼓 3. 板块背面浮灰有刷净和用水湿润，影响粘贴效果；操作质量差，锤击不当	1. 地面基层清理必须认真，并充分湿润，以保证垫层与基层结合良好，垫层与基层的纯水泥浆结合层应涂刷均匀，不能用撒干水泥面层，再洒水扫浆 2. 石板背面的浮土杂物必须清扫干净，对于背面贴有塑料网络的，铺贴前必须将其撕掉，并事先用水湿润，等表面稍晾干后进行铺设 3. 垫层砂浆应用1:3~1:4干硬性水泥砂浆，铺设厚度以2.5~3cm为宜。如果遇有基层较低或过凹的情况，应事先抹砂浆或细石混凝土找平，铺放板块时比地面线高出3~4mm为宜 4. 铺贴宜二次成活，第一次试铺放后，用橡皮锤敲击，即要达到铺设高度，也要使垫层砂浆平整密实，根据锤击的空实声，搬起板块，增减砂浆，浇一层水灰比为0.5左右的素水泥浆，再安铺板块，四角平稳落地 5. 铺设24h后，应洒水养护1~2次，以补充水泥砂浆在硬化过程中所需的水分，保证板块与砂浆粘结牢固 6. 灌缝前应将地面清扫干净，把板块上和缝子内松散砂浆用开刀清除掉，灌缝应分几次进行，用长把刮板往缝内刮浆，务使水泥浆填满缝子和部分边角不实的空隙

续表

质量隐患	主要原因分析	防治措施
接缝不平，缝子不匀	1. 板块本身几何尺寸不一，有厚薄、宽窄、窜角、翘曲等缺陷，事先挑选不严，铺设后在接缝处易产生不平和缝子不匀现象 2. 各房间内水平标高线不统一，使与楼道相接的门口处出现地面高低偏差 3. 分格弹线马虎，分格线本身存在尺寸误差 4. 铺贴时，粘结层砂浆稠度较大，又不进行试铺，一次成活，造成板块铺贴后走线较大，容易造成接缝不平，缝子不匀 5. 地面铺设后，成品保护不好，在养护期内上人过早，板缝也易出现高低差	1. 必须由专人负责从楼道统一往各房间内引进标高线，房间内应四边取中，在地面上弹出十字线 2. 标准块后向两侧和后退方向顺序铺设，粘结层砂浆稠度不应过大，宜采用干硬性砂浆 3. 板块本身几何尺寸应符合规范要求，凡有翘曲、拱背、宽窄不方正等缺陷时，应事先套尺检查，挑出不用，或分档次后分别使用 4. 地面铺设后，在养护期内禁止上人活动，做好成品保护工作

大理石花岗岩地面安全隐患的防治　　表14-26

安全隐患	主要原因分析	防治措施
防止人身伤害	对施工人员未采取相应的保护措施	1. 使用电动器具，应由电工接电接线，并应装设漏电保护砂轮切割机切割板材时，应戴防护眼镜及胶皮手套、脸部器。一般电动器具和Ⅰ类手持电动工具应接PE保护线 2. 采用不得正对或靠近加工的板材 3. 装卸搬运板材时，应轻拿轻放，防止挤手砸脚
高空坠落后伤害	1. 对施工人员未采取相应的保护措施 2. 高处、临边施工未采取有效保护措施	1. 清理基层时，不得从窗口，洞口向外扔杂物，以免伤人 2. 剔凿地面时应戴防护眼镜 3. 楼层孔洞、电梯井口、楼梯口、楼层边处安全防护设施应齐全

3.5.4 质量标准

1. 主控项目

（1）大理石、花岗石面层所用板块的品种、质量应符合设计要求。

（2）面层与下一层应结合牢固，无空鼓。

2. 一般项目

（1）大理石、花岗石面层的表面应洁净、平整、无磨痕，且应图案、色泽一致，接缝均匀，周边顺直，镶嵌正确，板块无裂纹、掉角、缺棱等缺陷。

（2）踢脚线表面应洁净，高度一致、结合牢固、出墙厚度一致。

（3）楼梯踏步和台阶板块的缝隙宽度应一致、齿角整齐，楼层梯段相邻踏步高度差不应大于10mm，防滑条应顺直、牢固。

（4）面层表面的坡度应符合设计要求，不倒泛水、无积水；与地漏、管道结合处应严密牢固，无渗漏。

（5）大理石和花岗石面层（或碎拼大理石、碎拼花岗石）的允许偏差应符合表14-23的规定。

3.5.5 质量检验(见表14-27)

大理石花岗岩地面工程质量检验 表14-27

施工质量验收规范规定			检验批划分	检验数量	检验方法	检验要点
主控项目	1. 板材品种、质量		设计要求	每检验批应以各个分部工程的基层(各构造层)和各类面层所划分的分项工程按自然间(或标准层)检验,抽查数量应随机检验不应少于3间,不足3间应全数检查,其中走廊(过道)应以10延长米为1间,工业厂房、礼堂、门厅应以两个轴线为1间计算;有防水要求的建筑地面分部工程的分项工程施工质量每检验批抽查数量应按其房间总数随机检验不应少于4间,不足4间应全数检查	观察检查和检查材质合格记录	检查板块品种,质量是否满足设计要求,特别注意,板块中有害物质含量是否满足有关标准。检查进场检测报告。胶结材料,涂料等注意应满足《民用建筑工程室内环境控制规范》的规定
	2. 面层与下一层结合		第6.3.6条		用小锤轻击检查	控制板块铺前要浸湿、晾干,结合层与板材应分段同时铺设。用小锤轻击检查,应特别注意单块块材边、角、阴阳角,穿越楼板管道周围暖气槽、门洞口等易空鼓部位检查
一般项目	1. 面层表层质量		第6.3.7条	基层(各构造层)和各类面层的分项工程的施工质量验收应按每一层次或每层施工段(或变形缝)作为检验批,高层建筑的标准层可按每三层作为检验批	观察检查	控制铺设前的选材,试拼和编号各项工作认真观察表面质量
	2. 踢脚线表层质量		第6.3.8条		用小锤轻击、钢尺和观察检查	用小锤轻击检查、阴阳角、基层厚度不均匀等空鼓的部位
	3. 楼梯踏步和台阶质量		第6.3.9条		观察和钢尺检查	参见细石混凝土和水泥砂浆地面。观察手扳检查防滑条的粘嵌质量
	4. 面层表面坡度等		第6.3.10条		观察、泼水或用坡度尺及蓄水检查	用泼水法检验简单易做直观明了、检测面广;并用蓄水法检查有无渗漏
	5. 表面允许偏差	表面平整度	1.0mm		用2m靠尺和楔形塞尺检查	量测器具校核准确,检测点选取具有代表性,按规定方法,精量细测,读数准确
		缝格平直	2.0mm		拉5m线和用钢尺检查	
		接缝高低差	0.5mm		用钢尺和楔形塞尺检查	
		踢脚线上口平直	1.0mm		拉5m线和用钢尺检查	
		板块间隙宽度	1.0mm		用钢尺检查	

3.5.6 质量验收记录

(1) 大理石及花岗岩、水泥制品合格证明文件及检测报告。
(2) 花岗岩放射性指标复验报告。
(3) 砂试验报告。
(4) 地面蓄水、泼水试验记录。
(5) 地面大理石及花岗岩面层工程检验批质量验收记录。
(6) 地面大理石及花岗岩面层分项工程质量验收记录。
(7) 其他技术文件。

项目 15　钢 结 构 工 程

训练 1　钢结构加工制作

[训练目的与要求]　掌握钢结构加工制作工程质量标准,能熟练地对钢结构加工制作工程进行质量检验,并能填写工程质量检查验收记录。熟悉钢结构加工制作工程的质量与安全隐患及防治措施,并能编制钢结构加工制作工程质量与安全技术交底资料。参加钢结构加工制作工程质量检查验收,并填写有关工程质量检查验收记录。

1.1　施工准备

1.1.1　作业准备

编制钢零件、钢部件施工方案或专项技术措施;编制质量安全技术交底资料;机械设备已按计划进场并调试运转正常;加工现场"四通一平,安全防护",消防设施等已按施工组织组织准备就绪;采用手工焊时焊工经培训测试合格取得施焊合格证。

1.1.2　材料与机具准备

1. 材料准备

钢板、型钢、螺栓、焊条等。

2. 机具准备

剪板机、型钢切割机、无齿磨擦圆盘锯、氧气切割、冲孔机、钻床、刨床、铣床、风铲、辊床、水平直弯机、立式压力机、卧式压力机、电焊机、空气压缩机、喷砂、喷漆枪、电动钢丝刷、磁粉探伤仪、超声波探伤仪、焊缝检验尺、漆膜测厚仪、电流表、铲刀、手动砂轮、钢卷尺、游标卡尺、划针、砂布等。

1.2　工艺流程

放样号料→切割→矫正、成型→边缘加工→制孔→组装→涂装。

1.3　易产生的质量与安全问题

1.3.1　质量问题

钢结构加工制作质量隐患的防治见表 15-1。

1.3.2　安全问题

钢结构加工制作安全隐患的防治见表 15-2。

项目15 钢结构工程

钢结构加工制作质量隐患的防治　　　　　　表 15-1

质量隐患	主要原因分析	防 治 措 施
1. 钢结构件尺寸精度不满足要求、偏差过大	1. 不熟悉图纸 2. 施工不放样 3. 材料侧弯、扭曲不矫正	1. 按照施工图放样、放样和号料时要预留焊接收缩量和加工余量、经检验人员复验后办理预检手续 2. 钢材下料前必须先进行矫正 3. 在组装时、对制造构件批量大、精度高的产品应采用胎模装配
2. 螺栓孔距、孔径、位置偏差过大	不熟悉图纸、不采用钢模钻孔等	1. 重要构件应用钢模钻孔、以保证螺栓孔位置、尺寸准确 2. 认真熟悉图纸
3. 下料尺寸宽窄不一、板边有明显的凹陷、拼板边缘切割不垂直、拼接错边等超标	操作技能差、切割参数不对	1. 加强工人的技术培训、提高操作技能 2. 根据不同的型号和规格的材料、正确选择合适的切割设备、方法和参数，如尽量采用机械切割
4. 构件变形、碰伤和污染	1. 运输和堆放随意、杂乱堆放 2. 焊接或组装方法不当	1. 运输与场地堆放时、应有搁置件垫平堆放、严禁抛、摔钢构件 2. 采取正确焊接或组装方法、制作后对构件的变形应给予矫正
5. 钢柱、钢梁的中心线标记未标示、编号不清	工人责任心不强或不了解安装施工的要求	1. 加强管理和培训 2. 对已制作完的构件及时给予编号和标示中心线
6. 钢材材质不符合设计要求	1. 设计人员对工程特点不了解、对有关规定不了解、错用钢材 2. 施工人员擅自代用钢材、以劣代优 3. 管理混乱、用错钢材型号、规格	1. 设计、监理和施工技术人员应了解有关钢结构设计技术规程和钢材性能等知识 2. 代用钢材必须得到设计部门同意后方可使用 3. 对钢材质量有疑义时应抽样复验

钢结构加工制作安全隐患的防治　　　　　　表 15-2

安全隐患	主要原因分析	防 治 措 施
1. 触电伤害	加工设备未设有效的用电保护及违章用电	1. 钢构件操作平台及加工机械应有漏电保护和良好的接地、接地电阻值不得大于 10Ω 2. 电源的拆装应由电工来完成、设有独立开关箱、室外开关箱应有防雨措施并有门锁 3. 施工前应先检查用电安全后才能使用用电工具施工
2. 加工机械设备对人体的伤害	违章使用机械设备	1. 各类机具必须做到人机固定、持证上岗、并按操作规程操作 2. 操作者的头部不得靠近机械旋转部位、禁止戴手套进行钻孔操作 3. 砂轮机应有防护罩、使用者应戴防护眼镜 4. 卷板或平板时操作人员应站在卷板机的两侧、钢板滚到尾端时应留足够的余量、防止脱落回弹伤人、大直径筒体卷制时应用吊具配合、并防止回弹 5. 用剪板机剪切钢板时钢板应放置平稳、机的上剪未复位不可送料、手不得伸入压ürüldü下方、禁止剪切超过规定厚度的钢板 6. 喷砂除锈、喷嘴接头应牢固、不准对人、喷嘴堵塞时应停机消除压力后方可进行修理或更换

续表

安全隐患	主要原因分析	防治措施
3. 压、轧伤害	工人不懂安全技术	1. 多人抬材料和工件时要有专人指挥、精力集中、行动一致、互相照应、轻抬轻放，并将道路清理好 2. 大锤、手锤的木把应质地坚实、安装牢固。打锤时禁止戴手套。二人打锤严禁相对站立
4. 爆炸、火灾	气割或施焊时未采取安全措施	1. 氧气瓶、乙炔瓶与明火之间的距离不得小于10m，氧气、乙炔瓶之间的距离不得小于5m，不能太阳光下爆晒，乙炔瓶使用时不得倾倒 2. 气割、施焊场地应清除易燃、易爆物品，并应对周围的易燃、易爆物品进行覆盖、隔离 3. 不能用油手接触氧气瓶

1.4 质量标准

根据《钢结构结构施工质量验收规范》GB 50205—2001（以下简称为《验收规范》）有关规定，本训练分别介绍钢结构零件及部件加工分项工程、构件组装分项工程、预拼装分项工程检验批质量验收的质量标准。

钢结构检验批合格质量的标准为：主控项目必须符合本规范合格质量标准的要求；一般项目其检验结果应有80%以上的检查点（值）符合本规范合格质量标准的要求且最大值不应超过其允许偏差值的1.2倍，质量检查记录、质量证明文件等资料完整。

1.4.1 钢结构零件及部件加工分项工程质量标准

1. 主控项目

（1）材料品种、规格

钢材、钢铸件的品种、规格、性能等应符合现行国家产品标准和设计要求。进口钢材产品的质量应符合设计和合同规定标准的要求。

（2）钢材复验

对属于下列情况之一的钢材应进行抽样复验，其复验结果应符合现行国家产品标准和设计要求：国外进口钢材当具有国家进出口质量检验部门的复验商检报告时，可以不再进行复验；钢材混批；板厚等于或大于40mm且设计有Z向性能要求的厚板；建筑结构安全等级为一级、大跨度钢结构中的主要受力弦杆或梁用所采用的钢材；设计有复验要求的钢材；对质量有疑义的钢材。

（3）切面质量

钢材切割面或剪切面应无裂纹、夹渣、分层和大于1mm的缺棱。

（4）矫正和成型

碳素结构钢在环境温度低于−16℃、低合金结构钢在环境温度低于−12℃时不应进行冷矫正和冷弯曲。碳素结构钢和低合金结构在加热矫正时加热温度不应超过900℃。低合金结构钢在加热矫正后应自然冷却。当零件采用热加工成型时加热温度应控制在900～1000℃；碳素结构钢和低合金结构钢在温度分别下降到700℃和800℃之前应结束加工；低合金结构钢应自然冷却。

（5）边缘加工

边缘加工的最小刨削量不应小于2.0mm。

(6) 制孔

A、B级螺栓孔（Ⅰ类孔）应具有H12的精度，孔壁表面粗糙度不应该大于12.5μm。其孔径允许偏差应符合表15-3的规定。C级螺栓孔（Ⅱ类孔）孔壁表面粗糙度不应大于25μm，其允许偏差应符合表15-4的规定。

A、B级螺栓孔径的允许偏差（mm）　　　表15-3

序号	螺栓公称直径螺栓孔直径	螺栓公称直径允许偏差	螺栓孔直径允许偏差
1	10~18	0.00~0.18	+0.18　0.00
2	18~30	0.00~0.21	+0.21　0.00
3	30~50	0.00~0.25	+0.25　0.00

C级螺栓孔的允许偏差（mm）　　　表15-4

项目	允许偏差	项目	允许偏差
直径	+1.0　0.0	垂直度	$0.03t$，且不应大于2.0
圆度	2.0		

2. 一般项目

(1) 材料规格尺寸

钢板厚度及允许偏差应符合其产品标准的要求，如《热轧钢板和钢带的尺寸、外形、重量及允许偏差》GB/T 709等标准。型钢的规格尺寸及允许偏差应符合其产品标准的要求。

(2) 钢材表面外观质量

钢材的表面外观质量除应符合国家现有关标准的规定外，尚应符合下列规定：①当钢材的表面有锈蚀、麻点或划痕等缺陷时其深度不得大于该钢材厚度负允许偏差值的1/2；②钢材表面的锈蚀等级应符合现有国家标准《涂装前钢材表面锈蚀等级和除锈等级》GB 8923规定的C级或C级以上；③钢材端边或断口处不应有分层、夹渣等缺陷。

(3) 切割精度

气割的允许偏差应符合表15-5的规定。机械剪切的允许差应符合表15-6的规定。

气割的允许偏差（mm）　表15-5

项目	允许偏差
零件宽度、长度	±3.0
切割面平面度	$0.05t$，且不应大于2.0
割纹深度	0.3
局部缺口深度	1.0

机械剪切的允许偏差（mm）　表15-6

项目	允许偏差
零件宽度、长度	±3.0
边缘缺棱	1.0
型钢端部垂直度	2.0

注：t为切割面厚度。

(4) 矫正质量

矫正后的钢材表面不应有明显的凹面或损伤,划痕深度不得大于 0.5mm,且不应大于该钢材厚度负允许偏差的 1/2。冷矫正和冷弯曲的最小曲率半径和最大弯曲矢高应符合表 15-7 的规定。钢材矫正后的允许偏差应符合表 15-8 的规定。

冷矫正和冷弯曲的最小曲率半径和最大弯曲矢高(mm)　　　　表 15-7

钢材类别	图例	对应轴	矫正		弯曲	
			r	f	r	f
钢板扁钢		$x—x$	$50t$	$\dfrac{l^2}{400t}$	$25t$	$\dfrac{l^2}{200t}$
		$y—y$（仅对扁钢轴线）	$100b$	$\dfrac{l^2}{800b}$	$50b$	$\dfrac{l^2}{400b}$
角钢		$x—x$	$90b$	$\dfrac{l^2}{720b}$	$45b$	$\dfrac{l^2}{360b}$
槽钢		$x—x$	$50h$	$\dfrac{l^2}{400h}$	$25h$	$\dfrac{l^2}{200h}$
		$y—y$	$90b$	$\dfrac{l^2}{720b}$	$45b$	$\dfrac{l^2}{360b}$
工字钢		$x—x$	$50h$	$\dfrac{l^2}{400h}$	$25h$	$\dfrac{l^2}{200h}$
		$y—y$	$50b$	$\dfrac{l^2}{400b}$	$25b$	$\dfrac{l^2}{200b}$

注:r 为曲率半径;f 为弯曲矢高;l 为弯曲弦长;t 为钢板厚度。

钢材矫正后的允许偏差(mm)　　　　表 15-8

项目		允许偏差	图例
钢板的局部平面度	$r \leqslant 14$	1.5	
	$t > 14$	1.0	
型钢弯曲矢高		$l/1000$ 且不应大于 5.0	

续表

项　目	允许偏差	图　例
角钢肢的垂直度	$b/100$ 双肢栓接角钢的角度不得大于 90°	
槽钢翼缘对腹板的垂直度	$b/80$	
工字钢、H 型钢翼缘对腹板的垂直度	$b/100$ 且不大于 2.0	

(5) 边缘加工精度

边缘加工允许偏差应符合表 15-9 的规定。

边缘加工允许偏差(mm)　　　表 15-9

项　目	允许偏差	项　目	允许偏差
零件宽度、长度	±1.0	加工面垂直度	$0.025t$，且不应大于 0.5
加工边直线度	$l/3000$，且不应大于 2.0	加工面表面粗糙度	50 ▽
相邻两边夹角	±6′		

(6) 制孔精度

螺栓孔孔距的允许偏差应符合表 15-10 的规定。螺栓孔孔距的允许偏差超过表 15-9 规定的允许偏差时应采用与母材材质相匹配的焊条补焊后重新制孔，补焊后孔部位应修磨平整。

螺栓孔孔距允许偏差(mm)　　　表 15-10

螺栓孔孔距范围	≤500	501～1200	1201～3000	>3000
同一组内任意两孔间距离	±1.0	±1.5	—	—
相邻两组的端孔间距离	±1.5	±2.0	±2.5	±3.0

注：1. 在节点中连接板与一根杆件相连的所有螺栓孔为一组。
　　2. 对接接头在拼接板一侧的螺栓孔为一组。
　　3. 在两相邻节点或接头间的螺栓孔为一组，但不包括上述两款所规定的螺栓孔。
　　4. 受弯构件翼缘上的连接螺栓孔，每米长度范围内的螺栓孔为一组。

1.4.2 构件组装分项工程质量标准

1. 主控项目

（1）吊车梁（桁架）：吊车梁和吊车桁架不应下挠。

（2）端部铣平精度：两端铣平时构件长度允许偏差±2.0mm；两端铣平时零件长度允许偏差±0.5mm；铣平面的平面度0.3mm；铣平面与轴线垂直度 $l/1500$。

（3）外形尺寸：钢构件外形尺寸的允许偏差符合表15-11的规定。

钢构件外形尺寸的允许偏差　　　　　表15-11

项　目	允许偏差(mm)
单层柱、梁、桁架受力支托（支承面）表面至第一个安装孔距离	±1.0
多节柱铣平面至第一个安装孔距离	±1.0
实腹梁两端最外侧安装孔距离	±3.0
构件连接处的截面几何尺寸	±3.0
柱、梁连接处的腹板中心线偏移	2.0
受压构件（杆件）弯曲矢高	$l/1000$、且不应大于10.0

2. 一般项目

（1）焊接H型钢接缝：焊接H型钢的翼缘板拼接缝和腹板拼接缝的间距不应小于200mm；翼缘板拼接长度不应小于2倍板宽；腹板拼接宽度不应小于300mm、长度不应小于600mm。

（2）焊接H型钢精度：焊接H型钢的允许偏差应符合表15-12的规定。

焊接H型钢的允许偏差(mm)　　　　　表15-12

项　目		允许偏差	图　例
截面高度 h	$h<500$	±2.0	
	$500<h<1000$	±3.0	
	$H>1000$	±4.0	
截面宽度 b		±3.0	
腹板中心偏移		2.0	
翼缘板垂直度 △		$b/100$，且不应大于3.0	

续表

项目		允许偏差	图例
弯曲矢高（受压构件除外）		$L/1000$，且不应大于10.0	
扭曲		$h/250$，且不应大于5.0	
腹板局部平面度 f	$t<14$	3.0	
	$t\geq 14$	2.0	

（3）焊接组装精度：顶紧接触面应有75％以上的面积紧贴。按接触面的数量抽查10％且不应少于10个，用0.3mm塞尺检查其塞入面积应小于25％，边缘间隙不应大于0.8mm。

（4）顶紧接触面：顶紧接触面应有75％以上的面积紧贴。

（5）轴线交点错位：桁架结构杆件轴线交点错位的允许偏差不得大于3.0mm。

（6）焊缝坡口精度：安装焊缝坡口的允许偏差、坡口角度±5°；钝边±1.0mm。

（7）铣平面保护：外露铣平面应防锈保护。

（8）外形尺寸：钢构件外形尺寸一般项目的允许偏差应符合表15-13～表15-19的规定。

单层钢柱外形尺寸的允许偏差(mm)　　表15-13

项目		允许偏差	检验方法	图例
柱底面到柱端与桁架连接的最上一个安装孔距离 l		$\pm l/1500$ ±15.0	用钢尺检查	
柱底面到牛腿支承面距离 l_1		$\pm l_1/2000$ ±8.0		
牛腿面的翘曲 Δ		2.0	用拉线、直角尺和钢尺检查	
柱身弯曲矢高		$H/1200$，且不应大于12.0		
柱身扭曲	牛腿处	3.0	用拉线、吊线和钢尺检查	
	其他处	8.0		
柱截面几何尺寸	连接处	±3.0	用钢尺检查	
	非连接处	±4.0		

续表

项目		允许偏差	检验方法	图例
翼缘对腹板的垂直度	连接处	1.5	用直角尺和钢尺检查	
	其他处	$b/100$,且不应大于5.0		
柱脚底板平面度		5.0	用1m直尺和塞尺检查	
柱脚螺栓孔对柱轴线的距离 a		3.0	用钢尺检查	

多节钢柱外形尺寸的允许偏差(mm)　　　　表 15-14

项目		允许偏差	检验方法	图例
一节柱高度 H		±3.0	用钢尺检查	
两端最外侧安装孔距离 l_3		±2.0		
铣平面到第一个安装孔距离 a		±1.0		
柱身弯曲矢高 f		$H/1500$,且不应大于5.0	用拉线和钢尺检查	
一节柱的柱身扭曲		$h/250$,且不应大于5.0	用拉线、吊线和钢尺检查	
牛腿端孔到柱轴线距离 l_2		±3.0	用钢尺检查	
牛腿的翘曲或扭曲 Δ	$l_2 \leqslant 1000$	2.0	用拉线、直角尺和钢尺检查	
	$l_2 > 1000$	3.0		
柱截面尺寸	连接处	±3.0	用钢尺检查	
	非连接处	±4.0		
柱脚底板平面度		5.0	用直尺和塞尺检查	

续表

项 目		允许偏差	检验方法	图 例
翼缘板对腹板的垂直度	连接处	1.5	用直角尺和钢尺检查	
	其他处	$b/100$，且不应大于 5.0		
柱脚螺栓孔对柱轴线的距离 a		3.0	用钢尺检查	
箱形截面连接处对角线差		3.0		
箱形柱身板垂直度		$h(b)/150$，且不应大于 5.0	用直角尺和钢尺检查	

焊接实腹钢梁外形尺寸的允许偏差（mm） 表 15-15

项 目		允许偏差	检验方法	图 例
梁长度 l	端部有凸缘支座板	0 −5.0	用钢尺检查	
	其他形式	$\pm l/2500$ ± 10.0		
端部高度 h	$h \leqslant 2000$	± 2.0		
	$h > 2000$	± 3.0		
拱度	设计要求起拱	$\pm l/5000$	用拉线和钢尺检查	
	设计未要求起拱	10.0 −5.0		
侧弯矢高		$l/2000$，且不应大于 10.0		
扭曲		$l_1/250$，且不应大于 10.0	用拉线吊线和钢尺检查	
腹板局部平面度	$t \leqslant 14$	5.0	用 1m 直尺和塞尺检查	
	$t > 14$	4.0		

续表

项 目		允许偏差	检验方法	图 例
翼缘板对腹板的垂直度		$b/100$，且不应大于 3.0	用直角尺和钢尺检查	
吊车梁上翼缘与轨道接触面平面度		1.0	用 200mm、1m 直尺和塞尺检查	
箱形截面对角线差		5.0	用钢尺检查	
箱形截面两腹板至翼缘板中心线距离 a	连接处	1.0		
	其他处	1.5		
梁端板的平面度（只允许凹进）		$h/500$，且不应大于 2.0	用直角尺和钢尺检查	
梁端板与腹板的垂直度		$h/500$，且不应大于 2.0	用直角尺和钢尺检查	

钢桁架外形尺寸的允许偏差（mm）   表 15-16

项 目		允许偏差	检验方法	图 例
桁架最外端两个孔或两端支承面最外侧距离	$l \leqslant 24\text{m}$	$+3.0$ -7.0	用钢尺检查	
	$l > 24\text{m}$	$+5.0$ -10.0		
桁架跨中高度		± 10.0		
桁架跨中拱度	设计要求起拱	$\pm l/5000$		
	设计未要求起拱	10.0 -5.0		
相邻节间弦杆弯曲（受压除外）		$L/1000$		
支承面到第一个安装孔距离 a		± 1.0	用钢尺检查	
檩条连接支座间距		± 5.0		

钢管构件外形尺寸的允许偏差（mm） 表 15-17

项　　目	允　许　偏　差	检验方法	图　例
直径 d	$\pm d/500$ ± 5.0	用钢尺检查	
构件长度 l	± 3.0	用钢尺检查	
管口圆度	$d/500$，且 不应大于 5.0	用钢尺检查	
管面对管轴的垂直度	$d/500$，且 不应大于 3.0	用焊缝量规检查	
弯曲矢高	$l/1500$， 且不应大于 5.0	用拉线、吊线和钢尺检查	
对口错边	$t/10$，且 不应大于 3.0	用拉线和钢尺检查	

注：对方矩形管，d 为长边尺寸。

墙架、檩条、支撑系统钢构件外形尺寸的允许偏差（mm） 表 15-18

项　　目	允　许　偏　差	检验方法
构件长度 l	± 4.0	用钢尺检查
构件两端最外侧安装孔距离 l_1	± 3.0	用钢尺检查
构件弯曲矢高	$l/1000$，且不应大于 10.0	用拉线和钢尺检查
截面尺寸	$+5.0$ -2.0	用钢尺检查

钢平台、钢梯和防护钢栏杆外形尺寸的允许偏差（mm） 表 15-19

项　　目	允　许　偏　差	检验方法	图　例
平台长度和宽度	± 5.0	用钢尺检查	
平台两对角线差 $\|l_1-l_2\|$	6.0	用钢尺检查	
平台支柱高度	± 3.0	用钢尺检查	
平台支柱弯曲矢高	5.0	用拉线和钢尺检查	
平台表面平面度（1m 范围内）	6.0	用 1m 直尺和塞尺检查	

续表

项 目	允许偏差	检验方法	图 例
梯梁长度 l	±5.0	用钢尺检查	
钢梯宽度 b	±5.0	用钢尺检查	
钢梯安装孔距离 a	±3.0		
钢梯纵向挠曲矢高	$l/1000$	用拉线和钢尺检查	
踏步(棍)间距	±5.0	用钢尺检查	
栏杆高度	±5.0		
栏杆立柱间距	±10.0		

1.4.3 钢构件预拼装分项工程质量标准

1. 主控项目

多层板叠螺栓孔：高强度螺栓和普通螺栓连接的多层板叠应采用试孔器进行检查，符合下列规定：①当采用比孔公称直径小 1.0mm 的试孔器检查时每组孔的通过率不应小于 85%；②当采用比螺栓公称直径大 0.3mm 的试孔器检查时通过度应为 100%。

2. 一般项目

预拼装精度：预拼装的允许偏差应符合表 15-22 中的规定值。

1.5 质量检验

(1) 钢结构零件及部件加工质量检验见表 15-20。
(2) 钢结构钢构件组装质量检验见表 15-21。
(3) 钢结构预拼装组装质量检验见表 15-22。

1.6 质量验收记录

(1) 所用钢材、连接材料、涂装材料的质量合格证明文件、中文标志及性能检测报告。
(2) 焊工合格证书。
(3) 焊接工艺评定报告。
(4) 焊接超声波或射线探伤检测记录。
(5) 制作工艺报告。
(6) 施工记录。

(7) 钢结构零件及部件加工工程检验批质量验收记录。

钢结构零件及部件加工质量检验　　　　表 15-20

		施工质量验收规范的规定	检验批划分	检验数量	检验方法	检验要点
主控项目	1	材料品种、规格	第4.2.1条	根据工程规模及进料实际情况划分	全数检查	检查质量合格证明文件、中文标志及检验报告等	检查合格证是否与材料相符、钢材牌号、性能是否符合设计。检验报告的结论、签字盖章是否齐全
	2	钢材复验	第4.2.2条	同上	同上	检查复验报告	检验报告的结论、签字盖章是否齐全
	3	切面质量	第7.2.1条	按变形缝、楼层或施工段的柱、梁、屋架等构件划分	同上	观察或用放大镜及百分尺检查、有疑义时作渗透、磁粉或超声波探伤检查	主要检查气割切割面或剪切面
	4	矫正和成型	第7.3.1条和第7.3.2条	同上	同上	检查制作工艺报告和施工记录	检查记录中的环境温度是否超过限制
	5	边缘加工	第7.4.1条	同上	按加工面数抽查10%且不应少于3件	检查工艺报告或施工记录	查阅施工记录最小刨削量不应小于2.0mm
	6	制孔	第7.6.1条	同上	按钢构件数量抽查10%且不应少于3件	用游标卡尺或孔径量规检查	检查孔的两个方向
一般项目	1	材料规格尺寸	第4.2.3条和第4.2.4条	根据工程规模及进料实际情况划分	每一品种、规格的钢板、型钢抽查5处	用钢尺和游标卡尺量测	对照有关规程检查是否合格
	2	钢材表面外观质量	第4.2.5条	同上	全数检查	观察检查	观察检查钢材的表面、端边或断口质量是否符合要求
	3	切割精度	第7.2.2第和第7.2.3条	按变形缝、楼层或施工段的柱、梁、屋架等构件划分	按切割面数抽查10%且不应少于3个	观察检查或用钢尺、塞尺检查	观察后对有问题的进行量测
	4	矫正质量	第7.3.3条	同上	矫正后的钢材表面质量全数检查	观察检查和实测检查	观察检查划痕深度
			第7.3.4条	同上	冷矫正和冷弯曲时按件数抽查10%，且不少于3个	同上	观察后对有问题的进行量测
			第7.3.5条	同上	钢材矫正后的允许偏差按矫正件数抽查10%，且不应少于3件	同上	同上

续表

		施工质量验收规范的规定	检验批划分	检验数量	检验方法	检验要点
一般项目	5	边缘加工精度	第7.4.2条	同上	按加工面数抽查10%且不应少于3件	同上	同上
	6	制孔精度	第7.6.2条	同上	按钢构件数量抽查10%、且不应少于3件	用钢尺检查	钢尺直接量测检查孔距
			第7.6.3条	同上	全数检查	观察检查	观察是否修磨平整

钢结构钢构件组装质量检验　　表15-21

		施工质量验收规范的规定	检验数量	检验方法	检验要点
主控项目	1	吊车梁(桁架)	第8.3.1条	全数检查	构件直立在两端支承后用水准仪和钢尺检查	检查自重下跨中是否下挠
	2	端部铣平精度	第8.4.1条	按铣平面数量抽查10%且不应少于3个	用钢尺角尺塞尺等检查	重点检查重要构件
	3	外形尺寸	第8.5.1条	全数检查	尺量检查	钢尺直接量测检查
一般项目	1	焊接H型钢接缝	第8.2.1条	全数检查	观察和尺量检查	观察后对有问题的进行量测
	2	焊接H型钢精度	第8.2.2条	按钢构件数抽查10%宜不应少于3件	用钢尺、角尺、塞尺等检查	直接量测检查
	3	焊接组装精度	第8.3.2条	按构件数抽查10%且不应少于3个	尺量检查	直接量测检查
	4	顶紧接触面	第8.3.3条	按接触面的数量抽查10%且不应少于10个	用0.3mm塞尺检查,其塞入面积应小于25%,边缘间隙不应大于0.8mm	直接量测检查
	5	轴线交点错位	第8.3.4条	按构件数抽查10%且不应少于3个,每个抽查构件按节点数抽查10%不应少于3个节点	尺量检查	重点检查重要构件,直接量测检查
	6	焊缝坡口精度	第8.4.2条	按坡口数量抽查10%且不应少于3条	焊缝量规检查	重点检查重要构件,直接量测检查
	7	铣平面保护	第8.4.3条	全数检查	观察检查	观察检查外露铣平面是否有防锈保护
	8	外形尺寸	第8.5.2条	按构件数量抽查10%且不应少于3件	按《验收规范》附录C中检查方法检查	重点检查重要构件,直接量测检查

说明：本项目检验批划分均按变形缝、楼层或施工段的柱、梁、屋架等构件划分。

钢结构预拼装组装质量检验(mm)　　　　表 15-22

			施工质量验收规范的规定	检验方法	检验要点
主控项目		多层板叠螺栓孔	第9.2.1条	采用试孔器检查	直接量测检查
一般项目	多节柱	预拼装单元总长	±5.0	用钢尺检查	直接量测检查
		预拼装单元弯曲矢高	$l/1500$、且不应大于10.0	用拉线和钢尺检查	拉线要拉紧、量中点矢高
		接口错边	2.0	用焊缝量规检查	直接量测检查
		预拼装单元柱身扭曲	$h/200$、且不应大于5.0	用拉线、吊线和钢尺检查	直接量测检查
		顶紧面至任一牛脚距离	±2.0	用钢尺检查	直接量测检查
	梁、桁架	跨度最外两端安装孔或两端支承面最外侧距离	+5.0 −10.0		直接量测检查
		接口截面错位	2.0	用焊缝量规检查	直接量测检查
		拱度 设计要求起拱	±$l/5000$	用拉线和钢尺检查	拉线要拉紧、量中点拱高
		拱度 设计未要求起拱	$l/2000$ 0		
		节点处杆件轴线错位	4.0	划节后用钢尺检查	直接量测检查
	管构件	预拼装单元总长	±5.0	用钢尺检查	直接量测检查
		预拼装单元弯曲矢高	$l/1500$、且不应大于10.0	用拉线和钢尺检查	拉线要拉紧、量中点矢高
		对口错边	$t/10$、且不应大于3.0	用焊缝量规检查	直接量测检查
		坡口间隙	+2.0 −1.0		
	构件平面总体预拼装	各楼层柱距	±4.0	用钢尺检查	直接量测检查
		相邻楼层梁与梁之间距离	±3.0		
		各层间框架两对角线之差	$H/2000$、且不应大于5.0		
		任意两对角线之差	$H/2000$、且不应大于8.0		

说明：1. 本项目检验批划分均按变形缝、楼层或施工段的柱、梁、屋架等构件划分检验批。
　　　2. 本项目检验批检验数量均为按预拼装单元全数检查。

(8) 钢零部件加工分项工程质量验收记录。

(9) 钢结构制作焊接工程检验批质量验收记录。

(10) 钢结构焊接分项工程质量验收记录。

(11) 其他技术文件。

训练2 钢结构焊接

[**训练目的与要求**] 掌握钢结构焊接工程质量标准、能熟练地对钢结构焊接工程进行质量检验、并能填写工程质量检查验收记录。熟悉钢结构焊接工程的质量与安全隐患及防治措施,并能编制钢结构焊接工程质量与安全技术交底资料。参加钢结构焊接工程质量检查验收并填写有关工程质量检查验收记录。

2.1 施工准备

2.1.1 作业准备

编制焊接方案;编制质量安全技术交底资料;现场供电、安全防护、消防设施准备就绪满足施工要求;焊工经培训、考试合格取得合格证;所焊构件已组装完毕并已通过验收具备施焊条件。

2.1.2 材料与机具准备

1. 材料准备

钢板、型钢、引弧板、焊条等。

2. 机具准备

电焊机、焊条烘箱、小锤、超声波探伤仪、焊缝检验尺、钢丝刷、防护用品等。

2.2 工艺流程

焊接工艺试验→施焊→变形矫正。

2.3 易产生质量与安全问题

2.3.1 易产生的质量问题

钢结构焊接质量问题除部分与钢筋电弧焊接质量问题相同外,还主要存在以下质量问题,见表15-23 钢结构焊接质量隐患的防治。

钢结构焊接质量隐患的防治　　　　　表15-23

质量隐患	主要原因分析	防治措施
1. 钢结构焊接变形过大	焊接顺序错误、焊缝位置不对称等;焊接参数有误	1. 采用对称或分段焊接、中心向两端焊接 2. 反变形法或刚性固定法等焊接 3. 选择正确的焊接参数或焊接顺序
2. 裂纹	焊条质量不合格造成;母材含碳量过高、冷却速度快;在大刚度的焊接部位焊接,收弧过快,产生弧坑引起;母材板厚过大以及焊接区刚度大或作业顺序不当	1. 使用合格厂家生产的合格焊条,使用低氢焊条,并应烘焙干燥 2. 清除油、杂物,采取正确的焊接顺序 3. 采取正确的焊接顺序 4. 采取预热、焊后保温等处理方式消除应力和去氢

续表

质量隐患	主要原因分析	防治措施
3. 未焊透	采用的焊接电流过小；焊接速度较快；焊接根部未处理得当；坡口加工角度过小；装配间隙过小、钝边过大	1. 选择正确的焊接参数 2. 焊接速度不宜过快 3. 注意焊根处理的彻底性 4. 控制焊接坡口加工角度的质量 5. 注意装配间隙尺寸并选用合适的焊条 6. 坡口钝边的量不应过大
4. 未焊满（或弧坑）	焊接层次未控制好；焊接运条速度过快；焊条收弧未填满弧坑	1. 注意焊接层次的控制 2. 选用适当的运条方法和速度 3. 焊条收尾时稍多停留一会，或用续焊灭弧来填满
5. 焊脚高度不符	焊条直径选用不当；焊接层次没控制好；焊接速度不当	1. 注意控制焊接层次 2. 选用适当直径的焊条施焊 3. 焊接时注意运条的速度
6. 气孔	母材钢种中含硫量过多；焊条的性质和烘焙温度不足；焊接部位冷却速度过快；焊接区域有油污、油漆、铁锈镀锌层等	1. 使用低氢焊条，并应烘焙干燥 2. 对母材预热等方式延迟冷却速度 3. 清理焊接区的锈杂物、焊接区域的潮气结露等
7. 电弧擦伤、飞溅	在焊缝坡口外部引弧产生于母材金属表面上的局部损伤；不按操作规程及时清除焊接过程中熔化的金属颗粒和熔渣向母材飞散而粘附于母材焊缝区的颗粒、熔渣	加强焊接操作规程的教育和检查考核；严格按操作规程进行焊接和焊后处理工作

2.3.2 易产生的安全问题

钢结构焊接安全隐患的防治与钢筋电弧焊安全隐患的防治相似，可见表 7-5。

2.4 质量标准

2.4.1 主控项目

（1）焊接材料品种、规格：焊接材料的品种、规格、性能符合产品标准和设计要求。

（2）焊接材料复验：重要结构用焊接材料抽样复验结果符合产品标准和设计要求。"重要"是指：①建筑结构安全等级为一级的一、二级焊缝；②建筑结构安全等级为二级的一级焊缝；③大跨度结构中一级焊缝；④重级工作制吊车梁结构中一级焊缝；⑤设计要求。

（3）材料匹配：焊条、焊丝、焊剂、电渣焊熔嘴等焊接材料与母材的匹配应符合设计要求及《建筑钢结构焊接技术规程》JGJ 81 的规定。焊接材料在使用前应按规定进行烘焙和存放。

（4）焊工证书：焊工必须有证书。持证焊工必须在其考试合格项目及其认可范围内施焊。

（5）焊接工艺评定：施工单位对其首次采用的钢材、焊接材料、焊接方法、焊后热处理等应进行焊接工艺评定,并应根据评定报告确定焊接工艺。

(6) 内部缺陷:设计要求全焊透的一、二级焊缝应采用超声波探伤进行内部缺陷的检验、超声波探伤不能对缺陷作出判断时应采用射线探伤,其内部缺陷分级及探伤方法应符合现行国家标准《钢焊缝手工超声波探伤方法和探伤结果分级》GB 11345 或《钢熔化焊对接接头射结照相和质量分级》GB 3323 的规定。

焊接球节点网架焊缝,螺栓球节点网架焊缝及圆管 T、K、Y 形点相贯线焊缝,其内部缺陷分级及探伤方法应分别符合国家现行标准《焊接球节点钢网架焊缝超声波探伤方法及质量分级法》JG/T 3034.1、《螺栓球节点钢网架焊缝超声波探伤方法及质量分级法》JG/T 3034.2 和《建筑钢结构焊接技术规程》JGG 81 的规定。

一级、二级焊缝的质量等级及缺陷分级应符合表 15-24 一、二级焊缝质量等级及缺陷分级的规定。

一、二级焊缝质量等级及缺陷分级　　　　表 15-24

焊缝质量等级		一级	二级
内部缺陷超声波探伤	评定等级	Ⅱ	Ⅲ
	检验等级	B 级	B 级
	探伤比例	100%	20%
内部缺陷射线探伤	评定等级	Ⅱ	Ⅲ
	检验等级	AB 级	AB 级
	探伤比例	100%	20%

注:探伤比例的计数方法应按以下原则确定:①对工厂制作焊缝应按每条焊缝计算百分比,且探伤长度应不小于 200mm;当焊缝长度不足 200mm 时应对整条焊缝进行探伤;②对现场安装焊缝应按同一类型、同一施焊条件的焊缝条数计算百分比,探伤长度应不小于 200mm 并应不少于 1 条焊缝。

(7) 组合焊缝尺寸:T 形接头、十字接头、角接接头等要求熔透的对接和角对接组合焊缝,其焊脚尺寸不应小于 $t/4$(图 7-1a、b、c);设计有疲劳验算要求的吊车梁或类似构件的腹板与上翼缘连接焊缝的焊脚尺寸为 $t/2$(图 7-1d),且不应小于 10mm。焊脚尺寸的允许偏差为 0~4mm。

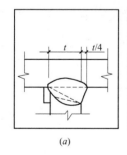 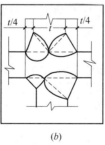 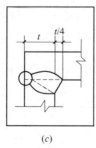 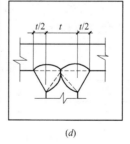

(a)　　　　(b)　　　　(c)　　　　(d)

图 7-1　焊脚尺寸

(8) 焊缝表面缺陷:焊缝表面不得有裂纹、焊瘤等缺陷。一级、二级焊缝不得有表面气孔、夹渣、弧坑裂纹、电弧擦伤等缺陷。且一级焊缝不许有咬边、未焊满、根部收缩等缺陷。

2.4.2 一般项目

(1) 焊接材料外观质量：焊条外观不应有药皮脱落、焊芯生锈等缺陷；焊剂不受潮结块。

(2) 预热后热处理：对于需要进行焊前预热或焊后热处理的焊缝，预热区在焊道两侧，每侧宽度均应大于焊件厚度的 1.5 倍以上且不应小于 100mm；后热处理应在焊后立即进行，保温时间应根据板厚按每 25mm 板厚 1h 确定。

(3) 焊缝外观质量：二级、三级焊缝外观质量标准应符合二级、三级焊缝外观质量标准表 15-25 的规定。三级对接焊缝应按二级焊缝标准进行外观质量检验。

二级、三级焊缝外观质量标准(mm)　　　　表 15-25

项目	允许偏差	
缺陷类型	二级	三级
未焊满(指不足设计要求)	≤0.2+0.02t，且≤1.0	≤0.2+0.04t，且≤2.0
	每 100.0mm 焊缝内缺陷总长≤25.0mm	
根部收缩	≤0.2+0.02t，且≤1.0	≤0.2+0.04t，且≤2.0
	长度不限	
咬边	≤0.05t，且≤0.5；连续长度≤100.0 且焊缝两侧咬边总长≤10%焊缝全长	≤0.1t 且≤1.0，长度不限
弧坑裂纹	—	允许存在个别长度≤5.0 的弧坑裂纹
电弧擦伤	—	允许存在个别电弧擦伤
接头不良	缺口深度 0.05t，且≤0.5	缺口深度 0.1t，且≤1.0
	每 1000mm 焊缝不应超过 1 处	
表面夹渣	—	深≤0.2t 长≤0.5t，且≤2.0
表面气孔	—	每 50mm 焊缝长度内允许直径≤0.4t，且≤3.0 的气孔 2 个、孔距≥6 倍孔径

注：表内 t 为连接处较薄的板厚。

(4) 焊缝尺寸偏差：焊缝尺寸允许偏差应符合对接焊缝及完全熔透组合焊缝尺寸允许偏差(mm)表 15-26 的规定。

对接焊缝及完全熔透组合焊缝尺寸允许偏差(mm)　　　　表 15-26

序号	项目	图例	允许偏差	
			一、二级	三级
1	对接焊缝余高 C		$B<20$：0～3.0 $B\geq20$：0～4.0	$B<20$：0～4.0 $B\geq20$：0～5.0
2	对接焊缝错边 d		$d<0.15t$，且≤2.0	$d<0.15t$，且≤3.0

（5）凹形角焊缝：焊成凹形的角焊缝焊缝金属与母材间应平缓过渡；加工成凹形的角焊缝不得在其表面留下切痕。

（6）焊缝感观：焊缝感观应达到外形均匀，成型较好，焊道与焊道、焊道与基本金属间过渡较平滑，焊渣和飞溅物基本清除干净。

2.5 质量检验

钢结构焊接质量检验见表 15-27。

钢结构焊接质量检验　　　　表 15-27

		施工质量验收规范的规定	检验数量	检验方法	检验要点
主控项目	1	焊接材料品种、规格	第 4.3.1 条	全数检查	检查产品质量合格证明文件、中文标志及检验报告	检查合格证是否与材料相符、品种规格是否符合设计。检验盖章是否齐全
	2	焊接材料复验	第 4.3.2 条	全数检查	检查复验报告	检验报告的结果是否符合设计要求，签字盖章是否齐全
	3	材料匹配	第 5.2.1 条	同上	检查质量证明书和烘焙记录	检查烘焙记录是否按其产品说明书及焊接工艺文件的规定进行烘焙和存放
	4	焊工证书	第 5.2.2 条	全数检查	检查焊工合格证及其认可范围、有效期	注意检查施工是否与认可范围相符
	5	焊接工艺评定	第 5.2.3 条	同上	检查焊接工艺评定报告	检查不同的焊接工艺是否均有工艺评定报告
	6	内部缺陷	第 5.2.4 条	同上	检查超声波或射线探伤记录	采用超声波探伤检验，超声波探伤不能对缺陷作出判断时采用射线探伤
	7	组合焊缝尺寸	第 5.2.5 条	资料全数检查；同类焊缝抽查 10% 且不应少于 3 条	观察检查、用焊缝量规抽查测量	重点检查重要构件直接量测检查
	8	焊缝表面缺陷	第 5.2.6 条	每批同类构件抽查 10% 且不应少于 3 件；被抽查构件中每一类型焊缝按条数抽查 5% 不应少于 1 条；每条检查 1 条、总抽查数不应少于 10 处	观察检查或使用放大镜、焊缝量规和钢尺检查，当存在疑义时，采用渗透或磁粉探伤检查	重点检查重要构件直接量测检查

续表

		施工质量验收规范的规定	检验数量	检验方法	检验要点
一般项目	1	焊接材料外观质量	第4.3.4条	按量抽查1%且不应少于10包	观察检查	重点检查重要构件
	2	预热后热处理	第5.2.7条	全数检查	检查预热后热施工记录和工艺试验报告	检查施工记录保温时间是否符合要求
	3	焊缝外观质量	第5.2.8条	每批同类构件抽查10%且不应少于3件；被抽查构件中每一类型焊缝按条数抽查5%且不应少于1条；每条检查1条，总抽查数不应少于10条	观察检查或使用放大镜、焊缝量规和钢尺检查	重点检查重要构件
	4	焊缝尺寸偏差	第5.2.9条	同上	焊缝量规检查	重点检查重要构件直接量测检查
	5	凹形角焊缝	第5.2.10条	每批同类构件抽查10%且不应少于3件	观察检查	重点检查重要构件
	6	焊缝感观	第5.2.11条	每批同类构件抽查10%且不应少于3件；被抽查构件中每种焊缝按数量各抽查5%，总抽查处不应少于5处	观察检查	重点检查重要构件

说明：1. 焊接材料检验批划分可根据工程规模及进料实际情况划分。

2. 本项目均按变形缝、楼层或施工段的柱、梁、屋架等构件划分检验批。

2.6 质量验收记录

(1) 所用钢材、焊接材料的质量合格证明文件、中文标志及性能检测报告。

(2) 焊条等的烘焙记录。

(3) 焊工合格证书。

(4) 焊接工艺评定报告。

(5) 焊接超声波或射线探伤检测记录。

(6) 施工记录。

(7) 钢结构制作焊接工程检验批质量验收记录。

(8) 钢结构焊接分项工程质量验收记录。

(9) 其他技术文件。

训练3　高强度螺栓连接

[训练目的与要求]　掌握钢结构高强度螺栓连接质量标准、能熟练地对钢结构高强度螺栓连接进行质量检验、并能填写工程质量检查验收记录。熟悉钢结构高强度螺栓连接工程的质量与安全隐患及防治措施，并能编制钢结构高强度螺栓连接工程质量与安全技术交底资料。参加钢结构高强度螺栓连接工程质量检查验收，并填写有关工程质量检查验收记录。

3.1　施工准备

3.1.1　作业准备

编制高强度螺栓连接技术方案；编制质量安全技术交底资料；摩擦面已按设计要求进行处理，并进行抗滑移系数试验和复验，符合设计要求；螺栓孔已通过检查验收；安全防护设施已准备就绪；紧固器具已按计划准备并已校正调试合格。

3.1.2　材料与机具准备

1. 材料准备

高强螺栓、螺母、垫圈、钢构件。

2. 机具准备

电动扭矩扳手及控制仪、手动扭矩扳手、手工扳手、喷砂、砂轮打磨机、钢丝刷、工具袋等。

3.2　工艺流程

作业准备→选择螺栓并配套→接头组装→安装临时螺栓→安装高强螺栓→高强螺栓紧固→检查验收。

3.3　易产生的质量与安全问题

3.3.1　易产生的质量问题

钢结构高强度螺栓连接质量隐患的防治见表15-28。

钢结构高强度螺栓连接质量隐患的防治　　表15-28

质量隐患	主要原因分析	防治措施
1. 装配摩擦面不符合要求	未保护好构件螺栓连接摩擦面；无喷砂	1. 用防护纸保护好摩擦面，施工前应清理干净金属碎屑、浮锈，油污，清理螺栓孔毛刺、焊瘤等 2. 表面应喷砂处理 3. 构件的摩擦面应保持干燥，不得在雨中作业
2. 连接板拼装不严、接触面有间隙	连接板变形、间隙大	如果连接板变形、间隙大，应校正处理后再使用

续表

质量隐患	主要原因分析	防治措施
3. 螺栓丝扣损伤	强行打入螺栓或螺栓保护不善；未使用临时螺栓和冲钉	1. 螺栓应自由穿入螺孔，不准许强行打入 2. 高强螺栓设专人管理妥善保管，不得乱扔乱放；在安装过程中，不得碰伤螺栓及污染脏物 3. 不准用高强螺栓兼作临时螺栓
4. 扭矩达不到要求	扳手的扭矩值不准确；未初拧或漏拧；施拧顺序不当	1. 扭矩扳手应定期标定 2. 初拧完毕的螺栓应做好标记，当天安装的高强螺栓当天应终拧完毕 3. 螺栓群应中间顺序向外侧进行紧固，从接头刚度大的地方向不受约束的自由端进行，或从螺栓群中心向四周扩散的方式进行

3.3.2 易产生的安全问题

钢结构高强度螺栓连接安全隐患的防治主要为工具的防触电，可参见表 15-2 的有关防触电措施。

3.4 质量标准

3.4.1 主控项目

（1）成品进场：钢结构连接用高强度大六角头螺栓连接副，扭剪型高强度连接副的品种、规格、性能等应符合现行国家产品标准和设计要求。高强度大六角头螺栓连接副和扭剪型高强度螺栓连接副出厂时应分别随箱带有扭矩系数和紧固轴力（预拉力）的检验报告。

（2）扭矩系统或预拉力复验：高强度大六角头螺栓连接副扭矩系数、扭剪型高强度螺栓连接副预拉力符合《验收规范》附录 B 的规定。复验螺栓连接副的预拉力平均值和标准偏差应符合表 15-29 的规定。

扭剪型高强度螺栓紧固预拉力和标准偏差（kN）　　　表 15-29

螺栓直径(mm)	16	20	22	24
紧固预拉力的平均值	99～120	154～186	191～231	222～270
标准偏差	10.1	15.7	19.5	22.7

（3）抗滑移系数试验：钢结构制作和安装单位应按《验收规范》附录 B 的规定分别进行高强度螺栓连接摩擦面的抗滑移系数试验和复验，现场处理的构件摩擦面应单独进行摩擦面抗滑移系数试验，其结果应符合设计要求。

（4）终拧扭矩：高强度大六角头螺栓连接副终拧完成 1h 后，48h 内应进行终拧扭矩检查，检查结果应符合《验收规范》附录 B 的规定。扭剪型高强度螺栓连接副终拧后，除因构造原因无法使用专用扳手拧掉梅花头者外，未在终拧中拧掉梅花头的螺栓数不应大于该节点螺栓数的 5%。对所有梅花头未拧掉的扭剪型高强度螺栓连接副应采用扭矩法或转角法进行终拧并作标记,并按前述规定进行终拧扭矩检查。

3.4.2 一般项目

(1) 成品进场检验:高强度螺栓连接副进场检查,检查包装箱上批号、规格、数量及生产日期。核查螺栓、螺母、垫圈外观表面的涂油保护,没有生锈和沾染脏物,螺纹没损伤。

(2) 表面硬度试验:建筑结构安全等级为一级、跨度40m及以上的螺栓球节点钢网架结构其连接高强度螺栓应进行表面硬度试验。8.8级的高强度螺栓其硬度应为HRC21~29;10.9级高强度螺栓其硬度应为HRC32~36,且不得有裂纹或损伤。

(3) 施拧顺序和初拧、复拧扭矩:高强度螺栓连接副的施拧顺序和初拧、复拧扭矩符合设计要求和《钢结构高强度螺栓连接的设计施工及验收规程》JGJ 82的规定。

(4) 连接外观质量:高强度螺栓连接副终拧后螺栓丝扣外露应为2~3扣,其中允许有10%的螺栓扣外露1扣或4扣。

(5) 摩擦面外观:高强度螺栓连接摩擦面应保持干燥、整洁,不应有飞边、毛刺、焊接飞溅物、焊疤、氧化铁皮、污垢等除设计要求外摩擦面不应涂漆。

(6) 扩孔:高强度螺栓应自由穿入螺栓孔。高强度螺栓孔不应采用气割扩孔、扩孔数量应征得设计同意,扩孔后的孔径不应超过$1.2d$(d为螺栓直径)。

3.5 质量检验

高强度螺栓连接质量检验见表15-30。

高强度螺栓连接质量检验 表15-30

		施工质量验收规范的规定	检验批划分	检验数量	检验方法	检验要点
主控项目	1	成品进场	第4.4.1条	根据工程规模及进料实际情况划分检验批	全数检查	检查产品的质量合格证明文件、中文标志及检验报告等	检查合格证是否与材料相符、品种规格是否符合设计。检验盖章是否齐全
	2	扭矩系数或预拉力复验	第4.4.2条 第4.4.3条	根据工程规模及进料实际情况划分检验批	抽取8套连接副进行复验	检查复验报告	检验报告的结果是否符合设计要求、签字盖章是否齐全
	3	抗滑移系数试验	第6.3.1条	工程量每2000t为一批,不足2000t的可视为一批	选用两种及两种以上表面处理工艺时,每种处理工艺应单独检验。每批三组试件	检查磨擦面抗滑移系数试验报告和复验报告	检验报告的结果是否符合设计要求、签字盖章是否齐全

续表

		施工质量验收规范的规定	检验批划分	检验数量	检验方法	检验要点
主控项目	4 终拧扭矩	第6.3.2条	按变形缝或空间刚度单元、楼层或施工段划分	按节点数检查10%且不应少于10个；每个被抽查节点按螺栓数抽查10%且不应少于2个	《验收规范》附录B	重点检查重要构件
		第6.3.3条	按变形缝或空间刚度单元、楼层或施工段划分	按节点数抽查10%但不应少于10节点，被抽查节点中梅花头未拧掉的扭剪型高强度螺栓连接副全数进行终拧扭矩检查	观察检查及《验收规范》附录B	重点检查重要构件
一般项目	1 成品进场检验	第4.4.4条	根据工程规模及进料实际情况划分检验批	按包装箱数抽查5%且不应少于3箱	观察检查	观察检查不应出现生锈和沾染脏物，螺纹不应损伤
	2 表面硬度试验	第4.4.5条	同上	按规格抽查8只	用硬度计、10倍放大镜或磁粉探伤	直接量测检查
	3 施拧顺序和初拧、复拧扭矩	第6.3.4条	按变形缝或空间刚度单元、楼层或施工段划分	全数检查资料	检查扭矩扳手标定记录和螺栓施工记录	检查施工记录的施拧顺序和初拧、复拧扭矩是否符合要求
	4 连接外观质量	第6.3.5条	同上	按节点数抽查5%且不应少于10个	观察检查	重点检查重要构件
	5 摩擦面外观	第6.3.6条	同上	全数检查	观察检查	直接观察检查
	6 扩孔	第6.3.7条	同上	被扩螺栓孔全数检查	观察检查及用卡尺检查	直接量测检查

3.6 质量验收记录

（1）所用钢材、连接用紧固件的质量合格证明文件、中文标志及性能检验报告。

（2）扭剪型高强度螺栓连接副预拉力复验报告。

（3）高强度螺栓连接副施工扭矩检验报告。

（4）高强度大六角头螺栓连接副扭矩系数复验报告。

（5）高强度螺栓连接摩擦面的抗滑移系数检验报告和复验报告。

（6）扭矩扳手标定记录。

(7) 施工记录。
(8) 高强度螺栓连接工程检验批质量验收记录。
(9) 紧固件连接分项工程质量验收录。
(10) 其他技术文件。

训练4 钢结构安装

[训练目的与要求] 掌握钢结构安装质量标准、能熟练地对钢结构安装工程进行质量检验、并能填写工程质量检查验收记录。熟悉钢结构安装工程的质量与安全隐患及防治措施,并能编制钢结构安装工程质量与安全技术交底资料。参加钢结构安装工程质量检查验收,并填写有关工程质量检查验收记录。

4.1 施工准备

4.1.1 作业准备

编制钢结构安装工程安装方案或专项技术措施;编制质量安全技术交底资料;进场构件经检查验收合格,质量证明文件齐全;构件现场制孔、组装焊接和涂层质量满足设计要求;钢结构安装、检查和验收所用量具精度一致,并经计量检测部门检定。

4.1.2 机具和材料准备

1. 材料准备

钢构件、焊条、螺栓、垫木、垫铁等。

2. 机具准备

吊装机械、吊装索具、电焊机、焊钳、焊把线、扳手、撬棍、扭矩扳手、手持电砂轮、电钻等。

4.2 工艺流程

基础支承面→安装和校正→连接与固定。

4.3 易产生的质量与安全问题

4.3.1 质量问题(见表15-31)

钢结构安装质量隐患的防治 表15-31

质量隐患	主要原因分析	防治措施
1. 构件变形或局部变形过大	构件吊点不合理;焊接顺序错误;集中堆放荷载	1. 构件吊点要经计算,绑扎点要采取加强措施 2. 制定合理的安装顺序,从中间向四周扩展 3. 施工过程中集中堆放荷载过大 4. 钢梁应先焊一端,焊缝冷却常温后再焊另一端,并先焊下翼缘,再焊上翼缘

续表

质量隐患	主要原因分析	防治措施
2. 构件垂直度误差过大	就位测量不准；安装工艺或顺序有误	1. 采用经纬仪对钢柱及钢梁等构件安装跟踪观测 2. 临时固定后缆风绳松开，柱身呈自由状态，再用经纬仪复核无误后最后固定 3. 制定正确的安装工艺或顺序，如采取从中间向四周扩展安装，钢柱焊接由两名焊工在相对称位置以相等速度同时施焊等措施
3. 标高、水平度、就位误差过大	测量不准；对有关误差没有及时给予校正、使误差累积和相互影响	1. 每节柱的轴线均从地面引上，保证定位轴线准确；每节柱均调整标高 2. 考虑温度对高层钢结构安装的影响 3. 施工前对所安装钢结构的各轴线、标高、混凝土基础、地脚螺栓进行严格认真的复核及测量，对有关问题及时采取措施
4. 压型板成品被破坏	重物直接放置在楼板；主要通道不铺设跳板	1. 不将重物直接放置在楼板上，避免集中荷载，若要放置一定要将受力点支撑在钢梁上 2. 在主要的行走通道要铺设跳板，避免直接在楼板上行走
5. 压型板搭接长度不足和错位、屋面漏水	不按有关要求铺设、责任心不够	1. 加强对工人的教育和培训 2. 首先第一跨内的板必须铺好，保证所有的板铺设方向一致，一跨内调校一次 3. 严格按技术要求铺设、精心施工
6. 柱地脚螺栓位移	预埋螺栓位置或钢柱底部预留孔不符合设计要求	1. 在浇筑混凝土前预埋螺栓位置应用定型卡盘卡住 2. 钢柱底部预留孔应放大样，确定孔位后再作预留孔

4.3.2 安全问题

钢结构安装安全隐患的防治见表15-32。

钢结构安装安全隐患的防治　　　　　　表15-32

安全隐患	主要原因分析	防治措施
1. 高处坠落事故	高处、临边施工未采取有效保护措施	1. 施工时戴好安全带、穿防滑鞋 2. 遇有6级以上强风、浓雾等恶劣气候不得进行露天攀登与悬空高处作业 3. 临边、洞口必须设置防护栏杆或其他防护措施 4. 梯脚底部应垫实，不得垫高使用。梯子上端应有固定措施，直爬梯及其他登高用的拉攀件应在构件施工图或说明内做出规定 5. 登高安装钢梁时应视钢梁高度在两端设置挂梯或搭设钢管脚手架，梁面上需行走时其一侧的临时护栏横杆可采用钢索或扶手绳 6. 钢屋架吊装前应在上弦设置防护栏杆 7. 加强对工人的安全培训教育、提高其自我保护意识和能力

续表

安全隐患	主要原因分析	防治措施
2. 高处坠物伤害	未遵守高处作业等有关规定	1. 工作人员必须戴好安全帽 2. 高空操作人员使用的工具及安装用的零部件应放入随身佩带的工具袋内 3. 设置吊装禁区，禁止让吊装作业的无关人员入内，尽量避免在高空作业的正下方停留或通过，也不得在起重机的吊杆和正在吊装的构件下停留或通过 4. 施工作业场所有有坠落可能的物件应一律先进行撤除或加以固定 5. 传递物件禁止抛掷 6. 使用撬棒等工具用力要均匀、要慢、支点要稳固，防止撬滑发生事故 7. 吊装前应检查机械索具、夹具、吊环等是否符合要求并应进行试吊
3. 构件倒塌	构件安装后未及时固定或采取临时固定措施	1. 构件安装后、必须检查连接质量无误后才能摘钩或拆除临时固定工具 2. 在施工过程中根据结构空间稳定情况，为防止风力对刚架的倾覆必要时可拉缆风绳措施或其他临时固定措施，当天安装的构件应形成空间稳定体系，任何人不得随便拆除缆风绳或其他临时固定措施 3. 如遇上大风天气，柱、主梁、支撑等大构件应立即进行校正，位置校正正确后立即进行固定，以防止发生单侧失稳 4. 起吊钢构件时，提升或下降要平稳，避免紧急制动或冲击。专人指挥、信号清楚、响亮、明确，严禁违章操作

4.4 质量标准

4.4.1 单层钢结构安装工程质量标准

1. 主控项目

(1) 基础验收：建筑物的定位轴线、基础轴线和标高、地脚螺栓的规格及其紧固应符合设计要求。基础顶面直接作为柱的支承面和基础顶面预埋钢板或支座作为柱的支承面时其位置的允许偏差：支承面标高为±3.0mm、水平度为$l/1000$；地脚螺栓中心偏移为5.0mm；预留孔中心偏移为10.0mm。采用座浆垫板时其允许偏差：顶面标高0、-3.0mm、水平度$l/1000$、位置20.0mm。采用杯口基础时其杯口尺寸允许偏差：底面标高0、-5.0mm；杯口深度±5.0mm；杯口垂直度$H/100$、≤10.0mm；位置10.0mm。

(2) 构件验收：钢构件应符合设计要求和规范的规定。运输、堆放和吊装等造成的钢构件变形及涂层脱落应进行矫正和修补。

(3) 顶紧接触面：设计要求顶紧的节点、接触面不应少于70%紧贴且边缘最大间隙不应大于0.8mm。

（4）垂直度和侧向弯曲矢高：钢屋（托）架、衍架、梁及受压杆件的垂直度和侧向弯曲矢高的允许偏差应符合表15-33钢屋（托）架、桁架、梁及受压杆件的垂直度和侧向弯曲矢高的允许偏差的规定。

钢屋（托）架、桁架、梁及受压杆件的垂直度和侧向弯曲矢高的允许偏差（mm）　　　　表15-33

项目		允许偏差（mm）	图例
跨中的垂直度		$h/250$，且不应大于15.0	1—1
侧向弯曲矢高 f	$l \leqslant 30$m	$l/1000$，且不应大于10.0	
	30m$< l \leqslant 60$m	$l/1000$，且不应大于30.0	
	$l > 60$m	$l/1000$，且不应大于50.0	

（5）主体结构尺寸：单层钢结构主体结构的整体垂直度和整体平面弯曲的允许偏差：垂直度 $H/1000 \leqslant 25.0$mm；平面弯曲 $l/1500 \leqslant 25.0$mm。

2. 一般项目

（1）地脚螺栓精度：地脚螺栓（锚栓）尺寸的偏差。螺栓露出长度和螺纹长度均为：+30.0mm、0；地脚螺栓（锚栓）的螺纹应受到保护。

（2）标记：钢柱等主要构件的中心线及标高基准点等标记应齐全。

（3）桁架、梁安装精度：钢桁架（或梁）安装在混凝土柱上时，其支座中心对定位轴线的偏差不应大于10mm；当采用大型混凝土屋面板时，钢桁架（或梁）间距的偏差不应大于10mm。

（4）钢柱安装精度：钢柱安装的允许偏差应符合表15-34的规定。

单层钢结构中柱子安装的允许偏差　　　　表15-34

项目	允许偏差（mm）	图例	检验方法
柱脚底座中心线对定位轴线的偏移	5.0		用吊线和钢尺检查

续表

项目		允许偏差(mm)	图例	检验方法
柱基准点标高	有吊车梁的柱	+3.0 −5.0	基准点	用水准仪检查
	无吊车梁的柱	+5.0 −8.0		
弯曲矢高		$H/1200$,且不应大于15.0		用经纬仪或拉线和钢尺检查
柱轴线垂直度	单层柱 $H \leqslant 10m$	$H/1000$		用经纬仪或吊线和钢尺检查
	单层柱 $H>10m$	$H/1000$,且不应大于25.0		
	多节柱 单节柱	$H/1000$,且不应大于10.0		
	多节柱 柱全高	35.0		

（5）吊车梁安装精度：钢吊车梁或直接承受动力荷载的类似构件其安装的允许偏差应符合表15-35的规定。

钢吊车梁安装的允许偏差 表15-35

项目		允许偏差(mm)	图例	检验方法
梁的跨中垂直度		$H/500$		用吊线和钢尺检查
侧向弯曲矢高		$l/1500$,且不应大于10.0		
竖直上拱矢高		10.0		
两端支座中心位移 Δ	安装在钢柱上时,对牛腿中心的偏移	5.0		用拉线和钢尺检查
	安装在混凝土柱上时,对定位轴线的偏移	5.0		
吊车梁支座加劲板中心与柱子承压加劲板中心的偏移 Δ_1		$t/2$		用吊线和钢尺检查

续表

项目		允许偏差(mm)	图例	检验方法
同跨间内同一横截面吊车梁顶面高差 $\triangle$	支座处	10.0		用经纬仪、水准仪和钢尺检查
	其他处	15.0		
同跨间内同一横截面下挂式吊车梁底面高差 $\triangle$		10.0		用经纬仪、水准仪和钢尺检查
同列相邻两柱间吊车梁顶面高差 $\triangle$		$l/1500$，且不应大于10.0		用水准仪和钢尺检查
相邻两吊车梁接头部位 $\triangle$	中心错位	3.0		用钢尺检查
	上承式顶面高差	1.0		
	下承式底面高差	1.0		
同跨间任一截面的吊车梁中心跨距 $\triangle$		±10.0		用经纬仪和光电测距仪检查；跨度小时，可用钢尺检查
轨道中心对吊车梁腹板轴线的偏移 $\triangle$		$t/2$		用吊线和钢尺检查

（6）檩条等安装精度：檩条、墙架等次要构件安装的允许偏差应符合表15-36的规定。

墙架、檩条等次要构件安装的允许偏差　　　　表15-36

项目		允许偏差(mm)	检验方法
墙架立柱	中心线对定位轴线的偏移	10.0	用钢尺检查
	垂直度	$H/1000$，且不应大于10.0	用经纬仪或吊线和钢尺检查
	弯曲矢高	$H/1000$，且不应大于15.0	用经纬仪或吊线和钢尺检查
抗风桁架的垂直度		$h/250$，且不应大于15.0	用吊线和钢尺检查
檩条、墙梁的间距		±5.0	用钢尺检查

续表

项　　目	允许偏差(mm)	检　验　方　法
檩条的弯曲矢高	$L/750$，且不应大于 12.0	用拉线和钢尺检查
墙梁的弯曲矢高	$L/750$，且不应大于 10.0	用拉线和钢尺检查

注：1. H 为墙架立柱的高度。
　　2. h 为抗风桁架的高度。
　　3. L 为檩条或墙梁的长度。

(7) 平台等安装精度：钢平台、钢梯、栏杆安装应符合《固定式钢直梯》GB 4053.1、《固定式钢斜梯》GB 4053.2、《固定式防护栏杆》GB 4053.3、《固定式钢平台》GB 4053.4 的规定。钢平台、钢梯和防护栏杆安装的允许偏差应符合表 15-37 的规定。

钢平台、钢梯和防护栏杆安装的允许偏差　　　　表 15-37

项　　目	允许偏差(mm)	检　验　方　法
平台高度	±15.0	用水准仪检查
平台梁水平度	$l/1000$，且不应大于 20.0	用水准仪检查
平台支柱垂直度	$H/1000$，且不应大于 15.0	用经纬仪或吊线和钢尺检查
承重平台梁侧向弯曲	$l/1000$，且不应大于 10.0	用拉线和钢尺检查
承重平台梁垂直度	$h/250$，且不应大于 15.0	用吊线和钢尺检查
直梯垂直度	$l/1000$，且不应大于 15.0	用吊线和钢尺检查
栏杆高度	±15.0	用钢尺检查
栏杆立柱间距	±15.0	用钢尺检查

(8) 现场组对精度：现场焊缝组对间隙的允许偏差。无垫板间隙＋3.0mm、0；有垫板间隙＋3.0mm、－2.0mm。

(9) 结构表面：钢结构表面应干净，结构主要表面不应有疤痕、泥沙等污垢。

4.4.2　多层及高层钢结构安装工程质量标准

1. 主控项目

(1) 基础验收：建筑物的定位轴线、基础上柱的定位轴线和标高、地脚螺栓（锚栓）规格和位置、地脚螺栓（锚栓）紧固应符合设计要求。当设计无要求时，其允许偏差为：建筑物轴线 $l/20000$ 且≤3.0mm；基础柱轴线 1.0mm；柱底标高±2.0mm；地脚螺栓位移 2.0mm。多层建筑以基础顶面直接作为柱的支承面、或以基础顶面预埋钢板或支座作为柱的支承面时，其允许偏差：支承面标高为±3.0mm，水平度为 $l/1000$，地脚螺栓中心偏移为 5.0mm，预留孔中心偏移为 10.0mm。采用座浆垫板时其允许偏差：顶面标高 0、－3.0mm；水平度 $l/1000$；位置 20.0mm。采用杯口基础时杯口尺寸偏差：底面标高 0、－5.0mm；杯口深度±5.0mm；杯口垂直度 $H/100$ 且≤10.0mm；位置 10.0mm。

(2) 构件验收：钢构件应符合设计要求和规范的规定。运输、堆放和吊装等造成的钢构件变形及涂层脱落应进行矫正和修补。

(3) 钢柱安装精度：柱底轴线对定位轴线偏移为 3.0mm，柱子定位轴线 1.0mm；单节柱垂直度 $h/100$ 且 $\leqslant 10.0$mm。

(4) 顶紧接触面：设计要求顶紧的节点、接触面不应少于 70% 紧贴，且边缘最大间隙不应大于 0.8mm。

(5) 垂直度和侧向弯曲矢高：钢主梁、次梁及受压杆件的垂直度和侧向弯曲矢高的允许偏差应符合表 15-38 中有关钢屋(托)架允许偏差的规定。

(6) 主体结构尺寸：多层及高层钢结构主体结构的整体垂直度和整体平面弯曲的允许偏差。整体垂直度 $(H/2500+10.0)$ 且 $\leqslant 50.0$mm；平面弯曲 $L/1500$ 且 $\leqslant 25.0$mm。

2. 一般项目

(1) 地脚螺栓精度：地脚螺栓尺寸允许偏差、螺栓露出长度和螺纹长度 0、+30.0mm。尺量检查。地脚螺栓(锚栓)的螺纹受到保护。

(2) 标记：钢柱等主要构件的中心线及标高基准点等标记应齐全。

(3) 构件安装精度：钢构件安装的允许偏差应符合表 15-39 的规定。按表的规定检查：当钢构件安装在混凝土柱上时其支座中心对定位轴线的偏差不应大于 10mm，当采用大型混凝土屋面板时钢梁(或桁架)间距的偏差不应大于 10mm。

钢屋(托)架、桁架、梁及受压杆件的垂直度
和侧向弯曲矢高的允许偏差　　　　　表 15-38

项　目		允许偏差(mm)	图　例
跨中的垂直度		$h/250$，且不应大于 15.0	
侧向弯曲矢高 f	$l\leqslant 30$m	$l/1000$，且不应大于 10.0	
	30m$<l\leqslant 60$m	$l/1000$，且不应大于 30.0	
	$l>60$m	$l/1000$，且不应大于 50.0	

多层及高层钢结构中构件安装的允许偏差（mm）　　　　　表 15-39

项　目	允许偏差	图　例	检验方法
上、下柱连接处的错口 Δ	3.0		用钢尺检查
同一层柱时各柱顶高度差 Δ	5.0		用水准仪检查
同一根梁两端顶面的高差 Δ	$l/1000$，且不应大于 10.0		用水准仪检查
主梁与次梁表面的高差 Δ	±2.0		用直尺和钢尺检查
压型金属板在钢梁上相邻列的错位 Δ	15.00		用直尺和钢尺检查

（4）主体结构总高度：主体结构总高度的允许偏差应符合表 15-40 的规定。

多层及高层钢结构主体结构总高度的允许偏差　　　　　表 15-40

项　目	允许偏差（mm）	图　例
用相对标高控制安装	$\pm\Sigma(\Delta_h+\Delta_z+\Delta_w)$	
用设计标高控制安装	$H/1000$，且不应大于 30.0 $-H/1000$，且不应小于 -30.0	

注：1. Δ_h 为每节柱子长度的制造允许偏差。
　　2. Δ_z 为每节柱子长度受荷载后的压缩值。
　　3. Δ_w 为每节柱子接头焊缝的收缩值。

（5）吊车梁安装精度：多层及高层钢结构中钢吊车梁或直接承受动力荷载的类似构件、其安装的允许偏差应符合表 15-41 的规定。

钢吊车梁安装的允许偏差 表 15-41

项　目		允许偏差(mm)	图　例	检验方法
梁的跨中垂直度 Δ		$H/500$		用吊线和钢尺检查
侧向弯曲矢高		$l/1500$，且不应大于 10.0		用拉线和钢尺检查
垂直上拱矢高		10.0		
两端支座中心位移 Δ	安装在钢柱上时，对牛腿中心的偏移	5.0		
	安装在混凝土柱上时，对定位轴线的偏移	5.0		
吊车梁支座加劲板中心与柱子承压加劲板中心的偏移 Δ_1		$t/2$		用吊线和钢尺检查
同跨间内同一横截面吊车梁顶面高差 Δ	支座处	10.0		用经纬仪、水准仪和钢尺检查
	其他处	15.0		
同跨间内同一横截面下挂式吊车梁底面高差 Δ		10.0		
同列相邻两柱间吊车梁顶面高差 Δ		$l/1500$，且不应大于 10.0		用水准仪和钢尺检查
相邻两吊车梁接头部位 Δ	中心错位	3.0		用钢尺检查
	上承式顶面高差	1.0		
	下承式底面高差	1.0		
同跨间任一截面的吊车梁中心跨距 Δ		±10.0		用经纬仪和光电测距仪检查；跨度小时，可用钢尺检查

续表

项 目	允许偏差(mm)	图 例	检验方法
轨道中心对吊车梁腹板轴线的偏移 Δ	$t/2$		用吊线和钢尺检查

(6) 檩条安装精度：多层及高层钢结构中檩条、墙架等次要构件安装的允许偏差应符合表 15-42 的规定。

墙架、檩条等次要构件安装的允许偏差　　　　　表 15-42

项 目		允许偏差(mm)	检 验 方 法
墙架立柱	中心线对定位轴线的偏移	10.0	用钢尺检查
	垂直度	$H/1000$，且不应大于 10.0	用经纬仪或吊线和钢尺检查
	弯曲矢高	$H/1000$，且不应大于 15.0	用经纬仪或吊线和钢尺检查
抗风桁架的垂直度		$h/250$，且不应大于 15.0	用吊线和钢尺检查
檩条、墙梁的间距		±5.0	用钢尺检查
檩条的弯曲矢高		$L/750$，且不应大于 12.0	用拉线和钢尺检查
墙梁的弯曲矢高		$L/750$，且不应大于 10.0	用拉线和钢尺检查

注：1. H 为墙架立柱的高度。
　　2. h 为抗风桁架的高度。
　　3. L 为檩条或墙梁的长度。

(7) 平台等安装精度：钢平台、钢梯、栏杆安装应符合《固定式钢直梯》GB 4053.1、《固定式钢斜梯》GB 4053.2、《固定式防护栏杆》GB 4053.3、《固定式钢平台》GB 4053.4 的规定。钢平台、钢梯和防护栏杆安装的允许偏差应符合表 15-43 的规定。

钢平台、钢梯和防护栏杆安装的允许偏差　　　　　表 15-43

项 目	允许偏差(mm)	检 验 方 法
平台高度	±15.0	用水准仪检查
平台梁水平度	$l/1000$，且不应大于 20.0	用水准仪检查
平台支柱垂直度	$H/1000$，且不应大于 15.0	用经纬仪或吊线和钢尺检查
承重平台梁侧向弯曲	$l/1000$，且不应大于 10.0	用拉线和钢尺检查
承重平台梁侧垂直度	$h/1000$，且不应大于 10.0	用吊线和钢尺检查
直梯垂直度	$l/250$，且不应大于 15.0	用吊线和钢尺检查
栏杆高度	±15.0	用钢尺检查
栏杆立柱间距	±15.0	用钢尺检查

(8) 现场组对精度：多层及高层钢结构中现场焊缝组对间隙的允许偏差：无垫板间隙＋3.0mm、0.0mm；有垫板间隙＋3.0mm、－2.0mm。

(9) 结构表面：钢结构表面应干净，结构主要表面不应有疤痕、泥沙等污垢。

4.5 质量检验

4.5.1 单层钢结构安装工程质量检验(见表15-44)
4.5.2 多层及高层钢结构安装工程质量检验(见表15-45)

单层钢结构安装工程质量检验　　　　表 15-44

		施工质量验收规范的规定	检验数量	检验方法	检验要点
主控项目	1	基础验收	第10.2.1条	按柱基数抽查10%且不应少于3个	用经纬仪、水准仪、全站仪和钢尺现场实测	直接量测检查
			第10.2.2条	同上	用经纬仪、水准仪、全站仪、水平尺和钢尺实测	直接量测检查
			第10.2.3条	资料全数检查。按柱基数抽查10%且不应少于3个	用水准仪、全站仪、水平尺和钢尺现场实测	直接量测检查
			第10.2.4条	按基础数抽查10%且不应少于4处	观察及尺量检查	直接量测检查
	2	构件验收	第10.3.1条	按构件数抽查10%且不应少于3个	用拉线、钢尺现场实测或观察	直接量测检查
	3	顶紧接触面	第10.3.2条	按节点数抽查10%且不应少于3个	钢尺和0.3mm和0.8mm厚的塞尺现场实测检查	直接量测检查
	4	垂直度和侧向弯曲矢高	第10.3.3条	按同类构件数抽查10%且不少于3个	吊线、拉线、经纬仪和尺量检查	重点检查重要构件
	5	主体结构尺寸	第10.3.4条	对主要立面全部检查。对每个所检查的立面(除两列边柱外)尚应至少选取一列中间柱	采用经纬仪、全站仪等测量	直接量测检查
一般项目	1	地脚螺栓精度	第10.2.5条	按柱基数抽查10%且不应少于3个	用钢尺现场实测	重点检查重要构件、直接量测检查
	2	标记	第10.3.5条	按同类构件数抽查10%且不应少于3件	观察检查	检查主要构件的中心线及标高基准点等标记是否齐全
	3	桁架、梁安装精度	第10.3.6条	按同类构件数抽查10%且不应少于3榀	拉线及尺量检查	直接量测检查

续表

	施工质量验收规范的规定		检验数量	检验方法	检验要点
一般项目	4	钢柱安装精度	第10.3.7条	按钢柱数抽查10%且不应少于3件	见表15-34	直接量测检查
	5	吊车梁安装精度	第10.3.8条	按钢吊车梁抽查10%且不应少于3榀	见表15-35	直接量测检查
	6	檩条等安装精度	第10.3.9条	按同类构件数抽查10%且不应少于3件	见表15-36	直接量测检查
	7	平台等安装精度	第10.3.10条	按钢平台总数抽查10%,栏杆、钢梯按总长度各抽查10%,但钢平台不应少于1个,栏杆不应少于5m,钢梯不应少于1跑	见表15-37	直接量测检查
	8	现场组对精度	第10.3.11条	按同类节点数抽查10%且不应少于3个	尺量检查	直接量测检查
	9	结构表面	第10.3.12条	按同类构件数抽查10%且不应少于3件	观察检查	观察检查表面是否干净

说明：本项目检验批划分均按变形缝或空间刚度单元的柱、梁、屋架等构件划分。

多层及高层钢结构安装工程质量检验　　　　　表15-45

	施工质量验收规范的规定		检验数量	检验方法	检验要点
主控项目	1	基础验收	第11.2.1条	按柱基数抽查10%且不应少于3个	采用经纬仪、水准仪、全站仪和钢尺实测	直接量测检查
			第11.2.2条	同上	用经纬仪、水准仪、全站仪、水平尺和钢尺实测	直接量测检查
			第11.2.3条	资料全数检查。按柱基数抽查10%且不应少于3个	用水准仪、全站仪、水平尺和钢尺现场实测	直接量测检查
			第11.2.4条	按基础数抽查10%且不应少于4处	观察及尺量检查	直接量测检查
	2	构件验收	第11.3.1条	按构件数抽查10%且不应少于3个	用拉线、钢尺现场实测或观察	直接量测检查
	3	钢柱安装精度	第11.3.2条	按节点数抽查10%且不应少于3个	用钢尺及0.3mm和0.8mm厚的塞尺现场实测	直接量测检查

续表

		施工质量验收规范的规定	检验数量	检验方法	检验要点
主控项目	4	顶紧接触面	第11.3.3条	按同类构件数抽查10%且不少于3个	用吊线、拉线、经纬仪和钢尺现场实测	直接量测检查
	5	垂直度和侧向弯曲矢高	第11.3.4条	按同类构件数抽查10%且不应少于3件	用吊线、拉线、经纬仪和钢尺现场实测	直接量测检查
	6	主体结构尺寸	第11.3.5条	对主要立面全部检查。对每个所检查的立面(除两列角柱外)尚应至少选取一列中间柱	对于整体垂直度,可采用激光经纬仪、全站仪测量,也可根据各节柱的垂直度允许偏差累计(代数和)计算。对于整体平面弯曲可按产生的允许偏差累计(代数和)计算	直接量测检查
一般项目	1	地脚螺栓精度	第11.2.5条	按柱基数抽查10%且不应少于3个	用钢尺现场实测	直接量测检查
	2	标记	第11.3.7条	按同类构件数抽查10%且不应少于3件	观察检查	检查主要构件的中心线及标高基准点等标记是否齐全
	3	构件安装精度	第11.3.8条	按同类构件或节点数抽查10%。其中柱和梁各不应少于3件、主梁与次梁连接节点不应少于3个、支承压型金属板的钢梁长度不应少于5mm	见表15-39	直接量测
			第11.3.10条	按同类构件数抽查10%且不应少于3榀	用拉线和钢尺现场实测	直接量测
	4	主体结构总高度	第11.3.9条	按标准柱列数抽查10%且不应少于4例	采用全站仪、水准仪和钢尺实测	直接量测
	5	吊车梁安装精度	第11.3.11条	按钢吊车梁抽查10%且不应少于3榀	见表15-40	直接量测
	6	檩条安装精度	第11.3.12条	按同类构件数抽查10%且不应少于3件	见表15-41	直接量测
	7	平台等安装精度	第11.3.13条	按钢平台总数抽查10%,栏杆、钢梯按总长度各抽查10%,但钢平台不应少于1个,栏杆不应少于5m,钢梯不应少于1跑	见表15-42	直接量测

续表

		施工质量验收规范的规定		检验数量	检验方法	检验要点
一般项目	8	现场组对精度	第11.3.14条	按同类节点数抽查10%且不应少于3个	尺量检查	直接量测
	9	结构表面	第11.3.6条	按同类构件数抽查10%且不应少于3件	观察检查	观察检查表面是否干净

说明：本项目检验批划分均按变形缝、楼层或施工段的柱、梁、屋架等构件划分。

4.6 质量验收记录

（1）所用钢材、连接材料的质量合格证明文件、中文标志及性能检测报告。
（2）焊条等的烘焙记录。
（3）焊工合格证书。
（4）焊接工艺评定报告。
（5）焊接超声波或射线探伤检测记录。
（6）扭剪型高强度螺栓连接副预拉力复验报告。
（7）高强度螺栓连接副施工扭矩检验报告。
（8）高强度大六角头螺栓连接副扭矩系数复验报告。
（9）高强度螺栓连接摩擦面的抗滑移系数检验报告和复验报告。
（10）扭矩扳手标定记录。
（11）施工记录。
（12）隐蔽工程检查验收记录。
（13）单层、多层及高层钢结构安装（基础）工程检验批质量验收记录。
（14）单层钢结构安装工程检验批质量验收记录。
（15）单层钢结构安装分项工程质量验收记录。
（16）多层及高层钢结构安装工程检验批质量验收记录。
（17）多层及高层钢结构安装分项工程质量给收记录。
（18）其他技术文件。

训练 5　钢网架结构安装

[训练目的与要求]　掌握钢网架结构安装质量标准、能熟练地对钢网架结构安装工程进行质量检验、并能填写工程质量检查验收记录。熟悉钢网架结构安装工程的质量与安全隐患及防治措施，并能编制钢网架结构安装工程质量与安全技术交底资料。参加钢网架结构安装工程质量检查验收，并填写有关工程质量检查验收记录。

5.1 施工准备

5.1.1 作业准备

（1）编制网架施工组织设计或专项技术措施；编制网架施工质量安全技术交底资料；焊工经培训考试合格取得相应的资格证书。

（2）采用高空滑移法进行安装时，对滑移设备进行检查，滑移水平度符合施工组织设计要求并进行滑移试验。

（3）采用整体或局部吊装时，对提升设备进行检查，对提升速度、吊点高空合拢与调校等作好试验，符合施工组织设计要求。

（4）采用高空散装法时：按施工组织设计方案拱设好满堂脚手架，并放线布置好各支点位置与标高。

（5）网架制作、安装、验收所用量具精度一致并经计量部门检定。

（6）网架用球、管材、支座、高强螺栓、焊条等均已进场验收合格质量保证资料齐全；拼装胎膜已进行检测，满足拼装要求。

（7）网架操作平台应已搭设完毕安全防护符合要求；网架支座轴线与标高已经验收合格；网架支座构件的混凝土强度等级符合设计要求。

5.1.2 材料准备与机具

1. 材料准备

钢网架安装的钢材与连接材料、高强度螺栓、焊条、焊丝、焊剂、空心焊接球、加肋焊接球、螺栓球、半成品小拼单元、杆件以及橡胶支座等半成品。

2. 机具准备

电焊机、氧-乙炔切割设备、砂轮锯、杆件切割车床、杆件切割动力头、钢卷尺、钢板尺、卡尺、水准仪、经纬仪、超声波探伤仪、磁粉探伤仪、提升设备、起重设备、铁锤、钢丝刷、液压千斤顶、导链等工具。

5.2 工艺流程

作业准备→球、杆件加工及检验→钢网架拼装→放线、验线→支座节点→总拼与安装。

5.3 易产生的质量和安全问题（焊接球和螺栓球网架）

5.3.1 质量问题（见表15-46）

钢网架结构安装质量隐患的防治　　　　表15-46

质量隐患	主要原因分析	防治措施
拼装后杆件变形、尺寸偏差	焊接顺序不对；未预拼装	1. 焊接时考虑节点收缩量 2. 钢尺必须统一校核并考虑温度改正数 3. 拼装单元应在实际尺寸大样上进行拼装或预拼装以便控制其尺寸偏差 4. 施工前检验杆件合格才能安装

续表

质量隐患	主要原因分析	防治措施
螺栓未拧紧	拧紧力不够或漏拧	1. 加强教育培训、提高责任心 2. 对已拧紧螺栓及时做好标记并加强自检
安装挠度偏差	安装顺序合理；未起拱或设有足够刚度的支架	1. 如焊接球网架应从中间向两端或四周焊接安装 2. 先焊下弦接点、后焊腹杆和上弦接点 3. 安装时预设起拱 4. 支架刚度要足够、支架基础稳固
螺栓丝扣损伤	螺栓强行打入螺孔；未及时拧紧螺栓	1. 使用前螺栓应进行挑选、清洗除锈后作好预配 2. 丝扣损伤的螺栓不能作临时螺栓使用、严禁强行打入螺孔。应当在当天初拧完毕，终拧时要求达到设计所要求的紧固力矩数值
高空拼装标高误差	支架刚度和稳定性不足	1. 采用控制屋脊线标高的方法拼装，一般从中间向两侧发展，使误差消除在边缘上 2. 拼装支架应通过计算确保其刚度和稳定性，支架总沉降量小于 5mm 3. 悬挑拼装时，由于网架单元不能承受自重，所以对网架要进行加固

5.3.2 安全问题

钢网架结构安装安全隐患的防治见表 15-47。

钢网架结构安装安全隐患的防治　　　　　　表 15-47

安全隐患	主要原因分析	防治措施
1. 高处坠落事故	高处、临边施工未采取有效保护措施	1. 施工时戴好安全带、穿防滑鞋 2. 遇有 6 级以上强风、浓雾等恶劣气候，不得进行露天攀登与悬空高处作业 3. 临边、洞口必须设置防护栏杆或其他防护措施 4. 加强对工人的安全培训教育，提高其自我保护意识和能力
2. 高处坠物伤害	未遵守高处作业等有关规定	1. 工作人员必须戴好安全帽 2. 高空操作人员使用的工具及安装用的零部件应放入随身佩带的工具袋内 3. 设置吊装禁区、禁止与吊装作业的无关人员入内，尽量避免在高空作业的正下方停留或通过、也不得在起重机的吊杆和正在吊装的构件下停留或通过 4. 施上作业场所有坠落可能的物件应一律先进行撤除或加以固定 5. 传递物件禁止抛掷 6. 吊装前应检查机械索具、夹具、吊环等是否符合要求并应进行试吊

续表

安全隐患	主要原因分析	防治措施
3. 倾覆、倒塌	支架刚度和稳定性；吊装、顶升方案错误	1. 网架的吊装、顶升、安装必须有专项施工方案，并严格按方案施工 2. 整体吊装、顶升的吊点必须经设计计算 3. 支架刚度和稳定性要足够、支架基础要稳固结实 4. 精心组织吊装、顶升、平移施工

5.4 质量标准（焊接球和螺栓球网架）

5.4.1 主控项目

（1）基础验收：钢网架结构支座定位轴线的位置、支座锚栓的规格符合设计要求。支撑面顶板的位置、标高、水平度及支座锚栓位置的允许偏差：支承面顶板位置 15mm；顶面标高 0、−3mm；顶面水平度 $l/1000$；支座锚栓中心偏移 ±5mm。

（2）支座：支承垫块的种类、规格、摆放位置和朝向必须符合设计要求和有关标准的规定。橡胶垫块与刚性垫块之间或不同类型刚性垫块之间不得互换使用。网架支座锚栓的紧固符合设计要求。

（3）橡胶垫：橡胶垫的品种、规格、性能符合产品标准和设计要求。

（4）拼装精度：小拼单元的允许偏差符合表 15-48 的规定；中拼单元的允许偏差符合表 15-49 的规定。

小拼单元的允许偏差　　　　表 15-48

项　　目			允许偏差(mm)
节点中心偏移			2.0
焊接球节点与钢管中心的偏移			1.0
杆件轴线的弯曲矢高			$L_1/1000$，且不应大于 5.0
锥体型小拼单元	弦杆长度		±2.0
	锥体高度		±2.0
	上弦杆对角线长度		±3.0
平面桁架型小拼单元	跨　长	≤24m	+3.0 −7.0
		>24m	+5.0 −10.0
	跨中高度		±3.0
	跨中拱度	设计要求起拱	±L/5000
		设计未要求起拱	+10.0

注：1. L_1 为杆件长度。
　　2. L 为跨长。

中拼单元的允许偏差　　　　　　　　　　　表 15-49

项　目		允许偏差(mm)
单元长度≤20m，拼接长度	单　跨	±10.0
	多跨连续	±5.0
单元长度>20m，拼接长度	单　跨	±20.0
	多跨连续	±10.0

(5) 节点承载力试验：建筑结构安全等级为一级、跨度 40m 及以上的公共建筑钢网架结构且设计有要求时，应按下列项目进行节点承载力试验，其结果应符合以下规定：

1) 焊接球节点应按设计指定规格的球及其匹配的钢管焊接成试件进行轴心拉、压承载力试验，其试验破坏荷载值大于或等于 1.6 倍设计承载力为合格。

2) 螺栓球节点应按设计指定规格的最大螺栓孔螺纹进行抗拉强度保证荷载试验，当达到螺栓的设计承载力时螺孔、螺纹及封板仍完好无损为合格。

(6) 结构挠度：钢网架结构总拼完成后及屋面工程完成后应分别测量其挠度值，所测的挠度值不应超过相应设计值的 1.15 倍。

5.4.2　一般项目

(1) 锚栓精度：支座锚栓的螺纹得到保护、地脚螺栓尺寸允许偏差、螺栓露出长度和螺纹长度 0、+30.0mm。

(2) 结构表面：钢网架结构安装完成后其节点及杆件表面应干净，不应有明显的疤痕、泥沙和污垢。螺栓球节点应将所有接缝用油腻填嵌严密并应将多余螺孔封口。

(3) 安装精度：钢网架结构安装完成后其安装的允许偏差应符合钢网架结构安装的允许偏差表 15-50 的规定。

钢网架结构安装的允许偏差　　　　　　　表 15-50

项　目	允许偏差(mm)	检　验　方　法
纵向、横向长度	$L/2000$、且不应大于 30.0 $-L/2000$、且不应大于 -30.0	用钢尺实测
支座中心偏移	$L/3000$、且不应大于 30.0	用钢尺和经纬仪实测
周边支承网架相邻支座高差	$L/400$、且不应大于 15.0	用钢尺和水准仪实测
支座最大高差	30.0	
多点支承网架相邻支座高差	$L_1/800$、且不应大于 30.0	

注：1. L 为纵向、横向长度；
　　2. L_1 为相邻支座间距。

(4) 高强度螺栓紧固：螺栓球节点网架总拼完成后高强度螺栓与球节点应紧固连接，高强度螺栓拧入螺栓球内的螺纹长度不应小于 $1.0d$（为螺栓直径），连接处不应出现有间隙、松动等未拧紧情况。

5.5 质量检验

钢网架结构安装工程质量检验见表15-51。

钢网架结构安装工程质量检验　　　　表15-51

		施工质量验收规范的规定	检验数量	检验方法	检验要点
主控项目	1 基础验收	第12.2.1条	按支座数抽查10%且不应少于4处	用经纬仪和钢尺实测	直接量测
		第12.2.2条	同上	用经纬仪、水准仪、水平尺和钢尺实测	直接量测
	2 支座	第12.2.3，12.2.4条	同上	观察和用钢尺实测	直接量测
	3 橡胶垫	第4.10.1条	全数检查	检查产品的质量合格证明文件、中文标志及检验报告等	检查合格证是否与材料相符，品种规格是否符合设计，检验盖章是否齐全
	4 拼装精度	第12.3.1条	按单元数抽查5%且不应少于5个	用钢尺和拉线等辅助量具实测	直接量测
		第12.3.2条	全数检查	用钢尺和辅助量具实测	直接量测
	5 节点承载力试验	第12.3.3条	每项试验做3个试件	在万能试验机上进行检验、检查试验报告	检验报告的结果是否符合设计要求，签字盖章是否齐全
	6 结构挠度	第12.3.4条	跨度24m及以下钢网架结构测量下弦中央一点；跨度24m以上钢网架结构测量下弦中央一点及各向下弦跨度的四等分点	用钢尺和水准仪实测	直接量测
一般项目	1 锚栓精度	第12.2.5条	按支座数抽查10%且不应少于4处	用钢尺实测	直接量测
	2 结构表面	第12.3.5条	按节点及杆件数量抽查5%且不应少于10个节点	观察检查	观察检查表面是否干净
	3 安装精度	第12.3.6条	全数检查	表15-50见钢网架结的允许安装许偏差	直接量测
	4 高强度螺栓紧固	第6.3.8条	按节点数抽查5%且不应少于10个	普通扳手及尺量检查	直接量测

说明：本项目按变形缝、施工段或空间刚度单元划分成一个或若干检验批。

5.6 质量验收记录

（1）钢材、网架钢球、焊接材料和连接用紧固件的质量合格证明文件、中文标志及性能检验报告。

（2）焊条等的烘焙记录。

（3）焊工合格证书。

（4）焊接工艺评定报告。

（5）焊接超声波或射线探伤检测记录。

（6）螺栓实物最小载荷检验报告。

（7）节点承载力试验报告。

（8）钢网架挠度值测量记录。

（9）施工记录。

（10）焊接球网架（螺栓球网架）制作工程检验批质量验收记录。

（11）隐蔽工程检查验收记录。

（12）网架结构安装（基础）工程检验批质量验收记录。

（13）网架安装工程检验批质量验收记录。

（14）网架结构安装分项工程质量验收记录。

（15）技术文件。

训练6　钢结构涂装

[训练目的与要求]　掌握钢结构涂装质量标准、能熟练地对钢结构涂装工程进行质量检验、并能填写工程质量检查验收记录。熟悉钢结构涂装工程的质量与安全隐患及防治措施，并能编制钢结构涂装工程质量与安全技术交底资料。参加钢结构涂装工程质量检查验收，并填写有关工程质量检查验收记录。

6.1　施工准备

6.1.1　作业准备

编制钢结构涂装工程质量安全技术交底资料；钢结构构件组装、预拼装或安装工程检验批的施工质量验收合格；涂装材料已进验收全格质量合格证明文件齐全；油漆工持有特殊工种上岗证；防涂装作业现场安全防护，防火和通风设施符合要求；露天作业环境符合施工作业要求。

6.1.2　材料机具准备

1. 材料准备

红丹油性防锈漆、钼铬红环氧酯防锈漆等防腐底漆、各色醇酸磁漆和各色醇酸调合漆等防腐面漆。

2. 机具准备

喷砂枪、气泵、回收装置、喷漆枪、喷漆气泵、胶管、铲刀、手砂轮、砂布、钢丝刷、棉丝、小压缩机、油漆小桶、刷子、酸洗槽和附件等。

6.2 工艺流程

基层清理→底漆涂装→面漆涂装。

6.3 易产生的质量与安全问题

6.3.1 易产生的质量问题

钢结构涂装质量隐患的防治见表 15-52。

钢结构涂装质量隐患的防治 表 15-52

质量隐患	主要原因分析	防治措施
1. 涂料涂层颜色不均匀	涂料中含重涂料太多，颜料研磨不均匀	1. 涂料使用前应充分搅拌使重颜料分布均匀，当天搅拌的材料应尽量在当天使用完毕 2. 采用同一批号涂料
2. 涂料涂层厚度不均匀	多涂或漏涂	1. 确定施工流水方案，施工中加强监控 2. 涂刷不同遍数涂料的构件用不同颜色作以标记，防止漏涂或多涂
3. 乳突或流坠、局部不平整	涂料中混入泥砂等杂物；涂料中稀释剂掺量过多	1. 涂刷下一道涂料前必须对流坠或其他原因引起的表面不平整现象进行处理 2. 控制稀释剂掺量和调整涂装间隔时间
4. 涂层开裂和起皮、空鼓	基层腻子胶性太小；异物未清除干净；涂料粘结强度不够	1. 基层腻子也应在施工前试验确定，避免胶性太小或太大 2. 施工环境应控制在 5～38℃ 之间，相对湿度不大于 85%；雨天、风速大于 5m/s（四级）或构件表面有结露时不宜作业 3. 彻底清除锈、油污、灰尘等 4. 基体干燥
5. 起锈	涂料不合格；构件表面除锈不彻底；涂层厚度不够；基体未干燥	1. 采用合格的涂料 2. 彻底清除锈、油污、灰尘等 3. 基体干燥 4. 按要求涂装遍数，不漏涂少涂

6.3.2 易产生的安全问题

钢结构涂装安全隐患的防治见表 15-53。

钢结构涂装安全隐患的防治 表 15-53

安全隐患	主要原因分析	防治措施
1. 火灾爆炸事故	易燃易爆的涂料蒸气浓度过高，不遵守防火规则引燃易燃易爆的涂料	1. 配制使用乙醇、苯、丙酮等易燃材料的施工现场应严禁烟火和使用电炉等明火设备，并应备置消防器材 2. 防腐涂料的溶剂、常易挥发出易燃易爆的蒸气当达到一定浓度后遇火易引起燃烧或爆炸，施工时应加强通风降低积聚浓度

续表

安全隐患	主要原因分析	防治措施
		3. 在喷涂硝基漆或其他挥发型易燃性较大的涂料时严禁使用明火，严格遵守防火规则以免失火或引起爆炸 4. 施工场所的电线要按防爆等级的规定安装；电动机的起动装置与配电设备、应该是防爆式的，要防止漆雾飞溅在照明灯泡上 5. 涂漆施工场地要有良好的通风，如在通风条件不好的环境涂漆时必需安装通风设备
2. 人身中毒事件	未穿戴好防护用品；环境不通风	1. 研磨、筛分、配料、搅拌粉状填料宜在密封箱内进行，并有防尘措施；粉料中二氧化硅在空气中的浓度不得超过 $2mg/m^3$ 2. 酚醛树脂中的游离酚、聚氨基甲酸酯涂料含有的游离异氰酸基、漆酚树脂漆含有的酚、水玻璃材料中的粉状氟硅酸钠、树脂类材料使用的固化剂如乙二胺、间苯二胺、苯磺酰氯、酸类及溶剂如溶剂汽油和丙酮等均有毒性，现场除自然通风外还应根据情况设置机械通风，保持空气流通，使有害气体含量小于允许含量极限 3. 操作不小心涂料溅到皮肤上时，可用木屑加肥皂水擦洗 4. 使用机械除锈工具（如钢丝刷、粗锉、风动或电动除锈工具）清除锈层、工业粉尘、旧漆膜时，为避免眼睛被沾污或受伤要戴上防护眼镜，并戴上防尘口罩以防呼吸道被感染 5. 操作人员涂有害的漆料施工时需要带上防毒口罩、封闭式眼罩等保护用品，如感觉头痛、心悸或恶心应立即离开施工现场，在通风良好的环境里换换新鲜空气，如仍然感到不适应速去医院检查治疗 6. 采用环保涂料

6.4 质量标准

6.4.1 钢结构防腐涂料装质量标准

1. 主控项目

（1）涂料性能：钢结构防腐涂料、稀释料和固化剂的品种、规格、性能符合产品标准和设计要求。

（2）涂装基层验收：涂装前钢材表面除锈应符合设计要求和有关标准的规定。处理后的钢材表面不应有焊渣、焊疤、灰尘、油污、水和毛刺等。当设计无要求时钢材表面除锈等级应符合表 15-54 的规定。

各种底漆或防锈漆要求最低的除锈等级　　　　　表 15-54

涂 料 品 种	除锈等级
油性酚醛、醇酸等底漆或防锈漆	St2
高氯化聚乙烯、氯化橡胶、氯磺化聚乙烯、环氯树脂、聚氨酯等底漆或防锈漆	Sa2
无机富锌、有机硅、过氯乙烯等底漆	Sa2½

（3）涂层厚度：涂料、涂装遍数、涂层厚度均应符合设计要求。当设计对涂层厚度无要求时，涂层干漆膜总厚度：室外应为 $150\mu m$，室内应为 $125\mu m$，其允许偏差为 $-25\mu m$；每遍涂层干漆膜厚度的允许偏差为 $-5\mu m$。

2. 一般项目

（1）涂料质量：防腐涂料的型号、名称、颜色及有效期与其质量证明文件相符。开启后不应存在结皮、结块、凝胶等现象。

（2）表面质量：构件表面不应误涂、漏涂，涂层不应脱皮和返锈等。涂层应均匀、无明显皱皮、流坠、针眼和气泡等。

（3）附着力测试：当钢结构处在有腐蚀介质环境或外露且设计有要求时应进行涂层附着力测试，在检测处范围内当涂层完整程度达到 70% 以上时，涂层附着力达到合格质量标准的要求按《漆膜附着力测定法》GB1 720 或《色漆和清漆、漆膜的划格试验》CB 9286 进行检查。

（4）标志：涂装完成后构件的标志、标记和编号应清晰完整。

6.4.2 钢结构防火涂料涂装工程质量标准

1. 主控项目

（1）涂料性能：钢结构防火涂料的品种和技术性能符合设计要求并经检测符合规定。

（2）涂装基层验收：防火涂料涂装前钢材表面除锈及防锈底漆涂装应符合设计要求和有关标准的规定。

（3）强度试验：钢结构防火涂料的粘结强度、抗压强度应符合《钢结构防火涂料应用技术规程》CECS 24：90 的规定。

（4）涂层厚度：薄涂型防火涂料的涂层厚度应符合有关耐火极限的设计要求。厚涂型防火涂料涂层的厚度 80% 及以上面积应符合有关耐火极限的设计要求，且最薄处厚度不应低于设计要求的 85%。

（5）表面裂纹：薄涂型防火涂料涂层表面裂纹宽度不应大于 0.5mm；厚涂型防火涂料涂层表面裂纹宽度不应大于 1mm。

2. 一般项目

（1）产品质量：防火涂料的型号、名称、颜色及有效期等与其质量证明文件相符，开启后不存在结皮、结块、凝胶等现象。

（2）基层表面：防火涂料涂装基层不应有油污、灰尘和泥砂等污垢。

（3）涂层表面质量：防火涂料不应有误涂、漏涂，涂层应闭合无脱层、空鼓、明显凹陷、粉化松散和浮浆等外观缺陷，乳突已剔除。

6.5 质量检验

6.5.1 钢结构防腐涂料装工程质量检验(见表 15-55)
6.5.2 钢结构防火涂料涂装工程质量检验(见表 15-56)

钢结构防腐涂料装工程质量检验　　　　表 15-55

		施工质量验收规范的规定	检验数量	检验方法	检验要点
主控项目	1	涂料性能	第 4.9.1 条	全数检查	检查产品的质量合格证明文件、中文标志及检验报告等	检查合格证是否与材料相符、品种规格是否符合设计。检验盖章是否齐全
	2	涂装基层验收	第 14.2.1 条	按构件数量抽查 10%且同类构件不应少于 3 件	用铲刀检查和用现行国家标志《涂装前钢材表面锈蚀等级和除锈等级》GB 8923 规定的图片对照观察检查	铲除锈面与规定的图片对照观察检查
	3	涂层厚度	第 14.2.2 条	按构件数抽查 10%且同类构件不应少于 3 件	用干漆膜测量厚仪检查。每个构件检测 5 处、每处的数值为 3 个相距 50mm 测点涂层干漆膜厚度的平均值	直接量测
一般项目	1	涂料质量	第 4.9.3 条	按桶数抽查 5%且不应少于 3 桶	观察检查	观察检查涂料是否和设计要求相符和有无变性
	2	表面质量	第 14.2.3 条	全数检查	观察检查	观察检查
	3	附着力测试	第 14.2.4 条	按构件数抽查 1%且不应少于 3 件、每件测 3 处	按照现行国家标准《漆膜附着力测定法》GB 1720 或《色漆和清漆、漆膜的划格试验》GB 9286 执行	检查报告结果是否符合设计要求、检验盖章是否齐全
	4	标志	第 14.2.5 条	全数检查	观察检查	观察标志、标记和编号是否清晰

说明：本项目检验批划分均按变形缝、楼层或施工段的柱、梁、屋架等构件划分检验批。

钢结构防火涂料涂装工程质量检验　　　　表 15-56

		施工质量验收规范的规定	检验数量	检验方法	检验要点
主控项目	1	涂料性能	第 4.9.2 条	每种规格抽查 5%且不应少于 3 桶	观察检查	观察检查涂料是否和设计要求相符和有无变性

续表

		施工质量验收规范的规定	检验数量	检验方法	检验要点
主控项目	2	涂装基层验收	第14.3.1条	按构件数抽查10%且同类构件不应少于3件	表面除锈用铲刀检查和用现行国家标准《涂装前钢材表面锈蚀等级和除锈等级》GB 8923规定的图片对照观察检查。底漆涂装用干漆膜测厚仪检查，每个构件检测5处，每处的数值为3个相距50mm测点涂层干漆膜厚度的平均值	铲除锈面与规定的图片对照观察检查
	3	强度试验	第14.3.2条	每使用100t或不足100t薄涂型防火涂料应抽检一次粘结强度；每使用500t或不足500t厚涂型防火涂料应抽检一次粘结强度和抗压强度	检查复检报告	检验报告的结论、签字盖章是否齐全
	4	涂层厚度	第14.3.3条	按同类构件数抽查10%且均不应少于3件	用涂层厚度测量仪、测针和钢尺检查。测量方法应符合国家现行标准《钢结构防火涂料应用技术规程》CECS 24：90的规定及验收规范附录F	直接量测
	5	表面裂纹	第14.3.4条	按同类构件数量抽查10%且均不应少于3件	观察和用尺量检查	直接量测
一般项目	1	产品质量	第4.9.3条	按桶数抽查5%且不应少于3桶	观察检查	观察检查涂料是否和设计要求相符和有无变性
	2	基层表面	第14.3.5条	全数检查	观察检查	观察是否油污、灰尘和泥砂等污垢
	3	涂层表面质量	第14.3.6条	全数检查	观察检查	直接观察表面质量

说明：本项目检验批划分均一般按变形缝、楼层或施工段的柱、梁、屋架等构件划分检验批。

6.6 质量验收记录

（1）防腐涂料、稀释剂和固化剂等材料的质量合格证明文件、中文标志及性能验报告。

(2) 涂层附着力测试报告。
(3) 涂层厚度及观感检测记录。
(4) 施工记录。
(5) 钢结构防火涂料涂装工程检验批质量验收记录。
(6) 钢结构涂装分项工程质量验收记录。
(7) 其他技术文件。

主 要 参 考 文 献

1 吴松勤主编. 建筑工程施工质量验收规范. 北京：中国建筑工业出版社
2 山西建筑工程(集团)总公司主编. 建筑安装工程施工工艺标准. 山西：山西科学技术出版社
3 彭圣浩主编. 建筑工程质量通病防治手册.（第三版）. 北京：中国建筑工业出版社
4 现行建筑施工规范大全. 北京：中国建筑工业出版社，2002
5 中国建筑工程总公司编写. 建筑工程施工工艺标准. 北京：中国建筑工业出版社，2003
6 吕方全主编. 混凝土工程结构施工监理实用手册. 北京：中国电力出版社，2005
7 建筑工程施工质量与安全管理. 北京：机械工业出版社，2003